Anorganische Chemie

von

Wilhelm Klemm

unter Mitarbeit von

Rudolf Hoppe

Sechzehnte Auflage

Mit 46 Abbildungen

1980

Walter de Gruyter · Berlin · New York

SAMMLUNG GÖSCHEN 2623

Dr. Dr. h. c. mult. *Wilhelm Klemm*
em. o. Professor an der Universität Münster

Dr. *Rudolf Hoppe*
o. Professor an der Universität Gießen
Direktor des Instituts für Anorganische
und Analytische Chemie

CIP-Kurztitelaufnahme der Deutschen Bibliothek

Klemm, Wilhelm:
Anorganische Chemie / von Wilhelm Klemm. Unter Mitarb. von Rudolf Hoppe. – 16. Aufl. – Berlin, New York : de Gruyter, 1980.
(Sammlung Göschen ; Bd. 2623)
ISBN 3-11-007950-X

 Satz: W. Tutte Druckerei GmbH, Salzweg-Passau – Druck: Saladruck, Berlin – Bindearbeiten: Berliner Buchbinderei Wübben & Co., Berlin

Vorwort zur 16. Auflage

Dieses Büchlein über „Anorganische Chemie“ hat seit 30 Jahren mit 15 Auflagen dazu gedient, Studenten und anderen Interessenten eine erste Übersicht über die Aufgaben und Ergebnisse dieses Wissenschaftszweiges zu geben. Wenn nunmehr R. Hoppe an der 16. Auflage mitgearbeitet hat, so ist an dem Charakter des Büchleins nichts geändert worden. Nach wie vor geht die Darstellung von den beobachteten Tatsachen aus und leitet aus diesen allgemeine Schlüsse ab. Dieser, die historische Entwicklung berücksichtigende Weg scheint uns auch heute noch pädagogisch vorteilhafter als der Versuch, von der Lehre vom Atombau auszugeben und die Chemie mehr oder weniger deduktiv darzustellen.

In der vorliegenden Auflage lag eine wesentliche Aufgabe darin, die neuen SI-Einheiten einzuarbeiten, die zwar für den geschäftlichen Verkehr gesetzlich vorgeschrieben sind, aber in der wissenschaftlichen Literatur nur zögernd benutzt werden. Eine einschneidende Änderung liegt für die Chemie darin, daß die Stoffmenge eine Basisgröße mit der Einheit Mol geworden ist; damit wird es notwendig, gewisse viel benutzte Begriffe neu zu formulieren. Dabei hat uns Herr Prof. Dr. Werner Fischer, Freiburg, hilfreich unterstützt, wofür wir herzlich danken möchten. Wir haben in der Darstellung vielfach alte und neue Werte – z. B. in Joule und in Kalorien – nebeneinander angegeben, um auch für diejenigen verständlich zu bleiben, die an die alten Einheiten gewöhnt sind.

Physikalische Messungen spielen heute in der Chemie eine immer größere Rolle. Bei dem beschränkten Umfang ist es nicht möglich, jede dieser Methoden ausführlicher zu behandeln. Es ist aber als Kapitel XXXIII eine tabellarische Übersicht über einige wichtige Untersuchungsmethoden angeführt, die Herr Doz. Dr. W. Urland, Gießen, freundlicherweise zusammengestellt hat. Auch hierfür möchten wir herzlich danken.

Die technischen Kapitel mußten z. T. weitgehend geändert werden, um dem Fortschritt Rechnung zu tragen. Wir haben hierfür von sehr verschiedenen Stellen Rat und Auskunft erhalten. Hierfür möchten wir vielmals danken.

Herrn Dr. Gerd Meyer, Gießen, danken wir für seine Hilfe beim Lesen der Korrekturen.

Wir hoffen, daß die 16. Auflage des vorliegenden Bändchens ebenso freundlich aufgenommen wird wie die vorhergehenden Auflagen.

Münster, Universität
Prof. Dr. *W. Klemm*

Gießen, Universität
Prof. Dr. *R. Hoppe*

Inhalt

Einige Lehrbücher der Anorganischen Chemie

A. F. Holleman–E. Wiberg, Lehrbuch der anorganischen Chemie. 81.–90. Aufl. 1976.

U. Hofmann, W. Rüdorff, Anorganische Chemie. 21. Aufl. 1973.

H. R. Christen, Grundlagen der anorganischen und allgemeinen Chemie. 5. Aufl. 1977.

V. Gutmann, E. Hengge, Allgemeine und anorganische Chemie. 2. Aufl. 1975.

F. A. Cotton, G. Wilkinson, Anorganische Chemie, übersetzt von *H. P. Fritz* 3. Aufl. 1974.

L. Pauling, Grundlagen der Chemie, übersetzt und bearbeitet von *F. Helfferich.* 1973.

R. W. Heslop, K. Jones, Inorganic Chemistry, A Guide to Advanced Study. 1976.

K. F. Purcell, J. C. Kotz, Inorganic Chemistry. 1977.

A. F. Wells, Structural Inorganic Chemistry. 4. Aufl. 1975.

I. Einleitung

Die Chemie beschäftigt sich mit dem *stofflichen* Aufbau der Umwelt. Es gilt, die hier auftretende Mannigfaltigkeit zu ordnen, die Vielheit der Erscheinungen auf einfache Begriffe zurückzuführen und so dem Verständnis näher zu bringen. Ferner gestattet die Beherrschung der hier geltenden Naturgesetze, Stoffe, die für den Menschen nützlich sind, aus anderen herzustellen. Zur Lösung der Aufgaben der Chemie müssen vielfach auch physikalische Methoden herangezogen werden; die gegenseitige Durchdringung von Chemie und Physik ist im Laufe der Zeit eine so innige geworden, daß sich eine scharfe Abgrenzung zwischen beiden kaum noch geben läßt.

Zur Lösung ihrer Aufgaben besitzt die Chemie zwei Haupt-Untersuchungsmethoden, die Analyse und die Synthese. Unter *Analyse* verstand man ursprünglich die Zerlegung der oft verwickelt aufgebauten Stoffe in einfachere; heute bezeichnet man damit alle Methoden, um die Zusammensetzung und den feineren Aufbau eines Stoffes zu ermitteln. Unter *Synthese* versteht man die Herstellung von Stoffen aus einfacheren Bestandteilen oder durch chemische Umsetzungen irgendwelcher Art. Es ist keineswegs gesagt, daß man bei derartigen Zerlegungen und insbesondere bei chemischen Synthesen nur zu solchen Substanzen kommen kann, die in der Natur bereits vorhanden sind; es lassen sich vielmehr auch außerordentlich viele neue Stoffe herstellen, die in der Natur noch nicht aufgefunden wurden und zum Teil für den Menschen von größtem Nutzen sind (Metalle wie Aluminium, Magnesium und Zink, fast alle Legierungen, Düngemittel, keramische Stoffe, Farbstoffe, Heilmittel, Sprengstoffe, Kunststoffe usw.). Die „*Chemische Industrie*“ ist in Deutschland hoch entwickelt.

Chemische Literatur. Es sei schon an dieser Stelle einiges über die chemische Literatur mitgeteilt. Der einzelne Forscher berichtet über die Ergebnisse seiner Untersuchungen in einer wissenschaftlichen *Zeitschrift*, von denen

– als für die Anorganische Chemie besonders wichtig – genannt seien: Zeitschrift für anorganische und allgemeine Chemie, Chemische Berichte, Journal of the American chemical Society, Inorganic Chemistry, Journal of Inorganic & Nuclear Chemistry, Journal of the Chemical Society (London), Revue de Chimie Minérale, Journal für anorganische Chemie (russisch). Zusammenfassende Berichte über bestimmte Gebiete sowie besonders rasch veröffentlichte Kurzmitteilungen findet man in der „Angewandten Chemie", den „Naturwissenschaften" und der „Nature". Insgesamt gibt es einige tausend Zeitschriften in der Welt von ganz oder teilweise chemischem Inhalt. Daher hat man „*Referatenorgane*" geschaffen, die periodisch in systematischer Anordnung Kurzberichte über Zeitschriftenaufsätze geben; genannt seien vor allem „Chemical Abstracts". Eine schnelle Übersicht über die wichtigsten Veröffentlichungen vermittelt der seit 1970 erscheinende „Chemische Informationsdienst". Systematisch geordnet findet man alle bisher erhaltenen Ergebnisse in „*Gmelins Handbuch der anorganischen Chemie*" (bzw. für die organische Chemie: *Beilsteins Handbuch der organischen Chemie*). Schließlich gibt es kürzer gefaßte Handbücher und zahlreiche Lehrbücher; die wichtigsten von diesen sind auf S. 7 zusammengestellt.

Bei einer ganz oberflächlichen Sichtung der auf der Erde vorhandenen Stoffe lassen sich sofort zwei Gruppen unterscheiden: Bestandteile der belebten Natur (Tiere und Pflanzen) auf der einen, der unbelebten, des Mineralreiches, auf der anderen Seite. Dementsprechend teilt man ein in *organische* und *anorganische* Chemie. Diese Einteilung hat sich durchaus bewährt; den inneren Grund hierfür werden wir später (vgl. Kap. XXIII) besprechen.

Homogene und heterogene Systeme. Bei einer weiteren Betrachtung der Stoffe, die uns begegnen, fällt sofort auf, daß viele Stoffe durch die ganze Substanz aus dem gleichen Material aufgebaut sind. Man kann bei ihnen weder mit dem Auge noch mit dem Mikroskop äußere Verschiedenheiten erkennen. Solche Stoffe nennt man gleichteilig oder *homogen.* Beispiele hierfür sind Wasser, Glas, Messing usw. Im Gegensatz zu den homogenen Körpern stehen die *inhomogenen* oder *heterogenen*, die aus verschiedenartigen Teilchen aufgebaut sind und auf mechanischem Wege getrennt werden können. So ist mit Sand versetztes Wasser ein heterogenes System; wir können hier die Bestandteile durch Abgießen der Flüssigkeit leicht trennen. Andere Beispiele für heterogene Stoffe sind das Gestein Granit oder mit Eisstückchen versetztes Wasser. Das letzte Beispiel zeigt, daß der Begriff heterogen nicht notwendig besagt, daß *stofflich* Verschiedenes vorliegen muß; denn die Bestandteile (die „*Phasen*") sind ja hier flüssiges und festes Wasser. Ebenso falsch wäre es aber auch anzunehmen, daß ein homogener Körper stofflich immer nur aus einem Bestandteil bestände. Zum Beispiel ist Zuckerwasser homogen, obwohl es aus mehreren Stoffen (Zucker und Wasser) hergestellt ist.

Trennung von heterogenen Gemischen. Liegt ein heterogenes System vor, so ist ein erster Schritt zur Zerlegung oft leicht. So kann man Systeme aus einer Flüssigkeit und einem festen Stoff angenähert durch Abgießen (*Dekantieren*), vollständiger durch *Filtrieren* trennen. Schwieriger ist die Trennung von *Gemengen fester Stoffe*, z.B. das „*Aufbereiten*" von Erzen.

Eine Trennung durch Auslesen ist meist praktisch nicht durchführbar; infolgedessen verwendet man in der Regel andere Methoden. Zum Beispiel kann man Unterschiede der *Dichte* ausnutzen (Schlämmen, Trennung von Spreu und Weizen durch den Wind, Zentrifugieren usw.). Ferner kann man die verschiedene *Benetzbarkeit* heranziehen. Als ein technisch wichtiges Verfahren sei hier das *Schaumschwimm*-Verfahren („*Flotation*") genannt, bei dem sich die schlecht benetzbaren Bestandteile eines zerkleinerten Erzgemisches im künstlich erzeugten Schaum ansammeln, während die gut benetzbaren am Boden zurückbleiben. Durch Zugabe sehr kleiner Mengen geeigneter Stoffe, die an der Oberfläche fester Teilchen selektiv angelagert („adsorbiert") werden, kann man die Unterschiede in der Benetzbarkeit noch verstärken bzw. überhaupt erst hervorrufen, so daß auch so ähnliche Stoffe wie Natriumchlorid und Kaliumchlorid (vgl. S. 210f.) bei der Aufbereitung durch Flotation getrennt werden können. Besonders wichtig sind Unterschiede der *Löslichkeit*. Will man z.B. mit Gestein verunreinigtes Salz von diesem trennen, so kann man es mit Wasser herauslösen. Diese Methode wird in sehr großem Umfange angewendet.

Trennung homogener Gemische; der Begriff des reinen Stoffes. Mit solchen grob-mechanischen Trennungen ist meist noch nicht viel gewonnen. Der nächste Schritt ist der, zu einem „*reinen Stoff*" zu gelangen. Was man darunter versteht, sei am Beispiel des *Wassers* beschrieben. Daß dies je nach seiner Herkunft verschieden ist, ist allgemein bekannt. So unterscheidet man ja Regen-, Leitungs-, Meerwasser, ferner hartes und weiches Wasser usw. Die Unterschiede sind darin begründet, daß die einzelnen Wasserarten verschiedene Arten fremder Stoffe in unterschiedlicher Menge gelöst enthalten, also vom Standpunkte des Chemikers aus[1] in verschiedener Weise verunreinigt sind. Man erkennt das Vorliegen eines chemisch unreinen Stoffes unter anderem beim *Erstarren* und *Sieden.* Bei einem reinen Stoff erfolgt das Erstarren der *gesamten* Flüssigkeit bei genau der gleichen Temperatur. Beim Leitungswasser ist dies jedoch nicht der Fall; messen wir mit einem genügend empfindlichen Thermometer unter Beachtung aller Vorsichtsmaßregeln, so stellen wir fest, daß das Erstarren etwas unter 0 °C beginnt und daß beim Fortschreiten des Festwerdens die Temperatur zunächst weiter absinkt, bis schließlich alles erstarrt. (Näheres vgl. Kap. XXXIV.) Ähnlich ist es beim Verdampfen; während reines Wasser bei einem Druck von 1 atm[2] bei 100 °C restlos verdampft, beginnt bei Leitungswasser das Sieden erst etwas über 100 °C, und die Siedetemperatur steigt während des Verdampfens dauernd an.

Es ist beim Wasser leicht, zu einem für die meisten Zwecke hinreichend reinen Präparat zu kommen; man braucht das Wasser nur zu *destillieren*, d. h. es zu verdampfen und das Verdampfte wieder zu verdichten (kondensieren); es bleiben dann die gelösten Fremdstoffe zurück, und man erhält im Kondensat praktisch reines „destilliertes" Wasser.

Während es sich bei der Destillation um den Übergang: flüssig-gasförmig-flüssig handelt, kann man in vielen Fällen auch den Übergang fest-gasförmig-fest benutzen, den man als *Sublimation* bezeichnet.

Destillationen pflegt man in einer der Abb. 1 entsprechenden Anordnung durchzuführen. Besonders hingewiesen sei auf den Kühler nach *Liebig*[3]. Das wesentliche hierbei ist die Verwendung des bei wissenschaftlichen und technischen Apparaturen immer wieder benutzten „*Gegenstromprinzips*".

[1] Der Begriff „chemisch rein" hat beim Wasser nichts mit der üblichen Bezeichnung „reines Wasser" zu tun. Ein gutes Trinkwasser muß gewisse Stoffe gelöst enthalten. Ganz reines Wasser ist zum Trinken ungeeignet.

[2] 1 atm = 1,01325 bar; vgl. S. 26.

[3] *Justus von Liebig* lebte 1803–1873. Er ist u. a. der Schöpfer der künstlichen Düngung. Der von *Liebig* in Gießen eingerichtete praktische Laboratoriumsunterricht für die Chemie-Studierenden ist richtungsweisend für die deutschen Universitäten geworden.

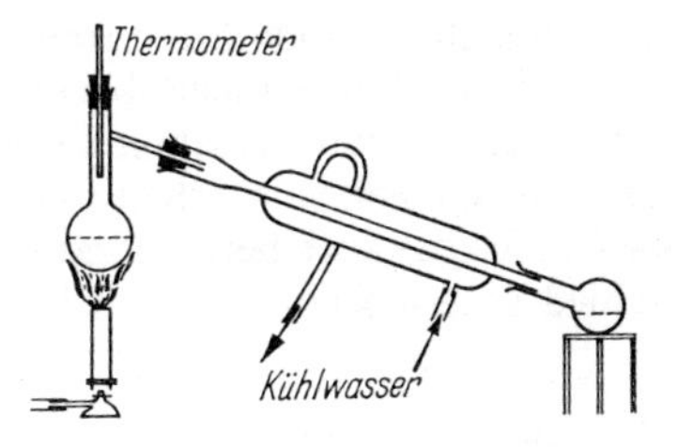

Abb. 1. Destillation

Das Kühlwasser wird so geleitet, daß es beim Eintritt in die Apparatur zur endgültigen Kühlung der vorher schon weitgehend abgekühlten Teile des Destillates dient. Während des Durchströmens durch den Kühler erwärmt sich dann zwar das Kühlwasser etwas, das ist aber unwesentlich, denn zur Kondensation des ersten heißen Dampfes genügt auch etwas wärmeres Wasser.

Das durch genügend vorsichtige Destillation erhaltene Wasser zeigt die Eigenschaften eines *reinen Stoffes*: der Erstarrungspunkt ist konstant, d.h. unabhängig davon, wieviel bereits erstarrt ist; er beträgt 0,000 °C. Auch die Siedetemperatur ist unabhängig von der verdampften Menge, sie beträgt bei 1,01325 bar (= 1 atm) 100,000°C [4]. Daß wirklich reines Wasser vorliegt, zeigt sich unter anderem darin, daß beliebig oft wiederholtes Destillieren immer wieder zu einem Kondensat mit den gleichen Eigenschaften führt, auch wenn man empfindliche Untersuchungsmethoden anwendet. Dabei ist es gleichgültig, ob man von See-, Leitungs- oder Regenwasser ausgeht.

Das ist allerdings nur so lange richtig, als man nicht extreme Ansprüche an die Reinheit stellt. Einmal ist es gar nicht so einfach, Wasser herzustellen, das gar keine Gase gelöst enthält. Ferner ist es kaum möglich, ein Gefäßmaterial zu finden, das sich nicht wenigstens in Spuren im Wasser löst. Eine besondere Komplikation ist durch die Entdeckung des sogenannten „schweren Wassers“ entstanden; vgl. dazu Kap. XXV.

Reines Wasser kann man auch dadurch gewinnen, daß man gewöhnliches Leitungswasser teilweise erstarren (*kristallisieren*)

[4] Schmelz- und Siedepunkt des reinen Wassers dienen bekanntlich als Grundlage der Celsius-Skala. Die Anzahl der Nullen gibt an, wie genau diese Fixpunkte reproduzierbar sind.

läßt und dann Eis und nicht erstarrte Flüssigkeit trennt. Dieses Eis, das natürlich noch mit etwas „Mutterlauge" benetzt ist, läßt man erneut schmelzen und das so erhaltene, schon sehr salzarme Wasser wieder teilweise erstarren usw. Man erhält so schließlich eine geringe Menge von Wasser, das auch bei empfindlichen Prüfungen keinen Unterschied gegenüber dem durch Destillation gereinigten zeigt.

Zur Prüfung, ob wirklich ein reiner Stoff vorliegt, muß man in jedem einzelnen Falle verschiedene Reinigungsmethoden anwenden; erst wenn alle Methoden zu dem gleichen Endprodukt führen, kann man sicher sein, daß ein reiner Stoff vorliegt.

Das Auskristallisieren des reinen Lösungsmittels, wie es eben beschrieben wurde, erfolgt in der Regel nur bei sehr verdünnten Lösungen. Aus konzentrierten Lösungen kristallisiert der gelöste Stoff aus[5]. Dabei kann man die Menge des Lösungsmittels durch Verdampfen oder Verdunsten vermindern, bis die Löslichkeitsgrenze überschritten wird. Man kann aber auch die Temperatur-Abhängigkeit der Löslichkeit ausnutzen. So löst sich z. B. Kaliumnitrat (Kalisalpeter) in heißem Wasser viel besser als in kaltem. Sättigt man also heißes Wasser mit Kaliumnitrat, so scheidet sich dieses zum größten Teile beim Abkühlen in fester Form wieder aus; nur wenig bleibt in der kalten Lösung, der sogenannten „Mutterlauge". Der so umkristallisierte Stoff enthält in der Regel weniger Verunreinigungen als vorher. Vgl. dazu auch S. 288 „Zonenschmelzen".

II. Qualitatives über die Zusammensetzung des Wassers

Zerlegung durch elektrische Energie (Elektrolyse). Wenn so ein reiner Stoff, hier also reines Wasser, gewonnen ist, fragen wir, ob er sich in stofflich einfachere Bestandteile zerlegen läßt. Es ist plausibel, daß eine solche Zerlegung in der Regel eine *Energie-Zufuhr* erfordert; denn wären diese Bestandteile nicht durch starke Kräfte verbunden, die erst überwunden werden müssen,

[5] Vgl. dazu Kap. XXXIV, Abb. 40, S. 283.

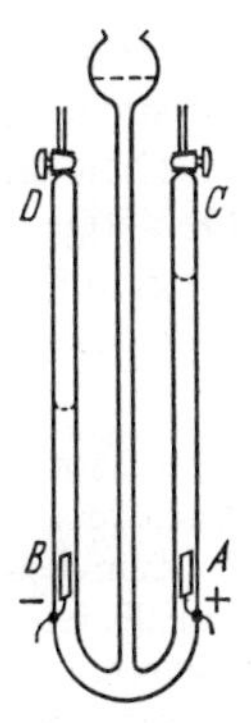

Abb. 2. Wasserzersetzung

so würde ja von selbst Zerfall eintreten[1]. In besonders anschaulicher Form kann diese Energiezufuhr auf *elektrischem* Wege erfolgen. Legt man bei dem in Abb. 2 dargestellten Apparat bei A eine positive, bei B eine negative Spannung an, so zersetzt sich das Wasser[2], und es bilden sich an den Elektroden Gase, die sich bei C und D ansammeln, und zwar bildet sich bei D ein doppelt so großes Volumen wie bei C. Es sind also hier durch Zufuhr von Energie aus dem flüssigen Wasser zwei neue, gasförmige Bestandteile entstanden, das Wasser ist zerlegt worden. Beide Gase sind farblos, aber stofflich verschieden. Das bei C aufgefangene bringt einen glühenden Span zum Aufflammen, brennt aber selbst nicht; das andere Gas dagegen ist brennbar, unterhält aber die Verbrennung nicht. Dieses zweite Gas nennt man, da es aus dem Wasser entstanden ist, *Wasserstoff*, während das erste aus Gründen, die wir erst S. 73 besprechen werden, *Sauerstoff* genannt wird. Der beschriebene Versuch liefert uns die „*Gleichung*“[3]:

$$\text{Wasser} + \text{Energie} = \text{Wasserstoff} + \text{Sauerstoff}. \qquad (1)$$

[1] Es gibt aber auch Stoffe, die unter Energie*abgabe* zerfallen: „instabile“ Stoffe. Dazu gehören z. B. die *Explosivstoffe*, bei denen die Auslösung dieser freiwilligen Zersetzung u. U. schon durch geringfügige äußere Anlässe, z. B. durch Schlag, erfolgen kann.

[2] Der Versuch läßt sich mit hinreichender Geschwindigkeit nur durchführen, wenn dem Wasser etwas Säure, Lauge oder gewisse Salze zugesetzt werden, da reines Wasser den Strom praktisch nicht leitet (vgl. dazu Kap. XIV). Für die Zersetzung des Wassers selbst ist dieser Zusatz ohne Einfluß.

[3] Bei den chemischen „Gleichungen“ handelt es sich nicht um Gleichungen

Der Elementbegriff. Es entsteht die Frage, ob Wasserstoff und Sauerstoff noch weiter zerlegbar sind. Alle Versuche hierzu sind mißlungen, so daß man heute mit großer Sicherheit sagen kann, daß diese Zerlegung nicht möglich ist[4]. Derartige, chemisch nicht mehr zerlegbare Bestandteile der Materie, aus denen sich die ungeheure Zahl aller anderen Stoffe aufbaut, bezeichnet man nach *Robert Boyle*[5] als Elemente.

Nicht immer hat der Elementbegriff diese Bedeutung gehabt. Die griechischen Philosophen haben über den Aufbau der Stoffwelt verschiedene, z.T. miteinander nicht vereinbare Ansichten entwickelt. Zum Beispiel nahm schon *Demokrit* die Existenz von kleinsten, nicht mehr teilbaren Atomen an; diese Vorstellung wurde zwar immer wieder herangezogen, ist aber erst zu Beginn des 19. Jahrhunderts für die Chemie fruchtbar geworden. Eine sehr große – wir müssen heute sagen unheilvolle! – Bedeutung hat die Elementenlehre von *Empedokles* und *Aristoteles* gewonnen. Danach kann eine gleichsam eigenschaftslose Materie je zwei von den Eigenschaften: warm und kalt sowie trocken und feucht annehmen: kalt und trocken entspricht der Erde, kalt und feucht dem Wasser, warm und feucht der Luft und warm und trokken dem Feuer. Sieht man von dem Feuer – dem man bis ins 18. Jahrhundert stoffliche Natur zugeschrieben hat! – ab, so handelt es sich bei diesen Elementen um die Eigenschaften der Aggregatzustände fest, flüssig, gasförmig. Im Mittelalter betrachteten dann die Alchimisten Quecksilber, Schwefel und Salz als Elemente. Auch das Phlogiston (vgl. S. 39) entspricht eigentlich den Vorstellungen von Aristoteles, obwohl diese Vorstellung erst nach der Definition des Elementbegriffes durch *Boyle* entwickelt wurde. Endgültig durchgesetzt hat sich der moderne Elementbegriff erst am Ende des 18. Jahrhunderts durch *Lavoisier* (vgl. S. 39). Erst nach einer Entwicklung von fast zwei Jahrtausenden hat sich also der alte Elementbegriff in den heutigen gewandelt.

Die *Zahl der Elemente*, die man bisher in der Natur gefunden hat, beträgt etwa 90 (vgl. dazu die Tab. 1, Kap. VIII, S. 52)[6].

im mathematischen Sinne. Anstelle des Gleichheitszeichens verwenden viele Autoren einen Pfeil, anstelle des + ist das Symbol ○ vorgeschlagen worden. Wir behalten in diesem Buch die klassische Form bei, bis international eine Regelung erfolgt ist. Vgl. auch S. 19.

[4] Dies gilt allerdings nur so lange, als man nicht mit Energie arbeitet, die um Größenordnungen höher ist; dann ist nämlich noch eine Aufteilung in die *Urbestandteile* der Materie: Protonen, Neutronen, Elektronen usw. möglich; vgl. dazu Kap. XXV. Vgl. ferner das in diesem Kapitel über „Isotope" Angeführte.

[5] Dieser hervorragende englische Naturforscher lebte von 1627 bis 1691.

[6] Künstlich kann man noch weitere Elemente herstellen; vgl. dazu Kap. XXV.

Die Synthese von Wasser aus Wasserstoff und Sauerstoff. Ist nun der durch Gleichung (1) dargestellte Vorgang umkehrbar, d. h. gilt auch die Gleichung:

$$\text{Wasserstoff} + \text{Sauerstoff} = \text{Wasser} + \text{Energie?} \quad (2)$$

Vermischt man die beiden Gase unter Atmosphärendruck, so ereignet sich nichts, wohl aber wenn wir dieses Gemisch lokal erwärmen oder einen elektrischen Funken durchschlagen lassen. Man beobachtet dann als Folge der chemischen Vereinigung der beiden Gase zu Wasserdampf eine Explosion. War das Gemisch in einem Glaskölbchen aufbewahrt, so wird dieses mit äußerst scharfem Knall zersprengt. Man bezeichnet daher Gemische von Wasserstoff mit Sauerstoff oder Luft (Luft besteht etwa zu einem Fünftel aus Sauerstoff, vgl. Kap. V und VII) als *Knallgas.*

Gefahrlos läßt sich die Vereinigung der beiden Gase in einem Gebläsebrenner durchführen (Abb. 3). Die Gase kommen hier erst an der Mündung miteinander in Berührung, so daß die chemische Umsetzung nur an dieser Stelle erfolgen kann. Mit einer solchen Knallgasflamme können Temperaturen von mehr als 2000 °C erzeugt werden; man kann so Porzellan, Platin, Bergkristall usw. schmelzen. Die gemäß Gleichung (1) in das System hineingeschickte elektrische Energie tritt also bei der Vereinigung der Gase als Wärmeenergie wieder in Erscheinung, aber – und das ist für die Ausnutzung durch den Menschen das Entscheidende – in der Form, zu der Zeit und an der Stelle, wie sie für bestimmte Verwendungszwecke gebraucht wird.

Abb. 3. Gebläsebrenner

Daß bei der Verbrennung von Wasserstoff und Sauerstoff tatsächlich gemäß Gleichung (2) *Wasser* gebildet wird, läßt sich leicht zeigen, indem man eine Wasserstoffflamme innerhalb eines von außen gekühlten Rohres aus Quarzglas brennen läßt; es tropft dann das gebildete Wasser am unteren Rohrende ab.

Chemische Verbindungen. Wir können die bisherigen Ergebnisse folgendermaßen zusammenfassen: Wasser kann durch Energiezufuhr in Wasserstoff und Sauerstoff zerlegt werden und entsteht andererseits durch die Vereinigung dieser beiden Gase unter

Energieabgabe. Es bedarf keines besonderen Hinweises, daß es sich bei dieser Vereinigung nicht nur um eine Mischung der beiden Gase handelt; dieses Gemisch, das „Knallgas“, ist ja vom Wasser in allen Eigenschaften verschieden. Bei der Vereinigung der beiden Gase zum Wasser ist vielmehr etwas ganz Tiefgreifendes erfolgt, es hat sich eine *chemische Verbindung* gebildet.

Daß eine chemische Verbindung ganz andere Eigenschaften hat als die Ausgangsstoffe, aus denen sie entstanden ist, sei noch an einem anderen Beispiele dargelegt. Mischt man *Schwefel* und *Eisen* im pulverisierten Zustande, so erhält man ein gelbgraues Pulver, in dem man bei hinreichender Vergrößerung durch Lupe oder Mikroskop noch deutlich die Bestandteile sehen kann. Auch sind die Eigenschaften unverändert geblieben: mit einem Magneten lassen sich die Eisenteilchen herausziehen, mit der Flüssigkeit Kohlenstoffdisulfid[7] kann man den Schwefel herauslösen. Erhitzt man nun dieses Gemisch, so tritt bald an einer Stelle Aufglühen ein, das sich von selbst durch die ganze Masse fortsetzt. Nach dem Erkalten findet man eine schwarze Masse vor, das *Eisensulfid*[8], das sich – falls man das richtige Mischungsverhältnis benutzt hat – auch bei mikroskopischer Betrachtung als homogen erweist. Man kann jetzt mit Kohlenstoffdisulfid den Schwefel nicht mehr herauslösen, ebenso erfolgt keine Anziehung durch den Magneten mehr. Auch aus diesem Beispiel geht klar hervor, daß eine chemische Verbindung etwas ganz anderes ist als ein mechanisches Gemisch der Ausgangsstoffe.

Stabiles und instabiles System. Wir sahen, daß ein Gemisch von Wasserstoff und Sauerstoff sich, wenn die Reaktion erst einmal eingeleitet ist, freiwillig in Wasser umwandelt, wobei Wärmeenergie abgegeben wird. Das gebildete Wasser ist also *ärmer an* „freier“ *Energie*[9] und stellt gegenüber dem *„instabilen“* Gemisch der Ausgangsstoffe das *„stabile“* System dar. Ebenso ist bei dem Beispiel Eisen/Schwefel das gepulverte Gemenge das instabile, energiereichere System, das sich freiwillig in das stabile, energieärmere System, die chemische Verbindung Eisensulfid, umwandelt.

Zersetzung des Wassers bei hohen Temperaturen. Es fragt sich nun, ob bei chemischen Reaktionen immer *vollständige* Umset-

[7] Trivialname: Schwefelkohlenstoff.
[8] Die Reindarstellung von Eisensulfid erfordert allerdings wesentlich größeren Aufwand!
[9] Vgl. dazu Kap. XI.

zung erfolgt, oder ob es auch Fälle gibt, bei denen die Reaktion aufhört, nachdem ein gewisser Teil umgesetzt ist. Bei der Bildung von Wasser aus Wasserstoff und Sauerstoff ist ja die Umsetzung, soweit wir erkennen können, hundertprozentig; denn wenn wir Wasserstoff und Sauerstoff in genau dem richtigen Verhältnis mischen, so ist nach der Reaktion keines der beiden Gase mehr irgendwie nachzuweisen. Das gilt aber nur für nicht allzu hohe Temperaturen; bei sehr hohen Temperaturen ändert sich das Bild. Die Umsetzung ist dann nicht mehr hundertprozentig; es bleiben – wenn auch kleine – Bruchteile Wasserstoff und Sauerstoff unverbunden. Umgekehrt zerfällt (*dissoziiert*) Wasserdampf bei diesen Temperaturen teilweise in seine Bestandteile.

Messungen bei sehr hohen Temperaturen sind schwierig durchzuführen. Man kann in manchen Fällen die Methode des „heißkalten" Rohres anwenden: Man bläst z.B. Wasserdampf durch eine Zone hindurch, die die betreffende hohe Temperatur besitzt; bei diesen Temperaturen stellt sich das Dissoziationsgleichgewicht sehr schnell, praktisch momentan ein. Kommt jetzt das strömende Gas sehr rasch in ein Gebiet tiefer Temperatur, bei der die Reaktionsgeschwindigkeit (vgl. dazu S.20) praktisch Null ist, so wird durch dieses „Abschrecken" der Hochtemperatur-Zustand „eingefroren" und kann nunmehr in Ruhe untersucht werden.

Durch diese und andere Versuche hat sich ergeben, daß der Dissoziationsgrad des Wassers selbst bei sehr hohen Temperaturen gering ist; bei 2000 °C und 1 atm (1,013 bar) beträgt der Bruchteil des Wassers, der zerfallen ist, der „Dissoziationsgrad", rund 2%. Ferner findet man, daß zu jeder Temperatur ein ganz bestimmter Dissoziationsgrad gehört. Mit fallender Temperatur wird der Zerfall zwar geringer; er läßt sich aber auch bei 1000 °C noch nachweisen. Auch bei Zimmertemperatur sollte daher eine gewisse Dissoziation stattfinden, nur ist sie offenbar so gering, daß wir sie nicht mehr messen können.

Das chemische Gleichgewicht und seine Abhängigkeit von der Temperatur. Das beim Wasser erhaltene Ergebnis ist von ganz allgemeiner Bedeutung und gilt für alle Reaktionen. Immer bildet sich ein bestimmtes Mengenverhältnis zwischen den Ausgangsstoffen und dem Reaktionsprodukt aus. Man spricht davon, daß sich ein „*chemisches Gleichgewicht*" einstellt, und schreibt z.B. im vorliegenden Falle: Wasserstoff + Sauerstoff $\rightleftharpoons$ Wasser. Das Zeichen $\rightleftharpoons$ besagt, daß die Umsetzung nur so weit verläuft, bis sich das dem betreffenden System unter den jeweiligen Versuchsbedingungen eigene Mengenverhältnis zwischen Ausgangsstoffen und Reaktionsprodukt(en) eingestellt hat. Es ist dabei gleichgültig, ob man von Wasserstoff und Sauerstoff oder von Wasser ausgeht; in beiden Fällen kommt man zu demselben Gleichgewicht.

Von großem Einfluß auf die Lage derartiger Gleichgewichte ist die *Temperatur*. In unserem Beispiel ist die Wasserbildung bei niederen Temperaturen praktisch vollständig, während mit zunehmender Temperatur ein immer größer werdender Anteil Wasserstoff und Sauerstoff im Gleichgewicht auftritt. Man sagt: Das Gleichgewicht wird mit zunehmender Temperatur nach der Seite steigender Dissoziation verschoben; Näheres vgl. Kap. XXII.

Die Reaktionsgeschwindigkeit und ihre Abhängigkeit von der Temperatur. Der Übergang des instabilen Gemisches Wasserstoff–Sauerstoff in Wasser erfolgt, wie wir gesehen haben, bei höheren Temperaturen außerordentlich schnell. Bei Zimmertemperatur läßt er sich jedoch nicht nachweisen; Knallgas ist praktisch unbegrenzt haltbar. Trotzdem müssen wir annehmen, daß auch bei tiefen Temperaturen ein Umsatz erfolgt, nur ist hier die *Reaktionsgeschwindigkeit*, d. h. die in der Zeiteinheit umgesetzte Stoffmenge, unmeßbar klein.

Im Gegensatz zur Knallgasreaktion gibt es sehr viele andere chemische Reaktionen, bei denen die Umsetzung schon bei Zimmertemperatur mehr oder weniger rasch verläuft und bei denen man daher den Einfluß der Temperatur auf die Reaktionsgeschwindigkeit bequem untersuchen kann. Man findet bei solchen Versuchen meist eine logarithmische Abhängigkeit der Geschwindigkeit von der Temperatur. Dies würde folgendes bedeuten: Vielfach bedingt eine Erhöhung der Temperatur um 10 °C etwa eine Verdoppelung der Reaktionsgeschwindigkeit. Damit würde sie bei 120 °C bereits etwa das tausendfache, bei 220 °C das millionenfache des Wertes von 20 °C erreichen.

Nun wird zwar beim *Anzünden* mit einem Streichholz oder beim Durchschlagen eines Funkens nur eine kleine Stelle des Knallgasgemisches erhitzt; aber wenn so erst einmal die Umsetzung eingeleitet ist, dann entwickelt sie selbst gemäß Gleichung (2) Wärme, die die benachbarten Gasteile zur Reaktion bringt, und zwar schneller, als sie durch Wärmeleitung aus dem System abgeführt werden kann. Dies bedingt das explosionsartige Übergreifen der einmal eingeleiteten Umsetzung auf das ganze Gemisch[10].

Beschleunigung der Reaktionsgeschwindigkeit durch Katalysatoren. Es gibt aber noch einen anderen Weg, um die Reaktionsgeschwindigkeit zu vergrößern. Leitet man ein Knallgasgemisch über sehr fein verteiltes Platin, so entzündet es sich. Das Platin hat also die Eigenschaft, die Geschwindigkeit der Reaktion stark zu vergrößern; es ist bemerkenswert, daß das Platin dabei selbst unverändert bleibt. Derartige Stoffe bezeichnet man als *Katalysatoren.* Die Lage eines Gleichgewichts kann durch einen Katalysator keinesfalls geändert werden, sondern nur die Geschwindigkeit, mit der es sich einstellt.

Platin wirkt nicht nur hier, sondern auch bei vielen anderen Reaktionen beschleunigend. Es gibt aber auch Stoffe, die nur auf ganz bestimmte Reaktionen katalytisch wirken, andere dagegen unbeeinflußt lassen. Gerade die Entwicklung derartiger „*spezifischer*" Katalysatoren ist für die neuere chemische Technik von größter Bedeutung geworden.

III. Gasgesetze; Physikalische Größen und das SI-System

Gasgesetze. Bei der Erörterung der quantitativen Zusammensetzung des Wassers werden wir uns mehrfach mit Messungen an Gasen beschäftigen müssen; es wird daher nützlich sein, einige Bemerkungen über *Gasgesetze* vorauszuschicken.

Der Zustand eines Gases ist, solange keine chemische Umsetzung erfolgt, durch vier Größen bestimmt: 1. Masse[1], 2. Temperatur, 3. Volumen und 4. Druck. Von diesen Größen wollen wir die *Masse konstant* halten. Solange

[10] Vgl. dazu aber S. 33 Anm. 14 und S. 71.

[1] Die Masse eines Gases kann man durch Wägung feststellen, wobei man besonders sorgfältig darauf achten muß, den Auftrieb durch die umgebende Luft auszuschalten. Man stellt z. B. zunächst das Gewicht eines evakuierten Glaskolbens fest und anschließend das Gewicht des gleichen Kolbens, der mit dem betreffenden Gase gefüllt ist. Das Gewicht von 1 l trockner (vgl. dazu S. 43) Luft bei 0 °C und 1,0325 bar (= 1 atm) Druck beträgt 1,2928 g.

die Masse des Gases pro Volumeinheit (Dichte) nicht allzu groß ist („ideales“ Gas), gelten dann folgende Gesetze:

1. Ist *die Temperatur konstant*, Volumen und Druck veränderlich, so gilt die Gleichung

$$V_1 \cdot p_1 = V_2 \cdot p_2 = V_3 \cdot p_3. \tag{1}$$

Dieses Gesetz, das von *Boyle* (vgl. S.16) und unabhängig davon von *Mariotte* gefunden wurde, besagt also, daß Druck und Volumen einander umgekehrt proportional sind.

2. Ist *der Druck konstant*, Volumen und Temperatur veränderlich, so gilt das durch Gleichung (2) dargestellte Gesetz von *Gay-Lussac*[2]: $V_t = V_0(1 + \alpha t)$. Dabei bedeutet V_t das Volumen bei t °C, V_0 das Volumen bei 0 °C. α ist für *alle* verdünnten Gase gleich 1/273. Gleichung (2) geht daher über in:

$$V_t = V_0\left(1 + \frac{t}{273}\right) = V_0\left(\frac{273 + t}{273}\right). \tag{2}$$

3. Ist schließlich das *Volumen konstant*, Druck und Temperatur veränderlich, so gilt die ebenfalls von *Gay-Lussac* gefundene, der Gleichung (2) vollkommen entsprechende Beziehung (3): $p_t = p_0(1 + \alpha t)$. α besitzt hier ebenfalls für *alle* Gase den Wert 1/273; also gilt analog:

$$p_t = p_0\left(1 + \frac{t}{273}\right) = p_0\left(\frac{273 + t}{273}\right). \tag{3}$$

Absolute Temperatur. Die Gleichungen (2) und (3) bekommen eine bequemere Form, wenn man eine neue Temperaturskala einführt, die durch die Gleichung: $T = 273 + t$ definiert ist. Die beiden Gleichungen nehmen dann folgende Form an:

$$V_t = V_0 \cdot \frac{T}{273}; \quad p_t = p_0 \cdot \frac{T}{273} \quad \text{bzw.} \quad \frac{V_{t_1}}{V_{t_2}} = \frac{T_1}{T_2}; \quad \frac{p_{t_1}}{p_{t_2}} = \frac{T_1}{T_2}.$$

Diese Einführung von T hat aber nicht nur formale Bedeutung, indem nach den Gesetzen für ideale Gase bei $T = 0$ – oder, was dasselbe ist, bei $t = -273$ °C – sowohl das Volumen als auch der Druck Null wird[3]. Es ist nämlich überhaupt unmöglich, eine tiefere Temperatur zu erreichen. Man bezeichnet daher -273 °C[4] als den *absoluten Nullpunkt* und die in der T-Skala angegebenen Temperaturen als „absolute Temperaturen“; international wird die Abkürzung K (zu Ehren des englischen Forschers Lord *Kelvin*) benutzt. Dabei läßt man das ° weg. Beispiel: 20 °C ≙ 293 K; -183 °C ≙ 90 K.

[2] Der französische Chemiker *Joseph Louis Gay-Lussac* lebte von 1778 bis 1850.
[3] Das ist allerdings nicht realisierbar, da alle Gase schon vorher flüssig bzw. fest werden.
[4] Genauer $-273{,}15$ °C.

Allgemeine Gasgleichung für konstante Gasmenge. Man kann die Gleichungen (1), (2) und (3) zusammenfassen zu der Gleichung

$$p_t \cdot V_t = \frac{p_0 \cdot V_0}{273} \cdot T. \qquad (4)$$

Für die meisten Berechnungen schreibt man bequemer: $p_1 \cdot V_1/p_2 \cdot V_2 = T_1/T_2$. Diese Gleichung ergibt sich aus den Gleichungen (1) bis (3) auf folgende Weise: Um ein Gas von dem Druck p_1, dem Volumen V_1 und der Temperatur t_1 auf die Temperatur t_2, den Druck p_2 und das dann dazugehörige Volumen V_2 zu bringen, geht man in zwei Schritten vor. Man läßt zunächst die Temperatur konstant und ändert nur den Druck von p_1 auf p_2. Dann erhalten wir: $p_1 \cdot V_1 = p_2 \cdot V_{2,t_1}$. Der Index t_1 soll bedeuten, daß sich dieses Volumen noch auf die ursprüngliche Temperatur t_1 bezieht. Dann ändern wir bei konstantem Druck p_2 die Temperatur von t_1 auf t_2. Hierfür liefert Gleichung (2) die Beziehung $V_{2,t_1}/V_{2,t_2} = T_1/T_2$ bzw. $V_{2,t_1} = V_{2,t_2} \cdot T_1/T_2$. Setzen wir dies ein und schreiben, wie oben angegeben, statt V_{2,t_2} einfach V_2, so erhalten wir $p_1 \cdot V_1 = p_2 \cdot V_2 \cdot T_1/T_2$. Das entspricht der obigen Gleichung.

Beispiel: Gefunden sei bei 20 °C (≙ 293 K) und 653 Torr ein Volumen von 253 cm³. Gefragt ist nach dem Volumen bei 0 °C (≙ 273 K) und 760 Torr (= 1,01325 bar = 1 atm).

$$V(0\,^\circ\mathrm{C}, 760\ \mathrm{Torr}) = \frac{273 \cdot 653 \cdot 253}{293 \cdot 760} = 203\ \mathrm{cm}^3.$$

Reduktion auf Normalbedingungen. Will man Gasvolumina zueinander in Beziehung setzen, so muß man sie auf den gleichen Druck und die gleiche Temperatur beziehen. In der Regel pflegt man 0 °C und 1 atm als „*Normalbedingungen*“ zu wählen. Grundsätzlich ist aber jeder andere Druck und jede andere Temperatur zum Vergleich ebenso berechtigt; 0 °C und 1 atm sind jedoch aus experimentellen Gründen bequem. Die oben durchgeführte Rechnung bedeutet also eine Reduktion auf Normalbedingungen (vgl. dazu Kap. XXIII, Anm. 22).

Physikalische Größen und das SI-System. Meßbare Eigenschaften von Dingen, physikalischen Vorgängen oder Zuständen nennt man „*physikalische Größen*“. Dazu gehören z. B. Länge, Volumen, Masse, Zeit, Geschwindigkeit, Temperatur usw. Das Meßergebnis für eine physikalische Größe ist das Produkt aus einem Zahlenwert und einer Einheit, z. B.: Dieses Seil hat eine Länge von 5 m; dieses Mineral hat eine Dichte von 2,7 g/cm³; diese Lösung hat eine Temperatur von 18 °C.

Für allgemeine Zwecke bezeichnet man die einzelnen physikalischen Größen durch *Symbole*, die fast stets aus nur einem Buchstaben bestehen, der im Druck *kursiv* (schräg) zu setzen ist.

Beispiele:

$v = l/t$ bedeutet: Geschwindigkeit = Länge durch Zeit

$\varrho = m/V$ bedeutet: Dichte = Masse durch Volumen

$F = m \cdot l \cdot t^{-2}$ bedeutet:
Kraft = Masse mal Länge mal Zeit hoch −2.

Man achte darauf, daß entweder kleine oder große lateinische oder auch griechische Buchstaben verwendet werden. Man gewöhne sich daran, nur diese Symbole für die betreffenden Größen zu benutzen.
Eine spezielle Größe ist unabhängig von der verwendeten Einheit: $l = 110$ cm = 1,10 m.

Die für Physik und Chemie wichtigen Größen lassen sich auf 7 sogenannte *Basisgrößen* zurückführen, d.h. durch Multiplikation und Division von ihnen ableiten. Diese 7 Basisgrößen und die zugehörigen 7 *Basiseinheiten* bilden die Grundlage des „*Système International*“ = SI. Dies sind im einzelnen:[5]

Basisgröße	Symbol	Basiseinheit	Symbol
Länge	l	das Meter	m
Masse	m	das Kilogramm	kg
Zeit	t	die Sekunde	s
elektrische Stromstärke	I	das Ampere	A
thermodynamische Temperatur	T	das Kelvin[6]	K
Stoffmenge	n	das Mol[7]	mol
Lichtstärke	I_v	die Candela	cd

[5] Früher führte man auch die elektrischen auf mechanische Größen zurück; da als Grundeinheiten dabei Centimeter, Gramm und Sekunde dienten, nennt man dies das *CGS-System*. Es ist durch das SI-System abgelöst. In diesem System werden auch für weitere, in der Chemie viel benutzte Einheiten, wie cal und atm, andere Einheiten (Joule und bar) benutzt. Der Übergang zum SI-System findet z.Zt. statt. Manche Forscher benutzen noch das CGS-System, andere bereits das SI-System. In diesem Buch sind Physikalische Größen in der Regel nach beiden Systemen angegeben.
[6] Vgl. S. 22. Die Größe der Einheit 1 K ist die gleiche wie die von 1 °C.
[7] Erklärung des Mol-Begriffes, s. Kap. IX.

Die Symbole der Einheiten, die nach einer Person benannt sind, werden groß geschrieben, die übrigen klein; alle werden im Druck durch *nicht-kursive, senkrechte* Lettern gekennzeichnet.

Man gewöhne sich daran, die international vereinbarten Schreibweisen zu benutzen, um Mißverständnisse zu vermeiden; man vergleiche: m Meter, *m* Masse, *M* molare Masse (S. 56), *l* Länge, l Liter, *K* Gleichgewichtskonstante (S. 138f.), K Kelvin.

Die SI-Einheiten für Größen, die aus den 7 Basisgrößen abgeleitet werden, werden entsprechend durch Multiplikation und Division der Basiseinheiten gebildet, z.B. für die Geschwindigkeit m/s oder $m \cdot s^{-1}$. Für einige solcher abgeleiteter Einheiten sind besondere Namen eingeführt, z.B.

für die Kraft: $1\ kg \cdot m/s^2 = 1\ N$ (1 Newton)
für den Druck: $1\ N/m^2 = 1\ Pa$ (1 Pascal)
für die Energie: $1\ N \cdot m = 1\ J$ (1 Joule, sprich dschul)
für die Leistung: $1\ J/s = 1\ W$ (1 Watt)

Dezimale *Vielfache und Teile von Einheiten* können durch Vorsetzen von bestimmten Vorsilben vor den Namen der Einheit bezeichnet werden:

Bruchteil	Vorsatz	Symbol	Vielfaches	Vorsatz	Symbol
10^{-1}	Deci	d	10	Deka	da
10^{-2}	Centi	c	10^2	Hekto	h
10^{-3}	Milli	m	10^3	Kilo	k
10^{-6}	Mikro	µ	10^6	Mega	M
10^{-9}	Nano	n	10^9	Giga	G
10^{-12}	Piko	p	10^{12}	Tera	T
10^{-15}	Femto	f	10^{15}	Peta	P
10^{-18}	Atto	a	10^{18}	Exo	E

($1\ km = 10^3\ m$; $1\ dm = 10^{-1}\ m$; $1\ mmol = 10^{-3}\ mol$.)

Folgende Einheiten gehören nicht zum SI-System, dürfen aber weiter benutzt werden: für 10^5 Pa die Einheit Bar (1 bar), für $1\ dm^3$ die Einheit Liter (1 l), neben der Thermodynamischen Temperatur *T* die Celsiustemperatur *t* (vgl. S. 22).

Die Verwendung des SI-Systems ist in der Bundesrepublik für den geschäftlichen Verkehr durch Bundesgesetz angeordnet. Einige ältere und viel gebrauchte Einheiten waren noch bis Ende 1977 zugelassen. Davon sind für das vorliegende Buch wichtig:

für die Länge:	das Ångström; 1 Å = 10^{-10} m
für die Kraft:	das Pond; 1 p = 0,009 806 65 N
	das Dyn; 1 dyn = 10^{-7} N
für den Druck:	die physikalische Atmosphäre; 1 atm = 101 325 Pa = 1,013 25 bar
	das Torr bzw. mm Hg-Säule; 1 mm Hg ≈ 1 Torr = $\frac{1}{760}$ atm = 133,322 Pa = = 1,333 22 mbar
für die Energie:	die thermochemische Kalorie; 1 cal = 4,184 J
	das Erg; 1 erg = 10^{-7} J
für die Leistung:	die Pferdestärke; 1 PS = 735,498 75 W.

IV. Quantitatives über die Zusammensetzung des Wassers

Das Gesetz von der Erhaltung der Masse. Durch zahlreiche, z.T. mit außerordentlicher Sorgfalt durchgeführte Untersuchungen hat sich gezeigt, daß sich bei chemischen Umsetzungen die Masse nicht ändert, d.h. daß das Gewicht der Reaktionsprodukte gleich dem der Ausgangsstoffe ist.[1] Dieses zuerst von dem Franzosen *Lavoisier*[2] in seiner vollen Bedeutung erkannte Gesetz von der Erhaltung der Masse ist eines der wichtigsten Naturgesetze. Es ist ferner die Grundlage für alle Bemühungen, die Zusammensetzung irgendeines Stoffes nicht nur qualitativ, sondern auch *quantitativ* zu ermitteln. Es läuft dabei immer darauf hinaus, einmal die Ausgangsstoffe, zum anderen die Reaktionsprodukte zu wägen. Die „analytischen Waagen", empfindliche Instrumente, die bei einer Maximalbelastung von 100 g noch $^1/_{10000}$ g (= $^1/_{10}$ mg)[3] zu bestimmen gestatten, gehören daher

[1] Dies gilt nur für die relativ geringen Energieänderungen bei chemischen Reaktionen; bei den sehr großen Energieänderungen bei Atomkernreaktionen (S. 183) tritt eine meßbare Massenänderung auf.
[2] *Antoine Laurent Lavoisier* lebte von 1743 bis 1794.
[3] mg = Milligramm, µg = Mikrogramm; s. S. 25.

zum täglichen Handwerkszeug des Chemikers. Die „Mikrowaagen“ besitzen sogar eine Empfindlichkeit von 1 µg = $^1/_{1000}$ mg [3].

Die quantitative Zusammensetzung des Wassers. Nach diesen allgemeinen Betrachtungen wollen wir uns nun wieder unserer besonderen Frage, der Zusammensetzung des Wassers, zuwenden. Nach dem Gesetz von der Erhaltung der Masse ist das Gewicht der bei der Elektrolyse entstandenen Gase gleich dem des zersetzten Wassers. 1 l Wasserstoff wiegt bei 0 °C und 1,013 bar 0,0899 g, 1 l Sauerstoff 1,429 g. Da nun bei der Zersetzung von Wasser 2 Volumina Wasserstoff auf 1 Volumen Sauerstoff entstehen, so verhält sich im Wasser der Massenanteil von Wasserstoff zu Sauerstoff wie 2 · 0,0899 zu 1,429, also wie 1 : 7,95. Der Massenanteil des Wassers an Wasserstoff beträgt demnach 11,2%, der an Sauerstoff 88,8%.

Das Gesetz der konstanten Proportionen. Wenn wir reines Wasser beliebiger Herkunft untersuchen, so finden wir immer den gleichen Massenanteil an Wasserstoff und Sauerstoff; reines Wasser hat also stets *qualitativ* und *quantitativ* die gleiche Zusammensetzung[4]. Was hier für Wasser gezeigt ist, gilt für außerordentlich viele[5] chemische Verbindungen, gleichgültig, ob es sich um feste, flüssige oder gasförmige Stoffe handelt: der Massenanteil an den einzelnen Bestandteilen ist unabhängig von Herkunft[4] und Herstellung. Dies ist das Gesetz der *konstanten Proportionen.*

Das Gesetz der multiplen Proportionen. Es ist aber auch möglich, daß zwei Elemente mehrere Verbindungen miteinander bilden. So werden wir später eine zweite ebenfalls aus Wasserstoff und Sauerstoff zusammengesetzte Verbindung kennenlernen,

[4] Ganz geringe Unterschiede können allerdings dadurch bedingt sein, daß verschiedene Anteile an „*Isotopen*“, besonders des Wasserstoffs, vorhanden sind (vgl. dazu Kap. XXV).

[5] Jedoch *nicht* für *alle* Verbindungen; vgl. dazu S. 256 über Eisensulfid sowie besonders S. 288 über Legierungen. Die Gesetze der konstanten und multiplen Proportionen, oft auch als „chemische Grundgesetze“ bezeichnet, sind nur „*Grenzgesetze*“. Sie gelten jedoch für so viele Verbindungsklassen streng, daß sie auch heute noch eine gute Grundlage für eine Einführung in die Chemie darstellen.

das Wasserstoffperoxid. Untersuchen wir dessen Zusammensetzung, so ergibt sich, daß in ihr mit 1 g Wasserstoff 15,9 g Sauerstoff verbunden sind, während das Verhältnis beim Wasser 1 : 7,95 ist. 15,9 ist aber gerade 2 × 7,95. Wir erhalten hieraus und aus ähnlichen Beispielen das erstmalig 1804 von *Dalton*[6] ausgesprochene, endgültig von *Berzelius*[7] bewiesene Gesetz der *multiplen Proportionen*: Wenn zwei Elemente mehrere Verbindungen miteinander eingehen, so stehen die Massen des einen Elementes, die sich mit einer bestimmten Masse des anderen verbinden, zueinander im Verhältnis einfacher ganzer Zahlen.

Das Volumgesetz von Gay-Lussac und A. v. Humboldt. Reagieren Flüssigkeiten oder feste Stoffe miteinander, so bestehen zwischen den Volumina der Stoffe, die sich miteinander umsetzen, keine einfachen Beziehungen. Auch zwischen den Volumina der Ausgangsstoffe und denen der Reaktionsprodukte lassen sich einfach deutbare Zusammenhänge nicht erkennen; vielfach treten keine großen Volumenänderungen ein, in manchen Fällen findet man aber auch erhebliche Volumenvergrößerungen (Dilatationen) oder -verkleinerungen (Kontraktionen).

Ganz anders ist es im Sonderfalle der *Gasreaktionen*. Hier erkennen wir schon bei der elektrolytischen Spaltung des Wassers, daß das Verhältnis der Volumina von Wasserstoff zu Sauerstoff 2 : 1 ist, d. h. daß es sich durch *kleine ganze Zahlen* ausdrücken läßt.

Es fragt sich, ob auch zwischen dem Volumen des gebildeten Wasserdampfes und den Volumina des zu seiner Herstellung benutzten Wasserstoffs und Sauerstoffs einfache Beziehungen bestehen. Bei normalem Druck und Zimmertemperatur können wir das nicht prüfen, da Wasser unter diesen Bedingungen flüssig ist. Wenn wir aber eine „Synthese“ des Wassers aus seinen Be-

[6] Der Engländer *John Dalton* (1786–1844) hat als erster die Annahme, daß die Materie aus Atomen aufgebaut ist, erfolgreich zur Erklärung quantitativer Zusammenhänge benutzt; s. S. 29.

[7] Der Schwede *Jöns Jacob Berzelius* (1779–1848) ist der bedeutendste anorganische Chemiker aller Zeiten gewesen. Seine größte Leistung bestand in der Schaffung eines ersten Systems der relativen Atommassen („Atomgewichte“, vgl. Kap. IX), das bereits von einer erstaunlichen Vollendung war.

standteilen bei höheren Temperaturen und – wegen der sonst explosionsartigen Umsetzung! – unter vermindertem Druck durchführen, so bleibt das Wasser gasförmig. Der Versuch zeigt dann, daß 2 Volumina Wasserstoff und 1 Volumen Sauerstoff, also 3 Volumina Knallgas, 2 Volumina Wasserdampf ergeben.

Es bestehen also bei dieser Gasreaktion tatsächlich einfache Beziehungen zwischen den Volumina der Ausgangsstoffe und des Endproduktes. Was hier gilt, trifft auch in anderen Fällen zu; wir erhalten das Volumgesetz von *Gay-Lussac* und A. v. *Humboldt*, das aussagt: Reagieren zwei Gase miteinander, so stehen bei gleichem Druck und gleicher Temperatur die Volumina der reagierenden Gase sowohl zueinander als auch zu dem Volumen des entstehenden Gases in einfachen Zahlenverhältnissen.

Atom- und Molekülbegriff. Diese einfachen Beziehungen – nämlich das Gesetz der konstanten und multiplen Proportionen wie das Volumgesetz der Gasreaktionen – verlangen nach einer *Deutung*. Einen ersten wichtigen Schritt hierzu verdankt man *Dalton*, der den *Atombegriff* erstmalig in seiner heutigen Bedeutung benutzte und folgende Leitsätze aufstellte:

1. Jedes Element besteht aus gleichartigen[8] Atomen von unveränderlicher Masse.

2. Die chemischen Verbindungen bilden sich durch Vereinigung der Atome verschiedener Elemente nach einfachen Zahlenverhältnissen.

Diese beiden Sätze gelten bis heute unverändert[9]. Der Atombegriff hat sich als eine der wichtigsten Grundlagen für das Verständnis des Aufbaues der Materie erwiesen.

Zu einer restlosen Erklärung der genannten Regelmäßigkeiten ist aber außerdem noch der von *Avogadro*[10] geschaffene *Molekülbegriff* notwendig. Unter Molekülen (oder Molekeln)[11] ver-

[8] Vgl. aber Kap. XXV („Isotope").
[9] Bezüglich der einfachen Zahlenverhältnisse vgl. aber die in Anm. 5, S. 27 gegebenen Hinweise.
[10] Der italienische Physiker *Graf Amadeo Avogadro* lebte von 1776–1856.
[11] Sprachlich besser ist im Deutschen „die Molekel", da sich das Wort von „molecula" (kleine Masse) ableitet. Die Mehrzahl der deutschen Chemiker bevorzugt aber „das Molekül".

steht man in einem gasförmigen System die kleinsten Teilchen, die sich als einheitliches Ganzes im Raume fortschreitend bewegen.

Nach der *kinetischen Gastheorie* befinden sich nämlich die kleinsten Teilchen eines Gases, die eben genannten Moleküle, in einer dauernden Bewegung, die um so lebhafter ist, je höher die Temperatur steigt. Infolge dieser Bewegung finden dauernd Zusammenstöße zwischen den Molekülen statt. Durch den Anprall der Moleküle auf die Gefäßwand wird der Druck des Gases hervorgerufen.

Die Moleküle kann man im Mikroskop nicht direkt sichtbar machen, da sie dazu viel zu klein sind. Die Wärmebewegung findet sich aber auch noch bei größeren, aus vielen Millionen von Atomen bestehenden Teilchen als sogenannte „*Brown*sche *Bewegung*". Beobachtet man z. B. Zigarettenrauch oder auch eine Suspension von Ultramarin in Wasser vermittels eines Mikroskopes starker Vergrößerung, so sieht man, daß die einzelnen Teilchen sich in lebhafter Bewegung befinden. Noch deutlicher ist diese Bewegung zu erkennen, wenn sehr kleine Teilchen vorliegen, wie z. B. in den sogenannten „*kolloiden Lösungen*" (Näheres s. Kap. XXIV). Hier kann man allerdings mit dem gewöhnlichen Mikroskop nichts mehr erkennen, wohl aber mit dem „*Ultramikroskop*", bei dem nicht die Teilchen selbst, sondern nur die durch sie hervorgerufenen Beugungserscheinungen beobachtet werden. – Größer als bei den Lichtmikroskopen ist das Auflösungsvermögen des „*Elektronenmikroskops*". Unter gewissen Bedingungen kann man hiermit die Auflösung bis zu einzelnen Atomen steigern.

Ausgehend von den Versuchen von *Gay-Lussac* und *v. Humboldt* stellte nun *Avogadro* 1811 die Hypothese auf, daß *gleiche Volumteile von Gasen* bei gleichem Druck und gleicher Temperatur *die gleiche Anzahl von Molekülen enthalten.* Damit war gleichzeitig verständlich gemacht, warum sich gleiche Volumina der verschiedenen Gase, bei gleichem Druck und gleicher Temperatur gemessen, nach den Gasgesetzen gegenüber Druck- und Temperaturänderungen ganz gleichartig verhalten. Die Hypothese von *Avogadro* wurde zwar zunächst wenig beachtet. Erst auf dem ersten internationalen Chemiker-Kongreß 1860 in Karlsruhe setzte sich die Überzeugung durch, daß die Theorie von *Avogadro* eine der wichtigsten Grundlagen für die Erkenntnis der Zusammensetzung der Moleküle darstellt. Sie ist heute als sichergestelltes Naturgesetz anzusehen.

Die Zusammensetzung des Wasser-Moleküls; chemische Formelsprache. Es soll nun auf Grund der *Avogadro*schen Hypothese entschieden werden, wie das Wassermolekül aufgebaut ist. Es wird also gefragt: Besteht das Wassermolekül aus 1 Atom Wasserstoff und 1 Atom Sauerstoff – wie es *Dalton* zunächst annahm! – oder aus 2 Atomen Wasserstoff und 1 Atom Sauerstoff oder aus 1 Atom Wasserstoff und 2 Atomen Sauerstoff oder ist es komplizierter aufgebaut, etwa aus 15 Atomen Wasserstoff und 24 Atomen Sauerstoff usw.?

Für solche Angaben bedient man sich in der Chemie einer abgekürzten, sehr zweckmäßigen *Schreibweise*, die von *Berzelius* herrührt. Man bezeichnet jedes Element durch einen oder zwei lateinische Buchstaben, z. B. Wasserstoff durch H (abgeleitet von Hydrogenium[12], der lateinisch-griechischen Bezeichnung für Wasserstoff), Sauerstoff (Oxygenium) durch O, Natrium durch Na, und schreibt nun die Zahl der Atome, die sich von jedem einzelnen Element in dem Molekül befinden, rechts unten an das betreffende Symbol. Die oben genannten Möglichkeiten würde der Chemiker also folgendermaßen schreiben: HO, H_2O, HO_2, $H_{15}O_{24}$.

Um nun zu entscheiden, welche von diesen Formeln die richtige ist, ging *Avogadro* von dem experimentellen Befund aus, daß – gleichen Druck und gleiche Temperatur vorausgesetzt – 2 Liter Wasserstoff und 1 Liter Sauerstoff 2 Liter Wasserdampf ergeben. Da nun nach seiner Grundannahme in einem Liter aller Gase bei gleichem Druck und gleicher Temperatur eine ganz bestimmte Anzahl von Molekülen vorhanden ist – wir wollen sie mit N_1 bezeichnen –, so müssen 2 N_1 Wasserstoffmoleküle mit N_1 Sauerstoffmolekülen 2 N_1 Wassermoleküle bilden. Dividiert man durch 2 N_1, d.h. bezieht man sich auf 1 Wassermolekül, so gilt: 1 Wasserstoffmolekül + $\frac{1}{2}$ Sauerstoffmolekül ergibt 1 Wassermolekül. Daraus folgt, daß das Sauerstoffmolekül nicht nur aus einem Atom bestehen kann; denn sonst müßte ja im Wasser-

[12] Es ist vorgeschlagen worden, in der deutschen wissenschaftlichen Literatur statt Wasserstoff und Sauerstoff *Hydrogen* und *Oxygen* zu sagen; entsprechend *Nitrogen* für Stickstoff, *Carbon* für Kohlenstoff und *Sulfur* für Schwefel. Es ist abzuwarten, ob sich diese Namen durchsetzen werden.

molekül ein halbes Sauerstoffatom vorhanden sein, was der Unteilbarkeit der Atome widerspricht. *Avogadro* gelangte so bereits 1811 zu der seiner Zeit weit vorauseilenden Erkenntnis, daß das Sauerstoffmolekül *mindestens aus zwei Atomen* besteht.

Ob es nun allerdings nur zwei Atome und nicht ein Vielfaches davon (etwa vier oder sechs) enthält, kann man aus dieser Reaktion allein nicht entscheiden. Prüft man nun aber andere Reaktionen, so ergibt sich, daß in keinem einzigen Falle die Notwendigkeit vorliegt, mehr als zwei Atome im Sauerstoffmolekül anzunehmen. Auf Grund des in der Naturwissenschaft allgemein befolgten Grundsatzes, von den an sich vorhandenen Möglichkeiten die einfachste als richtig anzusehen, kommt man daher zu dem Ergebnis, daß im Wassermolekül ein Atom Sauerstoff vorhanden ist, im *Sauerstoffmolekül* also *zwei Atome*. Dieses Ergebnis konnte später unabhängig hiervon durch das Studium der physikalischen Eigenschaften sichergestellt werden[13].

Über die Zahl der Atome im *Wasserstoffmolekül* kann man aus dieser Reaktion allein nichts Bestimmtes aussagen; denn die Gleichungen: a) $2H + O_2 = 2HO$, b) $2H_2 + O_2 = 2H_2O$, c) $2H_3 + O_2 = 2H_3O$ usw. stehen alle mit dem experimentellen Befund im Einklang. Man kann es höchstens aus Analogiegründen als wahrscheinlich bezeichnen, daß auch das Wasserstoffmolekül aus zwei Atomen besteht, daß also die Gleichung b) richtig ist.

Beweisen kann man das jedoch erst, wenn man andere Umsetzungen zu Hilfe nimmt. So reagiert z. B. das Element Chlor (Cl) mit Wasserstoff zu einer Verbindung Hydrogenchlorid (Näheres vgl. Kap. XII) nach folgendem Volumverhältnis: 1 Volumen Wasserstoff + 1 Volumen Chlor geben 2 Volumina Hydrogenchlorid oder $H_x + Cl_y = 2H_{x/2}Cl_{y/2}$. Hieraus ergibt sich, daß x bzw. y mindestens die Größe 2 haben müssen. Da es auch in diesem Falle keine einzige Reaktion gibt, die verlangt, daß x oder y größer als 2 (also etwa 4 oder 6) eingesetzt werden, so können wir auch hier den Schluß ziehen, daß das *Wasserstoff-* und das *Chlormolekül* aus je *zwei Atomen* bestehen.

[13] Vgl. dazu S. 59/60.

Die Gleichung für die Bildung des Wassers lautet also: $2H_2 + O_2 = 2H_2O$. Wasser hat demnach die Formel H_2O.

Mit der Feststellung, daß die Moleküle von Wasserstoff und Sauerstoff aus 2 Atomen bestehen, wird verständlich, warum ein Knallgasgemisch erst angezündet werden muß, ehe es reagiert. Lägen Wasserstoff- und Sauerstoff*atome* vor, so wäre das nicht zu verstehen. Da es sich aber in Wirklichkeit nicht um freie Atome, sondern um aneinander gebundene Atom*paare* handelt, so ist für das Eintreten der Reaktion erforderlich, daß erst einmal die Bindung zwischen den beiden Sauerstoff- bzw. Wasserstoffatomen innerhalb der Moleküle gelockert wird. Eine solche Lockerung der Bindung bzw. eine Aufspaltung eines Moleküls in die Atome kann infolge der Zusammenstöße der Moleküle erfolgen. Nun nimmt mit steigender Temperatur sowohl die Zahl als auch die Wucht der Zusammenstöße zu. Bei höherenTemperaturen wird daher öfter Aufspaltung eines Moleküls erfolgen als bei tieferen. Es ist daher verständlich, daß die Reaktion mit merklicher Geschwindigkeit erst bei hohen Temperaturen verläuft[14].

V. Wasserstoff und Sauerstoff

Wasserstoff. Die *Darstellung* des Wasserstoffs erfolgt in der Technik vielfach auf elektrolytischem Wege, ähnlich dem von uns S. 14 beschriebenen. Wir werden im Kap. XXVI solche Verfahren noch näher besprechen[1]. Kleine Mengen stellt man im Laboratorium durch *Einwirkung von Metallen*, wie z. B. Zink, *auf starke Säuren* her. Über den Begriff: „Säure" vgl. Kap. XIII.

Auch aus *Wasser* kann man den Wasserstoff durch Metalle in Freiheit setzen. Bekanntlich unterscheidet man unedle und edle Metalle. Die letzteren sind dadurch ausgezeichnet, daß sie geringe Neigung haben, mit anderen Elementen Verbindungen einzugehen (Silber, Gold, Platin usw.). Die *unedlen* dagegen verbinden sich gern mit sehr vielen Elementen, besonders dem Sauerstoff. Sie sind daher in der Lage, dem Wasser den Sauerstoff

[14] Der Verlauf dieser Reaktion im einzelnen ist verwickelt; wie bei nahezu allen explosionsartig verlaufenden Gasreaktionen liegt auch hier eine sogenannte „*Kettenreaktion*" vor, vgl. dazu S. 71.

[1] Über weitere wichtige technische Darstellungsverfahren vgl. Kap. XXI und XXIII.

zu entziehen und den Wasserstoff in Freiheit zu setzen. Als ein recht unedles Element sei das *Magnesium* genannt. Leitet man Wasserdampf bei höheren Temperaturen über Magnesiumpulver, so verbindet sich der Sauerstoff unter Erglühen mit dem Metall, und man erhält Wasserstoff.

Bei derartigen Einwirkungen von Metallen auf Wasserdampf bilden sich Verbindungen zwischen Metall und Sauerstoff; solche Verbindungen bezeichnet man als *Oxide*. Es gilt also die Gleichung: Unedles Metall + Wasser = Metalloxid + Wasserstoff. Bei den *edleren* Metallen ist es gerade umgekehrt; hier kann man dem Oxid durch Wasserstoff den Sauerstoff entziehen. Das kann man sehr schön beim Kupfer zeigen. Erhitzt man Kupfer auf höhere Temperaturen an der Luft, die ja Sauerstoff enthält, so wird es schwarz, weil sich Kupferoxid bildet. Bringt man ein solches, oberflächlich oxidiertes Stück Kupfer in heißem Zustande in eine Wasserstoffatmosphäre, so erscheint sogleich die hellrote Farbe des Kupfermetalles, weil sich folgende Reaktion abspielt: Kupferoxid + Wasserstoff = Kupfer + Wasser.

Oxidation und Reduktion. Eine solche Loslösung von Sauerstoff aus einer Verbindung bezeichnet man als *Reduktion*, während der entgegengesetzte Vorgang, die chemische Bindung von Sauerstoff, *Oxidation* genannt wird[2]. Beide Vorgänge sind stets miteinander gekoppelt. So ist z.B. im vorliegenden Falle das Kupferoxid zu Kupfer reduziert, der Wasserstoff zu Wasser oxidiert worden. Wasserstoff ist eines der wichtigsten Reduktionsmittel.

Über die *physikalischen Eigenschaften* von Wasserstoff, Sauerstoff und Stickstoff unterrichtet die nachstehende Zusammenstellung:

Symbol	H_2	O_2	N_2
Schmelzpunkt in °C	−259,19	−218,75	−209,99
Siedepunkt in °C	−252,76	−182,97	−195,82
Gasdichte bei 0 °C und 1,01325 bar in g/l	0,089870	1,429	1,25046

[2] Eine allgemeinere Formulierung der Begriffe Oxidation und Reduktion werden wir im Kap. XV kennenlernen.

Wasserstoff ist das leichteste aller Gase. Seine Dichte beträgt nur etwa $^1/_{14}$ von der der Luft. Es ist bekannt, daß man ihn daher zur Füllung von Luftschiffen verwendet hat[3].
Nach dem *Avogadro*schen Gesetz ist die geringe Gasdichte des Wasserstoffs dadurch bedingt, daß die Wasserstoffmoleküle ein besonders geringes Gewicht haben. Damit hängen einige Besonderheiten des Wasserstoffs zusammen. So zeigt er ein besonders hohes Diffusionsvermögen und strömt sehr schnell aus engen Öffnungen aus. Auch leitet er die Wärme besser als irgendein anderes Gas.

Sauerstoff. Die wichtigste Quelle für den Sauerstoff ist die *Luft*. Über ihren Gehalt an Sauerstoff unterrichtet uns folgender Versuch:

Entzündet man ein Stück weißen Phosphors in einer sauerstoffhaltigen Atmosphäre, so tritt unter Bildung eines weißen Nebels von festem Phosphoroxid eine lebhafte Vereinigung des Phosphors mit dem Sauerstoff ein, die dann erst aufhört, wenn der Sauerstoff restlos verbraucht ist. Stellt man eine mit Luft gefüllte, nach unten offene Glocke in Wasser und läßt brennenden Phosphor in einem Schälchen auf dem Wasser schwimmen, so brennt der Phosphor so lange, bis etwa $^1/_5$ der Luft verbraucht ist; dann verlöscht die Flamme. Die Luft besteht also zu rund $^1/_5$ ihres Volumens aus Sauerstoff. Der übrige Teil der Luft muß noch ein oder mehrere andere Gase enthalten, die die Verbrennung von Phosphor und ähnlichen Stoffen nicht unterhalten. Im wesentlichen handelt es sich um das Element *Stickstoff* (Symbol N). Näheres vgl. Kap. VII.

Die *Darstellung* des Sauerstoffs kann – außer durch die S. 14 besprochene Wasserelektrolyse – durch Erhitzen von Oxiden *edler* Metalle erfolgen; denn diese Oxide sind, wie fast alle Verbindungen der Edelmetalle, nicht sehr beständig. So geht z. B. *Quecksilberoxid* HgO beim stärkeren Erhitzen in Sauerstoff und metallisches Quecksilber über. Ferner kann man ihn durch Erhitzen einiger sauerstoffreicher Stoffe erhalten, wie *Kaliumchlorat*[4]

[3] Heute verwendet man an Stelle des brennbaren Wasserstoffs *Helium*, ein Gas aus der Gruppe der Edelgase, vgl. Kap. VII. Seine Dichte ist zwar doppelt so groß wie die von Wasserstoff, auch ist es kostspieliger, aber es ist wie alle Edelgase unbrennbar. Heliumhaltige Erdgasquellen, die für die technische Gewinnung dieses Gases geeignet sind, besitzen u. a. die Vereinigten Staaten von Amerika und Polen.
[4] Die Zersetzung dieses Stoffes unter Sauerstoffabgabe wird durch Braunstein (vgl. S. 73 u. S. 256) katalytisch beschleunigt. Vgl. dazu S. 95.

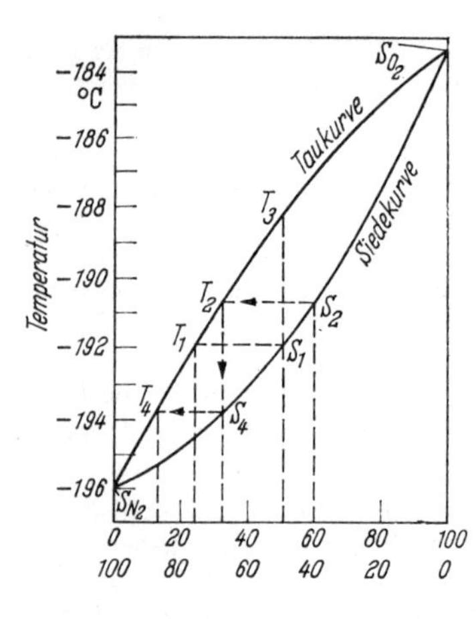

Abb. 4. Siedediagramm Sauerstoff-Stickstoff. Angegeben sind die Anteile von O_2- und N_2-Molekülen an der Mischung in %

$KClO_3$ (vgl. S. 95) oder *Bariumperoxid* BaO_2. Zur *technischen Gewinnung* hat man früher den Umstand ausgenutzt, daß Bariumoxid bei mittleren Temperaturen gemäß $2BaO + O_2 = 2BaO_2$ Luftsauerstoff bindet, während bei hohen Temperaturen BaO_2 wieder in BaO und O_2 zerfällt. Heute erfolgt in der Technik die Darstellung von Sauerstoff ausschließlich durch *Verflüssigung* der Luft (Näheres vgl. Kap. VIII) und teilweises Wiederverdampfen. Nach der Tab. S. 34 siedet Sauerstoff bei −182,97 °C, Stickstoff bei −195,82 °C. Verflüssigte Sauerstoff-Stickstoffgemische zeigen dazwischen liegende Siedepunkte (vgl. die untere Kurve in Abb. 4); z. B. siedet eine aus je 50% O_2- und N_2-Molekülen bestehende Flüssigkeit bei −191,7 °C. Eine Trennungsmöglichkeit ergibt sich nun daraus, daß das bei dem Verdampfen entstehende Gas eine andere Zusammensetzung hat, als die Flüssigkeit; es enthält etwa 77% N_2- und 23% O_2-Moleküle, ist also wesentlich reicher an dem niedriger siedenden Bestandteil. In der Abb. 4 ist dies dadurch zum Ausdruck gebracht, daß neben der „Siedekurve" S_{N_2}—S_1—S_{O_2} noch eine zweite Kurve S_{N_2}—T_1—S_{O_2} eingezeichnet ist, die „Taukurve". Diese gibt die Zusammensetzung an, bei der bei einem Gasgemisch die Abscheidung von Flüssigkeit beginnt; die bei einer bestimmten Temperatur im Gleichgewicht stehenden Zusammensetzungen von Gas und Flüssigkeit erhält man jeweils durch eine Horizontale (z. B. T_1—S_1); bei reinem Stickstoff und Sauerstoff sind die S- und T-Werte natürlich gleich.

Läßt man eine Flüssigkeit, die O_2 und N_2 enthält, verdampfen, so verschiebt sich im Laufe des Verdampfens die Zusammensetzung; wenn eine gewisse Menge verdampft ist, so wäre z. B. aus der ursprünglichen Mischung S_1 eine Flüssigkeit S_2 und der zugehörige Dampf T_2 entstanden. Würde man nichts weggehen lassen, so daß das entstehende Gas immer in Berührung mit der Flüssigkeit bleibt[5], so würde schließlich, wenn alles verdampft ist, das Gas die gleiche Zusammensetzung haben, wie sie ursprünglich in der Flüssigkeit S_1 vorhanden war; man käme so zum Punkt T_3; die Zusammensetzung des letzten Flüssigkeitströpfchens ergibt sich durch den Schnittpunkt der Horizontalen durch T_3 mit der Siedekurve[6].

Will man reinen Stickstoff und Sauerstoff herstellen, so muß man *fraktioniert* (bruchstückweise) verdampfen und kondensieren. Würde man z. B. das vorgenannte Gemisch S_1 nur so weit verdampfen, bis die Zusammensetzungen S_2 bzw. T_2 erreicht sind, so wäre der Gehalt des Gases an N_2-Molekülen 68%, der der Flüssigkeit 40%; würde man das so erhaltene Gas wieder restlos verflüssigen, so ergäbe diese Flüssigkeit S_4 beim Verdampfen am Anfang ein Gas T_4 mit 88% N_2-Molekülen, bei teilweiser Verdampfung von S_4 käme man etwa zu einem Gas mit 85% N_2-Molekülen, während die Flüssigkeit etwa 67% N_2-Moleküle enthalten würde. Würde man dieses Gas erneut kondensieren, so erhielte man schon sehr angereicherten Stickstoff. Ähnlich könnte man vorgehen, wenn man reinen Sauerstoff herstellen will, nur muß man dann nicht die erhaltenen Gasfraktionen, sondern die verbleibenden Flüssigkeitsreste weiter verarbeiten.

Trennungen von Flüssigkeiten werden, namentlich in der organischen Chemie, technisch in großem Umfange ausgeführt. Man benutzt dazu „*Rektifikationskolonnen*", deren Prinzip aus Abb. 5a zu ersehen ist. Die Kolonnen besitzen „Böden" etwa gemäß Abb. 5b. Auf dem Boden befindet sich ein Flüssigkeitsgemisch einer bestimmten Zusammensetzung. Von unten tritt durch den Spalt im Sinne des einen Pfeils ein Gasgemisch ein, das etwas wärmer und etwas reicher an dem schwerer siedenden Bestandteil ist; dieses verdampft aus der Flüssigkeit auf dem „Boden" etwas von der leichter siedenden Komponente, die nach oben in den nächsten Boden gelangt; dafür kondensiert sich etwas von der schwerer siedenden Komponente aus dem

[5] Man könnte das in einer Apparatur durchführen, bei der ein mit einer 1 atm. belasteter Stempel sich in dem Maße verschiebt, wie sich Gas entwickelt.
[6] Ließe man dagegen das entwickelte Gas in die Atmosphäre entweichen, so wäre der letzte Flüssigkeitstropfen nahezu reiner Sauerstoff.

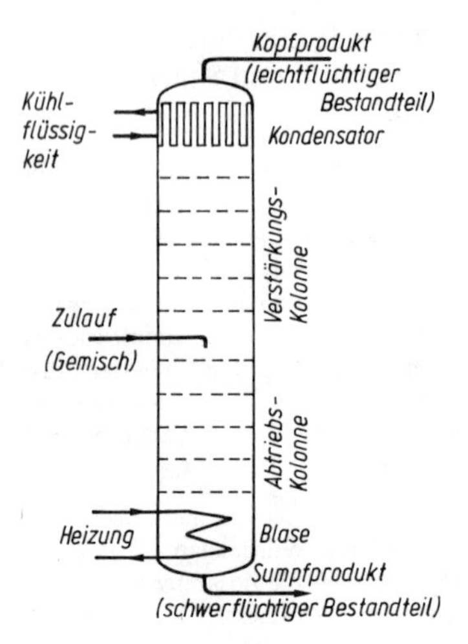

Abb. 5a. Rektifikations-Kolonne

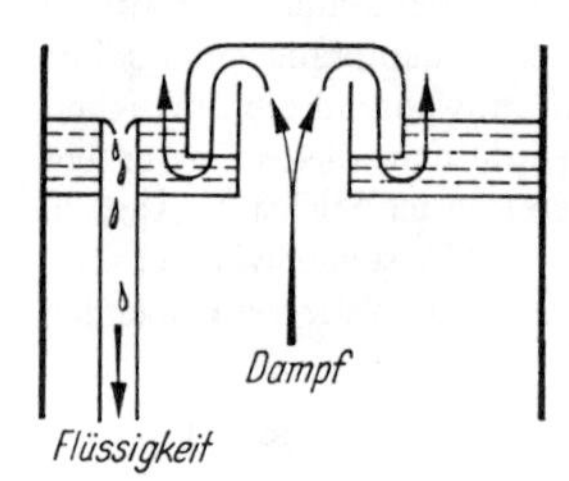

Abb. 5b.
Boden einer Rektifikations-Kolonne

Gasgemisch; überschüssige Flüssigkeit tropft nach unten. Dies wiederholt sich bei jedem Boden. Hat man eine genügende Anzahl solcher Böden, so erhält man schließlich z. B. aus flüssiger Luft reinen gasförmigen Stickstoff und flüssigen Sauerstoff.

Da man die Luftverflüssigung (vgl. S. 51) und die anschließende Trennung sehr hoch entwickelt hat, sind Sauerstoff (und Stickstoff) relativ preiswert, so daß man technische Großverfahren (z. B. Kohlevergasung, Kap. XXIII, Herstellung von Stahl, Kap. XXXV) heute nicht mehr mit Luft, sondern mit Sauerstoff durchführt.

Flüssige Luft, die schon längere Zeit gestanden hat, besteht praktisch nur aus Sauerstoff. Man erkennt den angenäherten Gehalt der flüssigen Luft bei einiger Übung schon an der Farbe; denn flüssiger Sauerstoff ist im Gegensatz zu dem farblosen flüssigen Stickstoff blau.

Sauerstoff kommt ebenso wie Wasserstoff und Stickstoff in Stahlflaschen unter einem Druck von 150 Atmosphären in den Handel [„verdichtete Gase"; verflüssigte Gase hingegen enthalten die Stahlflaschen mit Chlor (Kap. XII), Schwefeldioxid (Kap. XVIII), Ammoniak (Kap. XXI) und Kohlendioxid (Kap. XXIII)].

Erwähnt sei an dieser Stelle, daß es auch Flüssigkeitsgemische gibt, bei denen die Siede- und Taukurve anders verlaufen und z. B., wie Abb. 6 zeigt, ein Maximum besitzen („*azeotropes* Gemisch"). Bei dieser Zusammensetzung siedet ein Flüssigkeitsgemisch mit konstanter Zusammensetzung; eine Trennung durch Verdampfen ist hier nicht möglich; vgl. S. 72 über das System Hydrogenchlorid—Wasser.

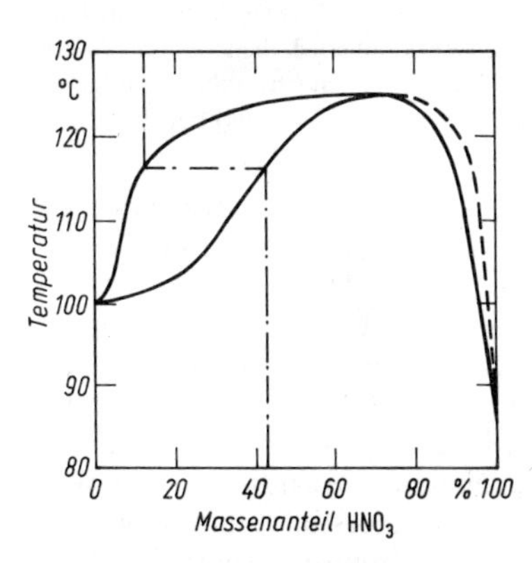

Abb. 6. Azeotropes Gemisch (Wasser-Salpetersäure)

Verbrennungserscheinungen. Wie bereits erwähnt, ist Sauerstoff der Anteil der Luft, der die *Verbrennungserscheinungen* bedingt. Seit *Lavoisier* wissen wir, daß es sich bei einer Verbrennung um folgenden Vorgang handelt: Verbrennbarer Stoff + Sauerstoff = Verbrennungsprodukte. Danach ist die Summe der Verbrennungsprodukte immer schwerer als der verbrannte Stoff.

Vor *Lavoisier* hatte man über die Verbrennung bzw. die Oxidation von Metallen eine andere Vorstellung. Man glaubte nämlich, daß alle „brennbaren" Stoffe, darunter auch die Metalle, einen Bestandteil enthielten, den man *Phlogiston* nannte, und daß die Verbrennungsprodukte, z. B. die Metalloxide, durch Abgabe von Phlogiston entstünden. Umgekehrt sollten sich die Metalle durch Aufnahme von Phlogiston aus den Metalloxiden bilden. Das Phlogiston stellt also im Sinne der Elementvorstellung von *Aristoteles* (vgl. S.16) das Prinzip der Brennbarkeit dar.

Die von dem Deutschen *Stahl* (1660–1734) aufgestellte Phlogistontheorie hat für die Entwicklung der Chemie eine sehr große Bedeutung gehabt, da sie zum ersten Male Oxidations- und Reduktionserscheinungen von einem einheitlichen Gesichtspunkte aus erklärte. Sie versagte aber völlig zur Erklärung der dabei auftretenden Gewichtsänderungen, denen man allerdings im Sinne der Vorstellungen der griechischen Philosophen keine wesentliche Bedeutung zumaß. Man erkannte aber immer mehr, daß bei chemischen Umsetzungen die Masse konstant bleibt. *Lavoisier* hat dieses Gesetz zur Grundlage seiner Betrachtungen gemacht. Entscheidend für seine neue Verbrennungstheorie wurde die Entdeckung des Sauerstoffs durch den in (dem damals schwedischen) Stralsund geborenen *Karl Wilhelm Scheele* im Jahre 1772, einen Forscher, dem man trotz seines kurzen Lebens – von 1742 bis 1786 – eine große Zahl bedeutsamer Entdeckungen verdankt. Unabhängig von *Scheele* hat auch der Engländer *Priestley* (1733–1804) den Sauerstoff entdeckt.

Verbrennungen sind also ebenso Oxidationen wie etwa das Rosten des Eisens, d. h. der Übergang in Eisenoxid. Einen Unterschied kann man höchstens darin sehen, daß das Oxidationsprodukt hier festes bzw. bei schnell verlaufender Reaktion und dadurch bedingter hoher Temperatur flüssiges Oxid ist, während bei den Verbrennungen im engeren Sinne *gasförmige* Bestandteile entstehen. Die bei Kerzen, Kohle, Leuchtgas usw. entstehenden Verbrennungsgase bestehen im wesentlichen[7] aus Wasserdampf und einer Kohlenstoff-Sauerstoffverbindung, dem Kohlendioxid (CO_2); denn alle diese Brennstoffe enthalten Wasserstoff und Kohlenstoff. Näheres vgl. Kap. XXIII.

Verbrennungen gehen auch *in unserem Körper* vor sich, indem die kohlenstoff- und wasserstoffhaltigen *Nahrungsmittel* im Blut durch den eingeatmeten Sauerstoff der Luft oxidiert werden. Auch hier bilden sich als Verbrennungsprodukte Wasser und Kohlendioxid; letzteres wird mit der ausgeatmeten Luft wieder aus dem Körper entfernt. Diese Verbrennung der Nahrungsmittel hält die Körpertemperatur aufrecht; sie ist ferner die Energiequelle für die mechanische Arbeit (Heben der Beine, Arme usw.), die wir verrichten.

[7] Natürlich enthält das Gas über einer an der Luft brennenden Kohlenschicht oder über einer Kerze auch Stickstoff aus der Luft!

Im Gegensatz zu den Flammen erfolgt die Verbrennung im Körper bei niedriger Temperatur, weil sie durch verwickelt aufgebaute organische Verbindungen („Enzyme") katalysiert und in äußerst feiner Weise geregelt wird.

In reinem Sauerstoff verlaufen Verbrennungen viel lebhafter als in Luft. Besonders heftig erfolgen sie in *flüssigem* Sauerstoff; denn dieser enthält in der Volumeneinheit rund tausendmal soviel Moleküle wie das Gas bei Zimmertemperatur. Mit flüssigem Sauerstoff getränkte, fein verteilte Kohle (Oxyliquit) stellt daher einen sehr wirksamen Sprengstoff dar, der z. B. im Bergbau verwendet wird.

VI. Ozon und Wasserstoffperoxid

Ozon. Neben dem gewöhnlichen Sauerstoff gibt es noch eine andere, besonders reaktionsfähige Form, das *Ozon.* Dieses ist ein Gas von eigenartigem, stechendem Geruch. Es besteht nicht aus O_2-, sondern aus O_3-Molekülen; sie besitzen gewinkelte Gestalt[1]. Die Ozon-Moleküle sind bei Zimmertemperatur instabil und gehen freiwillig unter Energieabgabe in O_2-Moleküle über. Diese Umwandlung erfolgt allerdings bei gewöhnlicher Temperatur nur sehr langsam; Ozon ist daher einige Zeit haltbar. Erwärmen auf 100 bis 200 °C führt jedoch zu sofortigem Zerfall.

Ozon kann immer dann entstehen, wenn O-Atome gebildet werden, z. B. bei der Einwirkung von ganz kurzwelliger Strahlung auf Sauerstoff bzw. Luft (Höhensonne)[2] oder auch bei gewissen chemischen Reaktionen. Diese O-Atome können sich wieder zu O_2-Molekülen vereinigen; ein O-Atom kann sich aber auch an ein O_2-Molekül anlagern. Technisch wird ozonhaltiger Sauerstoff durch die Einwirkung „stiller" elektrischer Entladungen auf Sauerstoffgas hergestellt. Man läßt z. B. im Siemensschen Ozonisator Sauerstoff durch mit Wasser gekühlte Röhren gemäß Abb. 7 strömen, während bei A und B eine hochfrequente Wechselspannung von einigen tausend Volt angelegt wird.

[1] Angaben darüber, wie man die Molekülgestalt bestimmt, finden sich in Kap. XXXIII.

[2] In der Atmosphäre wird in der Höhe von etwa 25 km (innerhalb der „*Stratosphäre*") durch die kurzwellige Ultraviolettstrahlung Ozon gebildet, das seinerseits die längerwellige Ultraviolettstrahlung absorbiert. Durch die so gebildete *Ozonschicht* wird das Leben auf der Erde vor der Wirkung der ultravioletten Strahlung geschützt.

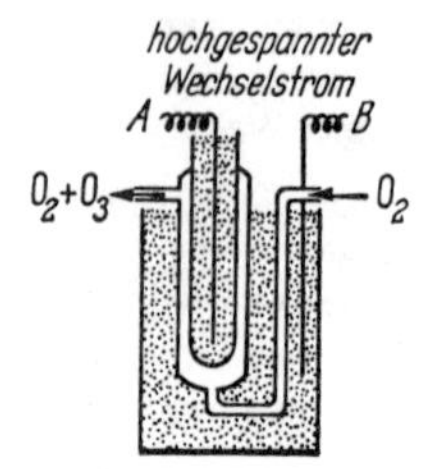

Abb. 7. Ozonisator

Ozon wirkt stark oxidierend. So wird z. B. eine blanke Silberoberfläche geschwärzt[3]. Gummischläuche werden von Ozon schnell zerstört. Wegen seiner starken Oxidationswirkung besitzt Ozon stark desinfizierende Wirkung. Hierin liegt seine technische Bedeutung. Man benutzt Ozon z. B., um Bakterien im Wasser abzutöten; es ist aber für diesen Zweck verhältnismäßig teuer.

Wasserstoffperoxid (Hydrogenperoxid). Aus Wasserstoff und Sauerstoff kann sich, wie bereits S. 27f. erwähnt, neben Wasser noch eine zweite Verbindung bilden, das *Wasserstoffperoxid* H_2O_2. In der Knallgasflamme tritt das Radikal OH (als ungeladenes Atompaar!) auf; daraus bildet sich bei tieferen Temperaturen H_2O_2, das seinerseits weiter zerfällt und daher normalerweise nicht nachweisbar ist. Kühlt man aber die Verbrennungsgase äußerst schnell ab, etwa indem man eine Wasserstoffflamme gegen ein Stück Eis brennen läßt, so kommt das gebildete H_2O_2 so schnell in das Temperaturgebiet äußerst geringer Zerfallsgeschwindigkeit, daß es keine Zeit hat, sich zu zersetzen. Man findet daher in dem Schmelzwasser dieses Eisstückes etwas H_2O_2. Man kann es durch die orangegelbe Farbe nachweisen, die sich unter bestimmten Bedingungen mit Titansalzlösungen bildet (vgl. S. 254).

H_2O_2 ist gegenüber einem Gemisch von H_2O und O_2 instabil. Gibt man z. B. zu einer H_2O_2-Lösung fein zerteiltes Platin, so entwickelt sich gemäß $2H_2O_2 = 2H_2O + O_2$ Sauerstoff. Mit dieser Unbeständigkeit von H_2O_2 hängt zusammen, daß es, ebenso wie Ozon, ein ausgezeichnetes Oxidationsmittel ist; gegenüber starken Oxidationsmitteln kann es allerdings auch reduzierend wirken, wobei O_2 entsteht.

Technisch ist man früher von „Peroxiden" (z. B. BaO_2, s. S. 212) ausgegangen. Man hat es ferner aus dem elektrolytisch gewinnbaren Kaliumperoxodisulfat $K_2S_2O_8$ (vgl. S. 112) hergestellt. Heute benutzt man Verfahren, die unter Verwendung von organischen Verbindungen (Anthrachinonen) im Prinzip nach der Gleichung $H_2 + O_2 = H_2O_2$ arbeiten. H_2O_2-Lösungen

[3] Es handelt sich dabei um die Bildung eines höheren Silberoxids; vgl. Kap. XXVIII.

sind in innen mit Paraffin überzogenen Glasflaschen oder in Kunststoff-Flaschen lange Zeit haltbar und in 3%iger wie auch in 30%iger Lösung (Perhydrol®)[4] im Handel. Für viele Verwendungszwecke ist es wesentlich, daß bei seiner Zersetzung nur Wasser und Sauerstoff entstehen, die beide keine störenden Nebenwirkungen geben. H_2O_2 zerstört viele Farbstoffe und wird daher unter anderem zum Hellfärben dunkler Haare benutzt. Die verdünnte Lösung ist ein ausgezeichnetes Mundwasser. Man kann es für diesen Zweck als Anlagerungsverbindung mit Harnstoff bequem aufbewahren und transportieren; mit Wasser tritt Zerfall ein, und es bildet sich eine Lösung, die Harnstoff und H_2O_2 enthält.

VII. Die Zusammensetzung der Luft; Edelgase

Wassergehalt der Luft. Einen sehr wichtigen Versuch über die Zusammensetzung der Luft haben wir bereits S. 35 kennengelernt. Der eingehenderen Besprechung der quantitativen Verhältnisse wollen wir eine Besprechung des *Wassergehaltes* der Luft vorausschicken. Die Luft enthält wechselnde Mengen Wasserdampf (Luftfeuchtigkeit). Welche große Rolle dieser Wechsel im Wassergehalt für das Wetter spielt, ist allgemein bekannt. Aber auch für viele chemische Fragen des täglichen Lebens ist die Luftfeuchtigkeit von großer Bedeutung, z.B. für das Rosten von Eisengeräten, die Haltbarkeit von Lebensmitteln usw. Wir müssen uns daher etwas genauer mit dieser Frage befassen.

Alle flüssigen und festen Stoffe besitzen einen *Dampfdruck*; vgl. Kap. VIII. Beim Wasser beträgt dieser bei 10 °C 12,3 mbar (9,2 Torr), bei 20 °C 23,4 mbar (17,5 Torr). Demnach verdampft Wasser, das in ein geschlossenes, evakuiertes Gefäß gebracht wird, so lange, bis in dem Raum über der Flüssigkeit der dem Dampfdruck entsprechende Wassergehalt erreicht ist. Die gleiche Menge Wasserdampf verdampft nun auch, wenn das Gefäß mit einem beliebigen anderen Gas, etwa Luft, gefüllt ist. Dabei ist es einerlei, unter welchem Druck die Luft steht: immer geht die gleiche, dem Dampfdruck des Wassers entsprechende Wasserdampfmenge in den Gasraum über[1]. Bei einem Gesamtdruck von 1,01325 bar (= 760 Torr) würde der Volumenanteil des Wassers bei 10 °C 1,22, bei 20 °C 2,30 Prozente betragen.

[4] ® bedeutet, daß das Wort als Firmenbezeichnung geschützt ist.

[1] Man nennt den Anteil, den der Wasserdampfdruck am Gesamtdruck (Fremdgas + Wasserdampf) ausmacht, „Teildruck“ oder „Partialdruck“ des Wasserdampfs.

Eine solche vollständige Sättigung mit Wasserdampf ist in der *freien* Atmosphäre in der Regel nicht vorhanden. Man bezeichnet als *relative* Luftfeuchtigkeit den Anteil des möglichen Sättigungswertes bei der gleichen Temperatur, den der tatsächliche Wassergehalt ausmacht. Meist gibt man die relative Luftfeuchtigkeit in Prozenten an. Bei 50% rel. Luftfeuchtigkeit beträgt demnach der Volumenanteil des Wasserdampfes in der Luft bei 10 °C 0,61, bei 20 °C 1,15 Prozente.

Zusammensetzung der trockenen Luft. Diese Verschiedenheit des Wassergehaltes der Atmosphäre würde die Beschreibung der Zusammensetzung der Luft sehr umständlich gestalten, wenn man die Angaben auf die wirklich vorhandene, wasserhaltige Luft beziehen würde. Man pflegt daher alle Angaben über die quantitative Zusammensetzung der Atmosphäre auf die vom Wasserdampf befreite, also *getrocknete* Luft zu beziehen.

Zum *Trocknen von Gasen* benutzt man Stoffe, die sich begierig mit Wasser vereinigen. Dabei kann es sich um Flüssigkeiten (Schwefelsäure) oder auch um feste Stoffe (Calciumchlorid, Diphosphorpentaoxid, Magnesiumperchlorat) handeln.

Der Volumanteil der Luft an Sauerstoff, bezogen auf das trockene Gas, beträgt 20,9%. Er schwankt nur innerhalb ganz geringer Grenzen (weniger als 0,1%). Außerdem enthält die Luft sehr geringe Mengen von Kohlendioxid CO_2 (etwa 0,03%)[2] und andere, zahlenmäßig nicht in Betracht kommende Beimengungen. Den Rest, rund 79 Volumenprozent, hielt man sehr lange für ein Ele-

[2] Dieser geringe CO_2-Gehalt ist die Voraussetzung für die Existenz von Lebewesen (Pflanzen, Tiere, Mensch) auf der Erde, weil sich die Aufbaustoffe der Pflanzen durch „Assimilation" aus CO_2, H_2O und Lichtenergie (unter Freiwerden von O_2) bilden; letzten Endes entstehen so alle Nahrungsmittel (vgl. dazu auch S. 40 und S. 72). Man bezeichnet die Assimilation auch als „Photosynthese".
Nach Ansicht vieler Autoren ist der *Sauerstoff der Atmosphäre* durch die Photosynthese entstanden. Die „Uratmosphäre" enthielt nämlich keine nennenswerten Mengen an Sauerstoff; sie bestand vielmehr aus Wasserstoff, Wasserdampf, Ammoniak (NH_3; vgl. Kap. XXI) und Methan (CH_4, vgl. Kap. XXIII). Der Sauerstoffgehalt der Atmosphäre kann aber auch dadurch entstanden sein, daß H_2O-Moleküle durch ultraviolette Strahlung *„photochemisch"* (vgl. Kap. XII) in H_2 und O_2 zerlegt worden sind. Die leichten H_2-Moleküle haben die Erdatmosphäre verlassen. Beide Annahmen stimmen darin überein, daß der Sauerstoffgehalt der Atmosphäre durch Sonnenenergie entstanden ist.

ment, nämlich für *Stickstoff*. Erst am Ende des 19. Jahrhunderts fand man, daß neben Stickstoff noch einige weitere Bestandteile in ihm enthalten sind, nämlich die sogenannten *Edelgase*, deren Volumenanteil insgesamt etwa 1% beträgt.

Man darf aus der Tatsache, daß die trockene Luft überall auf der Erde gleiche Zusammensetzung zeigt, nicht schließen, daß eine Verbindung aus Stickstoff und Sauerstoff vorliegt. Das S. 36 besprochene Verhalten bei der Verflüssigung und Verdampfung zeigt vielmehr eindeutig, daß ein Gemenge vorliegt, das durch fraktionierte Verdampfung der verflüssigten Luft getrennt werden kann. Auch kennt man Verbindungen aus Stickstoff und Sauerstoff, die ganz andere Eigenschaften zeigen als die Luft (vgl. Kap. XXI).

Edelgase. Oben nannten wir als Bestandteil der Luft, dessen Volumenanteil rund 1% ausmacht, die Edelgase. Über die Entdeckung dieser Stoffklasse sei folgendes angeführt: 1892 prüfte *Lord Rayleigh*, ob die Dichte von Stickstoff, der aus der Luft gewonnen war, die gleiche war wie die einer Probe, die er durch Zersetzung einer Stickstoffverbindung erhalten hatte (vgl. S. 130). Das Ergebnis war in hohem Maße überraschend. Es ergaben sich nämlich Unterschiede in der Gasdichte: Bei Normalbedingungen (vgl. S. 23) betrug die Masse von 1 l aus Stickstoffverbindungen gewonnenem Stickstoff 1,2505 g, die von 1 l Stickstoff aus Luft dagegen 1,2572 g. Das war nur so zu erklären, daß im zweiten Falle noch ein anderes Gas größerer Dichte beigemengt war.

Es gelang sowohl *Lord Rayleigh* selbst als auch seinem Landsmann *Ramsay*, dieses Gas zu isolieren. Als sie nämlich den Stickstoff durch verschiedene chemische Reaktionen entfernten, blieb immer ein Gasrest, der auf keine Weise mit irgendeinem anderen Stoff in Reaktion zu bringen war. Es war dies offenbar der gesuchte, bisher unbekannte Bestandteil der Luft. Wegen seiner Reaktionsträgheit gaben ihm die beiden Forscher gemeinsam den Namen *Argon*, Symbol Ar (von *ἀργός* = träge). Bald glückte es, weitere Gase mit ähnlichen Eigenschaften kennenzulernen. Aus radioaktiven Mineralien (vgl. dazu Kap. XXV) gewann man das *Helium*[3] (He), durch sorgfältige fraktionierte Destillation des verflüssigten rohen Argons *Krypton* (Kr) und *Xenon* (Xe). Außerdem kommt in der Luft noch das *Neon* (Ne) vor[4]. Mengenmäßig treten diese Gase allerdings neben dem Argon ganz zurück.

[3] Der Name rührt daher, daß man die Spektrallinien (vgl. S. 46) des Heliums schon vorher im Sonnenspektrum nachgewiesen hatte.
[4] Die Gewinnung von Argon, Neon und Krypton aus der Luft wird technisch durchgeführt, da man diese Gase für die Füllung sowohl der farbig leuchtenden Reklameröhren als auch der gewöhnlichen Glühbirnen benutzt.

Da es nicht gelang, chemische Verbindungen dieser Elemente herzustellen, bezeichnete man sie als *Edelgase*[5].
Der edle Charakter dieser Gase geht so weit, daß sie sich nicht einmal mit sich selbst verbinden. Ihre *Moleküle* bestehen im Gegensatz zu O_2, N_2, H_2 nur aus *einem* Atom. Das konnte man allerdings nur durch physikalische Methoden ermitteln; einiges findet sich darüber S. 59/60. Das *Avogadrosche* Gesetz half hier nicht weiter; denn man hatte ja damals noch keine Reaktion mit anderen Gasen zur Verfügung, die aus den Volumverhältnissen einen Rückschluß auf die Molekülgröße gestatten würde.

Die nachstehende Zusammenstellung gibt die Siedepunkte der Edelgase in °C und K (geklammert):

He −268,9 (4,2) Ne −246,1 (27,0) Ar −185,9 (87,2)
Kr −153,4 (119,7) Xe −108,1 (165,0).

Mit verflüssigtem Helium kann man noch tiefere Temperaturen erreichen als mit flüssigem Wasserstoff.

Spektralanalyse. Für die Erkennung und die Reindarstellung der Edelgase war von besonderer Bedeutung, daß Gase leuchten, wenn sie unter niedrigem Druck von Elektrizität durchströmt werden. Diese Erscheinung ist von den *Geißler*schen Röhren her allgemein bekannt. Bei den Edelgasen ist dieses Leuchten sogar besonders schön[4]. Zerlegt man das in einer solchen Entladungs-Röhre erzeugte Licht mit einem Spektralapparat, so ergeben sich im allgemeinen scharfe Linien, die – und das ist das Bedeutsame – für jedes Element charakteristisch sind und seine Erkennung ermöglichen. Auf diese Weise kann man die Bestandteile eines Gasgemisches ermitteln.

Diese *Spektralanalyse* ist 1860 in Heidelberg von dem Chemiker *R. Bunsen*[6] und dem Physiker *R. Kirchhoff* begründet worden. Man kann für die Spektralanalyse nicht nur das durch Gasentladung erzeugte Licht (Funkenspektrum) benutzen, sondern auch die Farben, die die Flamme eines Kohlelicht-

[5] Allerdings kennt man schon längere Zeit „*Clathrate*“ der schweren Edelgase: E.G. · 5,75 H_2O (bzw. 8 E.G. · 46 H_2O), bei denen Edelgasatome (E.G.) in die Lücken des Gitters einer besonderen weiträumigen Modifikation des Wassers eingeschlossen sind. An die Stelle des Wassers können auch andere Stoffe, z.B. Hydrochinon oder Harnstoff, treten. Ähnliche Clathrate bilden Cl_2 (vgl. S. 93) und SO_2 mit Wasser oder Iod mit Stärke (vgl. S. 98). *Echte Edelgasverbindungen* wurden erst vor einigen Jahren hergestellt; genannt seien: XeF_2, XeF_4, XeF_6, KrF_2, $XeOF_4$, Na_4XeO_6.
[6] *Robert Wilhelm Bunsen* (1811–1899), der auf verschiedenen Gebieten, namentlich der anorganischen und physikalischen Chemie, Bedeutendes geleistet hat, ist weiten Kreisen durch die Erfindung des Bunsenbrenners und anderer wichtiger Laboratoriumsgeräte bekannt geworden.

bogens oder eines Gasbrenners durch manche Stoffe erhält (Flammenspektrum). So färben z. B. alle Natriumverbindungen die farblose Flamme des Bunsenbrenners gelb (vgl. auch Kap. XXVI und XXVII).

Spektraluntersuchungen sind – abgesehen von den Meteoritenfunden[7] – der einzige Weg, um etwas über die stoffliche Zusammensetzung der *anderen Weltkörper* zu erfahren. Man hat festgestellt, daß alle Gestirne aus den gleichen Elementen aufgebaut sind wie die Erde.

Ferner sind die Spektren in ihrer verschiedenen Form (Funken-, Bogen-, Flammenspektren) neben den chemischen Erfahrungen die wichtigste experimentelle Grundlage für die Erforschung des *Aufbaues der Atome*, mit dem wir uns im Kap. XXV näher befassen werden.

Auch für das Studium des Aufbaus der *Moleküle* zieht man in großem Umfange die spektralen Eigenschaften heran; neben den optischen Eigenschaften im sichtbaren Gebiet und im Ultraviolett spielen hier die Infrarot- und die „Raman"-Spektren eine immer größere Rolle. Man kann hieraus wichtige Schlüsse über die geometrische Struktur, die Bindungskräfte u. a. ableiten. Einige Angaben findet man im Kap. XXXIII.

VIII. Aggregatzustände; die Verflüssigung von Gasen

Man kennt drei Aggregatzustände: Gase, die jeden vorgegebenen Raum ausfüllen, Flüssigkeiten, die sich ebenfalls der Form eines Gefäßes beliebig anpassen, aber ein bestimmtes Volumen haben, und feste Stoffe, die eine starre äußere Gestalt besitzen.

Aggregatzustände und kinetische Theorie. Wie ist nun das Auftreten der verschiedenen Aggregatzustände im Sinne der S. 30 erwähnten *kinetischen Theorie* zu verstehen?

Wir betrachten einen Stoff, der in allen Aggregatzuständen aus den gleichen Molekülen aufgebaut ist (z. B. H_2, O_2, N_2)[1]. Die einzelnen Moleküle üben aufeinander Anziehungskräfte aus. In *Gasen* bei höherer Temperatur und kleinen Drucken kommen diese allerdings wegen der lebhaften Bewegung der Teilchen und der großen Abstände zwischen den Molekülen nur wenig

[7] Und neuerdings für den Mond durch Entnahme von Gesteinsproben.
[1] Es gibt zahlreiche Stoffe, bei denen im festen Zustand und in der Flüssigkeit keine Moleküle vorhanden sind (vgl. z. B. Kap. XV und XXV.)

zur Geltung; sie bewirken aber geringe Abweichungen von den Gesetzen für ideale Gase. Sinkt nun die Temperatur, so tritt die Molekülbewegung immer mehr zurück, bei gleichbleibendem Druck sinkt das Volumen und damit der mittlere Molekülabstand. Infolgedessen gelten dann die Gesetze für „ideale" Gase (vgl. S. 22) nicht mehr; bei nicht zu großen Gasdichten läßt sich das Verhalten statt durch die Gleichung

$$p \cdot V = \frac{p_0 \cdot V_0}{T_0} \cdot T \quad \text{bzw.}\ p \cdot V = n \cdot RT$$

(über die Größen n und R s. S. 57/58) durch die *van der Waals*sche Gleichung $(p + a/V^2) \cdot (V - b) = n \cdot RT$ wiedergeben, wobei a ein Maß für die Anziehung zwischen den Molekülen und b für ihr Eigenvolumen ist; a und b sind natürlich von Gasart zu Gasart verschieden.

Schließlich führen die Anziehungskräfte bei einer bestimmten Temperatur bei einem gegebenen äußeren Druck zur Verflüssigung des Gases. Auch in der *Flüssigkeit* bleibt eine gewisse Bewegung der Teilchen erhalten. Sie bewirkt, daß die Moleküle eine gewisse Tendenz haben, aus der Flüssigkeit in den Gasraum herauszutreten. Dies äußert sich darin, daß alle Flüssigkeiten, wie wir es S. 43 für das Wasser besprachen, einen „Dampfdruck" besitzen. Da die Kohäsionskräfte sich mit der Temperatur nicht sehr stark ändern, die Molekül-Bewegung dagegen mit fallender Temperatur geringer wird, so nimmt dieser Dampfdruck mit fallender Temperatur ebenfalls ab.

In einer Flüssigkeit sind die Moleküle in der nächsten Nachbarschaft eines einzelnen Teilchens bereits als geordnet anzusehen, nicht jedoch auf größere Entfernungen, weil ihre Bewegung es verhindert, daß sich ein vollständig geordneter Zustand einstellt. Erst wenn die Temperatur noch stärker sinkt, hört die freie Beweglichkeit der Einzelteilchen weitgehend auf; die Flüssigkeit erstarrt zum *festen Stoff*, d.h. zum Kristall oder zum Glas[2]. In den *Kristallen*, die schon äußerlich durch die Ausbildung gesetzmäßig angeordneter ebener Begrenzungsflächen (Würfel, Oktaeder u. ä.) ausgezeichnet sind, bilden die einzelnen Teilchen einen sich über den ganzen Kristall erstreckenden geometrisch strengen Verband, in dem jedem Teilchen ein ganz bestimmter Platz zukommt; einige wenige Plätze sind – namentlich bei höheren Temperaturen – nicht besetzt, dafür finden sich Teilchen auf „Zwischengitterplätzen". Die Teilchen besitzen auch im festen Zustand eine von der Temperatur abhängige kinetische Energie, die zu Schwingungen um die Ruhelagen führt; daher haben auch feste Stoffe einen gewissen Dampfdruck. Da die Teilchen eine gewisse Beweglichkeit behalten, kann auch in festen Stoffen, namentlich bei hohen Temperaturen, ein Stofftransport („*Diffusion*") erfolgen.

[2] Über Gläser s. Kap. XXVII.

Feinbau der Kristalle. Über die Anordnung der Teilchen in den Kristallen sind wir heute in vielen Fällen gut unterrichtet, weil nach *Max von Laue* (1912) Kristalle mit *Röntgenstrahlen* bestimmte Beugungserscheinungen ergeben, die die Ermittlung des *Feinbaues der Kristalle* gestatten. Die hier verwendeten Methoden zu beschreiben, würde den Rahmen dieses Büchleins sprengen. Um aber wenigstens einen kleinen Einblick zu geben, sei darauf hingewiesen, daß man sich die Röntgenreflexe durch Spiegelung an parallel liegenden „*Netzebenen*" des Kristalls entstanden denken kann. Es gilt dann die Gleichung $n \cdot \lambda = 2d \sin \vartheta$. Dabei ist ϑ der Winkel des auf die Netzebene einfallenden Strahles mit der Netzebene, der zu einem Reflex führt, λ die Wellenlänge des monochromatischen Röntgenstrahles und d der Netzebenenabstand. Man kann diese Gleichung sowohl zur Bestimmung von λ als auch von d benutzen. Bei einfach gebauten Kristallen hoher Symmetrie, wie z. B. NaCl (Abb. 13, S. 85) genügen schon Aufnahmen an Pulvern (*Debye-Scherrer*-Methode); für komplizierte Strukturen sind Einkristalle und ein hoher Aufwand an Rechenarbeit erforderlich, der nur mit Computern bewältigt werden kann.
Beispiele für den Kristallbau siehe Abb. 13, S. 85 und Abb. 29 und 30, S. 204/205.

Zustandsdiagramm. Trägt man die Dampfdrucke eines Stoffes, etwa von *Wasser*, im festen und flüssigen Zustande in Abhängigkeit von der Temperatur auf (vgl. Abb. 8), so erhält man zwei Kurven (*BA* bzw. *AC*), die sich im Schmelzpunkt schneiden. Unterhalb dieser beiden Kurven ist das Gebiet des gasförmigen Zustandes. Oberhalb der Kurve *BA* befindet sich das Existenz-

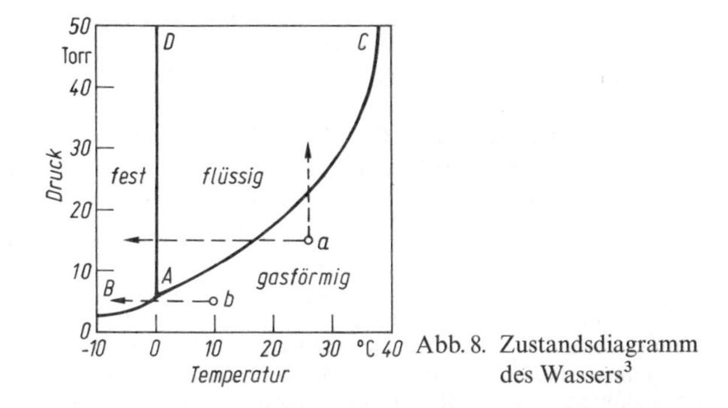

Abb. 8. Zustandsdiagramm des Wassers[3]

[3] Es ist in Abb. 8 noch die veraltete Einheit „Torr" benutzt, in der s. Zt. die Messungen durchgeführt worden sind. Über die Umrechnung von Torr in SI-Einheiten s. S. 26.

gebiet von Eis, oberhalb von *AC* das von flüssigem Wasser. Um diese Darstellung zu einem vollständigen *Zustandsdiagramm* zu erweitern, müssen wir noch die Grenzkurve (*AD*) zwischen Eis und flüssigem Wasser einzeichnen. Da der Schmelzpunkt nur ganz wenig vom Druck abhängt, ist *AD* nahezu eine Parallele zur Druckachse. Im Punkte A (bei +0,0099 °C[4] und dem dann vorhandenen Eigendampfdruck des Wassers von 4,58 Torr (6,10 mbar) sind also drei „*Phasen*", nämlich gasförmig, flüssig und fest, miteinander im Gleichgewicht („*Tripelpunkt*").

Die Zahl P der Phasen, die sich in einem beliebigen System aus B Stoffen bilden kann, ist nach dem *Gibbs*schen *Phasen-Gesetz* $P + F = B + 2$; F bedeutet die Zahl der „Freiheiten", d. h. diejenigen Variablen, die man ändern kann, ohne daß eine Phase verschwindet. Beim „Tripelpunkt" A ist alles festgelegt; denn B ist 1, $B + 2 = 3$, P ebenfalls 3, F also Null. Ändert man den Druck oder die Temperatur, so verschwindet eine der 3 Phasen. Bei Temperaturen oberhalb 0 °C sind nur zwei Phasen vorhanden. F ist dann $3 - 2 = 1$, man kann den Druck *oder* die Temperatur variieren, ohne daß eine Phase verschwindet; legt man aber eine der beiden Größen fest, dann ist auch die andere bestimmt, zu jeder Temperatur gehört ein bestimmter Dampfdruck. – Bei der Anwendung des Phasengesetzes auf Systeme, bei denen mehrere Stoffe auftreten, ist B die kleinste Anzahl von Stoffen, aus denen man das System aufbauen kann; z. B. ist für die Reaktion $CaO + CO_2 = CaCO_3$, falls beliebige Mengen von CaO und CO_2 vorhanden sind, $B = 2$; liegen die der Reaktionsgleichung entsprechenden Mengen vor, so ist $B = 1$.

Aus einem Zustandsdiagramm, wie es in Abb. 8 für Wasser gegeben ist, kann man ohne weiteres ersehen, wie man einen Stoff aus einem Aggregatzustande in den anderen überführen kann. Dabei wollen wir uns wieder auf den einfachsten Fall beziehen, daß nur ein einziger Stoff, etwa *Wasser*, vorhanden ist und keine Beimengung, etwa Luft. Gehören die Werte von Druck und Temperatur einem Punkt unterhalb der Dampfdruckkurve an, etwa a, so liegt das Wasser bei Einstellung des stabilen Zustandes in Dampfform vor. Erhöhen wir nun bei konstanter Temperatur den Druck, so überschreiten wir – vgl. die senkrechte gestrichelte Gerade – die Dampfdruckkurve und

[4] Der Schmelzpunkt des Wassers von 0,000 °C gilt nur für 1 atm Druck, z. B. bei Gegenwart von Luft von normalem Druck. Das Volumen des Eises ist um $^1/_{11}$ größer als das des Wassers beim Schmelzpunkt. Es ist dies eine Ausnahme; in der Regel nimmt beim Schmelzen das Volumen zu. Damit hängt zusammen, daß die Schmelztemperatur des Eises mit steigendem Druck etwas abnimmt. Auch die Tatsache daß das Wasser zwischen 0 und 4 °C einen negativen Ausdehnungskoeffizienten hat, geht auf die gleiche Ursache zurück (vgl. S. 102, „Wasserstoffbrücken"). Für die Anwendung der Phasenregel (vgl. weiter unten!) beachte man, daß in einem offenen Gefäß Wasser bzw. Eis und Luft vorhanden sind, b also 2 ist!

kommen in das Existenzgebiet der Flüssigkeit. Es verflüssigt sich das gesamte Wasser, sobald der äußere Druck eine Kleinigkeit größer als der Dampfdruck geworden ist. Gehen wir umgekehrt bei konstantem Druck auf tiefere Temperaturen – vgl. die von a ausgehende waagerechte gestrichelte Gerade –, so schneiden wir erst die Dampfdruckkurve *AC*, es tritt Verflüssigung ein, und dann die Schmelzkurve *AD*, der Stoff erstarrt. Gehen wir dagegen von b nach links, so kommen wir direkt von der gasförmigen zur festen Phase. Mit Hilfe eines solchen Zustands-Diagramms ist es also möglich, das Verhalten eines Stoffes bei jedem beliebigen Wert von Druck und Temperatur anzugeben.

Kritische Temperatur. Erhitzt man eine Flüssigkeit in einem geschlossenen Gefäß, so wird die Dichte der Gasphase immer größer, da der Dampfdruck, wie Abb. 8 zeigt, mit der Temperatur steigt. Umgekehrt nimmt die Dichte der Flüssigkeit wegen der Wärmeausdehnung immer mehr ab. So erreicht man schließlich bei einer bestimmten Temperatur den Zustand, daß die Dichten von Gas und Flüssigkeit gleich werden. Man erkennt dies daran, daß die Flüssigkeitsoberfläche verschwindet und der ganze Inhalt des Gefäßes eine einzige homogene Phase wird. Bei dieser „*kritischen*" Temperatur hat also die Dampfdruckkurve *AC*, die die Existenzgebiete von Gas und Flüssigkeit trennt, ein Ende. Beim Wasser liegt die kritische Temperatur bei 374 °C.

Verflüssigung von Gasen. Da bei der kritischen Temperatur der Unterschied zwischen den beiden Phasen Gas und Flüssigkeit verschwindet, ist oberhalb dieser Temperatur eine Verflüssigung auch durch noch so großen Druck nicht zu erreichen. Ehe man dies erkannt hatte, glaubte man, daß eine Verflüssigung von Gasen wie Sauerstoff, Stickstoff usw. auch bei Zimmertemperatur möglich sein müsse, wenn nur die Drucke genügend erhöht würden. Diese Versuche mußten negativ verlaufen, da die kritischen Temperaturen dieser beiden Gase viel tiefer liegen (−119 bzw. −147 °C)[5]. Erst nachdem man unter diese Temperaturen abkühlte, erwies sich eine Verflüssigung als durchführbar.

Die Erreichung derartig tiefer Temperaturen ist u.a. auf Grund einer zunächst sehr unscheinbaren Erscheinung, des sogenannten *Joule-Thomson-Effektes*, möglich. Wie bereits S. 47/48 erwähnt, treten bei den Gasen Anziehungskräfte zwischen den Molekülen auf. Wenn man daher ein komprimiertes Gas entspannt, so daß es sich ausdehnt, so muß es gegen diese Anziehungskräfte Arbeit leisten. Die dazu erforderliche Energie gewinnt es dadurch, daß es die in ihm selbst vorhandene Wärmeenergie teilweise verbraucht, d.h. sich abkühlt.

[5] Beim Wasserstoff liegt die kritische Temperatur sogar bei −240 °C.

Die *Verflüssigung der Luft* gelang *Linde* auf folgendem Wege: Luft wird stark komprimiert und, nachdem die Kompressionswärme durch Kühlung beseitigt ist, entspannt. Das so erhaltene kältere Gas wird benutzt, um einen neuen Anteil komprimierter Luft vorzukühlen. Wenn dieser so schon vorgekühlte Anteil entspannt wird, so erhält man natürlich eine niedrigere Temperatur als das erstemal. Dieses Gas kühlt wieder neue komprimierte Luft, die wieder entspannt wird usw. Durch dauernde Wiederholung dieses Vor-

Tab. 1. Die Elemente und ihre Symbole

Actinium	Ac	Iridium	Ir	Rubidium	Rb
Aluminium	**Al**	Kalium	K	Ruthenium	Ru
Antimon	Sb	Kohlenstoff		Samarium	Sm
Argon	Ar	(Carbon)	C	**Sauerstoff**	
Arsen	**As**	Krypton	Kr	(Oxygen)	**O**
Barium	**Ba**	**Kupfer** (Cuprum)	**Cu**	Scandium	Sc
Beryllium	Be	Lanthan	La	**Schwefel** (Sulfur)	**S**
Bismut	Bi	Lithium	Li	Selen	Se
Blei (Plumbum)	**Pb**	Lutetium	Lu	**Silber** (Argentum)	**Ag**
Bor	B	**Magnesium**	**Mg**	**Silicium**	**Si**
Brom	**Br**	**Mangan**	**Mn**	**Stickstoff**	
Cadmium	Cd	Molybdän	Mo	(Nitrogen)	**N**
Caesium	Cs	**Natrium**	**Na**	Strontium	Sr
Calcium	**Ca**	Neodym	Nd	Tantal	Ta
Cer	Ce	Neon	Ne	Tellur	Te
Chlor	**Cl**	**Nickel**		Terbium	Tb
Chrom	**Cr**	(Niccolum)	**Ni**	Thallium	Tl
Cobalt	Co	Niob	Nb	Thorium	Th
Dysprosium	Dy	Osmium	Os	Thulium	Tm
Eisen (Ferrum)	**Fe**	Palladium	Pd	**Titan**	**Ti**
Erbium	Er	Polonium	Po	**Uran**	**U**
Europium	Eu	**Phosphor**	**P**	Vanadium	V
Fluor	**F**	**Platin**	**Pt**	**Wasserstoff**	
Gadolinium	Gd	Praseodym	Pr	(Hydrogen)	**H**
Gallium	Ga	Protactinium	Pa	Wolfram	W
Germanium	Ge	**Quecksilber**		Xenon	Xe
Gold (Aurum)	**Au**	(Hydrargyrum,		Ytterbium	Yb
Hafnium	Hf	Mercurium)	**Hg**	Yttrium	Y
Helium	He	Radium	Ra	**Zink** (Zincum)	**Zn**
Holmium	Ho	Radon	Rn	**Zinn** (Stannum)	**Sn**
Indium	In	Rhenium	Re	Zirconium	Zr
Iod	**I**	Rhodium	Rh		

ganges sinkt die Temperatur schließlich so stark, daß sich die Luft verflüssigt. Wir haben hier also wieder ein typisches Beispiel für das Gegenstromprinzip.

In neuerer Zeit ist die Luftverflüssigung technisch stark entwickelt worden (*Linde-Fränkl*-Verfahren); vgl. dazu S. 171 u. S. 293.

Zusammenstellung der Elementsymbole

In den folgenden Abschnitten werden wir auch auf einige Verbindungen von Elementen eingehen müssen, die wir noch nicht besprochen haben. Es sei daher in Tab. 1 eine Zusammenstellung der Symbole der in der Natur vorkommenden Elemente vorausgeschickt, in der die wichtigsten fett gedruckt sind.

IX. Relative Atom- und Molekülmasse; die Stoffmenge und das Mol

Relative Atom- und Molekülmasse. Seit dem Bestehen der Atomtheorie war es naturgemäß eine wichtige Aufgabe, die *Masse* der verschiedenen Atome zu bestimmen. Diese Aufgabe schien zunächst nicht lösbar; man ging daher an eine Teillösung: Man bestimmte die *relative Masse* der Atome und Moleküle, bezogen auf die Masse eines Wasserstoffatoms als Bezugsgröße, gab also willkürlich dem Wasserstoff die *relative Atommasse* 1. Die Bestimmung der relativen Atommasse A_r[1] irgendeines Elementes beantwortete also die Frage nach dem Quotienten:

$$A_r = \frac{\text{Masse eines Atoms des betreffenden Elementes}}{\text{Masse eines Atoms Wasserstoff}}$$

Entsprechendes gilt für die *relative Molekülmasse* M_r[1]. Diese relativen Massen sind unbenannte Verhältniszahlen.

Die relative Atommasse des *Sauerstoffs* ergibt sich auf folgende Weise: Nach S. 27 verhalten sich die Massenanteile von Wasserstoff und Sauerstoff im Wasser wie 1 : 7,95. Dieses an makrosko-

[1] Für die relative Atom- bzw. Molekülmasse sind noch vielfach die älteren, aber nicht korrekten Namen „Atomgewicht“ bzw. „Molekulargewicht“ in Gebrauch.

pischen Mengen von Wasser gewonnene Resultat gilt[2] nach dem Satz von *Avogadro* auch für das einzelne Molekül. Für dieses war auf S. 31 f. gefolgert worden, daß es aus 2 H-Atomen und 1 O-Atom besteht, weshalb man ihm die Formel H_2O zuordnet. Also gilt: $2A_r(H) : A_r(O) = 1 : 7{,}95$. Daraus folgt – da die Bezugsgröße $A_r(H) = 1$ ist – für die relative Atommasse des Sauerstoffs: $A_r(O) = 2 \cdot 7{,}95 = 15{,}9$.

Im Laufe der Zeit zeigte es sich, daß es nicht praktisch ist, den Wasserstoff als Bezugsgröße zu benutzen; denn man ging bei der experimentellen Bestimmung von relativen Atommassen in der Regel nicht von Wasserstoff-, sondern von Sauerstoff- und später besonders gern von Chlor- oder Bromverbindungen (über diese Elemente vgl. Kap. XII u. XVII) aus. Bezieht man daher auf Wasserstoff, so geht in die Berechnung immer noch das Massenverhältnis von Sauerstoff (bzw. von Chlor oder Brom) zu Wasserstoff ein, das sich früher nicht sehr bequem mit der erforderlichen Genauigkeit bestimmen ließ. Man war daher dazu übergegangen, nicht den Wasserstoff, sondern den *Sauerstoff* als Grundlage für die relativen Atommassen zu benutzen und ihm definitionsgemäß die relative Atommasse $A_r(O) = 16{,}000$ zu geben.

Später lernte man die relativen Atommassen durch physikalische Methoden („Massenspektrometer", s. S. 62 und Kap. XXV) sehr genau zu bestimmen. Dabei stellte sich heraus, daß die Mehrzahl der Elemente aus mehreren chemisch sich gleich verhaltenden Atomarten verschiedener Masse bestehen; z. B. sind beim Sauerstoff Atome mit den angenäherten Werten der relativen Masse 16 (99,76%), 17 (0,04%) und 18 (0,20%) vorhanden.

Man bezeichnet diese verschiedenen Arten der Sauerstoff-Atome aus Gründen, die wir später (Kap. XXV) besprechen werden, als „*Isotope*". So entstanden zwei Tabellen der relativen Atommassen: In der „chemischen" Skala wurde die relative Masse des natürlichen Isotopengemisches des Sauerstoffs gleich 16,0000 gesetzt, die „physikalische" ordnete dem leichtesten Sauerstoff-Isotop die Masse 16,0000 zu. Vor einigen Jahren haben sich die Internationale Union für Reine und Angewandte Chemie (IUPAC) und die Schwesterunion für Physik (IUPAP) darauf geeinigt, das *Kohlenstoff-Isotop mit der Masse 12* (^{12}C) *als Grundlage der relativen Atommassen* zu benutzen; es gibt damit wieder eine einheitliche Skala. Die relative Atommasse von Wasserstoff ist in dieser Skala 1,0079, die des Sauerstoffs 15,9994; dies ist so wenig von 16,0000 verschieden, daß man für die meisten Fälle weiter mit 16 rechnen kann.

[2] Unter Berücksichtigung der Isotopen (S. 27 u. Kap. XXV) gilt das Resultat als Mittelwert auch für die Einzelmoleküle.

Wenn man bei *gasförmigen* Elementen die Anzahl der Atome im Molekül kennt, so ist zur Bestimmung der relativen Atommasse der Umweg über eine Verbindung nicht erforderlich. Nach dem *Avogradro*schen Gesetz enthalten ja gleiche Volumina verschiedener Gase bei sonst gleichen Bedingungen die gleiche Zahl von Molekülen. Die Gasdichten müssen sich also verhalten wie die Massen der Einzelmoleküle. Als Bezugsgröße kann man die relative Molekülmasse des Sauerstoffs verwenden; da seine Moleküle je zwei Atome enthalten, ist seine relative Molekülmasse gleich dem Doppelten seiner relativen Atommasse, also (abgerundet) $M_r(O_2) = 2 \cdot 16 = 32$. Wenn man also beispielsweise bei gleichen Werten von Druck und Temperatur die Gasdichte[3] des Stickstoffs $\varrho(N_2)$ und die des Sauerstoffs $\varrho(O_2)$ gemessen hat und wenn die Anzahl der Atome im Stickstoffmolekül bekannt ist, so gilt:

$$\frac{\varrho(N_2)}{\varrho(O_2)} = \frac{M_r(N_2)}{32}.$$

Die so ermittelte relative Molekülmasse des Stickstoffs ist dann gleich der doppelten relativen Atommasse.

Stoffmenge. Wenn zwei Stoffe reagieren, so setzen sich ihre Atome bzw. Moleküle in der Regel im Verhältnis kleiner ganzer Zahlen um; in einer gleichen Beziehung stehen sie zu den entstehenden Produkten. Das lernten wir bei den Reaktionen

$$2H_2 + O_2 = 2H_2O$$
$$H_2 + Cl_2 = 2HCl$$

kennen. Da die relativen Massen der Atome bzw. Moleküle von Stoff zu Stoff sehr unterschiedliche Größe haben, ist es für den Chemiker wenig nützlich, gleiche Massen verschiedener Stoffe zu vergleichen; z.B. enthält 1 g Wasserstoff viel mehr Atome als 1 g Sauerstoff, weil die relative Atommasse des Wasserstoffs viel kleiner ist. Für quantitative chemische Betrachtungen ist es deshalb sinnvoller, solche Stoffportionen (oder kleine ganzzahlige Vielfache davon) in Beziehung zu setzen, die im Verhältnis

[3] Für genaue Messungen muß zur Berücksichtigung der Abweichungen vom idealen Gaszustand (vgl. 48) auf den Druck Null extrapoliert werden.

der relativen Atom- bzw. Molekülmassen der betreffenden Stoffe stehen, d. h. die gleich viel Atome bzw. Moleküle enthalten. Man hat deshalb im SI-System (vgl. S. 23 f.) als chemisches Maß für die Größe von Stoffportionen eine besondere *Basisgröße* eingeführt, die man „*Stoffmenge*" getauft hat. Die Stoffmenge ist dadurch gekennzeichnet, daß sie der Anzahl der „Teilchen", aus denen eine Stoffportion besteht, proportional ist. Die Einheit der Stoffmenge ist das Mol.[4] Seine Größe ist aus den S. 54 angegebenen Gründen so gewählt, daß es so viele „Teilchen" enthält, wie Kohlenstoffatome in genau 12 g des Kohlenstoff-Isotopes ^{12}C enthalten sind. „Teilchen" können sein: Atome, Moleküle, Ionen (vgl. S. 79 f.), Radikale (vgl. S. 42), Elektronen (vgl. S. 178), Gruppen[5] von Teilchen genau angegebener Zusammensetzung. Man muß also angeben, auf welche Teilchen sich die jeweils gemeinte Stoffmenge bezieht.

Unter „*stoffmengen-bezogener Masse*", kürzer „*molarer Masse*" M, versteht man den Quotienten aus Masse m und Stoffmenge n einer gegebenen Stoffportion: $M = m/n$. Weil das Mol auf soviel Teilchen bezogen ist, wie Atome in 12 g ^{12}C enthalten sind, und da andererseits den relativen Atom- und Molekülmassen das Isotop ^{12}C mit der Masse von 12 willkürlichen Einheiten zugrunde liegt, hat die relative Masse eines Atoms oder Moleküls denselben Zahlenwert wie die molare Masse dieses Teilchens, sofern man diese in der Einheit g/mol angibt.

Die folgende Zusammenstellung gibt einige Beispiele für molare Massen:

Die molare Masse von H beträgt 1,0079 g/mol

Die molare Masse von H_2 beträgt 2,0158 g/mol

Die molare Masse von H_2O beträgt 18,0152 g/mol

[4] Im SI-System ist also das Mol Einheit der Basisgröße Stoffmenge, keine Masseneinheit wie die früher benutzte Einheit „Gramm-Molekül".

[5] Die Bezugnahme auf eine „*Gruppe*" von Atomen ist notwendig, wenn diese Gruppe die quantitative Zusammensetzung der Substanz wiedergibt, aber in dieser nicht als Molekül auftritt. Es gilt dies z. B. für salzartige Stoffe (z. B. NaCl, vgl. S. 85, $CaCO_3$). Um alle Fälle behandeln zu können, ist es auch notwendig, in bestimmten Fällen sowohl bei Atomen als auch bei Molekülen und Gruppen *Bruchteile* von Atomen zu Grunde zu legen (vgl. S. 65 über Äquivalente und die letzten Beispiele in der Zusammenstellung über molare Massen S. 57).

Die molare Masse von OH^- (vgl. S. 82) beträgt 17,008 g/mol

Die molare Masse von $^1/_2\,Mg^{2+}$ (vgl. S. 65 u. S. 241) beträgt 12,160 g/mol

Die molare Masse von $Fe_{0,91}S$ (vgl. S. 256) beträgt 82,88 g/mol

Die molare Masse einer Mischung mit einem Volumenanteil von 78,09% N_2, 20,95% O_2, 0,93% Ar und 0,03% CO_2 (d.h. trockene Luft!) beträgt 28,963 g/mol.

Die letzten beiden Beispiele zeigen, daß man den Mol-Begriff auch auf Stoffe anwenden kann, die nicht nach einfachen Proportionen aufgebaut sind (vgl. dazu S. 27, Anm. 5) sowie auf Gemische.

Beispiele für Anwendungen der relativen Masse und des Molbegriffs. „Stöchiometrische Rechnungen"[6]. S. 55f. haben wir besprochen, wie man bei Kenntnis der Formel einer Verbindung und der Massenanteile der Bestandteile die relativen Atommassen berechnen kann. Umgekehrt kann man bei Kenntnis der relativen Atommassen und der Formel einer Verbindung auch den Massenanteil der Komponenten erhalten. So liefert die Formel Al_2O_3 für Aluminiumoxid mittels der (abgerundeten!) relativen Massen $A_r(\mathrm{Al}) = 27$ und $A_r(\mathrm{O}) = 16$ folgenden Wert $w(\mathrm{Al})$ für den Massenanteil des Aluminiums in seinem Oxid:

$$w(\mathrm{Al}) = \frac{2 \cdot 27}{2 \cdot 27 + 3 \cdot 16} = 0{,}53 = 53\%.$$

Entsprechend ergibt die Reaktionsgleichung $2H_2 + O_2 = 2H_2O$ die Massenbeziehung: 4,0316 g Wasserstoff reagieren mit 31,9988 g Sauerstoff, wobei sich 36,0304 g Wasser bilden.

Gasgesetz. Entsprechend der oben erwähnten molaren Masse kann man auch die Größe: molares Volumen $V_\mathrm{m} = V/n$ als Quotient von Volumen und Stoffmenge bilden. Für 0 °C gilt dann $V_{\mathrm{m},0} = V_0/n$ oder $V_0 = n \cdot V_{\mathrm{m},0}$. Setzt man das in die S. 23 entwickelte Gasgleichung ein, so erhält man

$$p \cdot V = n \cdot \frac{p_0 \cdot V_{\mathrm{m},0}}{T_0} \cdot T.^7$$

[6] „*Stöchiometrie*" bedeutet Grundstoff-Messung.

[7] Für den idealen Gaszustand ist bei 0 °C und 1,01325 bar (1 atm) das molare Volumen $V_\mathrm{m} = 22{,}414$ l/mol. Für die realen Gase sind die Werte für V_m et-

Das molare Volumen $V_{m,0}$ enthält laut Definition soviel Moleküle, wie Atome in 12 g ^{12}C enthalten sind. Nach *Avogadro* sind aber für alle Gase die Volumina solcher Portionen gleich groß, die gleichviel Moleküle enthalten, also z. B. gerade so viel, wie in 1 mol enthalten sind, sofern Druck und Temperatur gleich gewählt werden. Infolgedessen ist der Ausdruck $p_0 \cdot V_{m,0}/T_0$ für alle Gase gleich groß; man nennt ihn die allgemeine Gaskonstante und bezeichnet ihn mit R. Die Gasgleichung nimmt dann die einfache Form an:

$$p \cdot V = n \cdot R \cdot T.$$

Das Produkt $p \cdot V$ hat die Dimension: Kraft × Länge^{-2} × Länge^3, also die einer Energie. Die Gaskonstante R hat demnach die Dimension: Energie pro Grad und Stoffmenge; zahlenmäßig ist $R = 8{,}3144\ \mathrm{J} \cdot K^{-1} \cdot \mathrm{mol}^{-1}$ (bzgl. J, K und mol s. S. 24). Früher benutzte man andere Energie-Einheiten:
($R = 0{,}082056\ \mathrm{l} \cdot \mathrm{atm} \cdot \mathrm{K}^{-1} \cdot \mathrm{mol}^{-1} = 1{,}987\ \mathrm{cal} \cdot \mathrm{K}^{-1} \cdot \mathrm{mol}^{-1}$).

Experimentelle Bestimmung von relativen Molekülmassen. Führt man in der Gasgleichung $p \cdot V = n \cdot R \cdot T$ die molare Masse M ein ($M = m/n$), so wird $p \cdot V = (m/M) \cdot R \cdot T$ bzw. $M = m \cdot RT/pV$. Man kann so durch Messung von m, T, p und V einer beliebigen Gasprobe die molare Masse M bestimmen.

Solche Bestimmungen sind normalerweise auch für *flüssige* oder *feste* Stoffe durchführbar, wenn man die Untersuchungen bei so hohen Temperaturen durchführt, daß sie in den gasförmigen Zustand übergegangen sind. Bequem ist hier die Methode von *V. Meyer*[8] (vgl. Abb. 9). Bei dieser wird zunächst die Heizflüssigkeit zum Sieden gebracht und so lange gewartet, bis keine Blasen mehr aufsteigen. Dann setzt man das mit Wasser gefüllte Meßrohr auf und läßt das Wägegläschen mit der zu untersuchenden Substanz herunterfallen, so daß diese verdampft und eine entsprechende Menge Luft in das Meßrohr getrieben wird. Das beobachtete Volumen Luft entspricht dem Volumen, das die Substanz im gasförmigen Zustand bei Zimmertemperatur – nicht der Meßtemperatur! – einnehmen würde. Das Verfahren ist nur beschränkt anwendbar, wenn man Dissoziationsgleichgewichte (vgl. z. B. Schwefeldampf, Kap. XVIII) messen will.

was verschieden: H_2 22,43; N_2 22,40; Cl_2 22,02 l/mol. Für 20 °C, also Zimmertemperatur, ist bei 1 atm $V_m \approx 24$ l/mol.

[8] *Victor Meyer* lebte von 1848–1897. Die Mehrzahl seiner Arbeiten betrifft die organische Chemie.

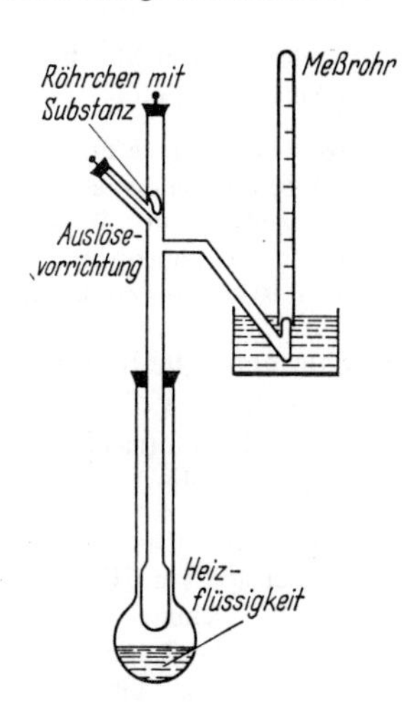

Abb. 9. Bestimmung der Gasdichte nach *Victor Meyer*

Molare Wärmekapazitäten von Gasen. Im Kap. IV haben wir die Gründe dargelegt, warum man die Gasmoleküle von Wasserstoff, Sauerstoff und Chlor als mindestens zweiatomig annehmen muß. Es blieb allerdings die Frage offen, ob nicht ganzzahlige Vielfache (etwa H_4) vorliegen. Dies ist zwar unwahrscheinlich, da sich bei den genannten Gasen nirgends die Notwendigkcit ergibt, eine größere Anzahl von Atomen in den Molekülen anzunehmen[9]. Diese Frage kann endgültig durch die Bestimmung der *molaren Wärmekapazitäten C* der betreffenden Gase entschieden werden. Diese Größe erlaubt bei kleinen Molekülen eine Aussage über die Anzahl der Atome im Molekül.

Wie die Theorie zeigt, steht die molare Wärmekapazität C in enger Beziehung zur Gaskonstanten R. Bei *konstantem Volumen* gilt für ein einatomiges Gas, das nur Translationsbewegungen in den drei Richtungen des Raumes ausführen kann: $C_v = 3\,R/2$. Bei zweiatomigen Molekülen (Hantelgestalt) kommen Rotationen um zwei Richtungen hinzu: $C_v = (3+2) \cdot R/2$. Bei drei-

[9] Bei anderen Elementen treten Moleküle mit größerer Atomzahl durchaus auf, siehe z. B. Schwefel oder Phosphor. Daß die Edelgasmoleküle einatomig sind, wurde schon S. 46 erwähnt.

und mehratomigen Molekülen ist $C_v = (3+3) \cdot R/2$. Dazu kommen u. U. noch Anteile, die von Schwingungen im Molekül herrühren.

Bei *konstantem Druck* muß wegen der Ausdehnung durch die Erwärmung noch Arbeit gegen den äußeren Druck geleistet werden, die C_p-Werte sind daher jeweils um den Wert R größer als C_v. Da die Wärmekapazitäten, namentlich C_v, unbequem zu bestimmen sind, ermittelt man C_p/C_v. Dieser Quotient ist z. B. aus der leicht meßbaren Schallgeschwindigkeit abzuleiten.

Stöchiometrische Rechnungen, bei denen Gase auftreten. Wegen der einfachen Volumenverhältnisse bei Gasen kann man gewisse stöchiometrische Rechnungen, bei denen Gase auftreten, besonders leicht durchführen.

Wir wollen als Beispiel berechnen, wieviel Liter Luft zur Verbrennung von 1 g Kohlenstoff (zu CO_2) erforderlich sind, und zwar nur überschläglich. Nach der Gleichung $C_{fest} + O_{2\,gasf.} = CO_{2\,gasf.}$ werden für 1 mol ≙ 12 g C 1 mol O_2, d. h. bei Zimmertemperatur und 1 bar ≈ 24 l O_2 (vgl. S. 57, Anm. 7) gebraucht, für 1 g C also 2 l O_2. Da die Luft zu etwa $^1/_5$ aus O_2 besteht, entspricht dies 10 l Luft.

Weiteres zur Bestimmung der relativen Atommassen. Nicht immer ist die Bestimmung der relativen Atommasse so einfach, wie wir es S. 53f. für Sauerstoff zeigten, weil man meist die Formeln der Verbindungen nicht ohne weiteres ermitteln kann. Beim Wasser ist dies besonders einfach, weil man die Ausgangsstoffe und das Reaktionsprodukt im gasförmigen Zustand vergleichen kann, so daß man das Avogadrosche Gesetz heranziehen kann.

Wie man auch in solchen Fällen, in denen dies nicht der Fall ist, die Formel und damit auch die relative Atommasse ermitteln kann, sei für die *Sauerstoffverbindungen des Kupfers* gezeigt.

Wir kennen hier zwei Oxide, ein schwarzes, sauerstoffreicheres, und ein rotes, sauerstoffärmeres. Bei der Reduktion mit Wasserstoff erhalten wir in beiden Fällen Metall. Ein Versuch möge folgende Werte ergeben haben: 3,3675 g des schwarzen Oxids lieferten 2,6901 g Metall, 4,2007 g des roten 3,7309 g. Der dem Sauerstoffgehalt entsprechende Gewichtsverlust beträgt also 0,6774 bzw. 0,4698 g. Auf 1 g Metall kommen demnach bei dem schwarzen Oxid 0,2518 g Sauerstoff, bei dem anderen 0,1259 g, d. h. halb so viel.

Um nun zu der Formel der beiden Oxide zu kommen, gehen wir zunächst von der Annahme aus, daß die einfachsten Formeln die wahrscheinlichen sind (vgl. dazu S. 32). In Frage kommen also zwei Möglichkeiten:

a) schwarzes Oxid CuO, rotes Cu_2O;

b) schwarzes Oxid CuO_2, rotes CuO.

Beide Formulierungen sind zunächst nach dem Prinzip der Einfachheit gleichberechtigt.

Die relative Atommasse x von Cu ist nach a) durch folgende Proportion gegeben: $x/16 = 1/0{,}2518$ bzw. $2x/16 = 1/0{,}1259$. Daraus folgt $x = 63{,}54$. b) ergibt $x/(2 \cdot 16) = 1/0{,}2518$ bzw. $x/16 = 1/0{,}1259$. Also $x = 127{,}1$. Für die relative Atommasse des Kupfers ergibt sich also entweder a) $A_r(\text{Cu}) = 63{,}54$ oder b) $A_r(\text{Cu}) = 127{,}1$ bzw. für die molare Masse des atomaren Cu a) $M(\text{Cu}) = 63{,}54$ g/mol oder b) $M(\text{Cu}) = 127{,}1$ g/mol.

Zur Entscheidung zwischen diesen beiden Möglichkeiten kann man eine 1818 von den französischen Forschern *Dulong* und *Petit* gefundene Regel benutzen: Die *molare Wärmekapazität* beträgt für die überwiegende Mehrzahl der Elemente[10], bei Zimmertemperatur etwa 25 $\text{J K}^{-1}\,\text{mol}^{-1}$ (≈ 6 cal $\text{K}^{-1}\,\text{mol}^{-1}$)[11]. Nun beträgt die spezifische Wärmekapazität des Kupfers bei Zimmertemperatur 0,385 $\text{J K}^{-1}\,\text{g}^{-1}$. Die molare Wärmekapazität, d.h. das Produkt aus molarer Masse und spezifischer Wärmekapazität wäre als gemäß a) $(63{,}5\ \text{g} \cdot \text{mol}^{-1}) \cdot (0{,}385\ \text{J K}^{-1}\,\text{g}^{-1}) = 24{,}4\ \text{J K}^{-1}\,\text{mol}^{-1}$ bzw. gemäß b) $(127\ \text{g} \cdot \text{mol}^{-1}) \cdot (0{,}385\ \text{J K}^{-1}\,\text{g}^{-1}) = 48{,}8\ \text{J K}^{-1}\,\text{mol}^{-1}$. Es ist also nur der unter a) berechnete Wert mit der Regel von *Dulong–Petit* verträglich. Die molare Masse $M(\text{Cu})$ des atomaren Kupfers ergibt sich also zu 63,54 g/mol, die relative Atommasse A_r beträgt 63,54.

Schon bei der Aufstellung des ersten Systems der relativen Atommassen durch *Berzelius* hat sich die von *Mitscherlich* am Beispiel der Verbindungen KH_2PO_4 und KH_2AsO_4 zuerst erkannte Regel als wichtig erwiesen, daß analog zusammengesetzte Verbindungen oft ähnliche *Kristallgestalt* besitzen und *Misch-*[12] bzw. *Überwachsungskristalle* bilden, d.h. *isomorph*[13] sind.

[10] Ausnahmen bilden einige leichte, hoch schmelzende Elemente (B, C, Si), die bei Zimmertemperatur eine kleinere molare Wärmekapazität besitzen.
[11] Das entspricht 3 R, ist also etwa doppelt so groß wie bei einatomigen Gasen. Der Grund liegt darin, daß zu der kinetischen Energie der Schwingung der Atome um die Gitterpunkte der gleiche Betrag an potentieller Energie kommt.
[12] Ein *Mischkristall* stellt gleichsam eine kristallisierte Lösung dar („*feste Lösung*“). Die beiden Bestandteile sind wie in einer flüssigen Mischung gleichmäßig vermischt, aber die Atome beider Partner sind wie in den Kristallen in einer regelmäßigen Struktur angeordnet. Zum Beispiel unterscheidet sich ein Mischkristall von NaCl mit NaBr von einem NaCl-Kristall dadurch, daß partiell Br-Teilchen an die Stelle von Cl-Teilchen getreten sind.
[13] Der klassische Begriff der *Isomorphie* („Gleichgestaltigkeit“) ist inzwi-

Die Bedeutung dieser Regel für die Bestimmung der relativen Atommassen sei an folgendem Beispiel dargelegt: Es ist im festen Zustande nur ein *Oxid des Aluminiums* bekannt. Das Prinzip der Einfachheit würde die Formel AlO nahelegen. Da aber Aluminiumoxid die gleiche Kristallstruktur besitzt wie das Eisenoxid der Formel Fe_2O_3 und mit diesem Mischkristalle bildet, muß man auch die Formel des Aluminiumoxides zu Al_2O_3 annehmen und die bei der Analyse gefundenen Zahlen nach diesen Atomverhältnissen für die relative Atommasse auswerten.

Die Ermittlung der relativen Atommassen war eine besonders schwierige Aufgabe, welche die Chemiker in der ersten Hälfte des 19. Jahrhunderts sehr stark beschäftigt hat. Sie konnte im Prinzip erst 1860 als gelöst angesehen werden (vgl. S. 30). Inzwischen werden vor allem physikalische Methoden eingesetzt, um immer genauere relative Atommassen festzustellen; besonders zu nennen ist das *Massenspektrometer*, bei dem ein Atomstrahl im elektrischen und magnetischen Felde abgelenkt und nach der Masse der Teilchen aufgefächert wird; vgl. auch S. 54 und S. 180.

Anhang: Die absolute Masse der Atome. Die Frage nach der *absoluten* Masse der Atome wurde bereits 1865 von dem Wiener Physiker *Loschmidt* erstmalig beantwortet. Heute kennt man eine ganze Reihe von Methoden, mit denen man die Anzahl der elementaren Einheiten in einem Mol, d. h. den Quotienten:

$$\frac{\text{molare Masse}}{\text{Masse des Einzelteilchens}}$$

bestimmen kann. Diese Größe, die man als *Avogadro-Konstante* N_A (oder L) bezeichnet, beträgt $6{,}022045 \cdot 10^{23}\ \text{mol}^{-1}$. 1 H-Atom hat also eine Masse von

$$\frac{1{,}0079\ \text{g} \cdot \text{mol}^{-1}}{6{,}022 \cdot 10^{23}\ \text{mol}^{-1}} = 1{,}6736 \cdot 10^{-24}\ \text{g}.$$

In $1\ \text{cm}^3$ Gas sind bei Normalbedingungen (vgl. S. 23 u. S. 57, Anm. 7) $6{,}022 \cdot 10^{23}/22{,}414 \cdot 10^3 = 2{,}68 \cdot 10^{19}$ Moleküle vorhanden.

Eine Vorstellung von diesen Zahlen ist schwer zu gewinnen; sie sind für das menschliche Vorstellungsvermögen nicht mehr faßbar. Wie groß sie sind, erkennt man vielleicht daran, daß die Zahl der auf der Erde lebenden Men-

---

schen aufgespalten worden in *Isotypie* (analoge Kristallstruktur) und *Mischbarkeit im festen Zustande.*

schen etwa 4,0 Milliarden ($4 \cdot 10^9$) beträgt. Erst auf 6,7 Milliarden Erden würden so viel Menschen leben, wie der Zahl der Moleküle in 1 cm^3 Gas entspricht!

Man könnte natürlich statt mit den S. 53 definierten *relativen* Atommassen auch mit den *absoluten* Massen in g rechnen. Der Hauptgrund dafür, daß man dies nicht tut, liegt darin, daß man dann immer einen Faktor 10^{23} mitschleppen müßte. Es sei jedoch darauf hingewiesen, daß man in manchen Gebieten der Physik die Masse von $^1/_{12}$ eines einzelnen ^{12}C-Atoms als „*atomare Masseneinheit*" $u = 1{,}6605655 \cdot 10^{-27}$ kg benutzt (s. Kap. XXV).

X. Stöchiometrische[1] Wertigkeit

Der Wertigkeitsbegriff. Daß sich zwischen Wasserstoff und Sauerstoff nur *eine stabile* Verbindung der Formel H_2O bildet, muß natürlich irgendwie mit dem Bau der Atome zusammenhängen. Auf diesen wird man auf Grund der chemischen Erfahrungen zurückschließen können, wenn man allgemeinere Gesetzmäßigkeiten über die Zahlenverhältnisse ermitteln kann, nach denen sich die verschiedenen Elemente miteinander verbinden. Wir wollen zeigen, wie man zu solchen Gesetzmäßigkeiten kommen kann.

Andere Elemente als Sauerstoff verbinden sich mit Wasserstoff nach anderen Atomverhältnissen. So gibt Wasserstoff mit dem Element Chlor (Cl) eine Verbindung HCl, das Hydrogenchlorid, mit Stickstoff eine Verbindung NH_3, das Ammoniak. Die Zahl der Wasserstoffatome, die gebunden werden können, ist also bei diesen drei Elementen verschieden, sie beträgt bei Chlor 1, bei Sauerstoff 2, bei Stickstoff 3. Schreibt man dem Wasserstoff als Bezugssubstanz die „*stöchiometrische Wertigkeit*" 1 zu, dann ist Chlor im Hydrogenchlorid einwertig, Sauerstoff im Wasser zweiwertig, Stickstoff im Ammoniak dreiwertig.

Vergleicht man nun die Zusammensetzung der Verbindungen, die die Elemente Lithium (Li), Calcium (Ca) und Aluminium (Al)

[1] Vgl. S. 57, Anm. 6.

mit den eben genannten Elementen bilden, so ergeben sich folgende Reihen:

$LiCl$	$CaCl_2$	$AlCl_3$
Li_2O	$CaO\ (= {}^1/_2 Ca_2O_2)$	Al_2O_3
Li_3N	Ca_3N_2	$AlN\ (= {}^1/_3 Al_3N_3)$.

Die Formeln der Lithiumverbindungen sind die gleichen wie die der Wasserstoffverbindungen; Lithium ist also in diesen Verbindungen ebenfalls stöchiometrisch einwertig. Auch bei der Zusammensetzung der Calcium- und Aluminiumverbindungen zeigen sich ähnliche Regelmäßigkeiten. So ist die Zahl der Calcium-Atome, die von je einem Chlor-, Sauerstoff- oder Stickstoffatom gebunden werden, $^1/_2$, 1, $^3/_2$. Das Verhältnis ist also auch hier 1:2:3. Die entsprechenden Zahlen beim Aluminium sind $^1/_3$, $^2/_3$, 1, sie verhalten sich also ebenfalls wie 1:2:3. Der Unterschied ist aber der, daß ein Calcium-Atom sich mit doppelt, ein Aluminium-Atom mit dreimal soviel Chlor (und auch Sauerstoff oder Stickstoff) verbunden hat wie ein Wasserstoff- oder Lithiumatom. Calcium tritt demnach in diesen Verbindungen zweiwertig, Aluminium dreiwertig auf.

Das Bedeutsame ist nun, daß die in den oben genannten Verbindungen vorhandenen Wertigkeitszahlen in außerordentlich vielen Verbindungen vorkommen, ja daß bei vielen Elementen die Wertigkeit in nahezu *allen* Verbindungen die gleiche ist. So kennt man keine einzige Verbindung, in der der Wasserstoff eine andere Wertigkeit hat als 1. Auch Sauerstoff, Lithium, Calcium und Aluminium kommen in Verbindungen fast nur mit den oben genannten Wertigkeiten vor. Warum dies so ist, werden wir im Kap. XXV sehen.

Beim Chlor und Stickstoff jedoch werden wir eine große Reihe von Verbindungen kennenlernen, für die dieses einfache Schema konstanter Wertigkeiten nicht ausreicht; diese beiden Elemente kommen vielmehr mit *wechselnder* Wertigkeit vor. Ähnliches haben wir auch beim Kupfer schon kennengelernt, das sowohl stöchiometrisch zweiwertig (im CuO) als auch einwertig (im Cu_2O) auftreten kann.

Äquivalent. Im Zusammenhang mit den vorstehenden Betrachtungen sei auf den Begriff des *Äquivalentes* hingewiesen, der in der Praxis des Chemikers viel benutzt wird und der auch historisch bei der Entwicklung des Systems der relativen Atommassen („Atomgewichte") eine große Rolle gespielt hat. Bei einer beliebigen, vollständig ablaufenden Reaktion A + B = C + D sind die Stoffportionen von A und B, die sich miteinander umsetzen, einander *äquivalent.* Ist z. B. A ein Metall, B das Element Chlor, so ist bei der Bildung von NaCl $^1/_2$ mol Cl_2 ≙ 1 mol Cl äquivalent 1 mol Na; bei der Bildung von $MgCl_2$ ist 1 mol Cl jedoch äquivalent $^1/_2$ mol Mg ≙ 1 mol ($^1/_2$ Mg), bei $AlCl_3$ entsprechend 1 mol ($^1/_3$ Al).

Unter *Äquivalent* versteht man den Bruchteil $1/z^*$ eines Teilchens (Atom, Molekül, Ion oder Atomgruppe), wobei z^*, die *Äquivalentzahl,* dem Absolutwert der Wertigkeit bzw. ihrer Änderung bei der betr. Reaktion entspricht (vgl. dazu z. B. die Beispiele S. 249).

Wie die Wertigkeit ist z^* bei vielen Elementen konstant, z^* kann jedoch auch bei dem gleichen Element wechseln. Zum Beispiel ist z^* von Cu bei der Bildung von CuCl aus Cu-Metall und Cl_2-Gas 1, bei der Bildung von $CuCl_2$ dagegen 2. Die molare Masse bezogen auf ein Äquivalent $M(1/z^* \cdot X)$ ist der z^*-Teil der molaren Masse M(X); $M(^1/_3 \cdot Al) = 26{,}9815/3$ g/mol = 8,9972 g/mol. Früher bezeichnete man dies als „Gramm-Äquivalent" (val), Dimension g.

Benennung chemischer Verbindungen. Die *Bezeichnung* Kupferoxid ist daher nicht eindeutig, da man nicht weiß, welches der beiden Oxide gemeint ist. Es gab bisher verschiedene Bezeichnungsweisen, um diesen Unterschied zu kennzeichnen, was sehr störend war. Durch die IUPAC (vgl. S. 54) sind Regeln aufgestellt worden, die allgemein angewendet werden sollten. Wir nennen aber auch die alten Bezeichnungen, da man sie gelegentlich noch findet.

Veraltet sind folgende Bezeichnungen:

a) Man bezeichnete die sauerstoffärmere Verbindung als Oxydul; also CuO Kupferoxyd, Cu_2O Kupferoxydul.

b) Man hängte an den abgekürzten lateinischen Namen des Metalls bei der Verbindung höherer Wertigkeit ein i, bei der niederer Wertigkeit ein o an; CuO Cuprioxyd, Cu_2O Cuprooxyd.

Nach den *IUPAC-Regeln* sollen folgende Bezeichnungen benutzt werden:

a) Man gibt durch ein griechisches Zahlwort die Zahl der Atome im Molekül an; die Bezeichnung „Mono" kann dabei weggelassen werden, wenn keine Zweifel möglich sind. So pflegt man die Stickstoff-Sauerstoff-Verbindungen folgendermaßen zu bezeichnen:

N_2O_5	Distickstoffpentaoxid,	N_2O_3	Distickstofftrioxid,
N_2O_4	Distickstofftetraoxid,	NO	Stickstoffoxid,
NO_2	Stickstoffdioxid,	N_2O	Distickstoffoxid.

b) Während diese Bezeichnung für alle Verbindungen anwendbar ist, eignet sich die nachstehende, auf *A. Stock*[2] zurückgehende Bezeichnung vor allem für salzartige Verbindungen: die Wertigkeit (Oxidationsstufe; vgl. S. 81 u. S. 248) des Metalls wird durch eine römische Ziffer hinter dem Namen des Metalls angegeben: Also CuO Kupfer(II)-oxid (gesprochen: Kupferzweioxid), Cu_2O Kupfer(I)-oxid.

XI. Thermochemie

Ein charakteristisches Kennzeichen chemischer Reaktionen ist die Entwicklung von Wärme, die gelegentlich zur Feuererscheinung führt. Es gibt allerdings auch Reaktionen, die unter Wärmeverbrauch verlaufen. Die erstgenannten Reaktionen bezeichnet man als „*exotherm*", die letzteren als „*endotherm*". Der Gehalt des Systems an Wärmeenergie nimmt bei einer exothermen Reaktion ab, bei einer endothermen nimmt er zu. Die Wärmetönung einer Reaktion, die zur Bildung einer Verbindung aus den Elementen führt, bezeichnet man als *Bildungsenthalpie*[1] ΔH.[2]

Die experimentelle Bestimmung der Wärmetönung einer Reaktion kann auf sehr verschiedene Weise erfolgen. Man kann z. B. zur Bestimmung der bei der Vereinigung von Wasserstoff und Sauerstoff freiwerdenden Wärme so vorgehen, daß man eine gemessene Menge von Wasserstoff mit Luft in einem geeigneten Gefäß verbrennt, das sich in einem bestimmten Volumen von Wasser befindet; das Gefäß muß aber so gestaltet sein, daß evtl. austretende Gase ihre Wärme vollständig an das umgebende Wasser abgeben.

[2] Der deutsche Chemiker *Alfred Stock* erforschte die Bor- und Siliciumhydride.

[1] Die Enthalpie (von ἐνθαλπειν = sich erwärmen) bezieht sich auf konstanten Druck; sie faßt die Änderung der inneren Energie und der Arbeitsleistung zusammen.

[2] Früher gab man diese thermochemischen Daten als „*Bildungswärmen*" an; diese sind zahlenmäßig den ΔH-Werten gleich, haben aber umgekehrte Vorzeichen.

Ist das ganze System gegen Wärmeverluste geschützt, z.B. durch Verwendung eines doppelwandigen evakuierten Gefäßes (Weinholdbecher), so wird die bei der Verbrennung entwickelte Wärme zur Erwärmung des Wassers, des Einsatzgerätes zur Verbrennung und des Innenteils des Weinholdbechers verwendet; nur ein geringer Teil wird abgestrahlt. Aus der Temperatursteigerung, der Menge des Wassers (und der anderen Teile) und der spezifischen Wärmekapazität des Wassers usw. läßt sich dann die Reaktionsenthalpie ermitteln.

Die *thermochemische Gleichung:*

$H_{2,\text{gasf.}} + {}^1/_2 O_{2,\text{gasf.}} = H_2O_{\text{flüssig}}$; $\Delta H = -285{,}9$ kJ mol^{-1} (bzw. $-68{,}32$ kcal $\cdot$ mol^{-1}) besagt in Worten: bei der Vereinigung von 2,016 g Wasserstoffgas und 15,999 g Sauerstoffgas zu 18,015 g flüssigem Wasser werden 285,9 kJ frei; um diesen Betrag vermindert sich der Wärmeinhalt des Systems. Die Bildungsenthalpie des Wassers beträgt also $-285{,}9$ kJ $\cdot$ mol^{-1} ($-68{,}32$ kcal mol^{-1}).

Schon einige Jahre vor der Entdeckung des Gesetzes von der Erhaltung der Energie durch *R. Mayer, J.P. Joule* und *H. v. Helmholtz* hatte der russische Forscher *G. H. Hess* 1840 erkannt, daß man mit thermochemischen Gleichungen rechnen kann, wie mit algebraischen. Addiert man z.B. zu der obigen Gleichung die Gleichung für die Verdampfung des Wassers:

$$H_2O_{\text{flüssig}} = H_2O_{\text{gasf.}};\ \Delta H = +44{,}0\ \text{kJ} \cdot \text{mol}^{-1}\ (\text{bzw. } 10{,}52\ \text{kcal} \cdot \text{mol}^{-1})$$

so erhält man

$$H_{2,\text{gasf.}} + {}^1/_2 O_{2,\text{gasf.}} = H_2O_{\text{gasf.}};$$
$$\Delta H = -241{,}9\ \text{kJ} \cdot \text{mol}^{-1}\ (\text{bzw. } -57{,}80\ \text{kcal} \cdot \text{mol}^{-1}).$$

Bei der Bildung von Wasserdampf wird also weniger Wärme frei, als wenn sich flüssiges Wasser bildet; das ist bei der Beurteilung von wasserstoffhaltigen Brennstoffen zu beachten (vgl. dazu S. 167 Anm. 19).

Als weiteres Beispiel für die Anwendung des *Hess*schen Satzes wollen wir die *Bildungsenthalpie von Wasserstoffperoxid* ausrechnen. Diese kann man direkt nicht bestimmen, wohl aber läßt sich die bei der Zersetzung von H_2O_2 zu $H_2O + {}^1/_2 O_2$ freiwerdende Wärme messen; man erhält die thermochemische Gleichung:

$$2H_2O_{2,\text{flüss., wasserfrei}} = 2H_2O_{\text{flüss.}} + O_{2,\text{gasf.}};$$
$$\Delta H = -197\ \text{kJ} \cdot \text{mol}^{-1}\ (-47\ \text{kcal} \cdot \text{mol}^{-1})$$

Zieht man diese Gleichung von der Gleichung

$$2H_{2,\text{gasf.}} + O_{2,\text{gasf.}} = 2H_2O_{\text{flüss.}};$$
$$\Delta H = -572\ \text{kJ} \cdot \text{mol}^{-1}\ (-136{,}6\ \text{kcal} \cdot \text{mol}^{-1})$$

ab, so ergibt sich, wenn man ordnet und kürzt:

$$H_{2,\text{gasf.}} + O_{2,\text{gasf.}} = H_2O_{2,\text{flüss., wasserfrei}};$$
$$\Delta H = -187\ \text{kJ} \cdot \text{mol}^{-1}\ (-44{,}8\ \text{kcal} \cdot \text{mol}^{-1}).$$

H_2O_2 ist also an sich ein exothermer Stoff mit negativer Bildungsenthalpie; wenn es trotzdem unbeständig ist und – wenn auch ohne Katalysator nur langsam! – in $H_2O + \frac{1}{2}O_2$ zerfällt, so liegt dies daran, daß die Bildungsenthalpie von H_2O noch stärker negativ ist.

Freie Reaktionsenthalpie. Die soeben besprochenen Reaktionsenthalpien sind von großer Bedeutung zur Beantwortung der Frage, ob eine Reaktion erfolgt oder nicht. Allerdings sind die Zusammenhänge nicht ganz so einfach, wie man zunächst angenommen hatte. Nach einer von *Berthelot*[3] aufgestellten Regel sollte nämlich eine Reaktion der allgemeinen Form $A + B = C + D$ vollständig von links nach rechts verlaufen, wenn sie exotherm ist ($\Delta H < 0$), und vollständig von rechts nach links, wenn sie endotherm ist ($\Delta H > 0$). Tatsächlich gilt dies Prinzip streng nur beim absoluten Nullpunkt. Es ist aber mit guter Näherung auch bei Zimmertemperatur und sogar darüber gültig, wenn es sich bei den Anfangs- und Endstoffen um feste Stoffe handelt und keine Mischungen im festen Zustand auftreten.
Treten jedoch Gase oder Lösungen (Schmelzen, Mischkristalle und ähnliches) als Reaktionsteilnehmer auf, so kann die *Berthelot*sche Vorstellung schon deshalb nicht zutreffen, weil sich Gleichgewichte einstellen, an denen Anfangs- und Endstoffe mit bestimmten Mengenverhältnissen beteiligt sind. So sahen wir bereits, daß Wasser bei hohen Temperaturen teilweise dissoziiert ist. Es erfolgt also nicht nur in exothermer Reaktion Vereinigung von Wasserstoff und Sauerstoff, bis das Gleichgewicht erreicht ist, sondern Wasser zersetzt sich auch in endothermer Reaktion, bis diese Zusammensetzung vorhanden ist. Auch diese Zersetzung erfolgt freiwillig, obgleich sie Wärme verbraucht.

[3] Der französische Forscher *D. Berthelot* lebte 1827–1907.

Es hat dies seinen Grund darin, daß der Verlauf einer Reaktion und der stabile Endzustand (Gleichgewicht) nicht von der Reaktionsenthalpie ΔH allein bestimmt wird, sondern von der „*freien Reaktionsenthalpie*“ ΔG, die durch die Gleichung

$$\Delta G = \Delta H - T \cdot \Delta S$$ definiert ist.

Hierbei ist ΔS die „*Reaktionsentropie*“[4], d.h. die Differenz zwischen der Summe der Entropien S der Endprodukte und der der Ausgangsstoffe. Die Entropie hängt bei festen Stoffen eng mit der molaren Wärmekapazität C zusammen:

$$S = \int_0^T \frac{C_p}{T} \cdot dT + S_0,$$

wobei S_0 die Entropie der betreffenden Stoffe bei $T = 0$ K ist. Handelt es sich um Flüssigkeiten oder Gase, so kommen dazu noch die relativ großen Werte der Schmelz- und Verdampfungsentropien. Bei Gasen ist außerdem zu beachten, daß die S-Werte vom Druck abhängen (vgl. unten).

Das Glied $T \cdot \Delta S$ macht bei tiefen Temperaturen und bei Umsetzungen zwischen festen Stoffen nicht viel aus; es wird aber von großer Bedeutung bei hohen Temperaturen und beim Auftreten von Flüssigkeiten und besonders von Gasen; damit kann ΔG ein anderes Vorzeichen bekommen als ΔH, unter Umständen, insbesondere bei kleinem ΔH, kann das Entropieglied das Verhalten praktisch allein bestimmen.

Chemische Reaktionen können nur dann freiwillig ablaufen, wenn ΔG *kleiner als Null* ist. Beim *Gleichgewichtszustand* wird ΔG gleich Null. Dies gestattet, das Gleichgewicht aus den ΔH- und ΔS-Werten zu berechnen. Betrachten wir z. B. eine Reaktion, bei der nur Gase auftreten. Wie schon erwähnt, ist die Entropie von Gasen druckabhängig. Bei konstanter Temperatur gilt: $S = S^\circ - R \ln p$; dabei ist S° die „Standardentropie“, die für 1 atm

[4] In der *Entropie*, Dimension J K^{-1} mol^{-1}, kann man ein Maß für die Unordnung in dem betreffenden Stoff sehen; das wird besonders deutlich, wenn man sich die starke Zunahme von S beim Schmelzen und vor allem beim Verdampfen vor Augen führt; die Verdampfungsentropie (Verdampfungswärme/Siedetemperatur) liegt bei den meisten Stoffen bei 84–100 J mol^{-1} K^{-1} (20–24 cal mol^{-1} K^{-1}) (*Trouton*sche Regel).

(= 1,01325 bar) Druck und idealen Gaszustand gilt. Für den Gleichgewichtszustand erhält man:

$$\Delta G = 0 = \Delta H - T\Delta S = \Delta H - T\Delta S^\circ + RT\Delta \ln p.$$

$\Delta \ln p$ ist der natürliche Logarithmus des Verhältnisses der Partialdrucke der Reaktionsprodukte zu denen der Ausgangsstoffe; nach S. 138f. bezeichnet man dieses Verhältnis als die *Gleichgewichtskonstante K*. Man kann also aus der freien Standardenthalpie $\Delta G^\circ = \Delta H - T\Delta S^\circ$ gemäß der Gleichung $\Delta G^\circ = -RT\ln K$ die Lage des Gleichgewichts berechnen. Solche Berechnungen lassen sich auch für gelöste Stoffe, z. B. Ionengleichgewichte, und viele andere Probleme durchführen.

XII. Chlor und Hydrogenchlorid[1]

Elektrolysiert man eine Lösung von Kochsalz in Wasser, so erhält man an der negativen Elektrode ein Gas, das wir schon kennen, nämlich Wasserstoff. Dieses kann natürlich ebensogut aus dem Kochsalz wie aus dem Wasser stammen. Wir werden im Kap. XXVI sehen, daß das letztere der Fall ist. An der positiven Elektrode entsteht aber ein uns bisher unbekanntes Gas, das nicht aus dem Wasser stammen kann. Es ist gelbgrün, besitzt einen stechenden Geruch und reizt die Schleimhäute stark. Da es sich als unzerlegbar erwiesen hat, liegt ein Element vor, dem man wegen seiner Farbe (χλωρόσ gelbgrün) den Namen *Chlor* (Cl) gegeben hat.

Chlor ist ein außerordentlich reaktionsfähiger Stoff. So entzündet sich weißer Phosphor in Chlor und verbrennt zu *Phosphorchlorid* (PCl_3 bzw. PCl_5); s. S. 134. Ebenso glüht schwach erwärmtes Antimonpulver auf, wenn man es in Chlorgas schüttet, weil sich Antimonchlorid ($SbCl_3$) bildet.

Die Reaktionsfähigkeit des Chlors gegenüber manchen Metallen verschwindet, wenn es sehr gut getrocknet worden ist. So greift Chlor in ganz trocke-

[1] Früher als *Chlorwasserstoff* bezeichnet; dies wird auch heute noch als „Trivialname" benutzt.

nem Zustande Eisen nicht an und kann daher in verflüssigter Form in Stahlflaschen oder sonstigen Druckgefäßen aus Stahl aufbewahrt und in Tankwagen usw. versandt werden.

Eine Wasserstoffflamme brennt in Chlorgas mit fahlgrüner Farbe weiter. Daß dabei gemäß der Gleichung $H_2 + Cl_2 = 2HCl$ gasförmiges *Hydrogenchlorid* entsteht, wurde schon S. 32 besprochen.

Interessant ist ein Vergleich des Cl_2/H_2-Gemisches mit dem S. 17 besprochenen Knallgas. Wie dieses verändert es sich bei Zimmertemperatur bei Lichtausschluß nicht. Entzünden wir es, so erfolgt auch hier die Vereinigung unter heftigem Knall. Man bezeichnet es daher als „*Chlorknallgas*". Vom Knallgas verschieden ist aber der Umstand, daß die Reaktion zwischen Cl_2 und H_2 auch durch *Licht* ausgelöst werden kann, so z. B. durch Belichten mit einer Bogenlampe. Durch die Einstrahlung von Licht wird nämlich dem System Energie zugeführt, die von den Cl_2-Molekülen absorbiert wird; dabei werden diese in Cl-Atome gespalten. Diese leiten die Reaktion ein, die dann als sogenannte „*Kettenreaktion*" weiterläuft: 1) $Cl + H_2 \rightarrow HCl + H$; 2) $H + Cl_2 \rightarrow HCl + Cl$. Die Reaktionen 1) und 2) bilden die Glieder einer fortlaufenden Kette, die erst dann abreißt, wenn z. B. durch die Reaktion $Cl + Cl \rightarrow Cl_2$ die Cl-Atome verschwinden.

Bei dieser „*photochemischen*" Auslösung der Chlorknallgas-Reaktion erweist sich die Farbe des Lichts von Bedeutung. Allgemein gilt die *Einstein*sche[2] Beziehung $\varepsilon = h \cdot \nu$. Dabei ist ε das „*Energiequantum*", das als Licht der Frequenz ν beim Auftreffen auf ein Molekül diesem übertragen wird, und h ist eine Konstante, das *Planck*sche[3] Wirkungsquantum ($h = 6{,}6262 \cdot 10^{-34}$ J s $= 6{,}6262 \cdot 10^{-27}$ erg · s); die Frequenz ν ist mit der Wellenlänge des Lichts durch die Beziehung $\nu = c/\lambda$ (c = Lichtgeschwindigkeit im Vakuum $= 2{,}997925 \cdot 10^8$ ms^{-1}) verbunden. Bei großer Wellenlänge λ ist also ν und damit ε klein, bei kleinem λ ist ε groß. Dem entspricht für die Chlorknallgasreaktion, daß das langwellige, rote Licht ohne Einfluß ist; nur die blauen und violetten, d. h. also die kurzwelligen Strahlen sind in der Lage, das Cl_2-Molekül zu spalten, nur in diesem Bereich absorbiert Chlor das Licht.

Bei der Chlorknallgasreaktion dient das Licht nur zur *Auslösung* einer Reaktion, die unter Energieabgabe erfolgt; das Licht entspricht hier dem Streichholz beim Anzünden einer Gasflamme. Es gibt aber auch photochemische

[2] Der in Ulm geborene theoretische Physiker *Albert Einstein* (1879–1955) hat durch seine Arbeiten, insbesondere die Relativitätstheorie, die gesamte Naturwissenschaft befruchtet.

[3] Der deutsche theoretische Physiker *Max Planck* (1858–1947) ist der Begründer der Quantentheorie.

Reaktionen, bei denen durch die Einwirkung des Lichtes energiereiche Stoffe gebildet werden; diese Reaktionen verlaufen nur so lange, wie das Licht einwirkt, es wird laufend Lichtenergie in chemische Energie umgewandelt. Die wichtigste photochemische Reaktion dieser Art ist die Assimilation (Photosynthese; vgl. S. 44, Anm. 2).

Hydrogenchlorid ist farblos und von stechendem Geruch; an der Luft bildet es Nebel. Dies hängt damit zusammen, daß HCl-Gas sich begierig und unter starker Wärmeentwicklung in Wasser löst bzw. mit dem Wasserdampf der Luft Flüssigkeitströpfchen der konzentrierten HCl-Lösung bildet. Die wäßrige Lösung von HCl bezeichnet man als *Salzsäure*; der Massenanteil der bei Atmosphärendruck gesättigten Lösung beträgt je nach der Temperatur 40–45% HCl. Erhitzt man eine verdünnte HCl-Lösung, so geht im wesentlichen Wasser weg. Bei einem Massenanteil an HCl von 20,24% siedet dann bei 1 atm Druck bei 110 °C ein konstant siedendes Gemisch, weil die Zusammensetzung des entstehenden Dampfes gleich der der Flüssigkeit ist. Konzentrierte Salzsäure schließlich gibt beim Erhitzen zunächst im wesentlichen HCl ab, und man kommt zu der gleichen Zusammensetzung („Azeotropes Gemisch", vgl. S. 39). Beim Abkühlen scheidet sich aus der mit HCl gesättigten Lösung das Trihydrat $HCl \cdot 3H_2O$ aus. Die niederen Hydrate $HCl \cdot H_2O$ und $HCl \cdot 2H_2O$ bilden sich nur bei Überdruck an HCl.

Die Darstellung von Hydrogenchlorid kann auch aus Kochsalz erfolgen, indem man konzentrierte Schwefelsäure darauf einwirken läßt. Kochsalz hat die Formel NaCl, während die Schwefelsäure gemäß der Formel H_2SO_4 aus Wasserstoff, Sauerstoff und Schwefel zusammengesetzt ist. Die Gleichung der Umsetzung ist $NaCl + H_2SO_4 = HCl + NaHSO_4$[4].

Aus Hydrogenchlorid kann man leicht wieder *Chlor* gewinnen. So liegt z. B. das Gleichgewicht: $4HCl + O_2 \rightleftharpoons 2H_2O + 2Cl_2$ bei nicht zu hohen Temperaturen weitgehend zugunsten des Chlors; als Katalysator kann man mit Kupferchloridlösung getränkte Tonkugeln verwenden. Auf diese Weise hat man früher Chlor technisch gewonnen (*Deacon*-Prozeß). Starke Oxida-

[4] Vgl. auch S. 75/76.

tionsmittel wie Braunstein (Mangandioxid MnO_2) führen Salzsäure bei Zimmertemperatur in Chlor über: $MnO_2 + 4HCl = MnCl_2 + 2H_2O + Cl_2$. Technisch stellt man Chlor heute durch Elektrolyse dar. Einzelheiten siehe Kap. XXVI. Jedoch ist der *Deacon*-Prozeß mit anderen Katalysatoren wieder interessant geworden (vgl. dazu auch Kap. XXVI).

XIII. Säuren, Basen, Salze

Säuren. Die Begriffe „*Säuren*" und „*Basen*" haben im Laufe der historischen Entwicklung Abwandlungen erfahren. Die Darstellung in dieser Einführung folgt dieser Entwicklung. Man erkennt das Vorliegen einer Säure an dem sauren Geschmack der Lösung sowie an der Wirkung auf gewisse Pflanzenfarbstoffe, z.B. Lackmus. *Säuren färben blaue Lackmuslösungen rot.* Außer Lackmus gibt es noch zahlreiche andere „*Indikatoren*", meist synthetisch hergestellte Farbstoffe (vgl. S.150).

Für die weitere Besprechung seien zunächst einige Säuren und ihre Formeln angeführt:

Salzsäure	HCl	Phosphorsäure	H_3PO_4
Schwefelsäure	H_2SO_4	Kohlensäure[1]	H_2CO_3
Salpetersäure	HNO_3	Blausäure	HCN.

Man erkennt aus dieser Zusammenstellung, daß alle Säuren *wasserstoffhaltig* sind; eine Säure besteht also aus Wasserstoff und einem *Säurerest.* Früher nahm man an, daß der in der Mehrzahl der Säuren vorhandene Sauerstoff den sauren Charakter bedinge; daher rührt auch die Benennung des Sauerstoffs durch *Lavoisier.* Daß diese Annahme aber falsch ist, ergibt sich u. a. aus der Existenz der Salzsäure und anderer Säuren (wie HF, HBr, HI, H_2S, H_2Se, H_2Te, H_2PtCl_6, $H_4Fe(CN)_6$), die keinen Sauerstoff enthalten.

[1] Vgl. dazu S. 75 u. 157.

Auf Grund der Theorie von *Lavoisier* nahm man eine Zeitlang an, daß Chlor das Oxid eines noch unbekannten Elementes sei; *Davy*[2] hat dann mit Sicherheit den Elementcharakter des Chlors bewiesen und damit festgestellt, daß es sauerstofffreie Säuren gibt. *Davy* und später *Liebig* entwickelten daher die Theorie der Säuren als Wasserstoffverbindungen.

Nun sind aber nicht alle wasserstoffhaltigen Verbindungen Säuren, sondern nur diejenigen, deren *Wasserstoff leicht durch Metall ersetzbar* ist. Wir haben solche z. B. nach der Gleichung $2HCl + Zn = ZnCl_2 + H_2$ verlaufenden Reaktionen schon S. 33 bei der Besprechung der Darstellungsmethoden des Wasserstoffs kennengelernt.

Basen. Den Gegensatz zu den Säuren bilden solche Stoffe, die rotes Lackmus blau färben. Man bezeichnet sie als *Basen* oder *Laugen.* Soweit sie in Wasser löslich sind, rufen ihre Lösungen auf der Haut das von der Seife her bekannte schlüpfrige Gefühl hervor. Wir nennen:

$NaOH$	Natriumhydroxid; seine Lösung Natronlauge
KOH	Kaliumhydroxid; seine Lösung Kalilauge
$Ca(OH)_2$	Calciumhydroxid; seine Lösung Kalkwasser
$La(OH)_3$	Lanthanhydroxid.

Aus der Zusammenstellung erkannt man, daß die Basen durch das Vorhandensein von OH-Gruppen (*Hydroxidgruppen*) gekennzeichnet sind.

Salze. Läßt man die wässerige Lösung einer Säure mit der einer Base reagieren, so erhält man bei richtiger Dosierung der Mengen Lösungen, die weder sauer noch alkalisch reagieren. Solche Lösungen bezeichnet man als *neutral.* Dampft man sie ein, so erhält man Stoffe, die aus dem Metall der Base und dem Säurerest gebildet sind. Man bezeichnet diese als *Salze.* Die gegenseitige Neutralisation von Säuren und Basen sei durch folgende Umsetzungen erläutert:

[2] Der Engländer *Humphry Davy* (1778–1829) hat, nachdem durch die *Volta*sche Säule eine Quelle für den elektrischen Strom zur Verfügung stand, die „Elektrochemie" begründet; vgl. dazu auch Kap. XXIX.

$NaOH + HCl = H_2O + NaCl$ (Natrium*chlorid* = Kochsalz)
$Ca(OH)_2 + H_2SO_4 = 2H_2O + CaSO_4$ (Calcium*sulfat*)
$La(OH)_3 + 3HNO_3 = 3H_2O + La(NO_3)_3$ (Lanthan*nitrat*).

Ganz allgemein gilt also in wäßrigen Lösungen die wichtige Beziehung:

$$Base + Säure = Wasser + Salz.$$

Die eben genannten Umsetzungen führen zu einer *Klassifizierung* von Säuren und Basen. Je nach der Zahl der durch Metall ersetzbaren Wasserstoffatome unterscheidet man *ein-*, *zwei-*, *dreiwertige Säuren* (HCl, H_2SO_4, H_3PO_4) und entsprechend *ein-*, *zwei- und dreiwertige Basen* (NaOH, $Ca(OH)_2$, $La(OH)_3$).

Starke und schwache Säuren (Basen). Man weiß schon sehr lange, daß der Säurecharakter nicht bei allen Säuren in gleicher Weise ausgeprägt ist. So löst sich Zink in Salzsäure sehr schnell, während mit Essigsäure kaum Reaktion eintritt. Durch diese und ähnliche Beobachtungen kam man dazu, die „starke“ Salzsäure von der „schwachen“ Essigsäure zu unterscheiden. Ferner erkannte man, daß oft starke Säuren schwache aus ihren Salzen „austreiben“. So reagiert z.B. Natriumcarbonat – ein Salz der schwachen Kohlensäure – mit der starken Salzsäure nach folgender Gleichung: $Na_2CO_3 + 2HCl = 2NaCl + H_2CO_3$. Es bildet sich also das Salz der starken Säure und die schwache Säure wird freigesetzt. Man erkennt dies daran, daß Kohlendioxid gasförmig entweicht, weil die entstandene Kohlensäure H_2CO_3 sofort in H_2O und CO_2 zerfällt. In ähnlicher Weise kann man starke *Basen* (z.B. NaOH) und schwache ($Al(OH)_3$) unterscheiden. Eine strengere Definition der Säuren- und Basenstärke werden wir im Kap. XXII (S. 81 ff.) kennenlernen.

Saure Salze. Die Neutralisation braucht nicht immer vollständig zu sein; es können sich auch *saure* und *basische Salze* bilden. Bei den ersteren ist ein Teil des Wasserstoffs der Säure nicht durch Metall ersetzt, die letzteren enthalten noch Hydroxid-Gruppen.

Mit den basischen Salzen wollen wir uns nicht näher befassen, da hier meist verwickelte Verhältnisse vorliegen. Dagegen sei wenigstens ein *saures* Salz angeführt. Läßt man die S. 72 beschriebene Einwirkung von Schwefelsäure auf Kochsalz bei Zimmertemperatur vor sich gehen, so erfolgt sie nach der

Gleichung $NaCl + H_2SO_4 = NaHSO_4 + HCl$; es entsteht das *saure* Natriumsulfat $NaHSO_4$, das wegen seines Wasserstoffgehaltes als „Natriumhydrogensulfat" bezeichnet wird. Dieses saure Salz reagiert noch wie eine Säure, denn es setzt sich bei höheren Temperaturen mit Kochsalz weiter um zu neutralem Natriumsulfat nach der Gleichung: $NaCl + NaHSO_4 = Na_2SO_4 + HCl$.

Anhydride. Oxide können mit Wasser Basen oder Säuren bilden. Das erstere ist der Fall bei *sauerstoffarmen* Oxiden, meist Metalloxiden, z. B. Na_2O, CaO u. a.; diese Oxide bezeichnet man daher als *Basenanhydride. Sauerstoffreiche* Oxide, meist Nichtmetalloxide wie SO_3, Cl_2O_7, aber auch Metalloxide wie CrO_3, bilden mit Wasser Säuren, man nennt diese Oxide *Säureanhydride.*[3,4]

Amphotere Hydroxide. Man wird fragen, wie sich die Oxide *mittleren Sauerstoffgehalts* verhalten, ob sich also ein sprunghafter Übergang von den Basen zu den Säuren zeigt oder ein allmählicher. Der Versuch zeigt, daß das zweite der Fall ist; Hydroxide mittlerer Wertigkeit sind Stoffe, die überhaupt keinen bestimmten Charakter haben, sondern sich ihr Verhalten durch den Gegenpartner aufzwingen lassen. So löst sich $Al(OH)_3$ nicht nur gemäß $Al(OH)_3 + 3HCl = AlCl_3 + 3H_2O$ in der starken Salzsäure, wie es für eine *Base* zu erwarten ist, sondern auch in der starken Natronlauge; es verhält sich also der starken Lauge gegenüber wie eine *Säure.* Allerdings wird dabei nicht Wasserstoff durch Metall ersetzt und Wasser abgespalten, sondern NaOH angelagert, z.B. gemäß $NaOH + Al(OH)_3 = Na[Al(OH)_4]$; es handelt sich um eine Komplexbildung; Näheres dazu s. S. 143f. Hydroxide wie $Al(OH)_3$, $Zn(OH)_2$ u.a. bezeichnet man als *amphoter.*

[3] Auch ohne Wasser kann ein Basenanhydrid mit einem Säureanhydrid zu einem Salz reagieren, z. B. $CaO + SO_3 = CaSO_4$. Man spricht daher auch von „basischen" oder „sauren" Oxiden.

[4] Neben dem Sauerstoffgehalt (d. h. der Wertigkeit des Metalls bzw. Nichtmetalls) können auch andere Faktoren eine Rolle spielen. So bildet Cl_2O mit einwertigem Chlor mit Wasser keine Base, sondern die allerdings äußerst schwache Hypochlorige Säure HClO (S. 93). Festes Ag_2O wirkt gegenüber K_2O als Säureanhydrid; es bildet sich $K[AgO]$.

XIV. Theorie der elektrolytischen Dissoziation

Elektrolyte und Nichtelektrolyte. Säuren, Basen und Salze haben eine gemeinsame Eigenschaft: ihre wässerigen Lösungen leiten den elektrischen Strom. Reines Wasser selbst ist ein sehr schlechter Leiter; löst man in ihm Stoffe wie Zucker, Alkohol, Harnstoff, so ändert sich daran nichts. Bringt man dagegen nur eine ganz kleine Menge Salzsäure oder Natriumhydroxid oder Kochsalz in das Wasser, so wird es gut leitend. Mit dem Stromtransport ist jedoch bei diesen Leitern II. Klasse – im Gegensatz zu den Metallen, den Leitern I. Klasse – stets eine chemische Umsetzung an den Elektroden (Elektrolyse; vgl. Kap. II u. XXIX) verbunden. Außerdem tritt, wie man mit farbigen Stoffen zeigen kann, im elektrischen Feld eine Bewegung der in Lösung befindlichen Substanz ein. Man bezeichnet daher die erstgenannten Stoffe als Nichtelektrolyte, *Säuren*, *Basen* und *Salze* dagegen als *Elektrolyte.*

Molare Massen gelöster Stoffe; osmotischer Druck. Woher kommt nun diese Leitfähigkeit? Um diese Frage beantworten zu können, müssen wir etwas weiter ausholen und uns mit den *molaren Massen gelöster Stoffe* beschäftigen. Der Zustand eines gelösten Stoffes in einer sehr verdünnten Lösung hat eine gewisse Ähnlichkeit mit dem Gaszustand. In beiden Fällen befinden sich die einzelnen Teilchen in einer im Verhältnis zu ihrer Größe weiten Entfernung voneinander. Ein Unterschied liegt allerdings darin, daß bei den Gasen der Raum zwischen zwei benachbarten Molekülen leer ist, während er in Lösungen von Molekülen des Lösungsmittels erfüllt ist. Trotzdem gilt, wie *van't Hoff*[1] gezeigt hat, auch in diesem Falle eine dem Gasgesetz $p \cdot V = n \cdot R \cdot T$ analoge Beziehung mit genau der gleichen Konstante R; nur ist dabei für p an Stelle des Gasdrucks der sogenannte „*osmotische Druck*" Π einzusetzen.

Was man darunter versteht, sei an zwei Gedankenexperimenten klargelegt. Wir wollen zunächst einen Versuch ausgeführt denken, durch den man den Druck eines *Gases* messen kann. Wir benutzen gemäß Abb. 10 einen Zylin-

[1] *Jacobus Henricus van't Hoff* lebte von 1852–1911; er ist in Holland geboren und wirkte zuletzt in Berlin.

der, welcher mit einem verschiebbaren Stempel versehen sei, den wir uns der Einfachheit halber gewichtslos denken wollen. Ist dann in *A* und *B* Vakuum, so behält der Stempel in jeder beliebigen Höhe seine Stellung bei. Lassen wir jetzt das Vakuum in *B* bestehen, bringen aber in den Raum *A* ein Gas, das ja bei gegebenen Werten von Volumen und Temperatur jeweils einen bestimmten Druck ausübt, so bleibt der Stempel nur dann in seiner Stellung, wenn man ihn mit einem dem *Gasdruck* entsprechenden Gewicht belastet, der dem Bestreben des Gases, sich über einen größeren Raum auszudehnen, entgegenwirkt.

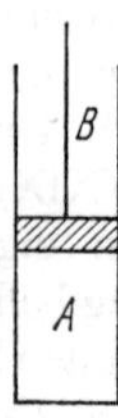

Abb. 10. Zur Erläuterung des osmotischen Drucks

Jetzt wollen wir uns den ganzen Zylinder (also *A* und *B*) mit *Wasser* gefüllt denken und einen Stempel vom spezifischen Gewicht des Wassers verwenden, der feine Löcher haben soll, so daß das Wasser ungehindert durchtreten kann. Dieser Stempel wird in jeder beliebigen Höhe seine Stellung unverändert beibehalten. Wir wollen nun im Raume *B* das reine Wasser belassen, aber in den Raum *A* eine Zucker*lösung* bringen und uns vorstellen, daß die Löcher im Stempel nur die kleinen Wassermoleküle durchlassen, nicht aber die großen Zuckermoleküle. Die Zuckerlösung hat das Bestreben, sich zu verdünnen; da der Stempel wohl für das Wasser, aber nicht für die Zuckermoleküle durchlässig („semipermeabel") ist, kann die Verdünnung nur durch Einströmen des Wassers erfolgen. Es wird daher auf den Stempel ein Druck nach *B* zu ausgeübt, der, wie beim Gasdruck, durch eine entsprechende Belastung kompensiert werden kann; diesen bezeichnet man als *osmotischen Druck* Π.

Nach dem S. 58 Dargelegten kann man die molare Masse eines Gases ermitteln, wenn man die Masse, das Volumen, den Druck und die Temperatur bestimmt. In gleicher Weise kann man bei Kenntnis der Masse des gelösten Stoffes, des Volumens, der Temperatur und des osmotischen Druckes die molare Masse *gelöster Stoffe* bestimmen. Man erhält dabei bei *Nichtelektrolyten* die der Formel entsprechenden molaren Massen. Bei den typischen *Elektrolyten* dagegen findet man Werte, die deutlich *kleiner* sind als die erwarteten, etwa halb so groß, manchmal noch kleiner.

Das oben beschriebene Experiment zur Messung des osmotischen Druckes ist praktisch nicht durchführbar. Wir brauchen uns aber mit den Methoden, wie man osmotische Drucke nun wirklich mißt, nicht näher zu befassen, da man durch andere exakt ausführbare Experimente indirekt den osmotischen Druck Π ermitteln kann. Mit diesem hängt nämlich eng zusammen, daß der *Dampfdruck* des Lösungsmittels *von Lösungen kleiner* ist als der des reinen Lösungsmittels. Abb. 11 zeigt, daß dies zu einer Erhöhung der Siedetemperatur führen muß; denn eine Flüssigkeit siedet ja dann, wenn ihr Dampfdruck so groß wird, wie der vorgelegte äußere Druck. Aber auch der Gefrierpunkt ändert sich. Bei dieser Temperatur muß ja der Dampfdruck der Lösung dem des sich ausscheidenden festen *Stoffes* gleich sein; aus einer *verdünnten* wäßrigen Lösung kristallisiert nun aber ebenso wie aus Wasser selbst reines Eis aus (vgl. dazu S. 14 u. S. 283); die Dampfdruckkurve der festen Phase wird also nicht verändert. Damit ergibt sich, daß der Gefrierpunkt erniedrigt wird. Wie *Raoult* fand, ist diese „*Gefrierpunktserniedrigung*" ebenso wie die „*Siedepunktserhöhung*" für ein bestimmtes Lösungsmittel der Stoffmenge *n* des gelösten Stoffes proportional. Beide Größen sind experimentell bequem zu messen und gestatten so in einfacher Weise die Bestimmung der molaren Masse gelöster Stoffe; insbesondere die Gefrierpunktserniedrigung wird zu diesem Zwecke benutzt.

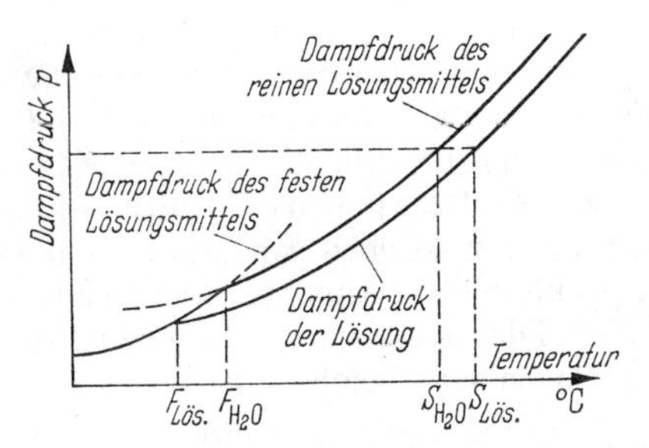

Abb. 11. Zur Erklärung der Siedepunktserhöhung und Gefrierpunktserniedrigung

Elektrolytische Dissoziation. Wir haben also zwei Tatsachen, die wir erklären müssen, um das besondere Verhalten der *Elektrolyte* zu verstehen:

a) sie machen Wasser leitend für den elektrischen Strom; von den Leitern I. Klasse, den Metallen, unterscheiden sich diese Leiter II. Klasse dadurch, daß beim Stromdurchgang chemische Umsetzungen an den Elektroden und eine Stoffbewegung in der Lösung auftreten; auch nimmt mit steigender Temperatur die Leitfähigkeit nicht (wie bei Metallen!) ab, sondern zu.

b) sie besitzen wesentlich kleinere molare Massen, als ihrer Formel entspricht.

Das zweite Ergebnis beweist, daß die Moleküle in Lösung zerfallen (dissoziieren). Dabei können aber nicht neutrale, d. h. also elektrisch nicht geladene Zerfallsprodukte entstehen, etwa aus NaCl ein Na- und ein Cl-Atom; denn dann wäre z. B. unverständlich, warum dieses Na-Atom nicht wie das metallische Natrium gemäß $2Na + 2H_2O = 2NaOH + H_2$ mit dem Wasser reagiert. Vor allem wäre aber die elektrische Leitfähigkeit der Lösung nicht zu verstehen. Der schwedische Chemiker *Svante Arrhenius*[2] stellte daher 1884 die Theorie auf, daß diese Zerfallsprodukte *elektrisch geladen* sind. Damit wird sofort die Leitfähigkeit verständlich; denn diese geladenen Teilchen werden sich im elektrischen Felde bewegen, so die Elektrizität transportieren und an den Elektroden entladen werden. Mit steigender Temperatur nimmt die Beweglichkeit der Teilchen zu, weil die innere Reibung des Wassers abnimmt. *Arrhenius* benutzte für diese geladenen Spaltstücke die schon von dem Engländer *Faraday*[3] stammende Bezeichnung „*Ionen*", d. h. Wanderer. Ferner wird verständlich, warum z. B. die Reaktionen des Natrium-Metalls ausbleiben. Ein Natrium-Ion ist eben ganz etwas anderes als ein Natrium-Atom. So kühn diese Annahme war, so ausgezeichnet hat sie sich bewährt. Die Ionentheorie gehört heute zu einer der wichtigsten Grundlagen der Chemie.

Es muß nachdrücklichst darauf hingewiesen werden, daß zwischen der *thermischen* Dissoziation, die wir S. 18f. kennengelernt haben, und der hier besprochenen *elektrolytischen* Dissoziation ein grundlegender Unterschied besteht; dort bildeten sich *ungeladene*, hier *geladene* Spaltprodukte!

[2] *Svante Arrhenius* lebte von 1859–1927.

[3] *Michael Faraday* lebte von 1791–1867; er war nicht nur einer der bedeutendsten Physiker, sondern auch ein erfolgreicher Chemiker.

Ladung der Ionen. Es fragt sich nun, wie groß die *Ladung der Ionen* ist und wie die positiven und negativen Ladungen verteilt sind. Klar ist, daß jeweils die Zahl der positiven und negativen Ladungen gleich sein muß; denn die Lösungen sind ja ungeladen. Aus den Produkten, die sich bei der Elektrolyse am positiven und negativen Pol (*Anode* bzw. *Kathode*) abscheiden, und anderen Versuchen, die wir hier nicht im einzelnen beschreiben können, folgt ferner, daß die Metalle und der Wasserstoff positive, die Säurereste, einschließlich der Halogene, negative Ladungen annehmen; sie bilden *Kationen* bzw. *Anionen.* Benutzt man als Einheitsgröße für die Ladung des einzelnen Ions die Ladung des Elektrons, so entspricht der Betrag der Ladung dem, was wir früher als („stöchiometrische") *Wertigkeit* bezeichnet hatten. Wir haben jetzt aber zu unterscheiden zwischen dem positiv einwertigen Wasserstoff bzw. Natrium und dem negativ einwertigen Chlor, wie man es in Verbindungen wie HCl oder NaCl findet[4].

Der Dissoziationsvorgang kann demnach durch folgende Formulierungen beschrieben werden:

$$\begin{aligned}
&NaCl &&= Na^+ + Cl^-\\
&HCl &&= H^+ + Cl^-\\
&NaOH &&= Na^+ + OH^-\\
&Ca(OH)_2 &&= Ca(OH)^+ + OH^-\\
&Ca(OH)^+ &&= Ca^{2+} + OH^-\\
\text{bzw. }&Ca(OH)_2 &&= Ca^{2+} + 2OH^-\\
&Al_2(SO_4)_3 &&= 2Al^{3+} + 3SO_4^{2-}\\
&H_2SO_4 &&= H^+ + HSO_4^-\\
&HSO_4^- &&= H^+ + SO_4^{2-}\\
\text{bzw. }&H_2SO_4 &&= 2H^+ + SO_4^{2-}
\end{aligned}$$

Säuren und Basen; Neutralisation; Ionengleichungen. Die Ionentheorie gestattete *Arrhenius*, eine sehr einfache Definition von Säuren und Basen[5] zu geben: *Säuren* liefern *in wässeriger Lösung*

[4] Dieser Zusammenhang zwischen stöchiometrischer Wertigkeit und Ladung gilt aber nur für aus Ionen aufgebaute Verbindungen (vgl. dazu auch das folgende Kapitel). Über andere Bindungsarten s. S. 196f.

[5] Eine Erweiterung dieser Definitionen gab *Brönsted* (vgl. S. 141).

positiv geladene Wasserstoff-Ionen, Basen negativ geladene Hydroxid-Ionen. Die *Neutralisation* stellt sich damit als Vereinigung von H^+ und OH^- zu undissoziiertem H_2O heraus. Man erkennt das am besten, wenn man einige Neutralisationsreaktionen als „*Ionen-Gleichungen*" formuliert, also statt NaCl einsetzt: $Na^+ + Cl^-$ usw. Man erhält dann z.B. statt: $NaOH + HCl = H_2O + NaCl$ die Gleichung: $Na^+ + OH^- + H^+ + Cl^- = Na^+ + Cl^- + H_2O$, oder wenn man kürzt:

$$\mathbf{OH^- + H^+ = H_2O.}$$

Diese Gleichung stellt die *allgemeine Neutralisationsgleichung* für wässerige Lösungen dar. Zum Beispiel wird aus $Ca(OH)_2 + H_2SO_4 = CaSO_4 + 2H_2O$ die Ionengleichung: $Ca^{2+} + 2OH^- + 2H^+ + SO_4^{2-} = Ca^{2+} + SO_4^{2-} + 2H_2O$, d.h. wieder $2OH^- + 2H^+ = 2H_2O$ bzw. $OH^- + H^+ = H_2O$.

Wir sehen daraus, daß sich bei der Neutralisation von NaOH und HCl der Zustand der Na^+- und Cl^--Ionen nicht verändert, sie bewegen sich nach der Neutralisation genau so selbständig im Wasser wie vorher. Erst wenn wir eindampfen, dann treten sie zu festem Kochsalz zusammen. Die H^+- und OH^--Ionen dagegen verschwinden bei der Neutralisation schon in der Lösung praktisch vollständig; sie vereinigen sich zu Wassermolekülen, die, wie schon das Fehlen einer merklichen Leitfähigkeit des reinen Wassers zeigt, praktisch nicht dissoziiert sind (vgl. dazu S.142).

Die allgemeine Neutralisationsgleichung $OH^- + H^+ = H_2O$ zeigt uns bereits eine wesentliche treibende Kraft, durch die viele Reaktionen von Elektrolyten in wäßriger Lösung bestimmt werden, nämlich die Tendenz, *undissoziierte Stoffe zu bilden.*

Neben der Tendenz, undissoziierte Moleküle in der Lösung zu bilden, spielt auch das Entstehen *wenig löslicher Gase* (vgl. das Entweichen von CO_2) oder *fester Stoffe* (s. unten die Fällung von AgCl) eine entscheidende Rolle für das Eintreten chemischer Umsetzungen in Lösungen (Näheres vgl. Kap. XXII). Auch solche Reaktionen können wir in besonders einfacher Form mit *Ionengleichungen* beschreiben.

Zum Beispiel geben HCl und die in Wasser löslichen Chloride mit einer Lösung von Silbernitrat ($AgNO_3$) weiße, im Licht langsam dunkler werdende

Niederschläge von Silberchlorid AgCl. Schreiben wir die Gleichungen in gewöhnlicher Form, so müssen wir in jedem Falle eine besondere Umsetzung formulieren, z. B.

$$HCl + AgNO_3 = AgCl + HNO_3$$
$$NaCl + AgNO_3 = AgCl + NaNO_3$$
$$CaCl_2 + 2AgNO_3 = 2AgCl + Ca(NO_3)_2 \quad \text{usw.}$$

Schreiben wir Ionen-Gleichungen, so lautet die erste Umsetzung:

$$H^+ + Cl^- + Ag^+ + NO_3^- = AgCl + H^+ + NO_3^-$$

oder

$$Cl^- + Ag^+ = AgCl.$$

Genau dieselbe Gleichung würden wir aber auch für die anderen Reaktionen erhalten; sie beschreibt daher den Vorgang in einer ganz allgemeinen, besonders einfachen Form.

Dissoziationsgrad. Auch für die elektrolytische Dissoziation gilt, was wir S. 19f. über Gleichgewichte ausgeführt haben. Ebenso wie bei der thermischen Dissoziation erfolgt auch hier die Umsetzung nicht vollständig, es liegen vielmehr stets undissoziierte Moleküle und Ionen nebeneinander vor. Freilich kann auch hier das Gleichgewicht praktisch vollständig auf einer Seite liegen. So sind die meisten löslichen Salze sowie die *starken* (vgl. S. 75) Säuren und Basen nahezu vollständig in Ionen zerfallen, während andererseits Wasser so gut wie überhaupt nicht dissoziiert ist. Es gibt aber auch viele Stoffe, bei denen im Gleichgewicht sowohl wesentliche Anteile von undissoziierten Molekülen als auch von Ionen vorhanden sind. Das ist der Fall bei den Basen und Säuren *mittlerer* Stärke (z. B. H_3PO_4). Bei den *schwachen* Säuren und Basen tritt wiederum der Anteil der Ionen neben dem der undissoziierten Moleküle zurück.

Wir verstehen nun, warum aus Sodalösung Kohlendioxid durch Schwefelsäure in Freiheit gesetzt wird. Kohlensäure ist eine typische schwache Säure, die in wäßriger Lösung nur zu einem geringen Anteil H^+- und HCO_3^-- sowie ganz untergeordnet CO_3^{2-}-Ionen bildet. Kommen daher die H^+-Ionen der Schwefelsäure mit den CO_3^{2-}-Ionen der Soda zusammen, so vereinigen sie sich zum überwiegenden Teil zu undissoziierter Kohlensäure, und CO_2 entweicht aus der Lösung (vgl. dazu S. 157). Die S. 75 erwähnte Regel, daß starke Säuren (bzw. Basen) schwache aus ihren Salzen austreiben, ist somit nur eine besondere Form des allgemein gültigen Satzes, daß sich in wäßriger Lösung stets die am wenigsten dissoziierten Stoffe bilden. Das Treibende der

Reaktion ist gar nicht die „Stärke“ der Schwefelsäure, sondern gerade die „Schwäche“ der Kohlensäure. Die Wirkung der starken Säure besteht nur darin, daß durch sie H^+-Ionen in die Lösung gebracht werden; da die Anionen der starken Säure keine Neigung haben, sich mit H^+-Ionen zu vereinigen, stehen diese ohne weiteres für die Umsetzung mit den CO_3^{2-}-Ionen zur Verfügung. Es ist also so, daß bei den starken Elektrolyten das Bestreben der Ionen, sich in Lösung zu vereinigen, schwach ist, während es gerade bei den schwachen Elektrolyten stark ist.

XV. Die Ionen-Bindung

Ionenbindung. Die weitere Fortentwicklung der Ionentheorie hat nun zu einer ersten Vorstellung über das Wesen der chemischen Bindung geführt, die freilich *nicht* auf *alle* Verbindungen anwendbar ist, wohl aber auf die *Ionen bildenden* Salze, Säuren und Basen. Der Deutsche *W. Kossel* und der Amerikaner *G.N. Lewis* haben nämlich 1916 – in Umgestaltung älterer Annahmen von *Berzelius* – die Vorstellung entwickelt, daß die Bildung von Stoffen wie NaCl so vor sich geht, daß eine negative Ladung, ein Elektron, vom Natrium zum Chlor übergeht und daß die elektrostatische Anziehung der Na^+- und Cl^--Ionen die chemische Bindung verursacht. Ein NaCl-Molekül hätte man sich danach in ganz roher Form gemäß Abb. 12 vorzustellen.

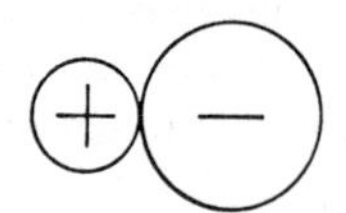

Abb. 12. NaCl-Molekül

Kristalle. Bei der Vereinigung der Moleküle zum *Kristall* bleiben die Ionen erhalten[1]. Abb. 13 zeigt die Anordnung der einzelnen Na^+- und Cl^--Ionen in einem Kochsalzkristall[2]. Jedes

[1] Daß in Kristallen von Salzen wie Kochsalz *geladene* Bestandteile vorliegen, wußte man schon seit längerer Zeit aus den Versuchen über die sogenannten *Reststrahlen.*

[2] Weitere „Ionenkristalle“ s. Abb. 29, S. 204.

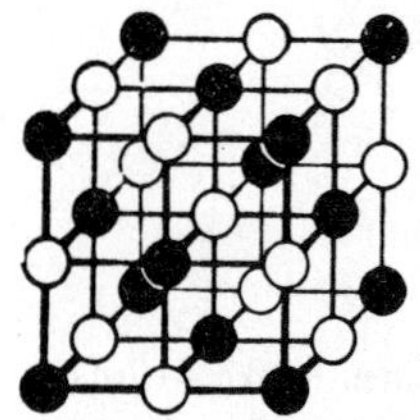

Abb. 13. Anordnung der Atomschwerpunkte in der NaCl-Struktur, ● Na^+ ○ Cl^-

positive Ion ist hier von 6 negativen, jedes negative von 6 positiven umgeben.[3,4] Die Anziehung dieser entgegengesetzt geladenen Ionen hält den Kristall zusammen. Bei der Bildung des Kristalls aus gasförmig gedachten Ionen wird die sogenannte „*Gitterenergie*" frei, sie beträgt z.B. für NaCl 766 kJ mol^{-1} (183 kcal mol^{-1}).

Hydratation. Welche Einflüsse sind es nun aber, die es ermöglichen, daß sich NaCl in Wasser löst, d.h. daß das Wasser die Ionen des NaCl-Kristalls auseinanderschiebt? Bei der Einwirkung von Wasser bilden sich Wasserhüllen um die einzelnen Ionen; die dabei freiwerdende Energie, *die Hydratationsenergie*, ist etwa ebenso groß wie die *Gitterenergie* des Kristalls, so daß die Differenz zwischen Hydratations- und Gitterenergie, die *Lösungsenthalpie*, meist gering ist. Daher reicht die Zunahme der Entropie (vgl. S. 69) aus, um den Stoff in Lösung zu bringen.

Um den Vorgang der Hydratation näher zu erläutern, müssen wir etwas weiter ausholen. Ein *Wassermolekül* können wir uns aus einem O^{2-}- und zwei H^+-Ionen aufgebaut denken. Diese Vorstellung ist zwar nicht ganz korrekt, genügt aber für unsere Zwecke. Diese drei Ionen liegen nun aus Gründen, die wir hier nicht im einzelnen besprechen können (Näheres siehe Kap. XXV), nicht auf einer Geraden, ihre Schwerpunkte bilden vielmehr, etwa so wie Abb. 14 zeigt, ein gleichschenkliges Dreieck. Auf größere Entfernung wirkt dieses Molekül neutral, da die Wirkungen der positiven und negativen Ladungen sich aufheben. Kommen wir aber nahe an das H_2O-

[3] Irgendwelche „Moleküle" sind demnach in Kristallen dieser Art nicht vorhanden; über die Anwendung des Mol-Begriffes bei derartigen Stoffen s. S. 56, Anm. 5.
[4] Oft darf man sich die Ionen als Kugeln vorstellen, die sich berühren. Die Na^+-Ionen sind kleiner als die Cl^--Ionen (vgl. Abb. 12 und Tab. 12, S. 208).

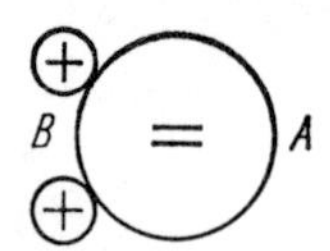

Abb. 14. H_2O-Molekül

Molekül heran, so ist dies nicht mehr der Fall. Für einen Punkt *A* wird das Wassermolekül negativ geladen erscheinen, da der Schwerpunkt der negativen Ladung viel näher an diesem Punkt liegt als der der positiven Ladungen. Umgekehrt wird das H_2O-Molekül für einen Punkt *B* positiv geladen erscheinen. Man bezeichnet Stoffe wie H_2O, bei denen die Schwerpunkte der negativen und positiven Ladungen nicht zusammenfallen, als *Dipole*[5].

Kommt nun ein Wassermolekül in die Nähe eines positiv geladenen Ions, so wird es sich so drehen, daß die Sauerstoffseite, d. h. der negative Pol, dem Ion zugewendet wird. Das H_2O-Molekül wird dann von dem Ion elektrostatisch angezogen. Infolgedessen wird sich ein Ion in Lösung mit einer Schicht gerichteter H_2O-Moleküle umgeben, so wie es Abb. 15 für ein positives Ion zeigt. Die H_2O-Moleküle, die dem Ion direkt benachbart sind, sind alle mit der negativ geladenen Seite zum positiv geladenen Ion hin ausgerichtet; sie sind infolge der starken Kräfte sehr eng gepackt. Erst in größerer Entfernung werden die Dipole infolge der Wärmebewegung wieder un-

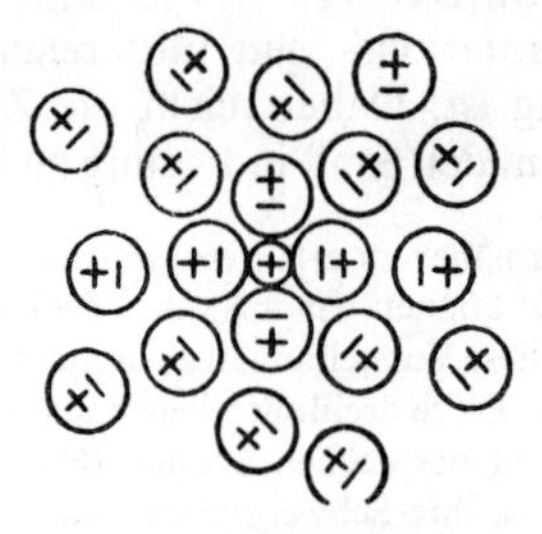

Abb. 15. Hydratisiertes Kation

[5] Unter einem *elektrischen Dipol* versteht man ein System zweier dem Betrag nach gleicher punktförmiger Ladungen $+Q$ und $-Q$, die durch einen Abstand l voneinander getrennt sind. $\boldsymbol{p} = Q \cdot l$ ist das *elektrische Dipolmoment*. Beispiel: $\boldsymbol{p}(H_2O) = 6{,}180 \cdot 10^{-30}$ C · m; $\boldsymbol{p}(NH_3) = 4{,}94 \cdot 10^{-30}$ C · m (über die Einheit Coulomb C = A · s vgl. Kap. XXIX). – Früher wurde die Einheit 1 Debye $= 10^{-18}$ e (in elektrostatischen Einheiten) × cm benutzt; man sagte z.B., das Dipolmoment des H_2O-Moleküls beträgt 1,84 Debye. – Die Größe des elektrischen Dipolmoments läßt sich aus der Temperaturabhängigkeit der Dielektrizitätskonstanten der gasförmigen Substanz bestimmen.

geordnet und die Abstände der H_2O-Moleküle voneinander normal sein. Die negativen Ionen verhalten sich entsprechend. Man sagt: Die Ionen sind in Lösung *hydratisiert.* Wie schon erwähnt, werden durch die Hydratationsenergie, zusammen mit der Wärmeenergie, die Gitterkräfte überwunden. Ist die bei der Hydratation gewonnene Energie wesentlich größer als die für das Auseinanderziehen des Gitters aufzuwendende, so ist der Stoff leicht löslich; ist sie wesentlich kleiner, so ist er praktisch unlöslich. Hiermit hängt auch zusammen, daß sich aus Ionen aufgebaute Stoffe in Lösungsmitteln, die nicht aus Dipolmolekülen aufgebaut sind, nur sehr wenig oder gar nicht auflösen.

Eine Sonderstellung nimmt das sehr kleine H^+-Ion (das *Proton*; vgl. S. 179) ein. Es bindet nämlich *ein* Wassermolekül besonders fest; das so entstandene $[H_3O]^+$-Ion (*Oxonium*-Ion) hydratisiert sich weiterhin zu $[H_9O_4]^+$ und schließlich wie ein normales Ion. Wenn man abgekürzt von H^+-Ionen spricht, so ist damit stets das so hydratisierte $[H_3O]^+$-Ion gemeint.

Hydrate. Die Anlagerung der Wassermoleküle an die Ionen kann auch so erfolgen, daß durch Einwirkung von wenig Wasser auf ein wasserfreies Salz wieder ein festes, aber wasserhaltiges Salz, ein *Hydrat*, entsteht. Die angelagerten H_2O-Moleküle drängen dann nur die Ionen des Salzes etwas auseinander. So nimmt z. B. das farblose $CuSO_4$ $5H_2O$-Moleküle auf, es entsteht das bekannte Kupfervitriol[6] der Formel $CuSO_4 \cdot 5H_2O$. Erhitzt man es vorsichtig, so wird das „Kristallwasser" stufenweise abgegeben; es entstehen wasserärmere (niedere) *Hydrate*

$$CuSO_4 \cdot 3H_2O \text{ bzw. } CuSO_4 \cdot H_2O$$

und schließlich wieder das farblose wasserfreie Salz; vgl. dazu auch Kap. XXXIV.

Komplexe Ionen[7]**.** Ein Aufbau aus Ionen kann mit einiger Sicherheit nur für diejenigen Stoffe angenommen werden, die in wässeriger Lösung in Ionen dissoziieren. Aber auch für solche Stoffe, bei denen dies nicht der Fall ist, kann die Annahme nützlich sein, daß sie aus Ionen aufgebaut sind. So kann man z. B. als eine erste, allerdings sehr grobe Annäherung annehmen, daß auch innerhalb des SO_4^{2-}- bzw. des NO_3^--Ions geladene Sauerstoff-

[6] In der Regel enthalten Vitriole $7H_2O$; z. B. $ZnSO_4 \cdot 7H_2O$; $FeSO_4 \cdot 7H_2O$.
[7] Näheres siehe Kap. XXXII.

und Schwefel- bzw. Stickstoffteilchen vorliegen, und sich den Aufbau des SO_4^{2-}-Ions folgendermaßen vorstellen:

$$\begin{bmatrix} O^{2-} & & O^{2-} \\ & S^{6+} & \\ O^{2-} & & O^{2-} \end{bmatrix}^{2-}.$$

Die negative Ladung dieses ganzen „*komplexen*" Ions kommt demnach dadurch zustande, daß die Summe der negativen Ladungen 8, die Anzahl der positiven Ladungen dagegen nur 6 beträgt. Bei diesen Komplexen ist also die Gesamtladung des Komplexes immer von der des Zentralions verschieden.

Es bereitet dem mit diesen Vorstellungen weniger Vertrauten oft Schwierigkeiten einzusehen, wieso ein elektrisch neutrales SO_3-Molekül noch ein weiteres O^{2-}-Ion binden kann. Man versteht das aber leicht aus Abb. 16, in der

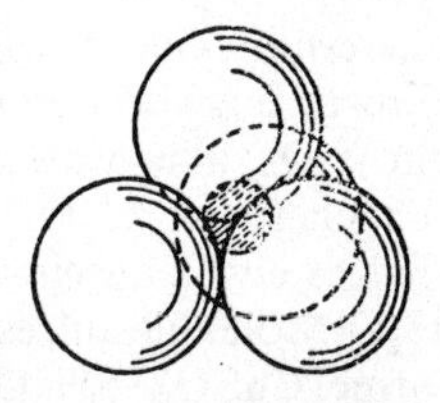

Abb. 16. $[SO_4]^{2-}$-Ion

das Tetraeder eines SO_4^{2-}-Ions schematisch dargestellt ist. Wir wollen einmal annehmen, von den an sich völlig gleichartig gebundenen O^{2-}-Ionen sei das oberste das zuletzt angelagerte. Es unterliegt der Anziehung durch das sechsfach positiv geladene Schwefel-Ion und der Abstoßung durch die drei je doppelt negativ geladenen anderen Sauerstoff-Ionen. Da nun aber die Entfernung von unserem O^{2-}-Ion zum S^{6+}-Ion wesentlich kürzer ist als zu den anderen O^{2-}-Ionen, so kommt die Anziehung stärker zur Geltung als die Abstoßung; auch dieses O^{2-}-Ion wird also durch elektrostatische Anziehung gebunden.

Man erkennt aus der Abbildung aber auch, daß nicht beliebig viele überschüssige O^{2-}-Ionen an ein SO_3-Molekül angelagert werden können. Denn einmal nimmt mit steigender Zahl der O^{2-}-Ionen auch die Abstoßung zu. Zum anderen ist auch der Platz beschränkt; aus räumlichen Gründen kann nur eine bestimmte Zahl von O^{2-}-Ionen untergebracht werden. Diese Zahl – *die Koordinationszahl KZ* [8] – ist – gleiche Gegenpartner vorausgesetzt –

[8] In der englischen Literatur benutzt man die Abkürzung CN (= *Coordination Number*).

bei kleinen Zentral-Ionen niedriger als bei großen[9]. So kennt man in wässeriger Lösung wohl $[SiO_4]^{4-}$ und $[PO_4]^{3-}$, aber nur $[CO_3]^{2-}$ und $[NO_3]^{1-}$, weil das Si^{4+}- bzw. P^{5+}-Ion größer ist als das C^{4+}- bzw. N^{5+}-Ion[10].

Es gibt aber auch Komplexe, bei denen *ungeladene* Moleküle (meist mit Dipol, z. B. H_2O oder NH_3) an ein Ion angelagert werden. In diesem Falle ist die Ladung des Komplexes gleich der des Zentralions. Solche Komplexe liegen u. a. bei den hydratisierten Ionen vor, sei es im Kristall (z. B. $[Mg(H_2O)_6]^{2+}Cl_2^-$), sei es in der Lösung (z. B. $[Cu(H_2O)_4]^{2+}$), ferner bei Ammoniakaten, den sogenannten Amminen (vgl. S. 90) z. B. dem Diamminsilber-Ion $[Ag(NH_3)_2]^+$ bzw. dem kristallisierten Hexaamminnickel(II)-chlorid $[Ni(NH_3)_6]^{2+}Cl_2^-$.

Die Bildung von Komplexen läßt sich oft schon an der *Farbe* erkennen; so sind Cu(II)-Salze in wässeriger Lösung hellblau: $[Cu(H_2O)_4]^{2+}$-Komplexe; gibt man NH_3-Lösung zu, so wird die Lösung tiefdunkelblau: $[Cu(NH_3)_4]^{2+}$-Komplexe. Enthalten Lösungen von Ni(II)-Salzen die Ionen $[Ni(H_2O)_6]^{2+}$, so sind sie grün; die Ionen $[Ni(NH_3)_6]^{2+}$ bedingen eine hellviolette Farbe.

Vielfach ist die Komplexbildung von Einfluß auf die *Löslichkeit*: AgCl ist in Wasser schwer löslich[11], die Hydratationsenergien des Ag^+- und des Cl^--Ions reichen trotz des Entropiezuwachses nicht aus, die Gitterenergie des AgCl zu überwinden. Gibt man NH_3-Lösung hinzu, so löst sich AgCl auf; die Bildung des $[Ag(NH_3)_2]^+$-Ions und dessen Hydratation liefern eine größere Energie als die Hydratation des Ag^+. Vgl. dazu auch S. 152.

Oft ist das CN^--Ion ein besonders guter Komplexbildner. Gibt man z. B. zu einer Fe(II)-Salzlösung NaCN-Lösung, so fällt zunächst $Fe(CN)_2$ aus; mit mehr NaCN-Lösung geht dieses in Lösung, weil sich $[Fe(CN)_6]^{4-}$-Ionen bilden. Entsprechend erhält man aus Lösungen von Ni^{2+}-Ionen mit CN^--haltigen Lösungen zunächst einen Niederschlag von $Ni(CN)_2$ und dann eine gelbe Lösung, die $[Ni(CN)_4]^{2-}$-Ionen enthält.

Wichtig sind Komplexe mit einer Reihe von Verbindungen der organischen Chemie. So fällt aus einer $CuSO_4$-Lösung, die Weinsäure enthält, mit Natronlauge kein Kupferhydroxid aus, das Cu^{2+}-Ion ist in komplizierter Weise

[9] In vielen Fällen hängt die Koordinationszahl auch noch von anderen Faktoren ab.
[10] Im festen Zustande läßt sich allerdings die Verbindung Na_3NO_4 herstellen, in der NO_4^{3-}-Tetraeder vorliegen.
[11] Über die zahlenmäßige Charakterisierung der Löslichkeit durch das Löslichkeitsprodukt s. S. 151f.

mit dem Anion der Weinsäure verbunden und reagiert daher nicht mit den OH^--Ionen.

Weiteres über Komplexverbindungen s. Kap. XXXII.

Nomenklatur von Komplexverbindungen. Nach den internationalen Regeln (S. 65) erhalten die Anionen bzw. die Salze von *Sauerstoffsäuren* die Endung *at*; enthalten sie weniger Sauerstoff, die Endung *it*. Beispiele:

HNO_3	Salpetersäure	HNO_2	Salpetrige Säure	NH_3	Ammoniak
NO_3^-	Nitrat-Ion	NO_2^-	Nitrit-Ion	(N^{3-}	Nitrid-Ion)
$NaNO_3$	Natriumnitrat	$NaNO_2$	Natriumnitrit	Mg_3N_2	Magnesiumnitrid
H_2SO_4	Schwefelsäure	H_2SO_3	Schweflige Säure	H_2S	Hydrogensulfid
SO_4^{2-}	Sulfat-Ion	SO_3^{2-}	Sulfit-Ion	S^{2-}	Sulfid-Ion
K_2SO_4	Kaliumsulfat	K_2SO_3	Kaliumsulfit	K_2S	Kaliumsulfid
HSO_4^-	Hydrogensulfat-Ion	HSO_3^-	Hydrogensulfit-Ion	HS^-	Hydrogensulfid-Ion
$KHSO_4$	Kaliumhydrogensulfat	$KHSO_3$	Kaliumhydrogensulfit	KHS	Kaliumhydrogensulfid

Diese Namen sind eigentlich Trivialnamen. Für systematische Bezeichnungen erhalten die direkt an das Zentralatom gebundenen Atome oder Atomgruppen, die „*Liganden*“, wenn sie negativ geladen sind, die Endung o, z. B. Cl^- = Chloro, OH^- = Hydroxo, CN^- = Cyano, O^{2-} = Oxo. Neutrale Liganden bekommen keine Endungen; Ausnahmen: H_2O wird mit „aqua“[12], die NH_3-Gruppe mit „Ammin“ bezeichnet. Die Zahl der Liganden wird durch griechische Zahlwörter angegeben. Die Oxidationsstufe (d. h. die Ladungszahl des Zentralatoms) wird nach *Stock* (vgl. S. 66) bezeichnet. Anionische Komplexe erhalten die Endung *-at*[13]. Beispiele:

$[Ag(NH_3)_2]^+$	Diamminsilber-Ion
$[Ni(H_2O)_6]^{2+}$	Hexaaquanickel(II)-Ion
$[Co(NH_3)_6](NO_3)_3$	Hexaammincobalt(III)-nitrat
$[Al(OH)(H_2O)_5]^{2+}$	Hydroxopentaaquaaluminium-Ion

[12] Früher wurde die Bezeichnung „*aquo*“ benutzt, die irreführend ist, da es sich nicht um einen negativ geladenen Liganden handelt.
[13] Der systematische Name des Sulfat-Ions SO_4^{2-} wäre also: Tetraoxosulfat(VI)-Ion, der des Sulfit-Ions SO_3^{2-}: Trioxosulfat(IV)-Ion.

$[CoCl_2(NH_3)_4]Cl$	Dichlorotetraammincobalt(III)-chlorid
$[PtCl_2(NH_3)_2]$	Dichlorodiamminplatin(II)
$[Al(OH)_4]^-$	Tetrahydroxoaluminat-Ion
$[PtCl_6]^{2-}$	Hexachloroplatinat(IV)-Ion
$(NH_4)_2[PtCl_6]$	Ammonium-hexachloroplatinat(IV)
$[Fe(CN)_6]^{4-}$	Hexacyanoferrat(II)-Ion
$[Fe(CN)_6]^{3-}$	Hexacyanoferrat(III)-Ion
$K[CrOF_4]$	Kalium-oxotetrafluorochromat(V).

Oxidation und Reduktion. Die Auffassung, daß man viele anorganische Verbindungen unter der Annahme von Ionenbindung formulieren kann, gestattet, *Oxidations-* und *Reduktions-Reaktionen* besonders einfach zu verstehen. Zum Beispiel bedeutet die Reduktion von Kupferoxid mit Wasserstoff gemäß $CuO + H_2 = Cu + H_2O$ folgendes: Das CuO denken wir uns aus Cu^{2+}- und O^{2-}-Ionen aufgebaut, Wasser aus H^+- und O^{2-}-Ionen. Das Wasserstoffmolekül ist ebenso wie das metallische Kupfer ungeladen. Wir können also schreiben: $Cu^{2+}O^{2-} + H_2^{\pm 0} = Cu^{\pm 0} + H_2^{2\times 1+}O^{2-}$. Es sind also zwei negative Ladungen (*Elektronen*) von den Wasserstoffatomen zum Kupfer übergegangen. Früher hatten wir dies so ausgedrückt: Das Kupfer ist reduziert, der Wasserstoff ist oxidiert worden. Im Sinne der Ionentheorie bedeutet also *Reduktion Gewinn, Oxidation Verlust an Elektronen.*

Infolgedessen bezeichnet man Vorgänge, bei denen Elektronen abgegeben werden, auch dann als Oxidationsvorgänge, wenn Sauerstoff gar nicht mitwirkt. Zum Beispiel gibt es beim Kupfer zwei Chloride: das weiße CuCl und das braune $CuCl_2$. Läßt man auf CuCl Chlorgas einwirken, so bildet sich $CuCl_2$ nach der Gleichung: $2Cu^{1+}Cl^{1-} + Cl_2^{\pm 0} = 2Cu^{2+}Cl_2^{2\times 1-}$. Wie man sieht, ist Cu^{1+} zu Cu^{2+} oxidiert, Cl_2 dagegen zu Cl^- reduziert worden[14].

Oxidationszahl. Man teilt zweckmäßigerweise den einzelnen Atomen einer Verbindung, die man aus Ionen aufgebaut betrachten kann, eine *Oxidationszahl* zu; diese gibt die Ladung an, die das betreffende Atom haben würde, wenn der Aufbau aus Ionen ideal wäre, was in der Regel nicht der Fall ist. Die Oxidationszahl entspricht bei diesen Verbindungen der Wertigkeit, hat aber das Vorzeichen einer elektrischen Ladung. Man kann für die Angabe der Oxidationszahl arabische oder lateinische Zahlen benutzen, wie es in der

[14] Über die zahlenmäßige Kennzeichnung der Oxidations- bzw. Reduktionswirkung durch das „Redox-Potential" siehe Kap. XXIX.

nachstehenden Zusammenstellung geschehen ist. Wir benutzen im folgenden in der Regel arabische Zahlen.

Formel	zusammengesetzt aus	Oxidationszahlen			
		arabische Zahlen		lateinische Zahlen	
NaCl	einem Na^+ und einem Cl^-	$\overset{1+}{Na}$	$\overset{1-}{Cl}$	Na(I);	Cl(−I)
MgO	einem Mg^{2+} und einem O^{2-}	$\overset{2+}{Mg}$	$\overset{2-}{O}$	Mg(II);	O(−II)
Cu_2O	zwei Cu^+ und einem O^{2-}	$\overset{1+}{Cu}$	$\overset{2-}{O}$	Cu(I);	O(−II)
SO_4^{2-}	einem S^{6+} und vier O^{2-}	$\overset{6+}{S}$	$\overset{2-}{O}$	S(VI);	O(−II)

Andere Bindungsarten. Es wäre nun aber falsch, wenn man annehmen würde, daß bei *allen* Stoffen Ionenbindung vorliegt. So ist im H_2-Molekül sicher nicht ein positiv und ein negativ geladenes Ion vorhanden. Es liegt hier vielmehr eine „*Atombindung*“ (auch als *kovalente Bindung* bezeichnet) vor. Mit dieser sowie mit der in metallischen Stoffen vorhandenen „*metallischen Bindung*“ werden wir uns später beschäftigen (vgl. Kap. XXV).

XVI. Sauerstoffverbindungen des Chlors

Bisher haben wir von den Verbindungen des Chlors nur das Hydrogenchlorid und Salze der Salzsäure besprochen, in denen das Chlor als negativ geladenes Ion vorliegt. Dieses sind die bei weitem beständigsten Verbindungen dieses Elements. Es gibt aber auch eine große Anzahl von zumeist unbeständigen Chlorverbindungen, in denen dieses Element *positive* Oxidationszahlen hat. Um die Besprechung der hier vorliegenden Verbindungen zu erleichtern, wollen wir zunächst in Tab. 2 eine Übersicht vorausschicken und dann erst die einzelnen Vertreter beschreiben. Die Tabelle gibt gleichzeitig das Wichtigste über die *Nomenklatur* dieser Verbindungen an.

Tab. 2. Oxide und Säuren des Chlors
Die Pfeile deuten an, wie sich die Oxide mit Wasser bzw. Lauge umsetzen.

Oxidationszahl des Cl	Oxid			Säure		Name der Salze
1–	–			HCl	Hydrogenchlorid (wäßr. Lösung: Salzsäure)	Chloride
1+	Cl_2O	Dichloroxid	⟶	$HClO$	Hypochlorige Säure	Hypochlorite
3+	–			$HClO_2$	Chlorige Säure	Chlorite
4+	ClO_2	Chlordioxid	↗↘	–		–
5+	–			$HClO_3$	Chlorsäure	Chlorate
6+	Cl_2O_6	Dichlorhexoxid	↗↘	–		–
7+	Cl_2O_7	Dichlorheptoxid		$HClO_4$	Perchlorsäure	Perchlorate

Man sieht, daß man hier mit den Endungen „at“ und „it“ für die Sauerstoffsäuren nicht auskommt, sondern noch die Vorsilben „hypo“ (unter) und „per“ (über) hinzunimmt.

Hypochlorige Säure. Chlorgas löst sich in Wasser mäßig gut. Beim Abkühlen bildet sich ein kristallisiertes Chlorhydrat der Formel $8\,Cl_2 \cdot 46\,H_2O (= Cl_2 \cdot 5\tfrac{3}{4}\,H_2O)$; vgl. S. 46 über *Clathrate*. Läßt man Chlorwasser einige Zeit im Sonnenlicht stehen, so beobachtet man eine schwache Entwicklung von Sauerstoff. Untersucht man diesen Vorgang genauer, so findet man, daß sich nach der Gleichung: $Cl_2 + 2H_2O \rightleftharpoons H_3O^+ + Cl^- + HClO$ in geringer Menge nebeneinander Salzsäure und eine neue Säure, die sehr schwache *hypochlorige Säure*, bilden. Diese zerfällt dann im Sonnenlicht gemäß $HClO + H_2O = Cl^- + H_3O^+ + \tfrac{1}{2}O_2$.

Will man die Anionen der hypochlorigen Säure in größerer Konzentration herstellen, d. h. also das Gleichgewicht der Reaktion von links nach rechts verschieben, so muß man die gleichzeitig entstehenden H_3O^+-Ionen entfernen; denn in saurer Lösung reagieren die HClO-Moleküle mit H_3O^+- und Cl^--Ionen nach der obigen Gleichung weitgehend von rechts nach links unter Rückbildung von Chlor und Wasser. Die Beseitigung der H_3O^+-Ionen kann durch *Natronlauge* erfolgen; Chlorgas löst sich reichlich darin auf. Mit wenig Natronlauge kann man, da HClO eine sehr schwache Säure ist, die Umsetzung gemäß $Cl_2 + OH^- = Cl^- + HClO$ formulieren. Mit viel Natronlauge erhält man gemäß $Cl_2 + 2OH^- = Cl^- + ClO^- + H_2O$ eine Lösung, die einen großen Gehalt an ClO^--Ionen besitzt.

Da das ClO^--Ion und besonders die Säure HClO den Sauerstoff sehr leicht abgeben, liegt in einer solchen Lösung ein sehr wirksames *Oxidationsmittel* vor. So wird z.B. eine Lösung, die den blauen Farbstoff Indigo enthält, sofort entfärbt, und in ähnlicher Weise werden auch viele andere kohlenstoffhaltige Verbindungen schnell zerstört. Infolgedessen werden derartige Lösungen in der Textilindustrie als *Bleichmittel* verwendet. Auch Bakterien werden von den Salzen der hypochlorigen Säure zerstört; man kann diese daher auch als Desinfektionsmittel verwenden. Man benutzt hier meist nicht die Natrium-, sondern eine Calciumverbindung komplizierter Zusammensetzung, den sogenannten *Chlorkalk*, den man durch Einwirkung von Chlor auf gelöschten Kalk ($Ca(OH)_2$) nach einer analogen Reaktion erhält.

Die hypochlorige Säure und ihre Salze sind also instabil. Warum entstehen sie dann überhaupt? Sie verdanken ihre Existenz dem Bestreben des Chlors, das Cl^--Ion zu bilden, also ein Elektron aufzunehmen. Das ist aber nur möglich, wenn irgendein anderer Stoff ein Elektron abgibt, d.h. eine positive Ladung annimmt. Wenn sonst keine Atome vorhanden sind, die leicht Elektronen abgeben, so kann ein zweites Cl-Atom ein Elektron zur Verfügung stellen und selbst in den positiv geladenen Zustand übergehen, d.h. es bildet sich unter Bindung eines OH^--Ions das HClO-Molekül. Wir haben hier ein typisches Beispiel einer *gekoppelten* Reaktion vor uns: Der instabile Stoff (HClO) kann sich nur bilden, wenn gleichzeitig ein stabiler Stoff (NaCl mit Cl^--Ionen) entsteht, dessen Bildung die zur Entstehung des instabilen Stoffes notwendige Energie liefert. Wir erhalten so als zwangsläufiges Nebenprodukt bei der Bildung des stabilen Stoffes einen wertvollen Stoff mit großem Inhalt an (freier) Energie, der uns durch seinen freiwilligen Zerfall von Nutzen sein kann.

Diese Umsetzung des Chlors mit Laugen ist gleichzeitig ein Beispiel für eine sogenannte „*Disproportionierung*“, den gleichzeitigen Übergang aus einer Oxidationsstufe (± 0) in eine höhere ($1+$) und eine tiefere ($1-$).

Cl_2O, das Anhydrid der hypochlorigen Säure, gewinnt man durch Überleiten von Cl_2-Gas über HgO bei 0 °C gemäß $2Cl_2 + HgO = HgCl_2 + Cl_2O$. Es ist ein unangenehm riechendes Gas, das als endotherme Verbindung metastabil ist und beim Erhitzen zerfällt. Mit brennbaren Substanzen reagiert es explosionsartig.

Chlorsäure und Chlorate. Die Salze der hypochlorigen Säure können sich nun auch selbst weiter oxidieren, und zwar nach der Bruttogleichung: $2NaClO + NaClO = 2NaCl + NaClO_3$. Es entsteht also wieder in gekoppelter Reaktion und unter Disproportionierung Chlorid und daneben das Natriumsalz einer weiteren Säure, der *Chlorsäure* $HClO_3$.

Die Bildung der Salze der Chlorsäure erfolgt unmittelbar, wenn man Chlor in der *Wärme* in eine alkalische Lösung einleitet: $3Cl_2 + 6KOH = 5KCl + KClO_3 + 3H_2O$. Wir haben hier Kali- statt Natronlauge gewählt, weil $KClO_3$ verhältnismäßig schwer löslich ist, daher beim Abkühlen auskristallisiert und so leicht aus dem Reaktionsgemisch abgetrennt werden kann.

Im Kalium*chlorat* $KClO_3$ mit $\overset{5+}{Cl}$ liegt wieder eine energiereiche[1] Verbindung vor, deren Entstehen durch die gleichzeitige Bildung von KCl mit Cl^- erzwungen ist. $KClO_3$ ist zwar beständiger als KClO, gibt aber doch beim Erhitzen seinen Sauerstoff leicht ab, namentlich dann, wenn gleichzeitig ein brennbarer Stoff vorhanden ist. So reagiert (eine kleine Menge!) eines Gemisches von $KClO_3$ und Schwefel bei Schlag mit hellem, starkem Knall. Auch sonst sind Reaktionen von $KClO_3$ mit brennbaren Stoffen sehr heftig; durch unvorsichtiges Experimentieren mit solchen Gemengen durch Unerfahrene sind schon manche Unglücksfälle vorgekommen. Man verwendet solche Gemische auch als Sprengstoffe (Chloratite).

Wie bei der hypochlorigen Säure und auch sonst oft, so ist auch bei der Chlorsäure die *freie Säure* noch unbeständiger als die Salze. Gibt man in ein mit Wasser gefülltes Glas Chlorat und etwas weißen Phosphor, so verbrennt dieser unter Wasser, wenn man etwas Schwefelsäure zu dem Chlorat zutropfen läßt, weil dann die Chlorsäure selbst frei wird.

Dabei mag nun allerdings noch eine andere Chlor-Sauerstoff-Verbindung eine Rolle spielen, die bei der Reaktion zwischen Schwefelsäure und Chlorat bei Abwesenheit von Wasser als Hauptprodukt entsteht[2]. Es bildet sich

[1] $KClO_3$ müßte eigentlich schon bei Zimmertemperatur in $KCl + {}^3/_2 O_2$ zerfallen; die Reaktion erfolgt aber erst bei höheren Temperaturen mit Braunstein als Katalysator (S. 35).
[2] Wegen der Explosionsgefahr muß man diese Reaktion mit geringen Mengen bzw. unter besonderen Vorsichtsmaßnahmen durchführen.

dann nämlich – wiederum unter Disproportionierung – neben der sogleich zu besprechenden Perchlorsäure gemäß $3HClO_3 = HClO_4 + H_2O + 2ClO_2$ *Chlordioxid*, ein grüngelbes Gas. Dieses ist besonders leicht zersetzlich und explodiert schon beim Hineinbringen eines erhitzten Drahtes.

Läßt man Chlordioxid auf Natronlauge einwirken, so erhält man unter Disproportionierung neben Natriumchlorat *Chlorit*, das in der Zellulose-Industrie Bedeutung gewonnen hat: $2ClO_2 + 2NaOH = NaClO_2 + NaClO_3 + H_2O$.

Bei der Umsetzung von ClO_2 mit Ozon entsteht Cl_2O_6: $2ClO_2 + 2O_3 = Cl_2O_6 + 2O_2$. Das *Dichlorhexaoxid* ist eine tiefbraunrote Flüssigkeit, die mit brennbaren Substanzen explodiert. Mit Wasser erhält man $HClO_3$ und $HClO_4$.

Perchlorsäure und Perchlorate. Erhitzen wir Kaliumchlorat, so können verschiedene Reaktionen auftreten. Bei Anwesenheit gewisser Katalysatoren, wie Braunstein, erfolgt Zerfall in Chlorid und Sauerstoff. Erhitzt man dagegen ohne Katalysator, so tritt daneben eine andere Reaktion auf: $4KClO_3 = KCl + 3KClO_4$. Das Kaliumperchlorat $KClO_4$ ist in Wasser schwer löslich. Da $NaClO_4$ leicht löslich ist, kann man Natrium und Kalium, die sonst meist leichtlösliche Verbindungen bilden, über die Perchlorate trennen. Die freie Perchlorsäure ist eine sehr starke Säure. Sie ist die einzige der Chlor-Sauerstoffsäuren, von der sich nicht nur stark verdünnte Lösungen herstellen lassen, sondern die auch in wasserfreier Form gewonnen werden kann. Dann ist sie allerdings sehr gefährlich; sie zerfällt langsam schon bei gewöhnlicher Temperatur und kann plötzlich explodieren. Mit brennbaren Substanzen tritt Detonation ein.

Während die wasserfreie Perchlorsäure erst bei $-112\,°C$ erstarrt, ist das *Monohydrat* $HClO_4 \cdot H_2O$ ein fester Stoff, der bei $+50\,°C$ schmilzt. Nach der Kristallstruktur, die weitgehend der von $[NH_4]^+ [ClO_4]^-$ entspricht, liegt gemäß $[OH_3]^+ [ClO_4]^-$ ein Oxoniumsalz vor.

Von der Perchlorsäure läßt sich das *Anhydrid* Cl_2O_7 durch Entwässerung mit P_2O_5 herstellen; es ist eine farblose Flüssigkeit, die man bei der nötigen Vorsicht destillieren kann. Cl_2O_7 zersetzt sich nicht ganz so leicht wie die übrigen Oxide des Chlors, kann aber z. B. durch Schlag äußerst heftig explodieren.

XVII. Brom, Iod und Fluor; Übersicht über die Halogene

Wir wollen jetzt drei Elemente besprechen, die in ihrem chemischen Verhalten dem Chlor verwandt sind.

Brom. Die Ähnlichkeit zwischen Chloriden und Bromiden ist besonders groß. Bromide finden sich daher oft als Begleiter der Chloride, z. B. in den mitteldeutschen Salzlagerstätten. Aus bromidhaltigen Salzen kann man das *Brom* selbst in Freiheit setzen, indem man Chlorgas auf ihre wässerige Lösung einwirken läßt. Es spielt sich dann folgende Reaktion ab: $2Br^- + Cl_2 = Br_2 + 2Cl^-$. Das Bromid-Ion hält also die negative Ladung weniger fest als das Chlorid-Ion (vgl. dazu auch Kap. XXIX „Spannungsreihe").

Das Entstehen von elementarem Brom bei dieser Reaktion erkennt man an dem Braunwerden der Lösung. Schüttelt man diese braune Lösung mit Kohlenstoffdisulfid (CS_2; vgl. S. 18) oder Chloroform ($CHCl_3$), zwei Flüssigkeiten, die sich mit Wasser nicht mischen, so geht das Brom aus der wässerigen Lösung in jene Flüssigkeiten über; man bezeichnet dies als „Ausschütteln".

Elementares Brom ist im Gegensatz zu Chlor bei Zimmertemperatur eine dunkelbraune Flüssigkeit; es siedet allerdings bereits bei 58,8 °C und besitzt daher bei gewöhnlicher Temperatur schon einen recht großen Dampfdruck.

Die *Verbindungen* des Broms sind denen des Chlors sehr ähnlich.

Das *Hydrogenbromid* kann man, ähnlich wie das Hydrogenchlorid, durch Schwefelsäure aus Kaliumbromid in Freiheit setzen; da jedoch dabei infolge der oxidierenden Wirkung der Schwefelsäure (vgl. S. 111) ein Teil des HBr zu elementarem Brom oxidiert wird, verwendet man besser Phosphorsäure. Eine andere Methode benutzt die Zersetzung von Phosphortribromid mit Wasser ($PBr_3 + 3H_2O = H_3PO_3 + 3HBr$)[1]. Schließlich kann man HBr auch mit Hilfe eines Katalysators durch direkte Synthese herstellen: man leitet Wasserstoff durch flüssiges Brom, so daß er sich mit Br_2-Gas belädt, und das H_2/Br_2-Gemisch durch ein auf 150–300 °C erhitztes Rohr, in dem sich auf Asbestfasern fein verteiltes Platin befindet.

[1] Praktisch führt man das so durch, daß man zu angefeuchtetem rotem Phosphor Brom zutropfen läßt.

Von den Salzen der Sauerstoffsäuren des Broms sind die Hypobromite und Bromite recht zersetzlich. Die Bromate und die Bromsäure sind den entsprechenden Chlorverbindungen ähnlich. Perbromate konnten erst vor einem Jahrzehnt dargestellt werden. Die Oxide Br_2O, BrO_2 und BrO_3 lassen sich nur bei tiefen Temperaturen herstellen und zerfallen schon unterhalb Zimmertemperatur.

Bromide und auch einige organische Bromverbindungen – z. B. *Adalin* – werden als Schlafmittel benutzt.

Iod. Das Iod gewann man früher aus den Seetangen der Normandie. Heute ist die Hauptquelle der Vorkommen in den Salpeterlagern Chiles (vgl. Kap. XXI). Es wird als Iodoform (CHI_3) sowie als Iodtinktur, eine Lösung von I_2 (+KI) in etwa 65%igem Alkohol, zur Desinfektion von Wunden benutzt. Charakteristisch ist die Reaktion mit Stärke, die von Iod intensiv blau gefärbt wird; diese Färbung ist in wässeriger Lösung selbst in großer Verdünnung noch erkennbar; vgl. S. 46, Anm. 5.

Das Iod selbst ist fest. Seinen Namen hat es von der Veilchenfarbe seines Dampfes. Auch die Lösungen sind vielfach violett gefärbt, z. B. die in Chloroform, Kohlenstoffdisulfid und Kohlenstofftetrachlorid (CCl_4). Dagegen ist die Lösung in Alkohol, wie von der Iodtinktur her bekannt ist, braun. Merkwürdigerweise löst sich Iod, das in Wasser nur wenig löslich ist, reichlich in Kaliumiodidlösung. Es bildet sich dabei durch Anlagerung von I_2 an I^- ein komplexes I_3^--Ion. Auch diese Lösungen sind braun.

Die *Iodverbindungen* sind den Chlorverbindungen ebenfalls ähnlich. So geben z. B. auch die Iodide mit Silbernitrat einen Niederschlag, der noch weniger löslich ist als AgBr und AgCl; im Gegensatz zum farblosen AgCl sieht AgBr etwas, AgI deutlich gelblich aus.

Die *Iodide* sind sehr leicht zu freiem Iod oxidierbar und finden daher in der Chemie zum Nachweis und zur Bestimmung oxidierender Substanzen häufige Verwendung („Iodometrie"). Das frei gewordene Iod wird dabei mit „Thiosulfat" $Na_2S_2O_3$ bestimmt, das in „Tetrathionat" $Na_2S_4O_6$ übergeht: $I_2 + 2S_2O_3^{2-} = 2I^- + S_4O_6^{2-}$ (vgl. dazu S. 111).

Hydrogeniodid läßt sich wegen seiner leichten Oxidierbarkeit nicht aus KI und H_2SO_4 darstellen. Man gewinnt es vielmehr durch Synthese aus H_2 und I_2-Gas – man leitet H_2 über erhitztes Iod – mit Hilfe eines Platin-Katalysators bzw. durch Einwirkung von Wasser auf PI_3. Verdünnte HI-Lösungen kann man auch durch Einwirkung von Hydrogensulfid (vgl. S. 106) auf elementares Iod erhalten: $I_2 + H_2S = 2HI + S$; der gebildete Schwefel wird abfiltriert.

Von den *Sauerstoffsäuren* ist die hypoiodige Säure sehr unbeständig; sie disproportioniert in Iodsäure und Iod: $5HIO = HIO_3 + 2I_2 + 2H_2O$. Die Iodsäure erhält man aus Iodiden bzw. Iod und Chlor: $I_2 + 5Cl_2 + 6H_2O = 2HIO_3 + 10HCl$. HIO_3 ist ein kräftiges Oxidationsmittel. – Mit Hypochlorit werden Iodate zu Periodaten oxidiert. Periodsäure hat nicht die Formel HIO_4, sondern H_5IO_6; es gibt aber Periodate wie KIO_4, die sich von der wasserärmeren Form ableiten.

An *Oxiden* sei nur das I_2O_5 erwähnt; es entsteht beim Erhitzen von HIO_3 bzw. H_5IO_6 unter H_2O- (bzw. O_2-)Abspaltung. Im Gegensatz zu den Oxiden der übrigen Halogene ist es eine exotherme Verbindung und zerfällt erst oberhalb 300 °C in I_2 und O_2.

Fluor. Den Elementen Chlor, Brom und Iod ist das *Fluor* verwandt. Wir nennen es absichtlich zuletzt, weil es in manchen Eigenschaften von den anderen merklich abweicht. So ist z. B. AgF im Gegensatz zu AgCl, AgBr und AgI in Wasser sehr leicht löslich. Umgekehrt ist es bei den Calcium-Salzen: $CaCl_2$, $CaBr_2$ und CaI_2 sind in Wasser reichlich, CaF_2 dagegen ist wenig löslich. CaF_2 findet sich daher in der Natur als Flußspat; es ist dies die wichtigste Quelle für Fluorverbindungen. Aus ihm gewinnt man z. B. gemäß $CaF_2 + H_2SO_4 = CaSO_4 + 2HF$ das *Hydrogenfluorid.* Dieses ist u. a. deshalb von Bedeutung, weil es Siliciumdioxid löst; bei der Anwesenheit wasserentziehender Mittel, z. B. konz. Schwefelsäure (vgl. S. 110), bildet sich dabei nach der Gleichung $SiO_2 + 4HF = SiF_4 + 2H_2O$ gasförmiges Siliciumtetrafluorid. Flußsäure, d. h. die wäßrige Lösung von HF, benutzt man daher zum Ätzen von Glas, das ja Siliciumdioxid enthält, sowie zum Lösen von SiO_2-haltigen Mineralien für die Analyse. Der größte Teil der technisch hergestellten Flußsäure dient zur Herstellung von organischen Fluorverbindungen und von Kryolith (Na_3AlF_6) für die Aluminium-Elektrolyse (vgl. Kap. XXVII).

Mit Flußsäure kann man SiO_2 analytisch nachweisen; SiF_4 wird nämlich von Wasser nach der Gleichung $3SiF_4 + 2H_2O = SiO_2 + 2H_2SiF_6$ in Siliciumdioxid und Fluorokieselsäure zersetzt; SiO_2 ist als farbloser Niederschlag zu erkennen, H_2SiF_6 bildet mit Bariumsalzen einen Niederschlag von $BaSiF_6$.

HF ist in wässeriger Lösung im Gegensatz zu den starken Säuren HCl, HBr und HI nur schwach dissoziiert, und zwar im wesentlichen nach der Gleichung $2HF + H_2O \rightleftharpoons H_3O^+ + HF_2^-$. Über das Verhalten von HF im Gaszustande s. S. 101/102.

Elementares Fluor ist verhältnismäßig schwierig zu erhalten und wurde erst am Ende des vorigen Jahrhunderts dargestellt. Aus wässerigen Lösungen von Fluoriden wie KF kann man es nicht gewinnen, da es daraus unter Bildung von Flußsäure mit Sauerstoffdifluorid OF_2 verunreinigten Sauerstoff freimacht: $F_2 + H_2O = 2HF + {}^1/_2 O_2$. *Moissan*[2] erhielt es durch Elektrolyse von wasserfreier Flußsäure, die mit etwas KF versetzt war, damit sie den Strom leitet. Heute benutzt man zur Elektrolyse die Schmelze des Doppelsalzes $KF \cdot HF$ bzw. HF-reichere Gemische, weil diese niedriger schmelzen als dieses Salz. Das elementare Fluor, ein fast farbloses Gas, ist, wie schon die Umsetzung mit Wasser zeigt, ein äußerst reaktionsfähiger Stoff von sehr starken Oxidationswirkungen. Schwefel verbrennt darin schon bei Zimmertemperatur zu SF_6; auch Leuchtgas entzündet sich, wenn es mit Fluor zusammenkommt. Auch Glas und Quarz werden angegriffen, man arbeitet daher in Geräten aus Metallen wie Cu oder Ni, die sich mit einer Schicht von schwerflüchtigen Fluoriden bedecken. Auch Al_2O_3 ist bis etwa 600 °C brauchbar.

Die z. T. recht stabilen, z. T. wenig beständigen Fluorverbindungen der leichten Nichtmetalle (NF_3, N_2F_4, OF_2, O_2F_2, O_3F_2, O_4F_2, O_5F_2, O_6F_2, ClF, ClF_3, ClF_5) und die der schweren Edelgase (vgl. S. 46, Anm. 5) sind erst in diesem Jahrhundert entdeckt worden. Als „Klassiker“ der modernen Fluorchemie sind, neben *H. Moissan*, *O. Ruff*[3] und *H. v. Wartenberg*[4] zu nennen. Zur Zeit erfreut sich die Erforschung der Fluorverbindungen besonderen Interesses.

Übersicht über die Halogene

Wie wir gesehen haben, sind die Elemente Fluor, Chlor, Brom und Iod einander in ihrem chemischen Verhalten sehr ähnlich. Man hat sie daher zu einer Gruppe zusammengefaßt und nennt sie *Halogene*, d. h. Salzbildner. In Tab. 3 wollen wir eine Übersicht über einige Eigenschaften der Halogene geben. Die *Anordnung* erfolgt dabei nach steigender *relativer Atommasse*. Die Tabelle ergibt, daß dies offenbar sinnvoll ist; denn die meisten Eigenschaften zeigen dann einen regelmäßigen Gang. So vertieft sich die Farbe recht gleichmäßig vom Fluor zum Iod; auch die Schmelz- und Siedepunkte

[2] *Henri Moissan*, bedeutender französischer Chemiker, lebte 1852–1907.
[3] *Otto Ruff*, deutscher Chemiker, lebte 1871–1939.
[4] Der deutsche Chemiker *Hans v. Wartenberg* lebte 1880–1960.

steigen regelmäßig an. Die Bindung der beiden Atome im Molekül ist beim Chlor am festesten, beim Iod am lockersten; das Fluor fällt aus Gründen, die hier nicht besprochen werden können, heraus. Alle Halogene sind *Nichtmetalle*; diese sind Nichtleiter der Elektrizität, leiten auch die Wärme schlecht und sind ferner durchsichtig. Beim Iod zeigen sich allerdings schon ganz schwache Anzeichen eines Übergangs zu den Metallen, so z.B. in der dunklen Farbe und der geringen Durchsichtigkeit.

Tab. 3. Eigenschaften der Halogene

	Fluor	Chlor	Brom	Iod
Symbol	F	Cl	Br	I
rel. Atommasse	18,9984	35,453	79,904	126,9045
Farbe im festen Zustand	farblos	gelblich	dunkelbraun	fast schwarz
Farbe im gasförmigen Zustand	fast farblos	gelbgrün	rotbraun	violett
Schmelzpunkt in °C	−219,61	−101,00	−7,3	+113,7
Siedepunkt in °C	−188,13	−34,06	+58,8	+184,5
Dissoziationsenthalpie				
in $kJ \cdot mol^{-1}$	+158,2	+242,2	+192,9	+151,0
in $kcal\ mol^{-1}$	+37,8	+57,9	+46,1	+36,1

Hydrogenhalogenide

	HF	HCl	HBr	HI
Schmelzpunkt in °C	−83,07	−114,22	−86,82	−50,80
Siedepunkt in °C	+19,54	−85,05	−66,73	−35,36
Bildungsenthalpie[5]				
in $kJ \cdot mol^{-1}$	−271	−92,3	−36,4	+26,5
in $kcal \cdot mol^{-1}$	−64,8	−22,06	−8,70	+6,33

Bei den *Hydrogenhalogeniden* steigen die Schmelz- und Siedepunkte von HCl bis HI ebenfalls sehr regelmäßig. Dagegen fällt das bei ≈20 °C, also etwa bei Zimmertemperatur, siedende Hydrogenfluorid völlig heraus; nach dem Verhalten der anderen Hydrogenhalogenide würden wir einen sehr

[5] Aus dem bei Zimmertemperatur vorliegenden Zustand, also gasförmigem Wasserstoff, Fluor und Chlor, flüssigem Brom und festem Iod. Bezieht man sich auf gasförmiges Brom und Iod, so werden die Bildungsenthalpien um die Verdampfungsenthalpie des Broms bzw. die Sublimationsenthalpie (= Summe von Schmelz- und Verdampfungsenthalpie) des Iods stärker negativ. Dadurch ändert sich aber der Gang nicht.

tiefen Siedepunkt erwarten. Der Grund für das abweichende Verhalten liegt u.a. darin, daß HF, ähnlich wie Wasser (vgl. S. 86), einen sehr viel stärker ausgeprägten Dipolcharakter besitzt als die anderen Hydrogenhalogenide. Außerdem tritt hier und bei verwandten Stoffen noch ein besonderer Bindungsmechanismus auf, der als „*Wasserstoffbrücken*" bezeichnet wird. Infolgedessen treten zwischen den HF-Molekülen besonders große Anziehungskräfte auf, so daß der Siedepunkt erhöht wird. Außerdem spielt die Kleinheit des F^--Ions eine Rolle; dadurch kommen die Moleküle einander sehr nahe, und es bilden sich nicht nur im Kristall und der Schmelze, sondern auch im Gas dicht oberhalb der Siedetemperatur Ketten mit zickzackförmiger Anordnung der F-Atome oder auch bei bestimmten Bedingungen Ringe. Mit diesen Erscheinungen hängt zusammen, daß die Verdampfungsentropie von HF besonders klein ist.

Tab. 4. Verbindungen der Halogene untereinander
Die mit einem * versehenen Stoffe sind flüssig, die mit ** fest, die übrigen gasförmig.

ClF farblos	ClF_3 farblos	ClF_5 farblos	–
BrF hellrot	BrF_3* farblos	BrF_5* farblos	–
BrCl tritt nur im Gaszustande im Gleichgewicht mit Br_2 und Cl_2 auf	–	–	–
[6]	[6]	IF_5* farblos	IF_7 farblos
ICl** rubinrot[7]	ICl_3** gelb	–	–
IBr** rotbraun	–	–	–

Diese Verbindungen sind z.T. reaktionsfähiger als die Halogene selbst.

[6] In neuerer Zeit sind auch IF und IF_3 als instabile Verbindungen dargestellt worden.
[7] 2 Modifikationen.

Die *Bildungsenthalpien* der Hydrogenhalogenide gehen beim Übergang vom HF zum HI, also mit steigender molarer Masse von stark negativen zu schwach positiven Werten über. Die Beständigkeit nimmt also vom HF zum HI ab. Bei den Sauerstoffverbindungen ist ein so einfacher Gang zwar nicht vorhanden, da sich die Bromverbindungen nicht streng zwischen die Chlor- und Iodverbindungen einordnen. Aber man kann doch sagen, daß in großen Zügen die Sauerstoffverbindungen vom Fluor zum Iod beständiger werden. Sie verhalten sich demnach gerade umgekehrt wie die Hydrogenhalogenide, bei denen der Gang der Bildungsenthalpien dem der Elektronegativitäten (vgl. S. 201 f.) entspricht.

Verbindungen der Halogene untereinander lassen sich meist durch Synthese aus den Elementen leicht erhalten; die hier geltenden Regelmäßigkeiten bezüglich der Zusammensetzung zeigt Tab. 4.

XVIII. Schwefel

Eine ähnliche Gruppe verwandter Elemente, wie sie bei den Halogenen vorliegt, bilden *Schwefel*, *Selen* und *Tellur*, denen sich mit einigem Abstand als leichtestes Element der schon früher besprochene *Sauerstoff* zuordnet. Man hat auch diesen Elementen einen zusammenfassenden Namen gegeben, nämlich *Chalkogene* (Erzbildner). Wir wollen auch hier so vorgehen, daß wir das neben dem Sauerstoff wichtigste und häufigste Element dieser Gruppe, den *Schwefel*, etwas ausführlicher besprechen und über die anderen Elemente nur einige Bemerkungen anfügen.

In der Natur kommt der Schwefel meist als Verbindung vor; genannt seien Gips ($CaSO_4 \cdot 2H_2O$), Anhydrit ($CaSO_4$), Schwerspat ($BaSO_4$), Kieserit ($MgSO_4 \cdot H_2O$) und viele andere, z. T. wasserlösliche Sulfate, ferner Erze wie Bleiglanz (PbS), Schwefelkies oder Pyrit (FeS_2), Kupferkies ($CuFeS_2$), Zinkblende (ZnS) usw. In unverbundenem Zustande findet man ihn in vulkanischen Gebieten, so z. B. in Sizilien; große Lager befinden sich um und unter dem Golf von Mexiko und in Polen. Manche Gasquellen enthalten große Anteile von Hydrogensulfid (vgl. Kap. XXIII). Für Deutschland spielen neben dem geringen Schwefelgehalt der Kohlen das Erdöl und das Erdgas (vgl. Kap. XXIII) eine erhebliche Rolle als Schwefelquellen. Schließlich ist Schwefel ein Bestandteil des Eiweiß.

Elementarer Schwefel. Der Schwefel, dessen Chemie recht verwickelt ist, zeigt schon im elementaren Zustande eine große Vielgestaltigkeit. Er kommt nämlich in zahlreichen, z.T. instabilen „*Modifikationen*“ vor, die sich u. a. durch ihre Kristallform unterscheiden. Die wichtigsten sind der „rhombische“ und der „monokline“ Schwefel [1]; bei beiden ist der Kristall aus gewellten Ringen aus acht Schwefelatomen aufgebaut (*cyclo*-Octaschwefel).

Die bei Zimmertemperatur stabile Form ist der *rhombische* Schwefel. Erhitzen wir diesen, so beobachten wir bei 95,6 °C eine Vergrößerung des Volumens um 3% und eine Änderung der kristallographischen Eigenschaften; es entsteht der in Nadeln kristallisierende *monokline* Schwefel. Bei dieser „Umwandlung“ wird Wärme verbraucht. Bei weiterem Erhitzen bis zum Schmelzpunkt (119 °C) bleibt dann der monokline Schwefel beständig. Kühlen wir geschmolzenen Schwefel *langsam* (vgl. später) ab, so bildet sich beim Erstarren zunächst wieder die monokline Form, die sich bei 95,6 °C unter Wärmeabgabe und Volumverminderung in die rhombische umwandelt. Danach ist der rhombische Schwefel unterhalb, der monokline oberhalb von 95,6 °C beständig.

Der Übergang des rhombischen in den monoklinen Schwefel erinnert an den Übergang eines Stoffes aus dem festen in den flüssigen Zustand, d. h. das Schmelzen. Der Umwandlungstemperatur entspricht der Schmelzpunkt; auch die „Umwandlungsenthalpie“ und die „Schmelzenthalpie“ sind einander analog; vgl. dazu Abb. 18, S. 120.

Die Ähnlichkeit zwischen beiden Erscheinungen geht noch weiter. Bekanntlich kann man bei genügender Vorsicht Wasser unter seinen Erstarrungspunkt abkühlen; erst bei einer Erschütterung wird die ganze Masse plötzlich fest. Ähnliche „*Überschreitungserscheinungen*“ finden sich auch bei Umwandlungen im festen Zustande. Läßt man z. B. geschmolzenen Schwefel nur z. T. erstarren und gießt dann den noch nicht erstarrten Anteil ab, so besteht der zuerst erstarrte Anteil nach dem Erkalten auf Zimmertemperatur aus Nadeln der monoklinen Form. Ihre klare Durchsichtigkeit zeigt, daß einheitliche Kristalle vorliegen, daß also durch das schnelle Abkühlen die unter 95,6 °C nicht mehr stabile monokline Form erhalten geblieben ist.

[1] „Rhombisch“ und „monoklin“ sind Bezeichnungen aus der Kristallographie, die sich auf die Symmetrieeigenschaften der Kristalle beziehen: Näheres vgl. u.a. *W. Bruhns-P. Ramdohr*, Kristallographie, Slg. Göschen Bd. 210.

Da die monokline Form aber bei Zimmertemperatur unbeständig ist, findet langsam eine Umwandlung in rhombischen Schwefel statt, die in der Regel nach 1–2 Tagen beendet ist. Bei diesem Übergang beobachtet man eine Erscheinung, die bei solchen Umwandlungen öfter auftritt: die *äußere* Form der monoklinen Nadeln ist bei der Umwandlung unverändert geblieben, aber diese setzen sich jetzt aus winzig kleinen Kriställchen von rhombischem Schwefel zusammen. Die Nadeln sind daher undurchsichtig geworden. Man bezeichnet eine solche Umwandlung unter Beibehaltung der äußeren Form als „*Pseudomorphose*".

Überschreitungserscheinungen finden sich auch sonst oft. So kann man manchmal Flüssigkeiten über ihren Siedepunkt erhitzen; irgendeine Zufälligkeit ruft dann explosionsartige Verdampfung hervor. Ferner entstehen oft durch Abkühlen heißer konzentrierter Lösungen Flüssigkeiten, die viel mehr gelösten Stoff enthalten, als der Löslichkeit bei Zimmertemperatur entspricht. Beim „Impfen" mit einem Kriställchen des festen Stoffes – oft genügt schon Staub – kristallisiert dann der Überschuß des gelösten Stoffes aus der übersättigten Lösung plötzlich aus.

Ein sehr verwickeltes Verhalten zeigt die *Schwefelschmelze:* Dicht über dem Schmelzpunkt ist sie honiggelb und leicht beweglich, beim weiteren Erwärmen wird sie dunkler und äußerst zähflüssig, um erst bei noch weiterem Erhitzen wieder beweglich zu werden. Bei 444,60 °C siedet der Schwefel unter Atmosphärendruck; der rotbraun gefärbte Dampf besteht bei Temperaturen dicht über dem Siedepunkt vorwiegend aus S_8-Molekülen; im mittleren Temperaturgebiet bilden sich S_7-, S_6- ... S_3-Moleküle, bei hohen Temperaturen findet man S_2-Moleküle, die dann bei sehr hohen Temperaturen in die Atome dissoziieren.

Das merkwürdige Verhalten der Schmelze hängt damit zusammen, daß direkt oberhalb der Schmelztemperatur die gleichen gewellten S_8-Ringe vorhanden sind, wie im rhombischen und monoklinen Schwefel. Bei höheren Temperaturen brechen diese Ringe auf und es bilden sich durch die Vereinigung vieler S_8-Ketten lange Ketten (*catena*-Polyschwefel), die dann die große Zähigkeit bedingen. Daß in der Schmelze bei höheren Temperaturen andere Moleküle vorhanden sind als dicht über dem Schmelzpunkt, erkennt man daran, daß beim Abschrecken einer bis nahezu zum Sieden erhitzten Schmelze – etwa durch Ausgießen in Wasser – nicht monokliner Schwefel entsteht, sondern eine dritte Form, die man wegen ihrer gummiartigen Beschaffenheit als *plastischen Schwefel* bezeichnet. Dieser plastische Schwefel löst sich im Gegensatz zum rhombischen in Kohlenstoffdisulfid nicht auf. Er ist gegenüber rhombischem Schwefel instabil und geht daher – wenn auch bei Zimmertemperatur nur langsam – freiwillig in diesen über.

Schließlich sei erwähnt, daß man durch geeignete Synthesen kristallisierte Schwefelformen *anderer Molekülgröße* (z. B. S_6, S_{12}) dargestellt hat, die beim Erwärmen oder durch Lichteinfluß über Zwischenstufen in die bei Zimmertemperatur stabile Modifikation mit S_8-Ringen übergehen.

Verbindungen des Schwefels. Leitet man Wasserstoff über erhitzten Schwefel, so erfolgt ohne heftige Reaktion Vereinigung der beiden Elemente; die Reaktion ist also gegenüber der von Wasserstoff mit Sauerstoff sehr gemäßigt. Das Reaktionsprodukt ist ein sehr giftiges Gas der Formel H_2S, das *Hydrogensulfid* (Trivialname: *Schwefelwasserstoff*), dessen widerlicher Geruch von faulen Eiern her bekannt ist. H_2S ist im Gegensatz zum Wasser eine, wenn auch nur ganz schwache *Säure.* Seine Bedeutung liegt darin, daß es aus wässerigen Lösungen von Schwermetallsalzen, z. B. solchen des Kupfers, Bleis, Quecksilbers und Zinks, sowie von Arsen und Antimonverbindungen schwer lösliche *Sulfid*-Niederschläge ausfällt. Auf diese Weise sind in der Natur wertvolle Lagerstätten von Erzen entstanden, von denen wir einige bereits S. 103 genannt haben.

Die Fällung der Metall-Ionen mit Sulfid-Ionen erfolgt bei einigen Elementen nur in saurer, bei anderen nur in alkalischer, bei manchen schließlich in saurer und alkalischer Lösung (vgl. S. 152/53). Hydrogensulfid ist daher ein wichtiges Hilfsmittel des Chemikers, um Metalle bzw. ihre Salze voneinander zu trennen. Man stellt ihn in Laboratorien meistens durch Einwirkung von verdünnter Salzsäure auf das uns schon von S. 18 her bekannte Eisensulfid her, aus dem er gemäß der Gleichung $FeS + 2HCl = FeCl_2 + H_2S$ als schwache Säure und als leicht flüchtiger Stoff freigemacht wird. Gelöstes H_2S wird leicht zu S oxidiert; vgl. S. 98f. die Reaktion mit I_2. – Der sehr geringe H_2S-Gehalt der Zimmerluft (Darmgase!) bewirkt das lästige Schwarzwerden von Silbergegenständen; es bildet sich dabei Silbersulfid Ag_2S.

Die wichtigsten Verbindungen des Schwefels sind die *Oxide* und *Sauerstoffsäuren*, und von diesen ist wieder von besonderer technischer Bedeutung die *Schwefelsäure* H_2SO_4. Die Darstellung dieser Säure erfolgt ausschließlich über das *Schwefeldioxid*, das bei der Verbrennung des Schwefels und der Sulfide entsteht, so z. B. aus der Zinkblende gemäß $2ZnS + 3O_2 = 2ZnO + 2SO_2$ oder aus dem Pyrit FeS_2 (vgl. S. 109).

Schwefeldioxid ist ein stechend riechendes Gas, das sich bei Atmosphärendruck bei $-10\,°C$ zu einer farblosen Flüssigkeit verdichtet. Das Gas ist für alle Lebewesen, insbesondere für die Pflanzen, sehr schädlich. So benutzt man es z.B., um in Weinfässern u.a. Bakterien abzutöten.

Die nachteiligen Wirkungen auf den Pflanzenwuchs zwingen alle Betriebe, in denen größere Mengen SO_2 entstehen, zu kostspieligen Aufwendungen, um „*Rauchschäden*" zu vermeiden. Die gesetzlichen Bestimmungen gegen die Verunreinigung der Luft sind in den letzten Jahren wesentlich verschärft worden. – Viel SO_2 entsteht auch bei der Verbrennung der *Kohle*, da die meisten Kohlesorten geringe Mengen von Schwefel enthalten. Auch das Heizöl enthält wechselnde Mengen Schwefelverbindungen. So kommt es, daß in der Großstadtluft immer ein geringer Gehalt an SO_2 vorhanden ist, der gesundheitsschädlich ist. Zudem geht SO_2 leicht in H_2SO_4 über und kann so wegen der Einwirkung auf Kalk zu Schädigungen von Gebäuden führen (Kölner Dom).

In Wasser löst sich Schwefeldioxid ziemlich reichlich; es entsteht dabei die *schweflige Säure* H_2SO_3. Diese hat große Neigung, in Schwefelsäure überzugehen, und wirkt daher als kräftiges Reduktionsmittel. Als Beispiel sei die Reaktion mit Bromwasser genannt, das gemäß $H_2SO_3 + Br_2 + H_2O = H_2SO_4 + 2HBr$ entfärbt wird. Bei der Einwirkung von schwefliger Säure auf H_2S-Wasser bildet sich Schwefel: $2H_2S + SO_2 = 3S + 2H_2O$. Der Schwefel fällt hierbei in äußerst fein verteilter Form aus und bildet die sogenannte Schwefelmilch. Daneben bilden sich als Nebenprodukt „*Polythionsäuren*" (vgl. S.112).

Für die Überführung von Schwefeldioxid in *Schwefelsäure* benutzte man früher das „*Bleikammerverfahren*", das in einer Operation vom Schwefeldioxid zur Schwefelsäure führte. Das Verfahren hat seinen Namen daher, daß man die Reaktion $2SO_2 + O_2 + 2H_2O = 2H_2SO_4$ im wesentlichen in großen Bleikammern[2] durchführte, wobei Stickstoffoxide als Katalysator dienten.

Heute erfolgt die Herstellung von Schwefelsäure nach dem *Kontaktverfahren.* Dieses wurde von *Clemens Winkler* (1838 bis 1904) gefunden und von *Knietsch* technisch durchgearbeitet; es führt zunächst zum Schwefeltrioxid (SO_3), das dann erst in einer zweiten Operation zu Schwefelsäure umgesetzt wird.

[2] Blei benutzte man deshalb, weil es eines der wenigen Metalle ist, die gegen Schwefelsäure beständig sind. Es reagiert zwar zunächst auch etwas; dabei bildet sich aber eine fest haftende Schicht von unlöslichem Bleisulfat, die das Metall gegen weiteren Angriff schützt.

Für die technische Durchführung einer Gasreaktion, wie sie hier vorliegt, kommt es auf zwei Dinge an:

1. Wie liegt das Gleichgewicht?
2. Wie schnell stellt es sich ein?

Die die Lage eines Gleichgewichts bestimmenden Faktoren werden in einem besonderen Abschnitt (Kap. XXII) zusammenfassend besprochen werden. Wir wollen hier nur an Hand experimenteller Bestimmungen von *Bodenstein* (Abb. 17) die Abhängigkeit von der Temperatur betrachten. Danach liegt das Gleichgewicht für SO_3 um so günstiger, je *niedriger* die Temperatur ist. Eine annähernd vollständige Umsetzung von SO_2 zu SO_3 ist nur möglich, wenn die Temperatur 400 bis 430 °C nicht übersteigt.

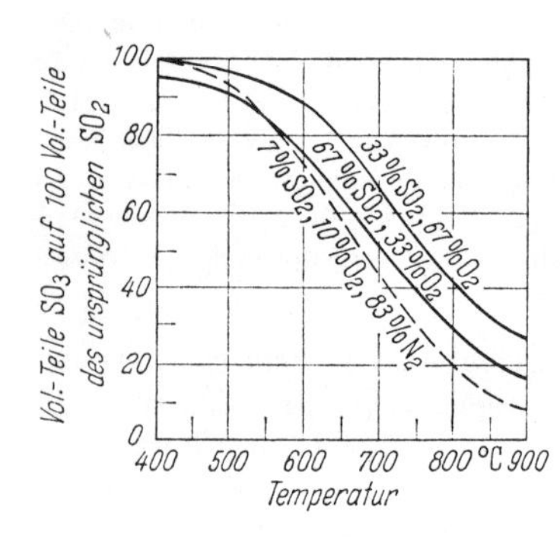

Abb. 17. SO_2/SO_3-Gleichgewicht (Die gestrichelte Kurve entspricht etwa technischen Röstgasen)

Für die Technik kommt es aber nicht nur auf die Lage des Gleichgewichtes an; dieses muß sich auch schnell einstellen. S. 20/21 haben wir gesehen, daß die *Reaktionsgeschwindigkeit* mit der Temperatur zunimmt. Die Notwendigkeit, zu einer schnellen Gleichgewichtseinstellung zu kommen, verlangt also hohe Temperaturen, während die Lage des Gleichgewichtes hier gerade bei tiefen Temperaturen günstig ist. Eine Temperatur, bei der die Reaktionsgeschwindigkeit für die technische Durchführung schon genügend hoch ist und bei der andererseits im Gleichgewicht noch genügend SO_3 vorhanden ist, gibt es nicht.

Man muß daher versuchen, die Erhöhung der Reaktionsgeschwindigkeit nicht durch Temperatursteigerung, sondern durch andere Mittel zu bewirken, d.h. man muß einen geeigneten *Katalysator* verwenden. Als Katalysator benutzt man Vanadiumoxid-haltige Kontaktsubstanzen. Man erreicht damit zwischen 400 und 430 °C, also bei Temperaturen, bei denen sich nahezu 100% SO_3 im Gleichgewicht befinden, rasche Umsetzung.

Für die *technische Durchführung* benutzte man früher zur *Gewinnung des Schwefeldioxids* schwefelhaltige Erze, insbesondere *Pyrit* FeS_2, der – wenn die Reaktion erst einmal eingeleitet ist – ohne weitere Wärmezufuhr nach der Gleichung $4FeS_2 + 11\,O_2 = 2Fe_2O_3 + 8SO_2$ zu Eisenoxid[3] und Schwefeldioxid verbrennt. Für dieses „Abrösten" sind verschiedenartige Apparaturen entwickelt worden. Soweit es heute noch durchgeführt wird, benutzt man das „*Wirbelbettverfahren*": Man bläst durch einen Rost Luft durch das feinkörnige Erz, so daß dieses dauernd durchgewirbelt wird und schnell verbrennt. Die Verbrennungswärme wird benutzt, um Dampf zu erzeugen. Wesentlich ist es, gewisse staubförmige Verunreinigungen, z.B. Arsen- und Selenverbindungen[4], aus den Röstgasen zu entfernen, da diese für die meisten Katalysatoren „Gifte" sind, d.h. ihre Wirksamkeit vernichten. Erfolgreich ist hier wie in vielen ähnlichen Fällen die sogenannte „*elektrische Gasreinigung*", d.h. die Einwirkung sehr hoch gespannter Gleichstromentladungen auf das Gas. Der Staub schlägt sich dann an den Elektroden nieder.

Heute hat sich die Sachlage wesentlich dadurch vereinfacht, daß man überwiegend *elementaren Schwefel* verbrennt. Dieser stammt aus Erdgas oder Erdöl oder Vorkommen von elementarem Schwefel, der häufig in flüssiger Form in Tankschiffen, z.B. von Texas nach Europa, transportiert wird.

Die Überführung von SO_2 in SO_3 erfolgt in Kontakt-Öfen; in diesen wird die Temperatur dadurch reguliert, daß man das SO_2 an den mit der Kontaktsubstanz gefüllten Röhren vorbeileitet, so daß es die Reaktionswärme aufnimmt und vorgewärmt wird.

Um das Abgasproblem zu lösen, wird der Kontaktprozeß neuerdings in *zwei Stufen* durchgeführt. In einer ersten erfolgt der Umsatz bis zu 92%; das gebildete SO_3 wird nach Abkühlen auf 80 °C mit Schwefelsäure, deren Massenanteil an H_2SO_4 98,5% beträgt, herausgelöst. Der Rest wird mit einem

[3] Die Röstrückstände arbeitete man auf die wertvollen Bestandteile Kupfer, Zink, Blei, Cobalt und Edelmetalle auf.
[4] Diese Arsen- und Selenverbindungen rühren daher, daß in den S_2-Gruppen, die im Pyritgitter vorhanden sind, der Schwefel durch Arsen- oder Selenatome ersetzt sein kann.

großen Luftüberschuß bei 430 °C erneut über den Kontakt geführt; man erreicht einen Umsatz von >99%. Damit sind die Schwierigkeiten in der Abgasfrage für die SO_3-Industrie überwunden.

Das beim Kontaktprozeß entstehende *Schwefeltrioxid*-Gas kondensiert sich bei Zimmertemperatur zu einer Flüssigkeit; in diesem *cyclo*-Schwefeltrioxid liegen Ringe gemäß

$$\begin{array}{ccc} & O_2 & \\ & S & \\ O & & O \\ O_2S & & SO_2 \\ & O & \end{array}$$

vor. Diese Modifikation ist jedoch instabil und wandelt sich leicht in eine andere, feine weiße Fasern bildende Modifikation, das *catena*-Schwefeltrioxid, um, in der Ketten gemäß

$$\begin{array}{ccccccccccc} & O & & O & & O & & & O & \\ O & S & O & S & O & S & \cdots & O & S & O \\ & O & & O & & O & & & O & \end{array}$$

vorhanden sind. Diese Vereinigung des SO_3 zu größeren Gebilden hängt damit zusammen, daß der Raum um das S-Atom durch 3 O-Atome nicht vollständig ausgefüllt ist.

Die Reaktion des Schwefeltrioxides mit *Wasser*, bei der sich Schwefelsäure bildet, ist sehr heftig; ihre technische Durchführung bereitete zunächst Schwierigkeiten, da sich dabei schwer kondensierbare Nebel bilden. Man absorbiert daher nicht in Wasser, sondern in Schwefelsäure und führt dieser das zur Aufrechterhaltung des gleichen Gehalts erforderliche Wasser laufend zu. Man kann so aber auch über die Formel H_2SO_4 hinaus SO_3 enthaltende, *„rauchende" Schwefelsäure* herstellen, das sogenannte *„Oleum"*, das hauptsächlich in der organisch-chemischen Industrie verwendet wird.

Wasserfreie Schwefelsäure ist eine ölige Flüssigkeit. Sie bildet sehr beständige Hydrate und löst sich daher in Wasser unter starker Wärmeentwicklung. Ihre wasserentziehende Wirkung geht so weit, daß vielen Verbindungen, die Wasserstoff und Sauerstoff enthalten, diese Elemente als Wasser entzogen werden. So verkohlen z.B. Holz, Zucker usw., indem von ihren Bestandteilen (C, H und O) nur der Kohlenstoff zurückbleibt. Daß man Schwefelsäure zum Trocknen von Gasen verwendet, wurde schon erwähnt. Ferner benutzt man sie, namentlich in der organischen Chemie, um bei Reaktionen, bei denen Wasser abgespalten wird (vgl. z.B. S. 162), eine günstige Gleichgewichtslage zu erzielen.

Die *verdünnte* wässerige Lösung der Schwefelsäure zeigt alle typischen Säurereaktionen, löst also z. B. Metalle wie Zink unter Wasserstoff-Entwicklung. *Konzentrierte* Schwefelsäure verhält sich dagegen anders. In ihr fehlt das für eine Dissoziation erforderliche Wasser. So reagiert sie mit Metallen wie Zink bei Zimmertemperatur überhaupt nicht. In der Hitze wird das Zink gelöst; es werden aber dann nicht Wasserstoffionen zu elementarem Wasserstoff entladen, sondern das H_2SO_4-Molekül wirkt als Oxidationsmittel, wobei der Schwefel reduziert wird. Es bildet sich daher SO_2: $Zn + 2H_2SO_4 = ZnSO_4 + SO_2 + 2H_2O$. Daneben entstehen in sehr geringer Menge elementarer Schwefel und H_2S.

Es gibt noch viele *andere Oxide und Säuren* des Schwefels. Von der hier herrschenden Mannigfaltigkeit möge die folgende Zusammenstellung einen Eindruck vermitteln:

H_2S Hydrogensulfid, „*Monosulfan*" (Trivialname: Schwefelwasserstoff); vgl. Text.

H_2S_2, H_2S_3 ... H_2S_6, H_2S_n. Hydrogen-di(tri ... hexa-, poly-)sulfid, „*Sulfane*"; unbeständige Verbindungen. Beständig sind S_2^{2-}-, S_3^{2-}-, S_4^{2-}-usw. Ionen in alkalischer Lösung und in festen Salzen.

S_8O, S_7O, S_6O, S_5O Schwefelringe, die an einem S ein O tragen.

SO bzw. S_2O_2 Schwefelmonoxid; äußerst unbeständiges Gas[5].

S_2O_3 Dischwefeltrioxid; blaugrüne Substanz von hoher molarer Masse, die aus Schwefel und SO_3 entsteht.

SO_2 Schwefeldioxid } vgl. Text
SO_3 Schwefeltrioxid }

$SO_{\leq 4}$ Schwefelperoxid[6]

H_2SO_3 Schweflige Säure } vgl. Text
H_2SO_4 Schwefelsäure }

$H_2SO_3S = H_2S_2O_3$ Thioschwefelsäure. Die Bezeichnung „Thio" bedeutet, daß ein O durch S ersetzt ist. Die freie Säure zerfällt in $S + H_2SO_3$. $Na_2S_2O_3$ und $(NH_4)_2S_2O_3$ dienen als Fixiersalz in der Photographie (vgl. Kap. XXVIII). Thiosulfat wird ferner in der Iodometrie (vgl. S. 98) benutzt.

[5] SO ist nur bei äußerst geringen Drucken (< 1 mbar) beständig; bei höheren Drucken bzw. beim Kondensieren mit flüssiger Luft entstehen plastische Produkte, die beim Erwärmen SO_2 abspalten: $(n + x)SO \rightarrow S_nO_{n-x} + xSO_2$.
[6] Es handelt sich hier um Stoffe von hoher molarer Masse mit wechselnder Zusammensetzung, die O_2-Gruppen enthalten.

$H_2S_2O_7$ ($=H_2SO_4+SO_3$), Dischwefelsäure, im Oleum enthalten; ihre Salze entstehen beim Erhitzen von Hydrogensulfaten: $2KHSO_4 = H_2O + K_2S_2O_7$.

H_2SO_5 Peroxomonoschwefelsäure, $H_2S_2O_8$ Peroxodischwefelsäure – enthalten an Stelle eines O im H_2SO_4- bzw. $H_2S_2O_7$-Molekül eine O_2-Gruppe; beide Säuren sind starke Oxidationsmittel. Das durch elektrolytische Oxidation von Kaliumhydrogensulfat gewonnene Kaliumperoxodisulfat $K_2S_2O_8$ hat man zur Darstellung von H_2O_2 (S. 42) benutzt.

$H_2S_2O_4$ Dithionige Säure, kann z. B. durch Einwirkung von Zinkmetall auf eine H_2SO_3-Lösung hergestellt werden. Starkes Reduktionsmittel, das in der „Küpenfärberei" technisch verwendet wird. Dithionit dient in der Gasanalyse zur Absorption von Sauerstoff.

$H_2S_2O_6$, $H_2S_3O_6$ ... $H_2S_6O_6$ usw. Di-, Tri- ... Hexa-thionsäure usw. („Polythionsäuren").

Bezüglich der *halogenhaltigen* Schwefelverbindungen sei erwähnt, daß es ein dem SF_6 (vgl. S. 100) entsprechendes SCl_6 nicht gibt; beim Überleiten von Chlor über erhitzten Schwefel entsteht vielmehr das goldbraune *Dischwefeldichlorid* S_2Cl_2, eine widerlich riechende Flüssigkeit, die in der Gummiindustrie als Lösungsmittel für den für die Vulkanisation erforderlichen Schwefel verwendet wird.

Außerdem lassen sich aus S bzw. S_2Cl_2 und Cl_2 SCl_2 und SCl_4 herstellen; das letztere ist nur bei tiefen Temperaturen beständig. Schließlich existieren *Halogen-haltige Sulfane*, z. B. ClS_nCl, wobei n sehr hohe Werte (bis 100) annehmen kann. Die *Brom*verbindungen des Schwefels sind weniger beständig. *Iod*verbindungen sind unbekannt.

Durch Ersatz der OH-Gruppen in der Schwefelsäure $O_2S(OH)_2$ und der Schwefligen Säure $OS(OH)_2$ durch Halogene entstehen „*Säurehalogenide*". Diese werden durch Wasser leicht wieder in die betreffende Schwefelsäure und Hydrogenhalogenid gespalten.

Genannt seien $OSCl_2$ „*Thionylchlorid*" bzw. „*Sulfinylchlorid*" (aus $SO_2 + PCl_5$ gemäß $SO_2 + PCl_5 = OSCl_2 + POCl_3$) und O_2SCl_2 „*Sulfurylchlorid*" bzw. „*Sulfonylchlorid*" (aus $SO_2 + Cl_2$ bei Gegenwart von Campher oder Aktivkohle). Man kann auch nur eine OH-Gruppe ersetzen. Besonders leicht bildet sich aus konz. H_2SO_4 und HF *Fluoroschwefelsäure* HSO_3F. *Chloroschwefelsäure* HSO_3Cl (aus $HCl + SO_3$) wird durch die Luftfeuchtigkeit gespalten und bildet Nebel.

Stickstoffhaltige Schwefelverbindungen sind in sehr großer Zahl bekannt. Genannt sei hier *Tetraschwefel-tetranitrid* (Trivialname: *Schwefelstickstoff*) N_4S_4 (wannenförmiger Ring, abwechselnd N- und S-Atome) sowie die *Amidoschwefelsäure* $HO_3S \cdot NH_2$.

XIX. Selen und Tellur; Übersicht über die Chalkogene

Selen und Tellur. Dem Schwefel nahe stehen *Selen* und *Tellur*. Der Nichtmetall-Charakter nimmt beim Übergang vom Schwefel zum Tellur ab. Tellur zeigt schon deutlich metallische Eigenschaften, während Selen sowohl in mehreren (instabilen) nichtmetallischen als auch in einer zu den Metallen überleitenden (stabilen) Modifikation (graues Selen) vorkommt. Diese erweist ihre Zwischenstellung durch ihre elektrischen Eigenschaften: An sich ist sie ein schlechter Leiter wie ein Nichtmetall; durch Belichtung wird sie aber leitend wie ein Metall. Diese Eigenschaft wurde in den Selenzellen technisch ausgenutzt. Heute benutzt man zur Umwandlung von Lichtenergie in elektrischen Strom entweder sogenannte „Photoelemente" auf Selenbasis oder evakuierte, an der Innenseite teilweise mit Alkalimetall beschlagene „Photozellen". Über die erstmalig in der Raumfahrt benutzten, heute für viele Zwecke verwendeten „Solarzellen" s. S. 207. Ferner wird Selen in Gleichrichtern benutzt.

Im grauen Selen und im Tellur sind nicht, wie beim Schwefel, Ringe, sondern langgestreckte, gewinkelte Ketten vorhanden (vgl. S. 205, Abb. 30).

Die *Hydrogenverbindungen* H_2Se und H_2Te werden ähnlich hergestellt wie H_2S. Sie sind jedoch im Gegensatz zu H_2S instabil gegen den Zerfall in die Elemente und zerfallen daher langsam, insbesondere H_2Te. – Mit *Sauerstoff* verbrennt Selen mit kornblumenfarbiger Flamme zu SeO_2; dieses ist zwar noch leicht flüchtig, aber bei Zimmertemperatur fest. Dagegen ist die Flüchtigkeit von TeO_2 sehr gering. SeO_2 löst sich wie SO_2 in Wasser; aus der Lösung scheidet sich beim Eindunsten H_2SeO_3 kristallin ab. TeO_2 löst sich nicht merklich in Wasser.

H_2SeO_3 läßt sich nur mit starken Oxidationsmitteln zur *Selensäure* H_2SeO_4 oxidieren (Gegensatz zu H_2SO_3; vgl. dazu auch die späte Entdeckung der Perbromate!). Auch das Anhydrid SeO_3, das erst seit einigen Jahrzehnten bekannt ist, zerfällt leicht in SeO_2 und O_2. Die Reaktionen der Selensäure sind denen der Schwefelsäure ähnlich (z.B. Fällung als $BaSeO_4$). Dagegen ist im Gegensatz zu H_2SO_4 und H_2SeO_4 die *Tellursäure*, die die Formel H_6TeO_6 (vgl. Periodsäure S. 99) besitzt, eine schwache Säure.

Übersicht über die Chalkogene

Zu der in der Tab. 5 enthaltenen Zusammenstellung einiger Eigenschaften aller Chalkogene ist wenig zu sagen, da das S. 100f. für die Halogene Angeführte weitgehend übernommen werden kann: Regelmäßiges Ansteigen der deutlich höher liegenden Schmelz- und Siedetemperaturen bei den *Elementen*, Vertiefung der Farbe und Zunahme des metallischen Charakters vom Sauerstoff zum Tellur.

Auch für die *Wasserstoffverbindungen* gilt ähnliches wie für die Hydrogenhalogenide. Auch hier steigen Schmelz- und Siedepunkte vom H_2S bis zum H_2Te regelmäßig an. H_2O fällt noch mehr heraus als HF; auch hier hängt der hohe Schmelz- und Siedepunkt mit dem Dipolcharakter sowie mit der geringen Größe des Moleküls zusammen; außerdem spielen auch hier die S. 102 erwähnten Wasserstoffbrücken eine Rolle. Die Bildungsenthalpien der Wasserstoffverbindungen ändern sich bei den Chalkogenen mit steigendem Atomgewicht in ähnlicher Weise wie bei den Halogenen; bezogen auf den festen Zustand von Se und Te haben H_2Se und H_2Te bereits deutlich positive Bildungsenthalpien.

Tab. 5. Eigenschaften der Chalkogene

	Sauerstoff	Schwefel	Selen	Tellur
Symbol	O	S	Se	Te
Rel. Atommasse	15,9994	32,064	78,96	127,60
Schmelzpunkt in °C	−218,75	+119,0	220,2	452,0
Siedepunkt in °C	−182,97	+444,60	688	1009
		Hydrogenchalkogenide		
Schmelzpunkt in °C	0,000	−85,60	−60,4	− 51
Siedepunkt in °C	+100,000	−60,34	−41,5	− 2,3
Bildungsenthalpie[1]				
in kJ/mol	−285,8	−20,6	+29,7	+100
in kcal/mol	−68,315	−4,93	+7,1	+23,8

[1] Vgl. S. 101, Anm. 5.

XX. Das Perioden-System der Elemente

Bei den Halogenen und Chalkogenen haben wir Gruppen von Elementen kennengelernt, die untereinander sehr ähnlich sind und die bei einer Anordnung nach der relativen Atommasse einen gleichmäßigen Gang verschiedener physikalischer und chemischer Eigenschaften zeigen. Lassen sich vielleicht *alle* Elemente in ein aus solchen Gruppen bestehendes System zusammenfassen? Das ist in der Tat der Fall. Nachdem 1860 auf dem ersten internationalen Chemikerkongreß in Karlsruhe Zweifelsfragen bezüglich der Ableitung der relativen Atommassen („Atomgewichte") geklärt worden waren, hatten die schon seit längerer Zeit von zahlreichen Chemikern unternommenen Versuche, eine Systematik der Elemente auf Grund der relativen Atommassen zu finden, schnell Erfolg. Das erste brauchbare, wenn auch in Einzelheiten noch unvollkommene System hat *Dimitri Mendelejeff* (1834–1907) der Russischen Chemischen Gesellschaft 1869 vorgelegt. Er kam damit dem Deutschen *Lothar Meyer* (1830–1895) zuvor, der unabhängig von Mendelejeff zu ganz ähnlichen Ergebnissen gekommen war; an Hand des Verlaufs der auf die Elemente im festen Zustande bezogenen *molaren Volumina* (früher „Atomvolumina") konnte *Meyer* eindrucksvoll zeigen, daß man die Elemente in Perioden einteilen kann. Schon 1870 konnten dann die beiden Forscher das System in einer praktisch endgültigen Form vorlegen.

Bei dieser Systematik werden, wie bereits erwähnt, die Elemente nach ihren relativen Atommassen geordnet. Man erhält dann für die leichtesten Elemente[1] eine Reihe, bei der die charakteristischen Eigenschaften von Glied zu Glied verschieden sind; die Wertigkeiten gegenüber Wasserstoff und Sauerstoff ändern sich dabei von Element zu Element um 1 in regelmäßiger Weise: Li, Be, B, C, N, O, F, Ne. Stellt man nun aber die nächsten Elemente Na, Mg usw. so unter diese erste Reihe, daß Na unter Li kommt, so stehen überall Elemente untereinander, die einander ähnlich sind:

[1] H und He sind hier zunächst nicht berücksichtigt.

Li	Be	B	C	N	O	F	Ne[2]
Na	Mg	Al	Si	P	S	Cl	Ar[2].

Wir können das am besten bei den uns schon bekannten Elementen O und S sowie F und Cl beurteilen.

In ähnlicher Weise kann man auch bei den schwereren Elementen vorgehen, wo die Dinge allerdings etwas verwickelter liegen. Man erhält dann die gesuchte Systematik aller Elemente, das *Perioden-System*, das wir auf der nachfolgenden Seite wiedergegeben haben. Dabei ist bei jedem Element fettgedruckt die der Reihenfolge entsprechende „*Ordnungszahl*" angegeben, auf deren Bedeutung wir im Kap. XXV zurückkommen werden, und kleingedruckt die relative Atommasse („Atomgewicht")[3,4].

Die Bedeutung des Perioden-Systems kann gar nicht hoch genug eingeschätzt werden. Es bietet eine solche Fülle von Beziehungen zwischen den Elementen und ihren Verbindungen, daß überhaupt erst auf seiner Grundlage ein tieferes Verständnis der Chemie möglich geworden ist.

Einige derartige allgemeine Regelmäßigkeiten, die sich auf die *Vertikal*reihen beziehen, haben wir bereits bei der zusammenfassenden Besprechung der Halogene kennengelernt. Dazu kommen nun noch Horizontal- und Schrägbeziehungen. So finden sich z.B. in den *Horizontal*reihen ganz regelmäßige Abstufungen in den Wertigkeiten. Die Wertigkeit gegenüber Wasserstoff nimmt in den höheren Gruppen von rechts nach links zu. So können wir aus der Reihe Ne, HF, H_2O schon extrapolieren,

[2] Die Edelgase waren *Mendelejeff* und *Meyer* noch nicht bekannt; auch fehlten damals noch einige weitere Elemente, z.B. Sc, Ga und Ge, wodurch die Erkenntnis der hier vorliegenden Zusammenhänge erschwert war. *Mendelejeff* hat die Existenz von Sc, Ga, Ge und einiger weiterer Elemente vorhergesagt. – Unregelmäßigkeiten in der Reihenfolge der relativen Atommassen – Co/Ni und Te/I, wozu später Ar/K und Th/Pa kamen – mußte man zunächst in Kauf nehmen. Später zeigte es sich, daß man die Ordnungszahl (vgl. S. 179), unabhängig ermitteln kann, z.B. aus dem Verlauf der Röntgenspektren (*Moseley*sches Gesetz; vgl. dazu Kap. XXV).

[3] Es ist hier die „kurzperiodige" Form benutzt. Die „langperiodige" Form ersieht man aus Tab. 11, Kap. XXV.

[4] Die benutzten relativen Atommassen sind die von der IUPAC (vgl. S. 54) 1977 angegebenen Werte.

Gruppe		1 A B	2 A B	3 A B	4 A B	5 A B	6 A B	7 A B	8 A	8 B
Höchste Wasserstoffverbindung		MH	MH_2	MH_3	MH_4	MH_3	MH_2	MH	–	–
Höchste Sauerstoffverbindung		M_2O	MO	M_2O_3	MO_2	M_2O_5	MO_3	M_2O_7	wechselnd	–
Vorperiode		**1** H 1,0079						**1** H 1,0079		**2** He 4,00260
Kleine Perioden	1	**3** Li 6,941	**4** Be 9,01218	**5** B 10,81	**6** C 12,011	**7** N 14,0067	**8** O 15,9994	**9** F 18,998403		**10** Ne 20,179
	2	**11** Na 22,98977	**12** Mg 24,305	**13** Al 26,98154	**14** Si 28,0855	**15** P 30,97376	**16** S 32,06	**17** Cl 35,453		**18** Ar 39,948
Große Perioden	3	**19** K 39,0983	**20** Ca 40,08	**21** Sc 44,9559	**22** Ti 47,90	**23** V 50,9415	**24** Cr 51,996	**25** Mn 54,9380	**26** Fe 55,847 **27** Co 58,9332 **28** Ni 58,70	
		29 Cu 63,546	**30** Zn 65,38	**31** Ga 69,72	**32** Ge 72,59	**33** As 74,9216	**34** Se 78,96	**35** Br 79,904		**36** Kr 83,80
	4	**37** Rb 85,4678	**38** Sr 87,62	**39** Y 88,9059	**40** Zr 91,22	**41** Nb 92,9064	**42** Mo 95,94	**43** (Tc) (98)	**44** Ru 101,07 **45** Rh 102,9055 **46** Pd 106,4	
		47 Ag 107,868	**48** Cd 112,41	**49** In 114,82	**50** Sn 118,69	**51** Sb 121,75	**52** Te 127,60	**53** I 126,9045		**54** Xe 131,30
	5	**55** Cs 132,9054	**56** Ba 137,33	**57/71** ΣLa[1]	**72** Hf 178,49	**73** Ta 180,9479	**74** W 183,85	**75** Re 186,207	**76** Os 190,2 **77** Ir 192,22 **78** Pt 195,09	
		79 Au 196,9665	**80** Hg 200,59	**81** Tl 204,37	**82** Pb 207,2	**83** Bi 208,9804	**84** Po (209)	**85** (At) (210)		**86** Rn (222)
	6	**87** (Fr) (223)	**88** Ra 226,0254	**89/103** ΣAc[2]	**104** (Ku) –	**105** (Ha) –				

[1] ΣLa = Lanthanoide **57** bis **71**

						La 138,9055
Ce 140,12	Pr 140,9077	Nd 144,24	(Pm) (145)	Sm 150,4	Eu 151,96	Gd 157,25
Tb 158,9254	Dy 162,50	Ho 164,9304	Er 167,26	Tm 168,9342	Yb 173,04	Lu 174,967

[2] ΣAc = Actinoide **89** bis **103**

						Ac 227,0278
Th 232,0381	Pa 231,0359	U 238,029	(Np) 237,0482	(Pu) (244)	(Am) (243)	(Cm) (247)
(Bk) (247)	(Cf) (251)	(Es) (252)	(Fm) (257)	(Md) (258)	(No) (259)	(Lr) (260)

daß es NH_3 und CH_4 geben wird[5]. Andererseits nimmt die Höchstwertigkeit gegen Sauerstoff ab. Den Verbindungen Cl_2O_7, SO_3 schließen sich P_2O_5, SiO_2, Al_2O_3, MgO und Na_2O an; die Maximalwertigkeit gegen Sauerstoff[6] ist gleich der Gruppennummer. Ferner können wir schon aus dem Verhalten der Halogene und Chalkogene ableiten, daß der metallische Charakter nicht nur von oben nach unten, sondern auch von rechts nach links zunimmt (vgl. z. B. Iod und Tellur!). Wir werden erwarten, daß sich in der 5. und 4. Gruppe mehr metallische Elemente finden werden als in der 6.

Diese letztgenannte Regelmäßigkeit führt uns zu *Schräg*beziehungen, daß nämlich bei vielen Elementen Ähnlichkeit mit dem Element besteht, das in der nächsthöheren Gruppe eine Periode tiefer steht. Besonders ausgeprägt ist das in den ersten Perioden. So verhalten sich z. B. Li und Mg sowie Be, Al und Ti in ihren Verbindungen so ähnlich, daß ihre analytische Trennung gewisse Schwierigkeiten bereitet.

Wir werden in den folgenden Abschnitten immer wieder auf solche Beziehungen im Perioden-System hinzuweisen haben.

XXI. Stickstoffgruppe

Als „Stickstoffgruppe“ fassen wir folgende Elemente der V. Gruppe des Perioden-Systems zusammen: Stickstoff, Phosphor, Arsen, Antimon und Bismut[1].

Elemente. Wir wir soeben gezeigt haben, ist auf Grund des Perioden-Systems zweierlei zu erwarten: einmal sollte – wie wir es bei den Chalkogenen fanden – der metallische Charakter

[5] Dann nimmt sie allerdings wieder ab: $(BH_3)_2$, BeH_2, LiH.
[6] Bei Natrium und den übrigen Elementen der 1A-Gruppe gibt es allerdings auch sauerstoffreichere Oxide; vgl. dazu Kap. XXVI.
[1] Früher im Deutschen „Wismut“; die Änderung in „Bismut“ ist von der deutschsprachigen Nomenklatur-Kommission (Bundesrepublik, Österreich, Schweiz) vorgeschlagen worden, um sich dem internationalen Gebrauch und dem Symbol Bi anzupassen.

vom Stickstoff zum Bismut zunehmen. Zum anderen sollten metallische Eigenschaften bei diesen Elementen stärker hervortreten als bei den Chalkogenen und vor allem den Halogenen.

Beides ist der Fall. Das erste Element, der *Stickstoff*, ist zweifellos ein Nichtmetall; umgekehrt besitzen die Endglieder *Antimon* und *Bismut* weitgehend metallischen Charakter. Bei den mittleren Elementen, Phosphor und Arsen, liegen wiederum Übergänge vor. So kommt das *Arsen* außer in einer sehr unbeständigen gelben in mehreren schwarzen, amorphen, nichtleitenden Modifikationen und in einer kristallinen, gut leitenden Form vor.

Formenreich ist der *Phosphor*. Wir lernten S. 35 schon eine ausgesprochen nichtmetallische Modifikation kennen, den *weißen* Phosphor. Man erhält diese bei 44,2 °C schmelzende Modifikation durch Abschrecken des Dampfes. Der Kristall ist ebenso wie die Schmelze aus Molekülen aufgebaut; es ist noch nicht sichergestellt, ob es sich um P_4-Tetraeder handelt, die man bei nicht zu hohen Temperaturen im Gaszustande findet. Weißer Phosphor zeichnet sich durch leichte Entzündbarkeit aus; in fein verteilter Form leuchtet er infolge langsamer Oxidation im Dunkeln. Beim Erhitzen unter Luftabschluß und erhöhtem Druck geht er in die *rote*, viel weniger reaktionsfähige Form über. Dieser rote Phosphor hat von Fall zu Fall etwas wechselnde Eigenschaften; er ist nur unter besonderen Bedingungen kristallisiert zu erhalten. Eine *violette* Form des Phosphors ist von *Hittorf* dargestellt worden. Außerdem kennt man noch eine *metallische* Modifikation, den *schwarzen* Phosphor. Dies ist die bei Zimmertemperatur beständige Form. Sie bildet sich unter hohem Druck, was damit zusammenhängt, daß sie eine höhere Dichte besitzt als die anderen Formen; die Umwandlung kann aber auch katalytisch bewirkt werden. Schwarzer Phosphor ist aus Doppelschichten aufgebaut. Wir haben also beim Phosphor die verschiedensten Übergangsstufen zwischen Nichtmetall und Metall.

Das Verhalten der Formen des Phosphors unterscheidet sich in charakteristischer Weise von dem der Schwefelformen (S. 104f.). Der „rhombische" und der „monokline" Schwefel sind „enantiotrop" (wechselseitig umwandelbar), während der Übergang vom weißen zum roten Phosphor „monotrop" (einseitig umwandelbar) erfolgt. Der Verlauf der Dampfdruckkurven für diese beiden Fälle ist in Abb. 18 schematisch dargestellt[2]. Beim Schwefel schneiden sich bei der Umwandlungstemperatur die Dampfdruckkurven von rhombischem und monoklinem Schwefel; beim Phosphor dagegen liegt die Dampfdruckkurve des weißen Phosphors und seiner Schmelze bis ~600 °C über der des roten. Wenn sich weißer Phosphor bei Zimmertemperatur nicht von selbst in roten umwandelt, so ist das nur eine Frage der geringen

[2] In der Abb. ist der schwarze Phosphor nicht berücksichtigt; seine Dampfdruckkurve liegt noch unter der des roten Phosphors.

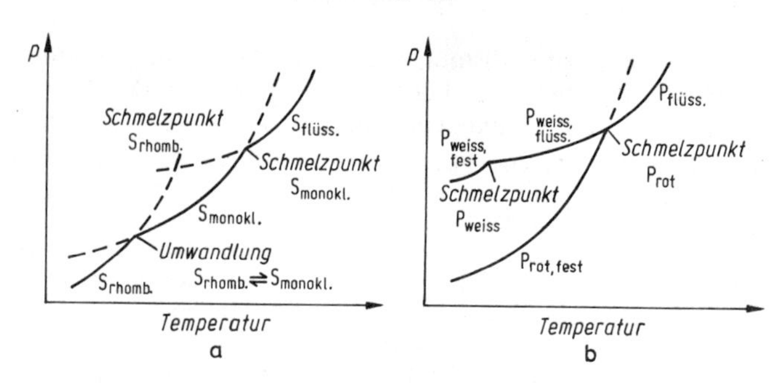

Abb. 18. Dampfdrucke *p* bei Umwandlungen
a) enantiotrop (z. B. Schwefel) b) monotrop (z. B. Phosphor)
(Schematische Darstellung. Die Maßstäbe sind willkürlich)

Reaktionsgeschwindigkeit; bei höheren Temperaturen findet diese Umwandlung statt. Man kann aber bei keiner Temperatur roten in weißen Phosphor umwandeln, man muß dazu vielmehr den roten Phosphor verdampfen und wieder kondensieren. Bei 590 °C schneiden sich dann bei einem Dampfdruck von 43 atm die Dampfdruckkurven des roten Phosphors und die der Schmelze des weißen Phosphors, der rote Phosphor schmilzt; die Schmelze entspricht der des weißen Phosphors bei tieferen Temperaturen.

Vorkommen. *Stickstoff* finden wir in erster Linie in der Luft sowie in einigen Salzen der Salpetersäure ($NaNO_3$ in den Salpeterlagern Chiles). Ferner ist er ein wichtiger Bestandteil des Eiweiß. Der so außerordentlich reaktionsfähige *Phosphor* kommt nicht im elementaren Zustande vor. Man findet ihn in Salzen der Phosphorsäure; besonders wichtig ist der Apatit[3] $Ca_5(PO_4)_3F$ (vgl. dazu S. 131)[4]. Die anderen Elemente der Gruppe finden sich in der Natur vorzugsweise als schwefelhaltige Verbindungen von z. T. sehr komplizierter Zusammensetzung. Nur selten findet man einfache Sulfide wie den Grauspießglanz (Sb_2S_3).

Die *Gewinnung* des Elements in reiner Form ist für den *Stickstoff* schon S. 36/37 u. 45 besprochen worden. Zur Darstellung des *Phosphors* reduziert

[3] Der Name Apatit kommt von apate (ἀπάτη) = Täuschung, weil das Mineral oft mit den Edelsteinen Beryll [$Be_3Al_2(Si_6O_{18})$] und Turmalin (kompliziert zusammengesetztes Borsilicat) verwechselt worden ist.
[4] Deutschland muß diese zur Herstellung der Phorsphordüngemittel unentbehrlichen Rohstoffe weitgehend vom Ausland einführen: einen Teil gewinnt man als „Thomasschlacke" aus Verunreinigungen der Eisenerze (vgl. S. 292).

man in der Natur vorkommende Calciumphosphate mit Kohlenstoff unter Zusatz von Quarzsand (SiO_2) bei ca. 1400 °C in großen, speziell dafür entwickelten elektrischen Widerstandsöfen. Die Kohleelektroden werden dabei nach dem *Söderberg*-Verfahren hergestellt: Auf die Elektrode wird ein Hohlmantel aus Blech aufgesetzt und in diesen eine Masse aus Koks und Pech eingestampft. Entsprechend dem Abbrand wird die Elektrode gesenkt; die eingefüllte Masse „brennt" dabei zu einer harten, festen Elektrode. Auf diese Weise wird das Auswechseln der Elektroden vermieden; sie werden von oben immer wieder neu gebildet. Bei der Reaktion entsteht neben CO Phosphordampf, der durch Kühlung zu weißem Phosphor kondensiert wird, während das CaO mit SiO_2 zu Calciumsilicaten „verschlackt" wird. Zur Gewinnung der *schwereren* Elemente röstet man die Sulfide zu den Oxiden und reduziert diese, in der Technik mit Kohlenstoff, im Laboratorium vielfach mit Kaliumcyanid KCN, das dabei in Cyanat KCNO übergeht. Man kann aber auch den Sulfiden den Schwefel durch ein unedleres Metall, wie z. B. Eisen, entziehen; für Antimon ergibt sich z. B. die Gleichung: $Sb_2S_3 + 3Fe = 3FeS + 2Sb$.

Wichtig sind in dieser Elementgruppe die *physiologischen* Eigenschaften. Zum Teil liegen starke *Gifte* vor; die Giftwirkungen sind in einigen Fällen nur bei einzelnen Modifikationen des Elements vorhanden, bei anderen treten sie besonders stark bei gewissen Verbindungen hervor. So ist weißer Phosphor ein starkes Gift, roter dagegen ungiftig. Allgemein bekannt ist ferner die Giftwirkung des Arseniks (As_2O_3). Gewisse Arsenverbindungen dienen zur Bekämpfung von Pflanzenschädlingen. Auch die Antimonverbindungen besitzen z. T. starke Wirkungen auf den Organismus; z. B. ist Brechweinstein antimonhaltig.

Wasserstoffverbindungen. Zuerst wollen wir wieder die *Verbindungen mit Wasserstoff* besprechen. Die wichtigsten entsprechen der allgemeinen Formel XH_3. Vor allem ist hier das *Ammoniak* NH_3 zu nennen, die Ausgangssubstanz für die Herstellung der *Stickstoffdüngemittel.*

Seit *Liebig* weiß man nämlich, daß für das Wachstum der Pflanzen, die ja im wesentlichen aus organischen, d. h. aus Kohlenstoff, Wasserstoff und Sauerstoff zusammengesetzten Stoffen bestehen, auch einige typisch anorganische Elemente unentbehrlich sind, insbesondere *Stickstoff*, *Phosphor*, *Kalium* und *Calcium.* Da bei der intensiven landwirtschaftlichen Bewirtschaftung der Kulturländer die „natürlichen" Dünger (insbesondere der Stallmist) nicht ausreichen und daher der Boden an diesen Stoffen verarmt, muß man sie als *„künstliche Düngemittel"* zuführen[5].

[5] Außer den genannten Elementen, die in erheblicher Menge benötigt werden, müssen auch einige andere Elemente wenigstens in sehr geringen Mengen im Boden enthalten sein, z. B. B, Mn, Co, Cu, Mo („Spurenelemente").

Für *Stickstoff* ist zwar in der Luft eine mehr als ausreichende Quelle vorhanden. Aber die Pflanzen können den Luftstickstoff nicht ohne weiteres verwerten. Die Stickstoffatome sind nämlich im N_2-Molekül so fest aneinandergebunden, daß die Mehrzahl der Pflanzen (eine Ausnahme bilden die Leguminosen) nicht in der Lage ist, dieses Molekül zu sprengen und organische Stickstoffverbindungen zu bilden, die für den Aufbau der Pflanzen erforderlich sind. Bei dem, was man im täglichen Sprachgebrauch als „Stickstoffgewinnung aus der Luft" bezeichnet, handelt es sich also nicht um die Darstellung von reinem elementarem Stickstoff – die ist ja durch Verflüssigen und Wiederverdampfen der Luft leicht durchzuführen –, sondern darum, das Stickstoffmolekül aufzusprengen und daraus Verbindungen herzustellen, die die Pflanze verwerten kann.

Dieses Problem ist zuerst durch die Herstellung des *Kalkstickstoffs*[6] gelöst worden, einer Verbindung der Formel $CaCN_2$, die sich bei der Einwirkung von Stickstoff auf Calciumcarbid (vgl. S. 164) bei höheren Temperaturen in exothermer Reaktion bildet: $CaC_2 + N_2 = CaCN_2 + C$. Die entscheidende Tat war jedoch die Überführung des Luftstickstoffs in Ammoniak im großtechnischen Maßstabe.

Die wissenschaftlichen Grundlagen der *Synthese des Ammoniaks* aus Stickstoff verdankt man *F. Haber* (1868–1934), ihre technische Durchführung *C. Bosch* (1874–1940). Die Lage des Gleichgewichts $N_2 + 3H_2 \rightleftharpoons 2NH_3$ in Abhängigkeit von Druck und Temperatur ersieht man aus Tab. 6.

Tab. 6. Volumenanteile Ammoniak im Gleichgewicht in %

t°C	1 atm.	100 atm.	200 atm.
400	0,44	25,1	36,3
600	0,05	4,5	8,3

Man muß also bei möglichst tiefen Temperaturen und hohen Drucken arbeiten und einen Katalysator benutzen, damit sich das Gleichgewicht auch genügend schnell einstellt. In der ersten, von der *Badischen Anilin- und Sodafabrik* entwickelten Versuchs-

[6] Kalkstickstoff hat zwar als Stickstoffdüngemittel den Vorzug, daß er Kalk in den Boden bringt und daß er das Unkraut bekämpft; er spielt aber heute keine große Rolle mehr.

anlage arbeitete man bei 550 bis 600 °C und 200 atm. Druck[7] mit durch gewisse Zusätze aktivierten Eisen-Katalysatoren. Das gebildete Ammoniak entzieht man dem Gasgemisch durch Waschen mit Wasser unter Druck oder durch Tiefkühlung.

Für die *Herstellung des Gasgemisches* kann man in der Praxis von Stickstoff aus der Luftverflüssigung und elektrolytisch hergestelltem Wasserstoff ausgehen. Bei der Anfang dieses Jahrhunderts entwickelten NH_3-Synthese war es aber wirtschaftlicher, durch Reaktion von Luft mit billiger Braunkohle ein Gemisch von CO, H_2 und N_2 darzustellen (Kombination des „Generatorgas"- und des „Wassergas"-Prozesses, vgl. dazu Kap. XXIII). Nach dem Herauswaschen der aus der Kohle stammenden Schwefelverbindungen entfernte man das CO dadurch, daß man das Gasgemisch bei etwa 500 °C über Eisenoxid als Katalysator mit Wasserdampf umsetzte („konvertierte"): $CO + H_2O = CO_2 + H_2$. Das CO_2 wurde dann mit Wasser unter Druck herausgewaschen, der Rest von CO mit einer ammoniakalischen Kupfer(I)-salzlösung absorbiert. Dieses Gasgemisch wurde dann den Kontaktöfen zugeführt. – Heute wird *„Synthesegas"* sowohl für die Herstellung von Ammoniak als auch von Methanol CH_3OH (vgl. Kap. XXIII) vorzugsweise auf der Basis von Erdgas und Erdöl (Schweröl) hergestellt (s. Kap. XXIII).

Die technische Ammoniaksynthese, bei der zum ersten Male in der Geschichte der chemischen Industrie ein Prozeß bei so hohen Drucken und relativ hohen Temperaturen durchgeführt wurde, war erst nach äußerst umfangreichen und kostspieligen Vorarbeiten möglich (Auffinden eines geeigneten Katalysators, Lösung der Werkstoffprobleme u. a.).

Ammoniak wird heute praktisch nur nach diesem synthetischen Verfahren hergestellt. Früher war die Hauptquelle der Kokereiprozeß, d. h. das Erhitzen unter Luftabschluß von *Steinkohle*, die bis zu 1,5% Stickstoff enthält und diesen bei diesem Erhitzen z. T. als Ammoniak abgibt; vgl. dazu Kap. XXIII.

Ammoniak ist ein farbloses, stechend riechendes Gas, das sich unter gewöhnlichem Druck bei −33,4 °C verflüssigt. Die Alkalimetalle (vgl. S. 210) werden darin zu tiefblauen Lösungen gelöst (Gegensatz zum H_2O!). Erst bei höheren Temperaturen erfolgt Umsetzung z.B. gemäß $2Na + 2NH_3 = 2NaNH_2 + H_2$ zu den *Amiden.* $NaNH_2$ kann man übrigens auch durch Reaktion von NH_3-Gas mit geschmolzenem Na-Metall herstellen.

[7] Heute werden 90% des synthetischen Ammoniaks in der Welt im Bereich zwischen 200 und 450, vorzugsweise 325 atm hergestellt; Verfahren bei höheren Drucken (bis 1000 atm) haben sich nicht allgemein durchgesetzt.

In *Wasser* löst sich NH_3, wie schon erwähnt, äußerst leicht auf. Diese Lösung, der „*Salmiakgeist*", reagiert schwach alkalisch, was sehr gut mit den Eigenschaften der Nachbarn im Perioden-System zusammenpaßt; denn Lösungen von Hydrogenfluorid zeigen ja saure Reaktion, Wasser reagiert neutral. Die alkalische Reaktion des gelösten Ammoniaks ist darauf zurückzuführen, daß in geringem Umfange die Umsetzung $NH_3 + H_2O \rightleftharpoons NH_4^+ + OH^-$ stattfindet; vgl. dazu S. 141.

Die in dieser Gleichung auftretende NH_4^+-Gruppe bezeichnet man als *Ammonium*-Ion. Dieses verhält sich merkwürdigerweise in vielen Beziehungen ähnlich wie ein K^+- oder Rb^+-Ion. Zum Beispiel bildet sich aus NH_3 und HCl ein farbloses Salz der Formel NH_4Cl, der „*Salmiak*", der ähnliche Eigenschaften hat wie KCl. Ein Unterschied liegt aber darin, daß NH_4Cl sich schon beim gelinden Erwärmen verflüchtigt; es zerfällt dann nämlich in NH_3- und HCl-Gas, die sich an kälteren Stellen wieder zu festem NH_4Cl vereinigen. Ähnlich verhalten sich auch die anderen Ammoniumsalze. Das beim Einleiten von Ammoniak in Schwefelsäure entstehende Ammoniumsulfat $(NH_4)_2SO_4$ wird als Düngemittel verwendet. In ihm ist Ammoniak gleichsam in eine feste Form gebracht[8].

Der Umstand, daß sich das NH_4^+-Ion dem K^+-Ion so ähnlich verhält, veranlaßte eine große Reihe von Versuchen, das dem Kaliummetall entsprechende *Ammonium-Metall*, d.h. ungeladenes NH_4, herzustellen. Diese Versuche sind durchweg mißlungen; das ungeladene Ammonium zerfällt sofort in Ammoniak und Wasserstoff. Man kann jedoch NH_4-Lösungen in flüssigem Ammoniak herstellen; diese sind, z.B. in ihrer blauen Farbe, den Lösungen von Natrium und Kalium in flüssigem Ammoniak (vgl. S. 123) sehr ähnlich. Auch läßt sich durch Einwirkung einer Legierung von Natrium und Quecksilber (Natrium-„Amalgam") auf die konzentrierte Lösung eines Ammoniumsalzes gemäß $Na/Hg + NH_4Cl = NH_4/Hg + NaCl$ ein *Ammonium-Amalgam* herstellen, das allerdings bei Zimmertemperatur ziemlich schnell in Ammoniak, Wasserstoff und Quecksilber zerfällt.

[8] Heute zieht man es allerdings vor, zur Bindung des NH_3 zur Frachtersparnis solche Säuren zu verwenden, die selbst Düngewirkung haben, z.B. Phosphorsäure oder unter gewissen Bedingungen auch Salpetersäure (vgl. aber S. 126). Eine wichtige Rolle spielt auch der Harnstoff $OC(NH_2)_2$, den man aus NH_3 und CO_2 herstellt. Besonders viel werden „*Mischdünger*" benutzt, die K, N und P enthalten.

Außer dem Ammoniak bildet der Stickstoff noch weitere Wasserstoffverbindungen. Das *Hydrazin* $H_2N—NH_2$ erhält man, indem man aus NH_3 und NaOCl-Lösung NH_2Cl herstellt; dieses reagiert dann mit mehr NH_3 in stark alkalischer Lösung gemäß $NH_3 + ClNH_2 = H_2N—NH_2 + HCl$. Damit sich das NH_2Cl nicht durch innere Oxidations-Reduktionsvorgänge zersetzt, was durch Spuren von Schwermetallionen katalysiert wird, bindet man diese durch Zugabe von Tischlerleim oder anderen geeigneten Komplexbildnern. Neuere Verfahren benutzen Aceton $[(H_3C)_2CO]$ zur Bildung von Zwischenverbindungen, wobei außer Cl_2 (bzw. NaOCl) auch H_2O_2 als Oxidationsmittel dienen kann. Das Hydrazin bildet zwei Reihen von Salzen, z. B. $[H_2N—NH_3]Cl$ und $[H_3N—NH_3]Cl_2$. $[N_2H_5]HSO_4$ ist schwerlöslich und kann zur Abscheidung des $N_2N—NH_2$ dienen. Hydrazin ist ein starkes Reduktionsmittel. – Das *Hydrogenazid* (Trivialname: „Stickstoffwasserstoffsäure“) HN_3[9] gewinnt man in Form seines Na-Salzes, wenn man N_2O (vgl. S. 126) auf *Natriumamid* einwirken läßt: $NaNH_2 + ON_2 = NaN_3 + H_2O$. Die Schwermetallsalze der Säure, die *Azide*, z. B. $Pb(N_3)_2$, zerfallen bei Schlag äußerst heftig in Metall und Stickstoff und finden daher in der Sprengstofftechnik als sog. „Initialzünder“ Verwendung, um die Explosion schwerer zersetzlicher Explosivstoffe einzuleiten[10].

Zu nennen ist hier ferner das *Hydroxylamin* NH_2OH. Man gewinnt es über das NH_4-Salz der Hydroxylamindisulfonsäure $HON(SO_3NH_4)_2$, das sich aus NH_4NO_2 und NH_4HSO_3 bildet. Beim Erhitzen in saurer Lösung spaltet $HON(SO_3NH_4)_2$ in Hydroxylamin-sulfat und NH_4HSO_4. Außerdem sind Verfahren entwickelt worden, NO bzw. NH_4NO_3 katalytisch durch H_2 zu NH_2OH zu reduzieren.

Bei den *Wasserstoffverbindungen der anderen Elemente dieser Gruppe* nimmt die Beständigkeit – ebenso wie bei den Hydrogenhalogeniden und -chalkogeniden – mit wachsender relativer Atommasse ab. Von den sehr unangenehm riechenden *Phosphanen* entzündet sich PH_3 bei Gegenwart von P_2H_4 an der Luft. AsH_3 und SbH_3 zerfallen schon bei gelindem Erhitzen in Arsen bzw. Antimon und Wasserstoff. Hierauf beruht die „*Marsh*sche Probe“ zum Nachweis von Arsenvergiftungen: Man behandelt die zu untersuchende Substanz mit Zn und HCl-Lösung; bei Anwesenheit von Arsenverbindungen bildet sich AsH_3. Das Gemisch aus H_2 und AsH_3 wird durch ein erhitztes Rohr geleitet; AsH_3 zerfällt, und es bildet sich ein „Arsenspiegel“.

[9] Elektronenformel s. S. 197.

[10] Neuerdings sind noch weitere Stickstoffwasserstoff-Verbindungen hergestellt worden, auf die wir nicht eingehen können.

Das wenig beständige BiH_3 gewinnt man gemäß $3MeBiH_2 \rightarrow Me_3Bi + 2BiH_3 (Me = CH_3)$.

Sauerstoffverbindungen. Wie nach dem Perioden-System zu erwarten, kommen bei den Elementen der Stickstoffgruppe Oxide der Bruttoformel X_2O_5 (Oxidationsstufe 5+) vor; nur vom Bismut ist ein solches nicht rein darstellbar. Außerdem finden sich, der 4+-wertigen Stufe der sonst 6+-wertigen Chalkogene entsprechend, bei allen Elementen Oxide der Oxidationsstufe 3+. Mit Wasser bilden die Oxide der Oxidationsstufe 5+ Säuren, aber der Säurecharakter ist schon etwas weniger ausgeprägt als in der 7. und 6. Gruppe des Periodensystems, nur HNO_3 ist eine starke Säure. Dies entspricht einer allgemeinen Regel, nach der die Stärke der Sauerstoff-Säuren mit abnehmender Oxidationsstufe des Zentralatoms abnimmt (vgl. dazu auch S. 76).

Besonders reichhaltig ist die Chemie der **Stickstoffoxide,** über die wir bereits S. 66 eine Übersicht gegeben haben. Ihre Bildungsenthalpie aus Stickstoff- und Sauerstoffmolekülen ist – mit Ausnahme des festen N_2O_5 und des flüssigen N_2O_4 – *positiv.* Sie sollten also alle bei Zimmertemperatur freiwillig in die Elemente zerfallen, und man verdankt es nur der bei niedrigen Temperaturen außerordentlich kleinen Zerfallsgeschwindigkeit, daß man sie überhaupt herstellen kann. Bei mäßiger Temperaturerhöhung tritt aber Zerfall ein.

Explosionsartig zersetzen sich viele NO_2-haltige Verbindungen der organischen Chemie, unter denen sich die wichtigsten *Sprengstoffe* befinden, so z. B. Nitroglycerin, Trinitrotoluol usw.

Von den Stickstoffoxiden zerfällt besonders leicht das niedrigste Oxid, das *Distickstoffoxid* N_2O[11]. Es entsteht beim vorsichtigen Zersetzen von Ammoniumnitrat: $NH_4NO_3 \rightarrow 2H_2O + N_2O$. Beim plötzlichen Erhitzen verläuft die Zersetzung von NH_4NO_3 explosionsartig, so daß man Ammoniumnitrat als („Sicherheits“)-Sprengstoff verwenden kann. Da im N_2O das Sauerstoffatom leicht abspaltbar ist – der Zerfall von N_2O ist exotherm! –, unterhält N_2O die Verbrennung. Es hat berauschende (Lachgas!) und schmerzstillende Wirkung.

Die wichtigsten Oxide des Stickstoffs sind NO und NO_2. Das *Stickstoffoxid* NO hat man eine Zeitlang technisch in großem

[11] Elektronenformel s. S. 197.

Maßstabe aus Luft hergestellt, indem man Luft durch einen elektrischen Lichtbogen hindurchblies[12]. Im Gleichgewicht $N_2 + O_2 \rightleftharpoons 2NO$ ist nur bei sehr hohen Temperaturen ein gewisser, geringer Gehalt an NO vorhanden. Beim langsamen Abkühlen würde es wieder zerfallen; denn schon bei 1500 °C liegt im Gleichgewicht praktisch kein NO mehr vor. Führt man aber die Abkühlung äußerst schnell durch, so wird dieses Temperaturgebiet so rasch durchlaufen, daß ein Teil des Stickstoffoxides in das Temperaturgebiet äußerst geringer Zerfallsgeschwindigkeit gerettet wird und so erhalten bleibt. Ein solches „Einfrieren" eines bei hohen Temperaturen vorhandenen Gleichgewichtszustandes durch „Abschrecken" haben wir schon bei anderen Gelegenheiten kennengelernt (vgl. z. B. S. 19 u. 104).

NO, Schmelzpunkt −163 °C, Siedepunkt −152 °C, ist ein farbloses Gas, das die Verbrennung nicht unterhält. Mit dem Sauerstoff der Luft verbindet es sich schnell zu *Stickstoffdioxid* NO_2, das eine braune Farbe besitzt. NO_2 ist giftig; bei allen Versuchen, bei denen „Nitrose Gase" entstehen, ist Vorsicht geboten. Stickstoffdioxid ist zwar gegenüber Stickstoff und Sauerstoff immer noch etwas endotherm, aber gegen Stickstoffoxid und Sauerstoff exotherm. Das Gleichgewicht $2NO + O_2 \rightleftharpoons 2NO_2$ liegt daher bei tiefen Temperaturen zugunsten von NO_2, bei hohen zugunsten des Zerfalles in NO und O_2. Die Vereinigung von NO und O_2 verläuft – im Gegensatz zu vielen anderen Gasreaktionen – bei Zimmertemperatur sehr rasch.

Die an sich schon verwickelten Verhältnisse sind dadurch noch unübersichtlicher, daß sich 2 Moleküle NO_2 zu N_2O_4 (*Distickstofftetraoxid*) vereinigen können, ganz ebenso wie 2 Cl-Atome ein Cl_2-Molekül bilden. Dieses N_2O_4-Molekül ist allerdings nicht sehr wärmebeständig; schon bei 100 °C liegt das Gleichgewicht $2\,NO_2 \rightleftharpoons N_2O_4$ weitgehend zugunsten von NO_2. N_2O_4 ist im Gegensatz zu NO_2 farblos. Es kondensiert bei 21 °C zu einer Flüssigkeit, die bei −11 °C zu farblosen Kristallen erstarrt.

Am besten übersieht man die etwas verwickelten Verhältnisse aus der nachstehenden Zusammenstellung, in der die Farbe einer NO_2-Probe bei verschiedenen Temperaturen angegeben ist.

[12] Heute ist dieses Verfahren durch die Ammoniak-Synthese mit anschließender Verbrennung des Ammoniaks (vgl. S. 128) verdrängt.

Bei 25° hellbraun; NO_2- und N_2O_4-Moleküle nebeneinander.

Bei 100° dunkelbraun; vorwiegend NO_2-Moleküle.

Bei 500° farblos; die NO_2-Moleküle sind in NO und O_2 zerfallen.

Bei noch höheren Temperaturen stellt sich dann erst das wahre Gleichgewicht zwischen den Elementen ein, Stickstoffoxid zerfällt in Stickstoff und Sauerstoff; bei sehr hohen Temperaturen entsteht dann wieder etwas NO im Gleichgewicht.

Zwischen NO und NO_2 kann sich noch die Verbindung N_2O_3 bilden, das *Distickstofftrioxid*; es ist dies das Anhydrid der salpetrigen Säure (HNO_2; vgl. S. 130). Im Gaszustande zerfällt es allerdings nahezu vollständig in $NO + NO_2$. Dagegen bildet es sich im festen und flüssigen Zustande aus NO und NO_2 als blauer Stoff.

Das *Distickstoffpentaoxid* N_2O_5, das Anhydrid der Salpetersäure, ist eine feste, wenig beständige Verbindung, die bei 30 °C schmilzt und bei 32 °C verdampft. Sie kann durch stark wasserabspaltende Mittel (z. B. P_2O_5; vgl. S. 130) aus wasserfreier HNO_3 erhalten werden.

Die *technische Darstellung der Stickstoffoxide* geschieht heute nahezu ausschließlich durch *Verbrennung von Ammoniak mit Luft*. Man leitet dazu das Gasgemisch sehr schnell durch ein als Katalysator wirkendes Platinnetz hindurch. Bei 600–700 °C verläuft die Reaktion nach der Gleichung $4NH_3 + 5O_2 = 4NO + 6H_2O$ [13], das NO verbindet sich dann bei tieferen Temperaturen mit dem überschüssigen Sauerstoff zu NO_2.

Die *Umsetzung* von NO_2 mit wässerigen Lösungen erfolgt stets unter Disproportionierung (vgl. S. 94). Mit *Laugen* entspricht sie der Gleichung[14]: $2NO_2 + 2NaOH = NaNO_2 + NaNO_3 + H_2O$. Es bilden sich also nebeneinander *Nitrit* und *Nitrat*. Mit *Wasser* verläuft folgende Umsetzung: $3NO_2 + H_2O = 2HNO_3 + NO$[15]. Läßt man dabei gleichzeitig Luftsauerstoff einwirken, so bildet das NO mit diesem wieder NO_2, und man kann so alles NO_2 in *Salpetersäure* überführen. Auf diese Weise wird heute der größte

[13] Steigt die Temperatur bei der Ammoniakverbrennung zu hoch oder bleibt das Gasgemisch zu lange mit dem Katalysator in Berührung, so bildet sich nicht das wertvolle NO, sondern das wertlose N_2.

[14] Vgl. dazu auch die analoge Reaktion von ClO_2 mit Laugen, S. 96.

[15] Man kann daher aus einem Gemisch von NO und NO_2 reines NO gewinnen, wenn man das Gas durch Wasser leitet.

Teil der Salpetersäure und der Nitrate gewonnen. Durch die Ammoniak-Synthese und die Ammoniak-Verbrennung ist Deutschland für seinen Bedarf an Stickstoffdüngemitteln unabhängig vom Auslande geworden und braucht keinen Chilesalpeter mehr einzuführen.

Auf die geschilderte Weise erhält man eine Salpetersäure mit einem Massenanteil an HNO_3 von etwa 45%. Durch Destillation kann man das Wasser nur teilweise entfernen, da sich ein azeotropes Gemisch mit etwa 65% HNO_3 bildet (vgl. Abb. 6, S. 39). 100%ige Salpetersäure erhält man durch Destillation unter Zugabe der Wasser entziehenden Schwefelsäure oder durch Druckverfahren unter Verwendung von O_2 gemäß $N_2O_4 + H_2O + \frac{1}{2}O_2 = 2HNO_3$.

Aus *Nitraten*, z. B. Chilesalpeter, kann man die *Salpetersäure* durch Umsetzung mit Schwefelsäure gewinnen: $NaNO_3 + H_2SO_4 = NaHSO_4 + HNO_3$. Man darf diese Reaktion nur bis zum sauren Sulfat durchführen, da die weitere Umsetzung: $NaNO_3 + NaHSO_4 = HNO_3 + Na_2SO_4$ so hohe Temperaturen erfordert, daß die Salpetersäure weitgehend in Stickstoffoxide, Sauerstoff und Wasser zerfallen würde.

Bei den *Reaktionen der Salpetersäure* haben wir, ebenso wie es früher für die Schwefelsäure beschrieben wurde, das Verhalten in verdünnter und in konzentrierter Lösung zu unterscheiden. Sehr *verdünnte* Salpetersäure reagiert infolge der Anwesenheit von H_3O^+-Ionen ebenso wie alle anderen starken Säuren[16]. *Konzentrierte* Salpetersäure dagegen ist ein *starkes Oxidationsmittel*, das z. B. mit Kupfer nach folgender Gleichung reagiert: $Cu + 4HNO_3 = Cu(NO_3)_2 + 2NO_2 + 2H_2O$. Es wird also das HNO_3-Molekül (mit Stickstoff der Oxidationsstufe 5+) zu NO_2 (Oxidationsstufe 4+) reduziert[17]. Diese oxidierende Wirkung der Salpetersäure gestattet, auch solche Metalle in Lösung zu bringen, die von Salzsäure nicht angegriffen werden, so außer Kupfer auch Silber und Quecksilber. Gold dagegen wird nicht

[16] Hinzuweisen ist noch darauf, daß in alkalischer Lösung NO_3^--Ionen durch Metalle wie Zn zu NH_3 reduziert werden.

[17] Mit halbverdünnter Salpetersäure entsteht NO. Dieses bildet sich auch, wenn man Fe(II)-Salze mit HNO_3 behandelt. Nach der Gleichung: $3Fe^{2+} + NO_3^- + 4H_3O^+ = 3Fe^{3+} + NO + 6H_2O$ entsteht NO. Dieses lagert sich an überschüssiges Fe^{2+} an, wobei sich ein schwarzbrauner Komplex bildet. Dies kann zum Nachweis von HNO_3 bzw. Nitraten dienen; HNO_2 bzw. Nitrite geben aber diese Reaktion ebenfalls.

gelöst, so daß man es vom Silber mittels Salpetersäure („Scheidewasser“) trennen kann. Mischt man aber Salpeter- und Salzsäure, so löst das entstehende „Königswasser“ auch die edelsten Metalle, wie Gold und Platin; es vereinigen sich dann die oxidierende Wirkung der Salpetersäure mit der komplexbildenden der Cl^--Ionen (vgl. dazu auch S. 232f. u. 245).

Wegen der stark oxidierenden Wirkung der konzentrierten Salpetersäure ist es sehr gefährlich, sie mit leicht brennbaren Stoffen, z. B. Holzwolle, zusammenzubringen. Es tritt dann nach wenigen Sekunden plötzliche Entzündung ein, wobei sich starke Stichflammen ausbilden können.

Merkwürdig ist, daß manche gar nicht besonders edlen Metalle, wie z. B. Eisen und sogar Aluminium, die von verdünnter Salpetersäure ohne weiteres gelöst werden, von konzentrierter nicht angegriffen werden, ja daß sie nach Behandlung mit der konzentrierten Säure sogar manchen anderen Reagentien gegenüber ihre Reaktionsfähigkeit verloren haben, „*passiv*“ geworden sind. Diese Passivität beruht auf der Bildung einer dünnen Deckschicht von Al_2O_3 bzw. AlOOH; diese wird von verdünnten wässerigen Lösungen von Säuren und Alkalimetallhydroxiden (vgl. dazu Kap. XXVII) gelöst, bleibt aber in konzentrierter, stark oxidierender Salpetersäure bestehen.

Erhitzt man *Nitrate* zwei- oder höherwertiger Metalle, so tritt Zersetzung unter Bildung von NO_2 ein; z.B. $2Pb(NO_3)_2 = 2PbO + 4NO_2 + O_2$. Bei den Nitraten von Kalium und Natrium dagegen entspricht die Zersetzung der Gleichung: $2KNO_3 = 2KNO_2 + O_2$. Es bilden sich also *Nitrite*, Salze der *salpetrigen Säure*. Diese Säure selbst ist nicht beständig, auch nicht in wäßriger Lösung; sie zerfällt gemäß $3HNO_2 = H_3O^+ + NO_3^- + 2NO$. Die Nitrite sind für die Farbstoffindustrie von Bedeutung. Beim Erhitzen von *Ammonium*nitrit (bzw. eines Gemisches aus KNO_2 und $(NH_4)_2SO_4$) entsteht Stickstoff: $NH_4NO_2 = 2H_2O + N_2$ (vgl. S. 45).

Auch vom **Phosphor** sind mehrere Oxide bekannt. Praktische Bedeutung hat aber nur das Diphosphorpentaoxid P_2O_5, das P_4O_{10}-Moleküle bildet. Es verbindet sich außerordentlich begierig mit Wasser und stellt das schärfste Trocknungsmittel für Gase dar. Für die Reaktion von P_2O_5 mit H_2O bestehen zahlreiche Möglichkeiten, z.B.: $P_2O_5 + H_2O = 2HPO_3$; $P_2O_5 + 2H_2O = H_4P_2O_7$; $P_2O_5 + 3H_2O = 2H_3PO_4$. Von den *Phos-*

phorsäuren[18] sei zunächst die *Orthophosphorsäure* H_3PO_4 besprochen, die auch abgekürzt als *Phosphorsäure* bezeichnet wird. In sie gehen alle Phosphorsäuren der Oxidationsstufe 5+ in wässeriger Lösung über, in der Wärme schnell, bei Zimmertemperatur sehr langsam. Auch die in der Natur vorkommenden Salze leiten sich von ihr ab; besonders wichtig ist der *Apatit* $Ca_5(PO_4)_3F$ [3]. Eine eng verwandte Kristallstruktur besitzt der *Hydroxid-Apatit* $Ca_5(PO_4)_3OH$, ein basisches Salz; es bildet die anorganische Substanz der Knochen und Zähne. Das Phosphat $Ca_3(PO_4)_2$ kann man nur auf trockenem Wege darstellen.

In schwach saurer Lösung sind das ebenfalls ziemlich wenig lösliche *Monohydrogenphosphat*-Dihydrat $CaHPO_4 \cdot 2H_2O$ (isotyp mit Gips $CaSO_4 \cdot 2H_2O$) bzw. das wasserfreie $CaHPO_4$ Boden-Körper. Das noch stärker saure *Dihydrogenphosphat*-Monohydrat $Ca(H_2PO_4)_2 \cdot H_2O$ ist reichlich löslich.

Verwickelt ist der Aufbau der wasserärmeren, „*kondensierten*" Phosphorsäuren. Da in einem $[PO_3]^{1-}$-Ion der Raum um das P-Teilchen nicht voll ausgefüllt wäre, vereinigen sich mehrere $[PO_3]^{1-}$-Teilchen. Es können so, ähnlich wie beim SO_3 (vgl. S. 110) ringförmige (*cyclo*) und kettenförmige (*catena*) Gebilde entstehen, z.B. die abgebildete *cyclo*-Triphosphorsäure[19],

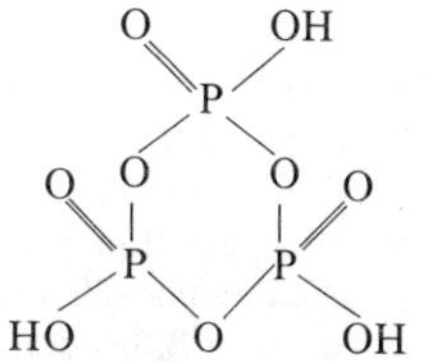

O OH
P
O O O O
P P
HO O OH

cyclo-Triphosphorsäure

[18] Außer den Phosphorsäuren der Oxidationsstufe 5+ gibt es noch solche niederer Oxidationsstufen. Die *Hypophosphor*- oder *Diphosphor*(*IV*)-*säure* $H_4P_2O_6$ enthält eine P—P-Bindung; sie bildet sich bei der langsamen Oxidation von weißem Phosphor. Bei der Umsetzung von PCl_3 (vgl. S. 134) mit Wasser bildet sich *Phosphonsäure* (früher *Phosphorige Säure*) H_2PHO_3. Kocht man weißen Phosphor mit Kalilauge, so entsteht neben PH_3 ein Salz der *Phosphinsäure* (früher *Hypophosphorige Säure*): $4P + 3KOH + 3H_2O = PH_3 + 3KPH_2O_2$. Darüber hinaus sind noch zahlreiche weitere Phosphorsäuren niederer Oxidationsstufe bekannt geworden, die z.T. P—O—P-Gruppen, z.T. P—P-Bindungen enthalten.

[19] Die *cyclo*-Phosphorsäuren werden oft mit dem Trivialnamen „*Meta*" bezeichnet, die *catena*-Säuren als *Polyphosphorsäuren*; z.B. $H_3P_3O_9$ Trimetaphosphorsäure, $H_5P_3O_{10}$ Tripolyphosphorsäure.

oder aber die Reihe Diphosphorsäure,

```
    O      O
    ‖      ‖
HO—P—O—P—OH
    |      |
    OH     OH
```

Diphosphorsäure

catena-Tri-, Tetra-Phosphorsäure ... Polyphosphorsäure.

```
    O      O      O
    ‖      ‖      ‖
HO—P—O—P—O—P—OH
    |      |      |
    OH     OH     OH
```

catena-Triphosphorsäure

```
    O       O           O
    ‖       ‖           ‖
HO—P—[O—P—]n—O—P—OH,
    |       |           |
    OH      OH          OH
```

catena-Polyphosphorsäuren. Allgem. Formel

Ihre Salze entstehen z.B. durch Erhitzen von sauren Phosphaten, z.B. $2K_2HPO_4 = H_2O + K_4P_2O_7$; die Säuren selbst bilden sich als erste Produkte der Reaktion zwischen Wasser und P_2O_5[20]. Durch längere Einwirkung von Wasser werden aber die P—O—P-Bindungen gespalten, es entsteht Orthophosphorsäure; bei dieser Spaltung wird Energie frei. Dies spielt bei biologischen Vorgängen eine große Rolle zur Energieübertragung („Adenosin-Diphosphat" und „-Triphosphat"). Die Phosphate mit wasserärmeren Phosphatanionen spielen in der Technik, z.B. bei der Herstellung von Waschmitteln, eine erhebliche Rolle, weil sie die Ablösung der Schmutzteilchen erleichtern und weil sie außerdem die Ca^{2+}-Ionen komplex binden und so das Grauwerden der Wäsche durch abgeschiedene Ca-Verbindungen verhindern; besonders viel benutzt wird das *catena*-Triphosphat $Na_5P_3O_{10}$[21] (technischer Name Tripolyphosphat).

[20] Durch Erhitzen von $NaNH_4HPO_4 \cdot 4H_2O$ („*Phosphorsalz*") erhält man unter NH_3- und H_2O-Abspaltung glasige Substanzen, die Schwermetalloxide mit charakteristischen Farben lösen („*Phosphorsalzperlen*"). Ähnliche Schmelzperlen kann man auch mit *Borax* (S. 175) herstellen.

[21] Zur Darstellung wird eine 90 °C heiße, sehr konzentrierte Natriumphosphat-Lösung mit einem Verhältnis Na : P = 1,66 in einen Turm versprüht, der so hoch erhitzt ist, daß die Abgase ihn mit ca. 400 °C verlassen.

Die Rohstoffquelle für Phosphorsäuren ist der *Apatit*. Aus ihm kann man die Säure auf trockenem Wege gewinnen, indem man nach S. 120f. Phosphor herstellt, diesen zu P_2O_5 verbrennt und dieses in Wasser löst. Man kann H_3PO_4 aber auch auf nassem Wege nach der Gleichung $Ca_5(PO_4)_3F + 5H_2SO_4 + 10H_2O = 5CaSO_4 \cdot 2H_2O + 3H_3PO_4 + HF$ herstellen. Verwendet man weniger Schwefelsäure, so erhält man gemäß $2Ca_5(PO_4)_3F + 7H_2SO_4 + 3H_2O = 3Ca(H_2PO_4)_2 \cdot H_2O + 7CaSO_4 + 2HF$ ein Gemisch des Dihydrogenphosphats mit Calciumsulfat, das Düngemittel „*Superphosphat*", in dem das natürliche Phosphat, das die Pflanzen nicht aufnehmen können, „aufgeschlossen" ist. Man kann den Aufschluß des Rohphosphats auch mit Salpetersäure ausführen; dabei wird ein großer Teil des Ca^{2+} als $Ca(NO_3)_2 \cdot 4H_2O$ abgeschieden, das bei 20 °C in der Aufschlußlösung wenig löslich ist (*Odda*-Verfahren). Schließlich kann man den Aufschluß der Phosphate auch durch Glühen mit alkalireichen Silicaten durchführen (*Rhenania-Phosphat* enthält u.a. $NaCaPO_4$). Diese „Glühphosphate" sind nicht mehr in Wasser, wohl aber in sehr schwachen Säuren löslich[22], sie wirken dementsprechend langsamer als Superphosphat. Über „Thomasmehl", ein weiteres Phosphorsäure-Düngemittel, vgl. S. 292.

Der *Nachweis* und die Abscheidung von Phosphorsäure erfolgt meist über die schwerlösliche, gelbe Verbindung $(NH_4)_3[P(Mo_3O_{10})_4]$, die sich aus stark salpetersaurer Lösung bildet; es handelt sich dabei um das Salz einer sogenannten „*Heteropolysäure*" (vgl. S. 295f.). Mit NH_3-Lösung läßt sich der Niederschlag lösen; mit $MgCl_2$-Lösung und NH_4Cl erhält man dann $MgNH_4PO_4 \cdot 6H_2O$, das beim Verglühen in $Mg_2P_2O_7$ übergeht.

Von den Sauerstoff-Verbindungen des **Arsens, Antimons** und **Bismuts** sei das „Giftmehl" As_2O_3 („Arsenik") genannt; es löst sich nur wenig in Wasser. Die Arsensäure ist in ihren Reaktionen vielfach der Phosphorsäure ähnlich; so erfolgt die Umsetzung mit Molybdat-Lösung in der gleichen Weise. Die Isomorphie von KH_2PO_4 und KH_2AsO_4 wurde schon S. 61 erwähnt. Beim Antimon gibt es neben Sb_2O_3 und Sb_2O_5 das Oxid Sb_2O_4, das beim Glühen entsteht. Beim Bismut kann man die Oxidationsstufe 5+ nur schwierig erreichen, z.B. im BiF_5 und in den Bismutaten(V) (Beispiel $KBiO_3$); wasserfreies Bi_2O_5 ist nicht bekannt.

Halogenverbindungen. Die Halogenverbindungen des *Stickstoffs* sind bis auf das erst in diesem Jahrhundert entdeckte NF_3 explosiv; genannt sei

[22] Auch gewisse organische Säuren, z.B. Zitronensäure, bzw. ihre Salze wirken lösend, weil sie Komplexe mit dem Ca^{2+}-Ion bilden, die auch in wäßriger Lösung beständig sind.

Stickstofftrichlorid NCl_3. Stickstoff bildet auch Verbindungen, die Sauerstoff und Halogen enthalten: z. B. NOCl (Nitrosylchlorid), NO_2Cl (Nitrylchlorid) und $ClNO_3$ (Chlornitrat). Die *Phosphor*-Halogenide sind viel stabiler als die des Stickstoffs. So ist z. B. PCl_3 eine farblose Flüssigkeit, die sich mit Wasser zu Salzsäure und Phosphorsäure umsetzt. PCl_5, eine gelbe Kristallmasse, wird benutzt, um Chlor an Stelle von OH-Gruppen in organische Verbindungen einzuführen; dabei geht PCl_5 in $POCl_3$ (Phosphorylchlorid) über, ebenfalls eine Flüssigkeit. Oxidhalogenide bilden sich sehr leicht, wenn man die Halogenide von *Antimon* und *Bismut* mit Wasser versetzt: $SbCl_3 + H_2O = SbOCl + 2HCl$. Diese Stoffe sind im Gegensatz zu NOCl, NO_2Cl, $POCl_3$ usw. fest; sie besitzen z. T. eine sehr verwickelte Zusammensetzung und sind nach besonderen Bauprinzipien aufgebaut.

Schwefelverbindungen. Diese können hier nur ganz kurz erwähnt werden. Die *Stickstoff*schwefelverbindungen, z. B. N_4S_4 (vgl. S. 113), sind in der Mehrzahl endotherm. *Phosphor* bildet eine große Anzahl von Sulfiden: P_4S_3, P_4S_5, P_4S_6, P_4S_7, P_4S_{10}. Sie werden von Wasser mehr oder weniger schnell zersetzt und lassen sich aus wässeriger Lösung nicht herstellen. Nicht löslich in Wasser, auch nicht in saurer Lösung, sind die Sulfide von *Arsen* (As_4S_4 = Realgar, gelbrot, As_2S_3 = Auripigment, gelb, As_2S_5 gelb), *Antimon* (Sb_2S_3 bzw. Sb_2S_5, beide fallen aus wässeriger Lösung orange, die stabile Modifikation von Sb_2S_3 ist grau und kommt als Grauspießglanz in der Natur vor) und *Bismut* (Bi_2S_3 schwarz). Mit $(NH_4)_2S$-Lösung geben die As- und Sb-Sulfide Anionen von Thiosäuren, z. B. $Sb_2S_5 + 3S^{2-} = 2[SbS_4]^{3-}$, und gehen dabei in Lösung, da die Ammonium-Salze dieser Thiosäuren löslich sind.

XXII. Abhängigkeit der Gleichgewichte von äußeren Bedingungen

Bei der Dissoziation des Wasserdampfes (S. 18/19), beim *Deacon*-Prozeß (S. 72), beim SO_2/SO_3-Gleichgewicht (S. 108), bei der Ammoniaksynthese (S. 122) und bei den Stickstoffoxiden (S. 127f.) haben wir gesehen, daß Gleichgewichte von der Temperatur abhängen. Wir wollen nun den Einfluß der Temperatur und anderer Faktoren näher besprechen.

A. Einfluß von Druck und Temperatur

Wird auf ein im Gleichgewicht befindliches System irgendein Zwang ausgeübt, so verschiebt sich das Gleichgewicht. Beispiel: Wasser hat ein kleineres Volumen als Eis. Liegt nun Eis neben Wasser im Gleichgewicht vor und erhöhen wir den Druck unter Konstanthaltung der Temperatur, so verringert sich das Volumen nicht nur dadurch, daß das Wasser und das Eis entsprechend ihrer Kompressibilität zusammengedrückt werden, es tritt vielmehr darüber hinaus ein Schmelzen des Eises, d. h. ein Übergang in das engräumigere Wasser ein. Ein derartiges „Ausweichen vor dem Zwange" kann bei den verschiedenartigsten Vorgängen erfolgen; *Le Chatelier* und *Braun* haben dies als „Prinzip vom kleinsten Zwange" formuliert. Wir besprechen im folgenden einige Anwendungen dieses allgemeinen Satzes.

Einfluß des Druckes. Liegt eine Gasreaktion vor, bei der sich die Zahl der Moleküle ändert, so erfolgt bei Erhöhung des Druckes nicht nur eine Kompression nach den Gasgesetzen, sondern es tritt darüber hinaus noch eine Umsetzung in dem Sinne ein, daß sich das Volumen vermindert. Umgekehrt geht bei der Druckerniedrigung eine Umsetzung im Sinne einer Volumenvermehrung vor sich. Als Beispiel betrachten wir das *Ammoniak*-Gleichgewicht. Die Bildung von Ammoniak erfolgt nach der Gleichung: $N_2 + 3H_2 \rightleftharpoons 2NH_3$; $\Delta H = -92$ kJ/mol (-22 kcal/mol). Auf Grund des *Avogadro*schen Gesetzes können wir dieser Gleichung entnehmen, daß bei vollständigem Umsatz aus 1 Volumteil Stickstoff und 3 Volumteilen Wasserstoff, also insgesamt 4 Volumteilen Ausgangsgas, 2 Volumteile Ammoniak entstehen; das Volumen vermindert sich also auf die Hälfte. Es muß daher nach dem eben Dargelegten – konstante Temperatur vorausgesetzt! – bei hohen Drucken im Gleichgewicht mehr Ammoniak vorhanden sein als bei geringen. Daß es tatsächlich so ist, zeigt die Tab. 6, S. 122.

Aus diesen Überlegungen folgt auch ohne weiteres, daß die *Dissoziation* eines Gases stets *mit der Verdünnung zunimmt*; denn mit der Dissoziation ist ja immer eine Vergrößerung der Zahl der sich frei bewegenden Teilchen verbunden. Das gleiche gilt für gelöste Elektrolyte, bei denen jedoch an Stelle des äußeren der osmotische Druck maßgebend ist (vgl. dazu S. 78 u. 140).

Einfluß der Temperatur. Temperaturänderungen wirken sich auf Gleichgewichtsreaktionen so aus, daß durch Erhöhung der Temperatur die endotherme, wärmeverbrauchende Reaktion begünstigt wird, während umgekehrt bei tiefen Temperaturen die exotherme, wärmeliefernde Reaktion bevorzugt ist[1]. Beim Ammoniak-Gleichgewicht ist die Bildung von Ammoniak exotherm, die Zersetzung endotherm; bei tiefen Temperaturen ist also die Bildung von Ammoniak bevorzugt, bei hohen die Zersetzung. Bei tiefen Temperaturen wird daher im Gleichgewicht mehr Ammoniak vorhanden sein als bei hohen. Tab. 6, S. 122 bestätigt diese Vorhersage.

Ganz entsprechend ist es beim SO_2/SO_3-Gleichgewicht (Abb. 17, S. 108). Die Reaktion $2SO_2 + O_2 \rightleftharpoons 2SO_3$; $\Delta H = -192$ kJ/mol (-46 kcal/mol), ist ebenfalls exotherm; dementsprechend ist auch hier bei tiefen Temperaturen mehr SO_3 im Gleichgewicht vorhanden als bei hohen.

Bei der Reaktion $N_2 + O_2 \rightleftharpoons 2NO$; $\Delta H = +176$ kJ/mol ($+42$ kcal/mol), ist es umgekehrt; hier ist die Bildung von NO endotherm, die Zersetzung dagegen exotherm. Dementsprechend wächst der NO-Gehalt im Gleichgewicht mit steigender Temperatur. Nach *Nernst* beträgt der Volumenanteil an NO im Gleichgewicht bei 2000 °C 1,2%, bei 3000 °C 5,3%; vgl. auch S. 126/27.

Während die Bildung von NO aus $N_2 + O_2$ stark endotherm ist, sind die Reaktionen

$$2NO + O_2 \rightleftharpoons 2NO_2; \quad \Delta H = -113 \text{ kJ/mol } (-27 \text{ kcal/mol}) \quad (1)$$

$$2NO_2 \rightleftharpoons N_2O_4; \quad \Delta H = -59 \text{ kJ/mol } (-14 \text{ kcal/mol}) \quad (2)$$

exotherm; die Menge von NO_2 im Gleichgewicht (1) bzw. von N_2O_4 bei (2) nimmt daher, wie S. 127f. beschrieben, mit fallender Temperatur zu.

B. Einfluß der Konzentration; Massenwirkungsgesetz

Untersucht man die Gasreaktion: $2SO_2 + O_2 \rightleftharpoons 2SO_3$ bei konstanter Temperatur, aber wechselndem Verhältnis zwischen SO_2

[1] Neben der Reaktionsenthalpie spielt auch die Reaktionsentropie eine Rolle; vgl. dazu S. 69.

und O_2, so findet man, daß um so mehr SO_2 zu SO_3 umgesetzt wird, je größer das Verhältnis $O_2 : SO_2$ ist. Man erkennt dies auch aus Abb. 17, S. 108: Geht man von einem Volumenanteil von 67% SO_2 und 33% O_2, d.h. also von dem der Reaktionsgleichung entsprechenden Verhältnis aus, so setzt sich ein geringerer Anteil des SO_2 zu SO_3 um, als wenn man von 33% SO_2 und 67% O_2 ausgeht.

Dieses Ergebnis gilt ganz allgemein. Ein 1867 von den norwegischen Forschern *Guldberg* und *Waage* ausgesprochenes Gesetz besagt nämlich: *Die Wirkung eines Stoffes ist von seiner Konzentration abhängig.* Unter Konzentration versteht man den Quotienten: Stoffmenge durch Volumen (üblicher Weise $mol \cdot l^{-1}$); früher bezeichnete man dies als „aktive Masse" und nannte das Gesetz das „*Massenwirkungsgesetz*". Dies kann irreführen, da es nicht auf die Masse, sondern auf die Konzentration ankommt.

Das Massenwirkungsgesetz gilt auch für wässerige Lösungen. Wir betrachten die Reaktion zwischen arseniger Säure und Iod: $H_3AsO_3 + I_2 + 4H_2O \rightleftharpoons H_2AsO_4^- + 3H_3O^+ + 2I^-$. Sorgen wir dafür, daß die Konzentration an H_3O^+-Ionen, die ja bei der Reaktion entstehen, immer klein gehalten wird, so geht die Reaktion praktisch quantitativ von links nach rechts. Man erreicht dies, indem man Natrium-hydrogencarbonat ($NaHCO_3$) zusetzt; die entstehenden H_3O^+-Ionen werden dann von den HCO_3^--Ionen unter CO_2-Entwicklung weggefangen, und es bleiben nur soviel H_3O^+-Ionen in Lösung, wie dem Gleichgewicht der schwachen Kohlensäure entspricht[2]. Säuert man umgekehrt ein Gemisch von Arsensäure und Iodwasserstoff durch Zugabe von Salzsäure stark an, so geht die Reaktion praktisch quantitativ von rechts nach links, es bildet sich arsenige Säure, und Iod wird frei.

Quantitatives. Die Abhängigkeit des Gleichgewichtes von den Konzentrationsverhältnissen kann man für verdünnte Systeme auch quantitativ angeben. Wir wollen uns zunächst auf *homogene* Reaktionen beschränken[3].

[2] Na_2CO_3 oder gar NaOH sind hier zum Wegfangen der H_3O^+-Ionen nicht verwertbar, da sich Iod in diesen alkalisch reagierenden Lösungen (vgl. dazu für Na_2CO_3 S. 143) sowieso zu farblosem Iodid und Hypoiodit löst (vgl. dazu das S. 93ff. besprochene analoge Verhalten des Chlors).
[3] Nach S. 10 sind homogene Reaktionen solche, die sich nur in *einer* Phase abspielen, etwa im Gas oder in Lösung, bei denen sich also keine neue Phase, etwa aus einer Lösung ein Niederschlag oder ein Gas, bildet.

Liegen in einem Gase oder in einer Lösung Moleküle A und B vor, die nach der Gleichung $A + B \rightarrow C + D$ (1) reagieren können, so ist Voraussetzung für das Eintreten einer Reaktion, daß A- und B-Teilchen zusammenstoßen. Man sieht leicht ein, daß die Wahrscheinlichkeit eines Zusammenstoßes davon abhängt, wie viele Moleküle in einem bestimmten Volumen vorhanden sind. Der Quotient aus der Anzahl der Moleküle und dem Volumen ist die *Konzentration*, die üblicher Weise in der Einheit mol/l angegeben wird. Man bezeichnet die Konzentration der Moleküle A entweder durch c_A oder durch [A]. Hält man [A] konstant, so ist die Wahrscheinlichkeit des Zusammenstoßes $w \sim [B]$; bei konstantem [B] und variablem [A] gilt entsprechend $w \sim [A]$; variiert man sowohl [A] als auch [B], so wird $w \sim [A] \cdot [B]$. Nun wird nicht jeder Zusammenstoß zu einer Reaktion gemäß (1) führen, sondern nur ein gewisser Anteil. Für die Reaktionsgeschwindigkeit der „Hin“-Reaktion (1) v_1 wird also gelten: $v_1 = k_1 \cdot [A] \cdot [B]$, wobei k_1 ein Maß dafür ist, welcher Anteil der Zusammenstöße von A und B zur Bildung von C und D führt. v_1 nimmt ab, je mehr A und B verbraucht werden.

Auf der anderen Seite kann aber auch die Reaktion $C + D \rightarrow A + B$ (2), die „Rück“-Reaktion, eintreten. Für diese gilt entsprechend $v_2 = k_2 \cdot [C] \cdot [D]$, wobei k_2 verschieden von k_1 ist. v_2 ist am Anfang Null und wird immer größer, weil sich ja immer mehr C und D bilden. Schließlich wird sich ein Gleichgewicht $A + B \rightleftharpoons C + D$ einstellen, das erreicht ist, wenn $v_2 = v_1$ geworden ist. Es gilt dann im Gleichgewicht:

$$k_2 \cdot [C] \cdot [D] = k_1 \cdot [A] \cdot [B] \quad \text{bzw.} \quad \frac{[C] \cdot [D]}{[A] \cdot [B]} = \frac{k_1}{k_2} = K.$$

In Worten ausgedrückt: Im Gleichgewicht ist der Quotient aus dem Produkt der Konzentrationen der Reaktionsprodukte und dem Produkt der Konzentrationen der Ausgangsstoffe konstant. Aus dem vorstehenden folgt, daß mit der Erreichung des Gleichgewichtes keineswegs alles in Ruhe ist; vielmehr bilden sich im Gleichgewicht pro Zeiteinheit ebensoviel C und D wie verschwinden. Das Gleichgewicht ist also kein statisches wie bei einem Hebel, sondern ein dynamisches.

Reagieren m Moleküle A mit n Molekülen B unter Bildung von u Molekülen C und v Molekülen D, so gilt, wie man sich leicht ableitet, für das Gleichgewicht $mA + nB \rightleftharpoons uC + vD$ für eine bestimmte konstante Temperatur folgende Gleichgewichtsbedingung:

$$\frac{[C]^u \cdot [D]^v}{[A]^m \cdot [B]^n} \equiv \frac{c_C^u \cdot c_D^v}{c_A^m \cdot c_B^n} = K.$$

Bei *Gasen* rechnet man meist mit den Partialdrucken p statt mit den Konzentrationen c. Nach den Gasgesetzen gilt $p \cdot V = n \cdot RT$. Die Konzentration c ist n/V; es gilt also $c = n/V = p/RT$ bzw. $p = c \cdot RT$. Schreibt man statt

$$\frac{c_C^u \cdot c_D^v}{c_A^m \cdot c_B^n} = K_c \qquad \frac{p_C^u \cdot p_D^v}{p_A^m \cdot p_B^n} = K_p,$$

so erkennt man, daß K_c und K_p nur dann gleich werden, wenn $u + v = m + n$ ist; sonst gilt $K_p = K_c \cdot (RT)^{(u+v)-(m+n)}$.

Das Massenwirkungsgesetz führt somit die Beschreibung eines Gleichgewichtes auf eine einzige Konstante zurück. Diese Konstante ändert sich natürlich von Reaktion zu Reaktion; es handelt sich also nicht um eine generelle Konstante wie bei der Gaskonstanten R. Auch für ein und dieselbe Reaktion ändert sich die Konstante mit der Temperatur, wie wir ja im vorigen Abschnitt schon sahen.

Wenden wir die Gleichung des Massenwirkungsgesetzes auf das Gleichgewicht $2SO_2 + O_2 \rightleftharpoons 2SO_3$ an, so erhalten wir

$$\frac{c_{SO_3}^2}{c_{SO_2}^2 \cdot c_{O_2}} = K_c \quad \text{bzw.} \quad \frac{p_{SO_3}^2}{p_{SO_2}^2 \cdot p_{O_2}} = K_p = \frac{K_c}{RT}.$$

Im Gleichgewicht wird somit das technisch wichtige Verhältnis p_{SO_3}/p_{SO_2} proportional $p_{O_2}^{1/2}$; es nimmt also, wie Abb. 17 (S. 108) bereits zeigte, mit dem Sauerstoffpartialdruck zu.

Als zweites Beispiel betrachten wir das Ammoniak-Gleichgewicht: $N_2 + 3H_2 \rightleftharpoons 2NH_3$. Das Massenwirkungsgesetz liefert die Gleichung

$$\frac{p_{NH_3}^2}{p_{N_2} \cdot p_{H_2}^3} = K_p.$$

Ist der NH_3-Gehalt im Gleichgewicht sehr gering, so wird der Gesamtdruck $p_{ges.}$ praktisch nur vom N_2- und H_2-Gehalt bestimmt; für das der Umsetzungsgleichung entsprechende Gemisch von $1N_2$ und $3H_2$ gilt $p_{N_2} \approx {}^1/_4 p_{ges.}$; $p_{H_2} \approx {}^3/_4 p_{ges.}$. Wir erhalten

$$\frac{p_{NH_3}^2}{{}^1/_4 p_{ges.} \cdot \frac{27}{64} p_{ges.}^3} = K_p \quad \text{bzw.} \quad \frac{p_{NH_3}^2}{p_{ges.}^4} = \frac{27}{256} \cdot K_p = K.$$

Für das Verhältnis des Ammoniak-Teildrucks zum Gesamtdruck $p_{ges.}$, d.h. die Ausbeute an NH_3, ergibt sich also

$$\frac{p_{NH_3}}{p_{ges.}} = \sqrt{K} \cdot p_{ges.},$$

d.h. der NH_3-Teildruck ist dem Gesamtdruck proportional. Tab. 6, S. 122 zeigt, daß dies – wie das nach den Annahmen bei unserer überschläglichen Berechnung nicht anders zu erwarten ist – nur bei kleinen NH_3-Gehalten (bei 600 °C) gut stimmt, während sich bei höheren Gehalten (400 °C) Abweichungen ergeben.

Anwendungen auf Lösungen. Wir erwähnten bereits, daß das Massenwirkungsgesetz auch für Lösungen gilt. Man benutzt auch hier die auf „Konzentration" c = mol/l bezogene Form des Massenwirkungsgesetzes. Lösungen, die 1 mol l^{-1} enthalten, wurden früher als 1 molar (abgekürzt 1 M) bezeichnet; dies wird jedoch von der IUPAC nicht empfohlen, da die Verwechslungen mit der für die Physikalische Chemie wichtigen „Molalität" (Stoffmenge des gelösten Stoffes durch Masse des Lösungsmittels, üblicherweise mol kg^{-1}) zu befürchten sind. Auch die Bezeichnung „Normalität" (früher „Grammäquivalent"/l) soll nicht mehr verwendet werden; man sagt hier „Konzentration", bezogen auf das Äquivalent X/z^*, also $c(1/z^*X)$, z. B. $c(^1/_2 Ca^{2+}) = 0{,}1$ mol/l.

Hinzuweisen ist für Lösungen, insbesondere solchen von Elektrolyten, daß das Massenwirkungsgesetz bei höheren Gehalten an gelöstem Stoff nicht mehr gilt, wenn man als Maß Konzentrationen benutzt. Die Ionen üben aufeinander Anziehungen und Abstoßungen aus; daher entsprechen die „*Aktivitäten*" der Ionen nicht mehr den Konzentrationen. Damit das Massenwirkungsgesetz gültig bleibt, muß man die Konzentrationen mit einem – experimentell bestimmbaren! – *Aktivitätskoeffizienten* multiplizieren. Wir sehen in diesem Büchlein hiervon ab und rechnen mit Konzentrationen, weisen aber darauf hin, daß die Ableitungen nur für *verdünnte* Lösungen und auch da nur angenähert gelten.

Wir wollen das Gesetz ableiten, nach dem der *Dissoziationsgrad* α, d. h. der Bruchteil der insgesamt vorhandenen Elektrolytmoleküle, der in Ionen zerfallen ist, mit steigender Verdünnung anwächst. Betrachten wir als einfachsten Fall die Dissoziation eines Elektrolyten AB in die Ionen A^+ und B^-. Es gilt dann

$$\frac{[A^+] \cdot [B^-]}{[AB]} = K.$$

Führen wir jetzt den Dissoziationsgrad α ein (der zwischen $\alpha = 1$ für vollständige Dissoziation und 0 variieren kann), so bedeutet das, daß bei der Auflösung von 1 mol AB α mol A^+-Ionen und α mol B^--Ionen gebildet werden, während $(1-\alpha)$ mol AB undissoziiert verbleiben. Beträgt das Volumen, in dem 1 mol AB gelöst ist, V Liter[4], so beträgt die Konzentration an A^+ und an B^- je α/V mol l^{-1}, die von AB dagegen $(1-\alpha)/V$ mol l^{-1}. Die obige Gleichung wird also:

[4] V bezeichnet man auch als die Verdünnung; es gilt $V = 1/c$, wobei c die Konzentration ist.

$$\frac{\alpha/V \cdot \alpha/V}{(1-\alpha)/V} = K \quad \text{bzw.} \quad \frac{\alpha^2}{(1-\alpha)} = K \cdot V \equiv K/c$$

(*Ostwald*sche[5] Verdünnungsgleichung). An Hand der Formel kann man sich, namentlich für kleine α-Werte (so daß man das α im Nenner vernachlässigen kann!) leicht klar machen, daß der Dissoziationsgrad α mit steigendem V, d.h. also mit wachsender Verdünnung, zunimmt. Es gilt also in diesem Fall

$$\alpha = \sqrt{K \cdot V} = \sqrt{K/c}.$$

Eine besonders wichtige Anwendung des Massenwirkungsgesetzes besteht darin, ein quantitatives Maß für die *Stärke von Säuren und Basen* zu gewinnen. Ehe wir dieses durchführen, wollen wir eine verfeinerte Theorie der Säuren und Basen kennenlernen.

Der Säure- und Basen-Begriff von Brönsted. S. 81f. hatten wir auf Grund der Ionentheorie von *Arrhenius* eine Definition von Säuren und Basen gegeben, für die die Bildung von H^+- bzw. OH^--Ionen in wäßriger Lösung charakteristisch ist. Diese Definition bietet gewisse Schwierigkeiten. Einmal gibt es, wie bereits erwähnt, in wäßriger Lösung keine H^+-Teilchen (Protonen); diese bilden vielmehr H_3O^+-Ionen, die dann weiterhin Wasser zu $H_9O_4^+$ und höheren Hydraten anlagern. Ferner bewirken Stoffe wie NH_3 bei der Auflösung in Wasser alkalische Reaktion der Lösung, d.h. es entstehen OH^--Ionen, obwohl NH_3 keine OH-Gruppen enthält. Schließlich ist die *Arrhenius*sche Theorie nicht ohne weiteres auf andere Lösungsmittel als Wasser anwendbar. *Brönsted* entwickelte daher 1923 eine Theorie, die den tatsächlichen Vorgängen noch besser entspricht und die jetzt allgemein benutzt wird. Nach dieser Theorie sind Säuren Stoffe, die bei einer bestimmten Reaktion Protonen abgeben, Basen solche, die Protonen aufnehmen. Die folgenden Beispiele mögen dies veranschaulichen:

	Säure I		Base II		Säure II		Base I
1)	HCl	+	H_2O	$\rightleftharpoons$	H_3O^+	+	Cl^-
2)	H_2O	+	NH_3	$\rightleftharpoons$	NH_4^+	+	OH^-
3)	H_2O	+	H_2O	$\rightleftharpoons$	H_3O^+	+	OH^-
4)	H_2O	+	CN^-	$\rightleftharpoons$	HCN	+	OH^-
5)	$[Al(H_2O)_6]^{3+}$	+	H_2O	$\rightleftharpoons$	H_3O^+	+	$[Al(H_2O)_5OH]^{2+}$

Gleichung 1) zeigt, daß HCl erst zur Säure wird, wenn ein Protonenacceptor, z.B. H_2O, vorhanden ist; entsprechend würde es mit flüssigem NH_3 reagieren. Gleichung 2) zeigt, daß NH_3 ein stärkerer Protonenacceptor als H_2O ist. Auch die sehr geringe Eigendissoziation des Wassers, die wir im nächsten

[5] Der in Riga geborene Physikochemiker *Wilhelm Ostwald* (1853–1932) lehrte in Leipzig.

Abschnitt besprechen, ist gemäß 3) eine Säure-Basen-Reaktion, wobei H_2O sowohl als Protonendonator als auch als Acceptor wirkt. Entsprechend würde für flüssiges NH_3 gelten: $NH_3 + NH_3 = NH_4^+ + NH_2^-$. Gleichungen 4) und 5) betreffen Reaktionen, die man früher als „Hydrolysen" bezeichnete; hiermit werden wir uns auf S. 143 ff. näher beschäftigen.

Aus unserer Zusammenstellung geht hervor, daß der Säure- und Basen-Begriff von *Brönsted* nicht auf neutrale Moleküle beschränkt ist; es kann sich, wie die Beispiele zeigen, ebenso gut um Kationen oder Anionen handeln. Nicht NaOH ist nach *Brönsted* eine Base, sondern das OH^--Ion!

Die Eigendissoziation des Wassers; Wasserstoffionenexponent. Wir sahen S. 82, daß die Eigendissoziation des Wassers, die wir nach *Brönsted* durch die Gleichung $H_2O + H_2O \rightleftharpoons H_3O^+ + OH^-$ zu formulieren haben, sehr gering sein muß, denn Wasser leitet den elektrischen Strom äußerst schlecht. Das Massenwirkungsgesetz fordert für diese Umsetzung

$$\frac{[H_3O^+] \cdot [OH^-]}{[H_2O]^2} = K_{H_2O}$$

bzw. $[H_3O^+] \cdot [OH^-] = K_{H_2O} \cdot [H_2O]^2$. Man kann diesen Ausdruck vereinfachen. Die Konzentration der H_2O-Moleküle im Wasser beträgt 1000/18 mol $H_2O \cdot l^{-1}$, d.h. 55,6 mol $\cdot\, l^{-1}$. Da sich in Anbetracht der außerordentlich geringen Dissoziation des Wassers dieser Wert auch bei einer Verschiebung des Verhältnisses $[H_3O^+]/[OH^-]$ praktisch nicht ändert, so kann man den Ausdruck $K_{H_2O} \cdot [H_2O]^2$ zu einer neuen Konstanten K_w zusammenfassen und erhält dann: $[H_3O^+] \cdot [OH^-] = K_w$. K_w beträgt bei Zimmertemperatur $1 \cdot 10^{-14}$ mol$^2 \cdot l^{-2}$. H_3O^+ und OH^- sind also in einer neutralen Lösung in einer Konzentration von je 10^{-7} mol $\cdot\, l^{-1}$ vorhanden. 1 l, d.h. 55,6 mol H_2O, enthält $19 \cdot 10^{-7}$ g H_3O^+ bzw. $17 \cdot 10^{-7}$ g OH^-; das bedeutet, daß von 1 Milliarde Wassermolekülen nur etwa 2 dissoziiert sind!

Die Gleichung sagt weiterhin aus, daß in jeder wäßrigen Lösung sowohl H_3O^+- als auch OH^--Ionen vorhanden sind. Bei neutraler Reaktion liegen von beiden gleich viel vor. Bei saurer Reaktion ist zwar ein großer Überschuß an H_3O^+-Ionen vorhanden, jedoch gibt es auch hier eine geringe Konzentration an OH^--Ionen. Zum Beispiel ist in einer HCl-Lösung der Konzentration $c = 1$ mol $\cdot\, l^{-1}$, d.h. einer Salzsäure, die 36,5 g/l HCl enthält, die H_3O^+-Ionen-Konzentration bei Annahme vollständiger Umsetzung gemäß Gleichung 1) gleich 1 mol $\cdot\, l^{-1}$, also 10^0 mol $\cdot\, l^{-1}$, demnach ist die OH^--Ionen-Konzentration 10^{-14} mol $\cdot\, l^{-1}$; denn $10^0 \cdot 10^{-14}$ ist 10^{-14}. Um anzugeben, wie stark sauer oder basisch eine Lösung ist, genügt demnach die Kenntnis von $[H_3O^+]$ oder $[OH^-]$; $[OH^-]$ bzw. $[H_3O^+]$ sind damit ebenfalls bekannt.

Es ist üblich, der für viele Zwecke, z.B. die analytische Chemie, die Bodenkunde, die Biologie u.a. sehr wichtigen Wasserstoffionen-Konzentration eine besondere Bezeichnung zu geben. Man sagt für

$$-\log \frac{[H_3O^+]}{1 \text{ mol} \cdot l^{-1}}$$

abgekürzt *p*H [6]. Dieses *p*H bezeichnet man als „Wasserstoffionen-Exponenten". Für eine neutrale Lösung, also $[H_3O^+] = 10^{-7}$ mol · l^{-1}, wird $pH = 7$. $pH = 2$ bedeutet also ziemlich stark saure Reaktion; bei $pH = 14$ liegt eine sehr stark alkalische Lösung vor, etwa Natronlauge der Konzentration $c = 1$ mol · l^{-1}.

Protonierung und Deprotonierung; Hydrolyse. Lösungen von Salzen in Wasser sollten eigentlich neutral reagieren; das ist etwa bei einer NaCl-Lösung auch der Fall. Anders ist es bei einer KCN- oder einer $AlCl_3$-Lösung; die erstere reagiert alkalisch, die letztere sauer. Man sprach in solchen Fällen früher von „*Hydrolyse*", einer „Spaltung des Salzes durch Wasser in freie Säure und freie Base": $KCN + H_2O = KOH + HCN$. Diese „Hydrolyse" sollte in mehr oder weniger starkem Maße eintreten, wenn die Säure oder die Base schwach ist, wie es in dem obigen Beispiel für die Säure zutrifft. Besonders stark wäre ein Salz aus schwacher Base und schwacher Säure gespalten.

Vom Standpunkt der Ionentheorie ist der Begriff einer Hydrolyse für den eben genannten Vorgang ohne rechten Sinn. Löst man KCN in Wasser, so bleibt das K^+-Ion unverändert; dagegen reagieren die CN^--Ionen gemäß $CN^- + H_2O \rightleftharpoons HCN + OH^-$ mit Wassermolekülen, weil CN^- eine mittelstarke Base, HCN eine sehr schwache Säure ist. Es bilden sich undissoziierte HCN-Moleküle – Geruch nach Blausäure! – und die Lösung reagiert deutlich alkalisch. Vergrößert man durch Zugabe von Lauge die Konzentration an OH^--Ionen, so verschwindet der Geruch nach Blausäure, weil das Gleichgewicht nach links verschoben wird. Es handelt sich also um eine Säure-Basen-Reaktion nach *Brönsted*, die CN^--Ionen werden *protoniert*.

Entsprechend ist es bei einer Lösung von $AlCl_3$. Schon *A. Werner* erkannte, daß es sich um die Reaktion

$$\text{a): } [Al(H_2O)_6]^{3+} + H_2O \rightleftharpoons H_3O^+ + [Al(H_2O)_5OH]^{2+}$$

handelt; von einem H_2O-Molekül der Hydrathülle des Al^{3+}-Ions wird ein Proton an ein H_2O-Molekül des Wassers abgegeben; das $[Al(H_2O)_6]^{3+}$-Ion wird *deprotoniert*. Wieder bleibt die zweite Ionenart – die Cl^--Ionen – unverändert. Die Lösung reagiert sauer, ohne daß ein Niederschlag entsteht.

[6] Manche Autoren schreiben pH statt *p*H, obwohl Größen allgemein *kursiv* geschrieben werden. Auch die IUPAC verwendet pH. Wir ziehen *p*H vor.

In diesem Falle schließen sich noch weitere Reaktionen an, nämlich
b) $[Al(H_2O)_5OH]^{2+} + H_2O \rightleftharpoons H_3O^+ + [Al(H_2O)_4(OH)_2]^{1+}$ und – über weitere Zwischenstufen, die hier nicht berücksichtigt seien –
c) $[Al(H_2O)_4(OH)_2]^+ + H_2O \rightleftharpoons H_3O^+ + [Al(H_2O)_3(OH)_3]$.
Die Reaktionen b) und c) treten um so stärker in den Vordergrund, je mehr man die H_3O^+-Ionenkonzentration – etwa durch Zugabe von NH_3- oder NaOH-Lösung – vermindert. Wenn dann der *p*H-Wert genügend hoch ist, fällt nach c) wasserhaltiges Aluminiumhydroxid aus; vorher reagieren die Lösungen nur sauer, ohne daß sich ein Niederschlag bildet. Wird die H_3O^+-Ionen-Konzentration noch geringer, d.h. wird die Lösung alkalisch, so tritt noch eine weitere Reaktion d) ein, nämlich $[Al(H_2O)_3(OH)_3] + H_2O \rightleftharpoons H_3O^+ + [Al(H_2O)_2(OH)_4]^-$. Auf Grund dieser Reaktion, die man auch als „Komplexbildung" $Al(OH)_3 + OH^- = [Al(OH)_4]^-$ formulieren kann, löst sich das Hydroxid wieder auf. So erklärt sich der S. 76 besprochene „*amphotere*" Charakter von Aluminiumhydroxid (vgl. auch S. 149 über „Ampholyte").

Aus dem Vorstehenden ergibt sich, daß in einer KCN- oder einer $AlCl_3$-Lösung eine Hydrolyse, d.h. eine „Lösung von Bindungen durch Wasser" nicht eintritt; die Vorgänge fügen sich vielmehr zwanglos in die *Brönsted*-Theorie ein.

Wirkliche *Hydrolysen*, bei denen Bindungen gelöst werden und die Komponenten des Wassers sich mit beiden Bruchstücken vereinigen, sind bei organischen Verbindungen häufig. Auch die Reaktion zwischen gasförmigem $AlCl_3$ und H_2O gemäß $2AlCl_{3,g} + 3H_2O_g = Al_2O_{3,f} + 6HCl_g$ ist eine Hydrolyse. Entsprechend wäre die bei höheren Temperaturen erfolgende Reaktion $AlCl_{3,g} + NH_{3,g} = AlN_f + 3HCl_g$ eine *Ammonolyse.*

Die Stärke von Säuren und Basen. Die in den Beispielen S. 141 angegebenen Gleichgewichte können sehr verschieden liegen; bei Reaktion 1) liegt es ganz auf der rechten, bei Reaktion 2) weitgehend auf der linken Seite. HCl ist eine sehr starke Säure, die „korrespondierende" Base Cl^- eine äußerst schwache Base. NH_3 ist eine schwache Base, die „korrespondierende" Säure NH_4^+ ebenfalls eine schwache Säure. Um die „*Stärke*" von Säuren und Basen zu charakterisieren, benutzt man das Massenwirkungsgesetz. Für die Reaktion $HA + H_2O \rightleftharpoons H_3O^+ + A^-$ gilt:

$$\frac{[H_3O^+] \cdot [A^-]}{[HA] \cdot [H_2O]} = K;$$

für verdünnte Lösungen kann man wiederum $[H_2O] = 55{,}6 \text{ mol} \cdot l^{-1}$ als konstant ansetzen; man bezeichnet K_S, entsprechend dem Ausdruck

$$\frac{[H_3O^+] \cdot [A^-]}{[HA]} = K \cdot [H_2O] = K_S$$

als *Säurekonstante*[7]. Entsprechend definiert man für die Reaktion einer Base mit Wasser gemäß $B + H_2O \rightleftharpoons BH^+ + OH^-$ den Wert

$$K_B = \frac{[BH^+] \cdot [OH^-]}{[B]}$$

als *Basenkonstante*[8]. Vielfach benutzt man – wie beim Wasserstoffionenexponenten – die Ausdrücke $pK_S = -\log K_S$ und $pK_B = -\log K_B$. Die K_S- und K_B-Werte der „korrespondierenden" Säuren und Basen (also NH_4^+ und NH_3 oder HCN und CN^-) erhält man aus der leicht ableitbaren Beziehung

$$K_S \cdot K_B = K_W = 10^{-14} \text{ oder } pK_S + pK_B = 14 \text{ bzw. } pK_B = 14 - pK_S.$$

Aus der Übersicht in Tab. 7 (S. 146) erkennt man außerordentlich große Unterschiede nicht nur zwischen den verschiedenen Säuren, sondern auch zwischen den einzelnen Dissoziationsstufen einer Säure (vgl. H_3PO_4, $H_2PO_4^-$ und HPO_4^{2-} oder H_2S und HS^-). In einer wässerigen Lösung von Phosphorsäure z. B. sind überwiegend H_3PO_4-Moleküle vorhanden, ziemlich viel H_3O^+- und $H_2PO_4^-$-Ionen, äußerst wenig HPO_4^{2-}- und praktisch keine PO_4^{3-}-Ionen.

Pufferlösungen. Der für viele Zwecke wichtige Zusammenhang zwischen dem pH-Wert einer Lösung und dem K_S-Wert ist durch die Gleichung

$$[H_3O^+] = K_S \cdot \frac{[HA]}{[A^-]}$$

gegeben; logarithmiert man, so erhält man

$$pH = pK_S + \log \frac{[A^-]}{[HA]}.$$

Rechnet man auf die „Molenbrüche"

$$x_S = \frac{[HA]}{[HA] + [A^-]} \quad \text{bzw.} \quad x_B = \frac{[A^-]}{[HA] + [A^-]}$$

um, so erhält man

$$pH = pK_S + \log \frac{x_B}{1 - x_B}.$$

[7] Man beachte, daß diese Säurekonstante formel- und zahlenmäßig gleich der Gleichgewichtskonstanten ist, die sich gemäß der Säuren-Definition von *Arrhenius* aus $HA = H^+ + A^-$ ergibt!

[8] Für die Säuren mit $K_s < 10^{1,7}$ und $K_B < 10^{1,7}$ lassen sich die Konstanten in wäßriger Lösung nicht bestimmen; man muß dann Gleichgewichte in geeigneten nichtwäßrigen Lösungsmitteln untersuchen.

Daraus ergibt sich, daß die Kurven, die den Zusammenhang zwischen dem *p*H-Wert und dem Molenbruch angeben, für alle Säuren und ihre korrespondierenden Basen die gleiche Form haben; sie sind nur in ihrer Lage je nach dem K_S-Wert verschoben. Der *p*H-Wert für $x_B = x_S = 0{,}5$ entspricht dem pK_s-Wert. Abb. 19 gibt Beispiele für einige Säure-Basen-Paare.

Tab. 7. Säure- und Basen-Konstanten

	Säure	Base	K_S	pK_S	pK_B	
sehr starke bis starke Säuren	$HClO_4$	ClO_4^-	$\approx 10^{+9}$	≈ -9	≈ 23	äußerst schwache Basen
	HCl	Cl^-	$\approx 10^{+6}$	≈ -6	≈ 20	
	H_2SO_4	HSO_4^-	$\approx 10^{+3}$	≈ -3	≈ 17	
	H_3O^+	H_2O	$10^{1,74}$	$-1{,}74$	15,74	
	HNO_3	NO_3^-	$10^{1,3}$	$-1{,}3$	15,3	
	$HClO_3$	ClO_3^-	10^0	0	14	
mittelstarke Säuren	HSO_4^-	SO_4^{2-}	$10^{-1,92}$	1,92	12,08	sehr schwache Basen
	H_3PO_4	$H_2PO_4^-$	$10^{-1,96}$	1,96	12,04	
	HF	F^-	$10^{-3,14}$	3,14	10,86	
	HCO_2H [9]	HCO_2^-	$10^{-3,7}$	3,7	10,3	
schwache bis sehr schwache Säuren	CH_3CO_2H [10]	$CH_3CO_2^-$	$10^{-4,74}$	4,74	9,26	mittelstarke bis schwache Basen
	$[Al(H_2O)_6]^{3+}$	$[Al(H_2O)_5OH]^{2+}$	$10^{-4,9}$	4,9	9,1	
	$H_2O + CO_2$	HCO_3^-	$10^{-6,5}$	6,5	7,5	
	H_2S	HS^-	$10^{-7,0}$	7,0	7,0	
	$H_2PO_4^-$	HPO_4^{2-}	$10^{-7,1}$	7,1	6,9	
	$HClO$	ClO^-	$10^{-7,3}$	7,3	6,7	
	NH_4^+	NH_3	$10^{-9,2}$	9,2	4,8	
	HCN	CN^-	$10^{-9,4}$	9,4	4,6	
	$[Zn(H_2O)_6]^{2+}$	$[Zn(H_2O)_5OH]^+$	$10^{-9,6}$	9,6	4,4	
	HCO_3^-	CO_3^{2-}	$10^{-10,4}$	10,4	3,6	
äußerst schwache Säuren	HPO_4^{2-}	PO_4^{3-}	$10^{-12,3}$	12,3	1,7	starke bis sehr starke Basen
	HS^-	S^{2-}	10^{-13}	13	1	
	H_2O	OH^-	$10^{-15,74}$	15,74	$-1{,}74$	
	OH^-	O^{2-}	$\approx 10^{-24}$	≈ 23	≈ -10	

[9] Ameisensäure.
[10] Essigsäure.

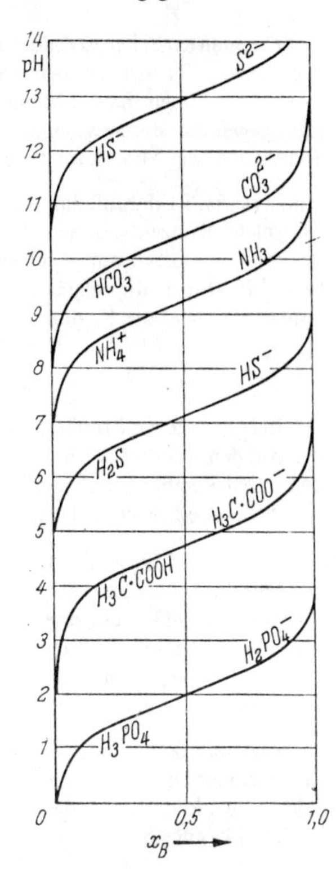

Abb. 19. *p*H-Werte korrespondierender Säure-Basen-Paare

Die Abbildung zeigt, daß in der Nähe von $x = 0{,}5$, d. h. bei der Anwesenheit von gleich viel Säure und korrespondierender Base, die *p*H-Kurve ziemlich flach verläuft, d. h. es macht für den *p*H-Wert nicht viel aus, ob etwas mehr Säure oder Base vorhanden ist; der *p*H-Wert bleibt in der Nähe des pK_s-Wertes. Hiervon macht man Gebrauch, wenn man bei Reaktionen, bei denen H_3O^+- oder OH^--Ionen entstehen, den *p*H-Wert angenähert konstant halten will; dies ist z. B. in der analytischen Chemie oder bei biologischen Prozessen oft der Fall. Will man z. B. den *p*H-Wert in der Nähe von 4,7 halten, so macht man von dem Umstand Gebrauch, daß der pK_S-Wert von Essigsäure 4,7 beträgt. Man erhält annähernd gleiche Konzentrationen von CH_3COOH und CH_3COO^- dadurch, daß man gleiche Mengen von Essigsäure CH_3COOH und ihres Natriumsalzes (Natriumacetat) CH_3COONa zugibt. Wenn in einer solchen Lösung durch irgend eine andere Reaktion

H_3O^+-Ionen entstehen, so bilden diese mit den $CH_3CO_2^-$-Ionen CH_3COOH-Moleküle; OH^--Ionen reagieren mit den CH_3COOH-Molekülen zu CH_3COO^--Ionen. Ist die Menge der H_3O^+- bzw. der OH^--Ionen nicht zu groß gegenüber der anwesenden Menge Essigsäure bzw. Natriumacetat, so ändert sich, wie Abb. 19 zeigt, der pH-Wert nur wenig.

Hinzuweisen ist darauf, daß der pH-Wert eines Puffers unabhängig davon ist, welche Konzentrationen etwa von CH_3COOH und CH_3COONa man benutzt; sie müssen nur gleich sein und groß neben der Menge der H_3O^+- bzw. OH^--Ionen, die weggepuffert werden sollen. Andere viel benutzte Pufferlösungen sind die Kombinationen NH_4^+/NH_3 ($p\mathrm{H} = 9{,}2$) oder $H_2PO_4^-/HPO_4^{2-}$ ($p\mathrm{H} = 7{,}1$). Der H_2CO_3/HCO_3^--Puffer regelt den pH-Wert des Blutes.

Die Berechnung von Protolysengraden und pH-Werten. Im folgenden wollen wir von dem Einfluß der Ionen aufeinander, wie er gemäß S. 140 durch den „Aktivitätskoeffizienten" ausgedrückt wird, absehen; wir müssen uns also auf verdünnte Lösungen beschränken.

Da bei *starken* Säuren das Anion der Säure keine protolytische Reaktionen mit dem Wasser eingeht, ist der pH-Wert durch die Konzentration der Säure gegeben. Der pH-Wert einer HCl-Lösung der Konzentration 10^{-2} ist 2. Entsprechendes gilt für Lösungen von Alkalimetallhydroxiden, bei denen die Metall-Ionen nicht mit dem Wasser reagieren; für eine NaOH-Lösung der Konzentration 10^{-3} ist der pOH-Wert 3, pH also 11.

Bei *schwachen* Säuren oder Basen müssen wir den *Protolysengrad* berechnen; dieser entspricht völlig dem Dissoziationsgrad α nach dem *Arrhenius*-Schema; wir können also die *Ostwald*sche Verdünnungsgleichung benutzen. Nach S. 141 gilt für kleine α-Werte für die Konzentration c angenähert

$$\alpha = \sqrt{K_S/c} \quad \text{bzw.} \quad \log\alpha = \frac{-pK_S - \log c}{2};$$

die Wasserstoffionenkonzentration ist also

$$[H_3O^+] = \alpha \cdot c = \sqrt{K_S \cdot c}; \; \log [H_3O^+] = \frac{\log K_S + \log c}{2} \quad \text{bzw.}$$

$$-\log [H_3O^+] = p\mathrm{H} = \frac{pK_S - \log c}{2}.$$

Beispiele (unter Benutzung von Tab. 7): Für *Essigsäure* der Konzentration $10^{-1}\,\mathrm{mol \cdot l^{-1}}$ ($pK_S = 4{,}74$) ist

$$p\mathrm{H} = \frac{4{,}74 + 1}{2} = 2{,}87;$$

α ist $\sqrt{10^{-4,74}/10^{-1}} = 10^{-1,87} = 0{,}013 = 1{,}3\%$.

Für eine Lösung der Konzentration 10^{-3} mol · l^{-1} ist $pH = 3{,}87$, $\alpha \approx 13\%$; der Protolysengrad steigt mit der Verdünnung, der pH-Wert geht in Richtung zu dem Wert der neutralen Lösung.

Für eine *Ammoniak*-Lösung, also eine schwache Base, ist

$$pOH = \frac{pK_B - \log c}{2}.$$

Für $c = 10^{-1}$ mol · l^{-1} gilt also

$$pOH = \frac{4{,}8 + 1}{2} = 2{,}9;$$

pH ist also $14 - 2{,}9 = 11{,}1$. Der Protolysengrad α beträgt 1,3%.

Für eine *Kaliumcyanid*-Lösung, $c = 10^{-2}$ mol · l^{-1}, in der eine *Protonierung* entsprechend der Gleichung $CN^- + H_2O = HCN + OH^-$ erfolgt ($pK_B = 4{,}60$), gilt:

$$pOH = \frac{4{,}60 + 2}{2} = 3{,}30;$$

$pH = 10{,}7$. α beträgt 5%. Für $c = 10^{-2}$ gilt angenähert $pOH = 2{,}8$ ($pH = 11{,}2$), $\alpha = 1{,}6\%$.

Entsprechend ergibt sich für eine *Ammoniumchlorid*-Lösung der Konzentration 10^{-2} (pK_S für $NH_4^+ + H_2O = H_3O^+ + NH_3$ ist 9,2)

$$pH = \frac{9{,}2 + 2}{2} = 5{,}6.$$

Für eine *Aluminiumchlorid*-Lösung der Konz. 10^{-1} (für $[Al(H_2O)_6]^{3+} + H_2O \rightleftharpoons H_3O^+ + [Al(H_2O)_5OH]^{2+}$ ist $pK_S = 4{,}9$) gilt:

$$pH = \frac{4{,}9 + 1}{2} = 2{,}95, \ \alpha = 1{,}1\%.$$

Eine besondere Behandlung verlangen Ionen wie $H_2PO_4^-$, die sowohl als Säure auftreten können ($H_2PO_4^- + H_2O \rightleftharpoons HPO_4^{2-} + H_3O^+$; $pK_S = 7{,}1$) als auch als Base ($H_2PO_4^- + H_2O \rightleftharpoons H_3PO_4 + OH^-$; $pK_B' = 12{,}04$, $pK_S' = 1{,}96$. Solche Stoffe bezeichnet man als *Ampholyte.* Ein Sonderfall der Ampholyte sind die *amphoteren Hydroxide* (vgl. S. 76 und S. 144).

Wir wollen den pH-Wert einer verdünnten KH_2PO_4-Lösung ausrechnen, wobei, wie eben beschrieben, $H_2PO_4^-$ das amphotere Ion ist. Wie wir hier nicht im einzelnen ableiten wollen, ist $pH = \frac{1}{2}(pK_S + pK_S') = \frac{1}{2}(7{,}1 + 1{,}96) = 4{,}5$.

Entsprechend gilt für eine verdünnte Lösung von *Ammoniumformiat* $HCOONH_4$, also ein Salz aus einer schwachen Base und einer schwachen Säure (für NH_4^+ ist $pK_S = 9{,}2$, für HCOOH $pK_S = 3{,}7$);
$pH = \frac{1}{2}(3{,}7 + 9{,}2) = 6{,}45$.

Indikatoren. Zur genauen Messung des *p*H-Wertes benutzt man elektrochemische Methoden (S. 245, Anm. 10). Für angenäherte Bestimmungen kann man Indikatoren benutzen, wie sie bereits S. 73 erwähnt wurden. Indikatoren sind schwache organische Säuren, bei denen die undissoziierte Säure HA eine andere Farbe hat als das Anion A^-. Es bilden sich Gleichgewichte, wie sie Abb. 19 entsprechen. Ist der Wert von *p*H etwa um 1 Einheit kleiner als dem Wert für $x = 0{,}5$ entspricht, so sind im wesentlichen HA-Moleküle vorhanden, die Lösung hat die Farbe der undissoziierten Säure. Liegt der *p*H-Wert dagegen um 1 Einheit höher als der Wert für $x = 0{,}5$, so sind hauptsächlich H_3O^+- und A^--Ionen vorhanden; die Farbe wird durch das Anion A^- bestimmt. Im Zwischengebiet findet sich eine Mischfarbe, da sowohl HA-Moleküle als auch A^--Ionen vorliegen. Der Indikator wechselt also seine Farbe etwa innerhalb 2 *p*H-Einheiten. Da die pK_S-Werte der einzelnen Indikatoren verschieden sind, liegt der Umschlagsbereich verschiedener Indikatoren bei verschiedenen *p*H-Werten und gestattet so dessen angenäherte Bestimmung. Es gibt „Universal-Indikator-Papiere", aus deren Farbe beim Eintauchen in eine Lösung man den *p*H-Wert abschätzen kann.

Der Säure-Basen-Begriff nach Lewis. Einen anderen Säure- und Basen-Begriff hat *Lewis* (ebenfalls 1923) entwickelt. Während es sich bei *Brönsted* um *Protonen*-Donatoren und Acceptoren handelt, bezeichnet *Lewis* als Säure ein Teilchen mit einer unvollständig besetzten äußeren Elektronenschale, das noch *Elektronen* zur Ausbildung einer kovalenten Bindung (vgl. dazu S. 196f.) aufnehmen kann, während er als Base einen Stoff bezeichnet, der ein freies „Elektronenpaar" (vgl. dazu S. 197) besitzt, das in die Lücke einer *Lewis*-Säure eintreten kann, z. B.

F_3B	+	NH_3	=	$F_3B:NH_3$
$SnCl_4$	+	$2Cl^-$	=	$SnCl_6^{2-}$
Säure (Antibase)		Base		

Obwohl sich die Begriffe von *Lewis* vielfach als nützlich erwiesen haben und viel benutzt werden, sind sie mit dem System von *Brönsted* zwar verwandt, aber nicht identisch. Zwar sind die *Lewis*-Basen meist auch *Brönsted*-Basen, die üblichen Säuren HNO_3, H_2SO_4 usw. und ebenso die *Brönsted*-Säuren NH_4^+, H_3O^+ usw. sind jedoch keine Säuren im Sinne von *Lewis*; nur H^+ wäre eine solche. Wegen dieses Unterschiedes wurden die *Lewis*-Säuren später von *Bjerrum* als „Antibasen" bezeichnet.

Heterogene Gleichgewichte. Löslichkeitsprodukt. Im Gegensatz zu den homogenen Gleichgewichten stehen die *heterogenen*, bei denen mehrere Phasen auftreten, z. B. neben der Lösung ein fester Stoff oder ein Gas. Auf diese werden wir im Kap. XXXIV noch zurückkommen. Jetzt wollen wir uns fragen, was das Massenwirkungsgesetz fordert, wenn sich infolge eines Reaktionsgleichgewichtes aus einer Lösung ein *fester Stoff oder ein Gas ausscheidet.*

Schüttelt man bei einer bestimmten Temperatur einen festen Stoff, etwa $KClO_3$ oder AgCl, mit Wasser, bis sich nichts mehr auflöst, so bildet sich eine *gesättigte* Lösung; den Gehalt dieser Lösung an dem gelösten Stoff bezeichnet man als *Löslichkeit.* Diese kann man in sehr verschiedener Weise angeben. Viel benutzt wird die Angabe: g Substanz in 100 g Lösungsmittel[11]. Man kann aber auch die Konzentration der gesättigten Lösung angeben, z. B. für AgCl bei einer Temperatur von 20 °C $c_{ges.}(AgCl) = 10^{-5}$ mol · l^{-1}. Die Werte für die Löslichkeit der meisten Stoffe nehmen mit steigender Temperatur zu (z. B. KNO_3); die Löslichkeit kann aber auch nahezu konstant bleiben (z. B. NaCl), in einigen Fällen nimmt sie mit steigender Temperatur ab.

Die Anwendung des Massenwirkungsgesetzes auf den Lösungsvorgang aus Ionen aufgebauter fester Verbindungen ergibt z. B. für AgCl folgendes: Für eine Lösung von AgCl in Wasser gilt: $[Ag^+] \cdot [Cl^-]/[AgCl] = K_{AgCl}$. Im Spezialfall einer gesättigten Lösung besteht Gleichgewicht mit dem Bodenkörper $AgCl_{fest}$. Bei diesem ist natürlich die Konzentration, d. h. der Quotient Stoffmenge/Volumen konstant und unabhängig von der Menge und vom Zerkleinerungsgrad. Daher ist auch in der gesättigten Lösung [AgCl] – genauer die Aktivität! – konstant und in der obigen Massenwirkungs-Gesetz-Beziehung $[Ag^+] \cdot [Cl^-] = K_{AgCl} \cdot [AgCl]$ steht rechts eine Konstante, die mit *LP* bezeichnet sei. $[Ag^+] \cdot [Cl^-] = LP(AgCl)$ definiert das *Löslichkeitsprodukt* von AgCl. Man ersieht ohne weiteres, daß LP_{AgCl} den Wert 10^{-10} mol^2 · l^{-2} besitzt, denn aus $c_{ges.}(AgCl) = 10^{-5}$ mol · l^{-1} folgt, daß bei der bei einer so verdünnten Lösung zulässigen Annahme vollständiger Dissoziation sowohl $[Ag^+]$ als auch $[Cl^-] = 10^{-5}$ mol · l^{-1} beträgt[12].

Das Löslichkeitsprodukt *LP* ist ein allgemeineres Maß für die Löslichkeit eines Salzes als die Löslichkeit[13]; während sich $c_{ges.,AgCl}$ nur auf den Fall

[11] Bei Stoffen, die Kristallwasser besitzen, bezieht man sich meist auf die wasserfreie Substanz.
[12] Man beachte, daß der Zahlenwert von *LP* bei Salzen AB gleich $c^2_{ges.}$ ist, bei Salzen der Formel AB_2 dagegen $c^3_{ges.}$!
[13] Es hat sich allerdings herausgestellt, daß das Löslichkeitsprodukt die Verhältnisse nur angenähert wiedergibt, da weitere Gleichgewichte vorliegen können, die ebenfalls zu undissoziierten löslichen Gebilden führen; z. B.

bezieht, daß $[Ag^+] = [Cl^-]$ ist, gilt LP_{AgCl} für ein *beliebiges* Verhältnis von $[Ag^+]$ und $[Cl^-]$.[14]

Hiervon macht man verschiedentlich bei *Fällungen* Gebrauch. Will man z. B. die Ag^+-Ionen aus einer Lösung möglichst vollständig entfernen, so verwendet man einen gewissen Überschuß an Cl^--Ionen. Während $[Ag^+] = 10^{-5}$ mol/l ist, wenn man festes AgCl mit reinem Wasser schüttelt, wird es 10^{-9} mol/l wenn man eine Ag^+-haltige Lösung mit einer NaCl-Lösung der Konzentration 10^{-1} fällt. Der am Beispiel der AgCl-Fällung beschriebene Einfluß „gleichioniger" Zusätze ist wegen der geringen Werte der Löslichkeit nicht ohne quantitative Messungen zu erkennen. Er läßt sich aber gut demonstrieren, wenn man zu Proben einer gesättigten $KClO_3$-Lösung konzentrierte Lösungen folgender Stoffe gibt: KCl, KNO_3, $NaClO_3$ und NaCl. Die ersten drei Proben trüben sich, die vierte Probe bleibt klar.

Allerdings muß man mit der Verwendung eines Überschusses bei der Fällung von AgCl und bei vielen ähnlichen Beispielen vorsichtig sein. AgCl löst sich nämlich in konz. Salzsäure wieder auf, da sich $[AgCl_2]^-$- und andere Chlorokomplexe[15] bilden, wodurch die Konzentration an Ag^+ in der Lösung sehr stark vermindert wird. Auch in NH_3-Lösung löst sich AgCl auf, weil sich $[Ag(NH_3)_2]^+$-Komplexe[15] bilden (vgl. S. 89).

Liegen bei Fällungen Salze schwacher Säuren vor, so sind die Dissoziationsverhältnisse der Säuren von Bedeutung. So lösen sich Salze der Kohlensäure, der Phosphorsäure u.a. bis auf sehr wenige Ausnahmen in starken Säuren auf, weil sich aus den mit diesen eingeführten H_3O^+-Ionen und den Anionen des Niederschlages die undissoziierte schwache Säure bildet. „Die starke Säure treibt die schwache aus". Es kann aber auch das Umgekehrte erfolgen, wenn das Salz der schwachen Säure äußerst schwer löslich ist. Besonders wichtige Beispiele hierfür bilden die *Sulfide*. Aus den Gleichungen $[H_3O^+] \cdot [HS^-]/[H_2S] = K_1, [H_3O^+] \cdot [S^{2-}]/[HS^-] = K_2, [H_3O^+]^2 \cdot [S^{2-}]/[H_2S] = K_1 \cdot K_2$ folgt für eine gesättigte H_2S-Lösung (in der $[H_2S]$ konstant ist!) $[S^{2-}] = K/[H_3O^+]^2$. In alkalischer Lösung sind demnach (neben HS^--Ionen!) verhältnismäßig reichlich S^{2-}-Ionen vorhanden, während in saurer Lösung $[S^{2-}]$ äußerst gering ist. Aus stark saurer Lösung fallen daher nur Sulfide mit einem äußerst geringen LP aus (z.B. HgS bzw. CuS,

spielen bei der Fällung von Ag_2S mit H_2S undissoziierte AgSH-Teilchen eine Rolle.

[14] Man beachte, daß $c_{ges.}$ und LP nur Zahlenangaben sind, die nichts darüber aussagen, warum ein Stoff leicht- oder schwerlöslich ist. Diese Frage hängt von der Größe der Gitterenergie, der Hydratationsenergie u.ä. ab (vgl. dazu S. 87).

[15] Die eckigen Klammern zur Kennzeichnung eines Komplexes haben mit den eckigen Klammern zur Bezeichnung der Konzentration nichts zu tun!

$LP = 10^{-52}$ bzw. 10^{-35} $mol^2 \cdot l^{-2}$); in schwach saurer Lösung fällt auch CdS, $LP = 10^{-26}$ $mol^2 \cdot l^{-2}$; dagegen erhält man einen Niederschlag von MnS ($LP = 10^{-11}$ $mol^2 \cdot l^{-2}$) nur in alkalischer Lösung.

Während es sich bei Fällungsreaktionen um die Ausscheidung von festen Stoffen handelt, kann auch die Bildung von *flüchtigen Stoffen* für die Lage von Gleichgewichten von Bedeutung sein. Besonders wichtig sind hier oft die Verhältnisse bei höheren Temperaturen, wie folgendes Beispiel zeigen möge: Versetzen wir eine Natriumsilicatlösung bei Zimmertemperatur mit Schwefelsäure, so fällt Kieselsäure unlöslich aus; „die starke Schwefelsäure treibt die schwache, noch dazu unlösliche Kieselsäure aus" (vgl. S. 174). Erhitzt man dagegen Natriumsulfat mit Kieselsäureanhydrid (SiO_2) in einer Glasschmelze auf etwas über 1100 °C, so entwickelt sich nach der Gleichung $Na_2SO_4 + SiO_2 = Na_2SiO_3 + SO_2 + \frac{1}{2}O_2$ Schwefeldioxid[16], das durch Zerfall des zunächst gebildeten Schwefelsäure-Anhydrids SO_3 entsteht. Dem Gleichgewicht in der Schmelze entspricht zwar eine große Konzentration an SiO_2 und eine geringe an SO_3. Da SO_3 aber flüchtig ist und sich nur sehr wenig in der Schmelze löst, entweicht es unter Zerfall in SO_2 und O_2; das Gleichgewicht ist daher gestört, es bildet sich neues SO_3, das wieder entweicht usw. SiO_2 ist im Gegensatz zu SO_3 so wenig flüchtig, daß es sich bei dieser Temperatur nicht verflüchtigt. Man kann also den Satz aussprechen, daß bei hohen Temperaturen eine schwache Säure (bzw. ihr Anhydrid) eine starke austreiben kann, wenn sie nur wesentlich weniger flüchtig ist.

XXIII. Kohlenstoff; Brennstoffe

Allgemeines; das Element. Das leichteste Element der dem Stickstoff benachbarten vierten Gruppe des Perioden-Systems, der Kohlenstoff, bildet den Hauptbaustein der pflanzlichen und tierischen Stoffe. Die Behandlung seiner Verbindungen gehört daher in das Gebiet der organischen Chemie und wäre auch im Rahmen dieses Büchleins gar nicht möglich, da ihre Zahl und Mannigfaltigkeit außerordentlich groß ist. Schon die Anzahl der bisher dargestellten Stoffe, die nur aus Kohlenstoff, Wasserstoff, Sauerstoff und Stickstoff zusammengesetzt sind, ist erheblich größer als die aller anderen Elemente zusammen.

[16] Ohne SiO_2-Zugabe bildet sich unter den gleichen Bedingungen SO_2 erst oberhalb 1200 °C.

Es ist aber doch nicht möglich, von der Besprechung der Kohlenstoffverbindungen ganz abzusehen. Denn einmal bildet Kohlenstoff den Hauptbestandteil von Kohle und ist auch ein wesentlicher Bestandteil von Erdöl und Erdgas. Ferner ist es gerade wegen der großen Reichhaltigkeit der Kohlenstoffchemie erforderlich nachzuweisen, daß sich dieses Element in die allgemeinen Gesetzmäßigkeiten des Perioden-Systems einordnet.

Daß dies der Fall ist, sehen wir schon am *Element* selbst. Nach dem Verhalten der früher besprochenen Gruppen sollte es auf der Grenze zwischen Metallen und Nichtmetallen stehen. In Übereinstimmung damit kennen wir sowohl eine nichtmetallische als auch eine halbmetallische Form. Die erstere, der *Diamant*, ist ein wegen seines hohen Lichtbrechungsvermögens besonders geschätzter Edelstein und ein wichtiger Werkstoff; er wird als einer der härtesten von allen bekannten Stoffen zum Glasschneiden, für Bohrkronen usw. benutzt.

Der Diamant ist jedoch nicht die stabile Modifikation des Kohlenstoffs. Erhitzt man ihn, so geht er in *Graphit* über. Dieser ist bei normalem Druck die bei allen Temperaturen stabile Modifikation. Der Diamant ist nur bei sehr hohen Drucken stabil. Bei sehr hohen Drucken und hohen Temperaturen ist vor einigen Jahrzehnten die künstliche Darstellung von Diamanten gelungen[1]. Graphit findet sich in der Natur als schwarzes, sehr weiches Mineral, das als Ofenschwärze, Schmiermittel und im Gemisch mit Ton (vgl. S. 228) für Schmelztiegel verwendet wird. Der unter Atmosphärendruck erst oberhalb 4000 °C sublimierende Graphit hat schon weitgehend metallische Eigenschaften; er leitet den elektrischen Strom recht gut, so daß Gegenstände aus Kohlenstoff, die durch Erhitzen auf hohe Temperaturen „graphitiert" worden sind, in großem Maßstab als Elektrodenmaterial benutzt werden. Man stellt auch Apparaturen für die chemische Industrie aus Graphit her.

Die große thermische Beständigkeit des elementaren Kohlenstoffes steht im schroffen Gegensatz zu den tiefen Schmelz- und Siedepunkten der Nachbarelemente Stickstoff, Sauerstoff und Fluor. Dies liegt daran, daß in den festen

[1] Heute wird schon rund die Hälfte des Bedarfs an technischen Diamanten künstlich dargestellt.

Kohlenstoff-Modifikationen keine Moleküle vorhanden sind (wie N_2, O_2, F_2), die nur durch schwache *van der Waals*sche Kräfte zusammengehalten werden. Vielmehr liegt im *Graphit* (vgl. Abb. 30) ein ebener Flächenverband von „Bienenwaben-ähnlich" miteinander verbundenen Sechsecken vor; die Abstände zwischen diesen Ebenen sind dann verhältnismäßig groß[2]. Beim *Diamanten* ist eine gleichmäßige Verknüpfung nach allen Richtungen des Raumes vorhanden; dabei ist jedes C-Atom tetraedrisch von anderen C-Atomen umgeben (Abb. 30, S. 205).

Weiterhin kommt Kohlenstoff noch als *Ruß* vor. Ruße können sehr variable Eigenschaften besitzen. Charakteristisch ist eine außerordentlich feine Verteilung. Der Durchmesser der „Primärteilchen" liegt zwischen 5 und 500 nm. Diese wiederum bestehen aus miteinander verwachsenen, nahezu konzentrisch um einen Kern verwachsenen Schichten, in denen die Atome in sehr kleinen Bezirken [Länge 1,5–2 nm (15–20 Å), Dicke 3–4 Atome] ähnlich wie im Graphitgitter angeordnet sind. Ruß wird in großem Maßstabe technisch verwendet, z.B. für Druckfarben und als schwarzes Pigment. Die größte Anwendung findet er aber in der Gummi-Industrie als Füllstoff. Für diese Zwecke werden große Ansprüche an bestimmte Eigenschaften gestellt[3].

Die äußerst feine Verteilung im Ruß bringt es mit sich, daß bei ihm ungeheuer große *Oberflächen* vorhanden sind, die für 1 g viele hundert Quadratmeter ausmachen können. Damit hängt zusammen, daß Ruß ein sehr großes „*Adsorptionsvermögen*" für viele Stoffe besitzt. Ähnliches gilt von den technisch hergestellten „*Aktivkohlen*", bei denen durch die Art der Herstellung eine besonders große Oberfläche erzeugt wird[4]. Erwärmt man z.B. eine wässerige Lösung eines Farbstoffes mit Aktivkohle, so wird der gelöste Stoff an der großen Oberfläche zurückgehalten, und man erhält ein farbloses Filtrat. Auf ähnliche Weise kann man durch Durchleiten von Luft durch Aktivkohle gewisse Beimengungen der Luft, z.B. gesundheitsschädliche Gase, zurückhalten. Man macht davon u.a. in den *Gasmasken* Gebrauch. Die erst bei

[2] Zwischen die Kohlenstoff-Schichten des Graphits können Atome verschiedener Elemente bzw. Moleküle eingelagert werden. Beispiele sind: Kohlenstoffmonofluorid $[CF]_n$ und die Alkalimetallverbindungen, etwa $[C_8K]_n$, $[C_{24}K]_n$, $[C_{36}K]_n$, $[C_{48}K]_n$. Genannt seien auch Graphitoxid $[C_8O_2(OH)_2]_n$ sowie $[C_8Br]_n$ und $[(C_{24})^+HSO_4^- \cdot 2H_2SO_4]$.

[3] Eine besondere Ruß-Art bildet sich beim thermischen Zerfall von *Acetylen* C_2H_2 (S. 161); diese wird für elektrische Trockenbatterien verwendet.

[4] Man kann dies auf verschiedene Weise erreichen. Man kann z.B. dünne Stränge aus Torf, die mit $ZnCl_2$-Lösung getränkt sind, durch Erhitzen „verkoken"; dann hält das sich bildende ZnO die Poren offen. Behandelt man dieses Produkt mit Säure, wäscht gut aus und trocknet, so erhält man Körner von einigen mm Durchmesser, die eine sehr große innere Oberfläche besitzen.

sehr tiefen Temperaturen verflüssigbaren Gase O_2, N_2, CO gehen hindurch, während die leichter verflüssigbaren adsorbiert werden. Nebelteilchen werden nicht adsorbiert, können aber durch ein Papierfilter zurückgehalten werden. Über CO siehe S. 159, Anm. 8.

Verbindungen. Auch die Verbindungen des Kohlenstoffs entsprechen durchaus dem, was man nach dem Perioden-System erwartet. So besitzt die einfachste Wasserstoffverbindung, das Methan, die Formel CH_4, das höchste Oxid ist CO_2. Kohlenstoff tritt also sowohl gegen Wasserstoff als auch gegen Sauerstoff und fast alle anderen Elemente stöchiometrisch 4-wertig auf; nur selten ist er 2-wertig, z. B. im CO. Daß bei den Elementen der vierten Gruppe die Maximalwertigkeit gegenüber Sauerstoff und Wasserstoff die gleiche ist (vgl. S. 116/117), ist für die Kohlenstoffchemie von besonderer Bedeutung. Weitere Besonderheiten werden wir später kennenlernen.

Oxide. *Kohlenstoffdioxid* (CO_2), meist abgekürzt Kohlendioxid genannt, entsteht bei der Verbrennung von Kohlenstoff, wenn Sauerstoff im Überschuß vorhanden ist. Verbrennungen kohlenstoffhaltiger Stoffe, nämlich der Nahrungsmittel, finden, wie S. 40 bereits besprochen wurde, auch in unserem Körper fortwährend statt; das entstandene Kohlendioxid wird durch Ausatmen dauernd entfernt. Daß bei der Assimilation der Pflanzen unter dem Einfluß des Sonnenlichtes das Umgekehrte erfolgt, wurde schon S. 44, Anm. 2, besprochen.

CO_2 kann weder die Verbrennung noch die Atmung unterhalten, es wirkt erstickend. Da es schwerer ist als Luft ($M = 44$ g mol^{-1} gegenüber O_2 32 und N_2 28), sinkt CO_2, das in einen Luftraum eingeleitet wird oder dort entsteht, nach unten[5] und verteilt sich nur langsam. Infolgedessen kommen gelegentlich bei Arbeiten in Brunnenschächten Unglücksfälle durch Ersticken vor, weil sich am Grunde infolge von Verwesung organischer Substanzen CO_2 angesammelt hat.

Da die kritische Temperatur von Kohlendioxid bei +31 °C liegt, läßt es sich schon bei Zimmertemperatur durch Druck verflüssigen; es kommt in flüssiger Form in Stahlflaschen in den Handel. Namentlich das Gastwirt-

[5] Dieses Absinken des schwereren Gases tritt aber nur solange ein, als sich die Gase noch nicht vermischt haben. Liegt erst einmal völlige Vermischung vor, dann findet keine Trennung durch Absinken des schwereren Gases mehr statt.

gewerbe verbraucht viel verflüssigte Kohlensäure, um Bier unter Kohlensäuredruck zu halten.

Bei gewöhnlichem Druck läßt sich Kohlendioxid durch Abkühlung nicht flüssig, sondern nur *fest* erhalten; denn der Dampfdruck des festen Kohlendioxides erreicht schon unterhalb des Schmelzpunktes den Druck von 1 atm; es verdampft also, ohne zu schmelzen („*Sublimation*"). Läßt man verflüssigtes Kohlendioxid aus einer Stahlflasche herausspritzen, so verdampft es und kühlt sich infolgedessen stark ab; dabei entsteht Kohlendioxid-Schnee, der dann bei seiner Sublimationstemperatur (bei 1 atm −78,5 °C) in gasförmiges Kohlendioxid übergeht; man kann daher mit einem Gemisch von festem CO_2 und Alkohol bequem die Temperatur von −78,5 °C konstant halten. Festes Kohlendioxid kommt als „Trockeneis" für Kühlzwecke in den Handel.

Kohlendioxid löst sich in *Wasser* mäßig gut. Mit Kohlendioxid übersättigte Wässer liegen in den verschiedenen „Sauerbrunnen" vor, die sich untereinander, außer durch ihren CO_2-Gehalt, durch die Art und Menge der gelösten Salze unterscheiden.

In wässeriger Lösung findet die Reaktion $CO_2 + 2H_2O \rightleftharpoons HCO_3^- + H_3O^+$ statt, wobei das Gleichgewicht weitgehend zugunsten von unverbundenem CO_2 liegt. Diese Lösungen verhalten sich also so, als ob eine schwache Säure vorliegt. Man spricht daher von *Kohlensäure* H_2CO_3, von der sich auch zahlreiche Salze (Carbonate) ableiten. Es ist jedoch nicht möglich, wasserfreie Kohlensäure oder auch nur konzentrierte Lösungen herzustellen, etwa durch Umsetzung von Carbonaten mit einer starken Säure; es tritt dann sofort weitgehender Zerfall in H_2O und CO_2 ein.

Die *neutralen* Carbonate sind mit wenigen Ausnahmen (z. B. Na_2CO_3, K_2CO_3) in Wasser nur sehr wenig löslich. $CaCO_3$ findet sich in der Natur nicht nur in gut ausgebildeten großen Kristallen (Kalkspat), sondern auch feinkristallin (Marmor) und weniger rein in mächtigen Gebirgsstöcken als Kalkstein bzw. Kreide. Häufig ist das Doppelsalz $CaMg(CO_3)_2$ (Dolomit).

Im Gegensatz dazu sind die *sauren* Carbonate, z. B. $Ca(HCO_3)_2$, die Hydrogencarbonate, in Wasser ziemlich gut löslich. Nun ist in den meisten natürlichen Quellwässern Kohlendioxid gelöst (Sauerbrunnen!). Dies ist von sehr großer Bedeutung. CO_2-haltiges Wasser löst nämlich nach der Gleichung $CaCO_3 + H_2O + CO_2 = Ca(HCO_3)_2$ die in der Natur vorkommenden unlöslichen Carbonate als Hydrogencarbonate auf. Die meisten natürlichen Wässer enthalten daher Hydrogencarbonat. Kocht man nun ein solches hydrogencarbonathaltiges Wasser, so gibt es CO_2 ab, und das saure Carbonat geht wieder in das neutrale, wenig lösliche über: $Ca(HCO_3)_2 = CaCO_3 + H_2O + CO_2$. So entsteht der *Kesselstein*. Die Abgabe des CO_2 aus dem Wasser kann auch langsam erfolgen, etwa dadurch, daß vorbeistreichende Luft dauernd etwas CO_2 wegführt. Auch dann erfolgt Ausscheidung von $CaCO_3$. Dieser Vorgang führt z.B. in Höhlen zur Entstehung von „*Tropfstein*".

Hartes und weiches Wasser. Wasser, das viel Calcium- und Magnesiumsalze enthält, bezeichnet man als *hart.* Die genannten Elemente können, wie soeben beschrieben, als Hydrogencarbonate vorliegen; da diese beim Kochen in neutrale unlösliche Carbonate übergehen, so verschwindet dabei dieser Teil der Härte; man spricht daher von „*vorübergehender* (oder Carbonat-) *Härte*". Es können aber auch solche Ca- und Mg-Salze gelöst sein, die beim Kochen nicht ausfallen, wie z.B. Sulfate, Chloride; den Gehalt an diesen bezeichnet man als „*bleibende Härte*".

Hartes Wasser ist für technische Zwecke schädlich (Kesselsteinbildung, Verhinderung des Schäumens der Seife; vgl. S. 215f.). Man muß daher vielfach das Wasser *enthärten.* Die vorübergehende Härte kann man – man könnte sagen paradoxerweise – durch Zugabe der genau berechneten Menge von Kalkmilch $Ca(OH)_2$ beseitigen. Es fällt dann schwerlösliches, neutrales Carbonat aus: $Ca(HCO_3)_2 + Ca(OH)_2 = 2CaCO_3 + 2H_2O$. Zur Beseitigung der bleibenden Härte dient Soda: $CaCl_2 + Na_2CO_3 = CaCO_3 + 2NaCl$. Ein anderes Verfahren geht vom *Permutit* aus, einem wasserhaltigen Natrium-Aluminiumsilicat, bei dem die Na^+-Ionen sehr leicht beweglich sind[6]. Leitet man hartes Wasser durch eine Permutitschicht, so nimmt diese Ca^{2+}-Ionen auf, während die entsprechende Anzahl von Na^+-Ionen in Lösung geht. Durch Behandeln mit starker NaCl-Lösung kann man verbrauchten Permutit wieder regenerieren. Die weitgehendste Entfernung der Calciumsalze erreicht man durch Alkalimetall*phosphate*; es bildet sich dann Calciumphosphat. Vgl. ferner S. 132 über Polyphosphate.

[6] Man stellt heute permutitähnliche „*Ionenaustauscher*" auf organischer Basis her. Man kann damit eine Vollentsalzung erzielen, indem Kationen gegen H^+-Ionen des Austauschers, Anionen gegen OH^--Ionen ausgetauscht werden. Solche Ionenaustauscher haben nicht nur für die Wasserenthärtung, sondern auch auf verschiedenen anderen Gebieten (z.B. für anspruchsvolle Trennungen) eine sehr große Bedeutung erlangt, da verschiedene Ionenarten verschieden fest gebunden und beim Wiederlösen („Eluieren") in bestimmter Reihenfolge gelöst werden, vgl. dazu Lanthanoide, Kap. XXXI.

Kohlenstoffmonooxid CO, auch als *Kohlenmonoxid* oder kurz als „*Kohlenoxid*" bezeichnet, entsteht, wenn eine Verbrennung mit ungenügendem Sauerstoff erfolgt[7]. Im Laboratorium stellt man es durch Wasserabspaltung aus Ameisensäure HCOOH oder Oxalsäure HOOC—COOH mittels konz. H_2SO_4 dar; das im zweiten Falle gleichzeitig entstehende CO_2 kann man mit Laugen leicht herauswaschen. CO ist ein überaus giftiges Gas und besonders gefährlich, weil es geruchlos ist. Man wird also nicht, wie z.B. bei der Blausäure, schon durch den Geruch auf die Gefahr aufmerksam[8]. Auf den Gehalt an Kohlenmonoxid ist die Giftigkeit des Leuchtgases zurückzuführen. Ferner kann bei falscher Bedienung mit Kohle geheizter Öfen Kohlenmonoxid in die Zimmer gelangen und so zu Vergiftungen führen.

Da Kohlenmonoxid mit Sauerstoff zu CO_2 reagiert, ist es brennbar und stellt einen wichtigen technischen Brennstoff dar (vgl. S. 170f.). Die CO-Flamme ist schwach blau; man kann dies deutlich über jeder Feuerung wahrnehmen. Außerdem ist CO ein wichtiges Reduktionsmittel (vgl. z.B. S. 291). Über das Gleichgewicht $2CO \rightleftharpoons C + CO_2$ s. S. 170, über die Reaktion $CO + H_2O \rightleftharpoons H_2 + CO_2$ s. S. 123. Über Metallcarbonyle s. Kap. XXXII.

Wasserstoffverbindungen. Die einfachste Wasserstoffverbindung des Kohlenstoffs, das *Methan* CH_4, ist der Hauptbestandteil des Erdgases. Es kann im Laboratorium durch Einwirkung von Wasser auf Aluminiumcarbid (vgl. auch S. 164) hergestellt werden:

$$Al_4C_3 + 12H_2O = 3CH_4 + 4Al(OH)_3.$$

Neben CH_4 gibt es nun aber noch eine außerordentlich große Zahl weiterer Kohlenwasserstoffe. Für den Kohlenstoff ist nämlich die Tendenz zur Ausbildung von C—C-Bindungen charakteristisch. So kennt man z. B. die Reihe der sogenannten „*Grenzkohlenwasserstoffe*", „*Paraffine*" oder „*Alkane*", von denen wir einige Glieder nennen wollen:

[7] Über die Bindungsverhältnisse im CO-Molekül s. S. 197 u. 200.

[8] Von Gasmaskenfiltern wird CO nur dann zurückgehalten, wenn sie besondere Einsätze mit Katalysatoren enthalten, die eine sehr rasche Verbrennung von CO zu CO_2 bewirken.

```
   H              H   H                     H   H   H
   |              |   |                     |   |   |
H—C—H Methan  H—C—C—H Ethan⁹          H—C—C—C—H Propan
   |              |   |   (Äthan)           |   |   |
   H              H   H                     H   H   H

   H   H   H   H               H       H       H
   |   |   |   |               |       |       |
H—C—C—C—C—H Butan          H—C——C——C—H Isobutan.
   |   |   |   |               |       |       |
   H   H   H   H               H   H—C—H   H
                                       |
                                       H
```

Die Striche zwischen den Elementsymbolen sollen zunächst nur andeuten, welche Atome miteinander direkt verbunden sind[10]. Diese Formeln sind jedoch nicht ohne weiteres als räumliche Bilder aufzufassen. In Wirklichkeit gehen die Bindungen des Kohlenstoffs z.B. im CH_4 nicht nach den Ecken eines Quadrats, sondern eines *Tetraeders.* (Abb. 20) – Die letztgenannte Verbindung, das Isobutan, zeigt, daß die Verknüpfung der C-Atome nicht immer in fortlaufender Kette[11] erfolgt, sondern daß sich auch Verzweigungen bilden können[12]. Die Länge derartiger Ketten scheint unbegrenzt zu sein. Die hier infolge verschiedener Art von Verzweigung vorhandenen Möglichkeiten sind nahezu unübersehbar. Ein Gemisch solcher Alkane mit 5–9 C-Atomen liegt im *Benzin* vor.

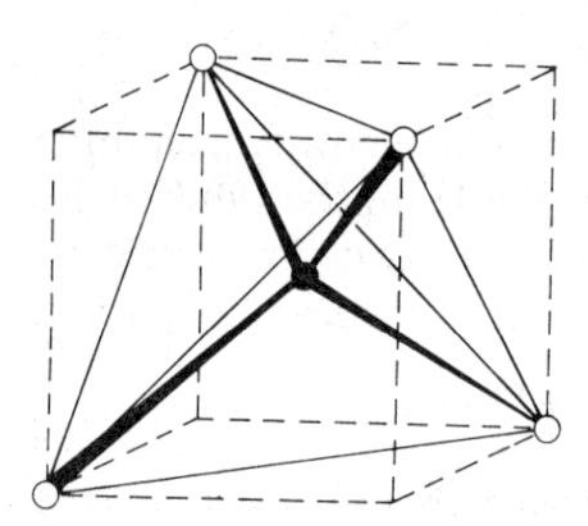

Abb. 20. Bindungsrichtungen im Tetraeder

[9] Bisher schrieb man *Äthan.* Da man das entsprechende Wort in vielen Sprachen nicht mit ä, sondern mit e schreibt, ist auch für die deutsche Sprache die Schreibweise *Ethan* vorgeschlagen worden. Wir haben das hier übernommen, betrachten das aber als Versuch.

[10] Näheres vgl. dazu Kap. XXV unter Atombindung.

[11] Wegen der tetraedrischen Anordnung der Bindungen des Kohlenstoffs sind es in Wirklichkeit zickzackförmige Ketten bzw. wegen der Drehbarkeit um die C—C-Einfachbindungen verknäuelte Gebilde.

[12] Statt Ketten können auch Ringe vorliegen: *Cyclo-Paraffine*; z.B. Cyclohexan C_6H_{12} („*Naphthene*").

Außer diesen „einfachen“ Bindungen können sich zwischen zwei benachbarten C-Atomen auch sogenannte „doppelte“ oder „dreifache“ Bindungen ausbilden. Man erhält so *ungesättigte* Kohlenwasserstoffe (die *Alkene* und *Alkine*), von denen als einfachste Vertreter das *Ethylen* (*Äthylen*)

$$\begin{array}{ccccc} \mathrm{H} & \diagdown & & \diagup & \mathrm{H} \\ & & \mathrm{C{=}C} & & \\ \mathrm{H} & \diagup & & \diagdown & \mathrm{H} \end{array}$$

und das *Acetylen* $\mathrm{H{-}C{\equiv}C{-}H}$ (vgl. auch S. 164) genannt seien[13]. Außerordentlich wichtig ist, daß sich an den Stellen der Moleküle, an denen sich dreifache oder doppelte Bindungen befinden, leicht die verschiedenartigsten Elemente bzw. Elementgruppen anlagern lassen. So geht z.B. Ethylen (Äthylen) mit Brom in Ethylenbromid (Äthylenbromid) über.

$$\begin{array}{ccccccc} & & \mathrm{H} & & \mathrm{H} & & \\ & & | & & | & & \\ \mathrm{H} & - & \mathrm{C} & - & \mathrm{C} & - & \mathrm{H} \\ & & | & & | & & \\ & & \mathrm{Br} & & \mathrm{Br} & & \end{array}$$

Die Verkettung mehrerer Kohlenstoffatome kann auch *ringförmig* so erfolgen, daß abwechselnd einfache und doppelte Bindungen auftreten (*Aromaten*). Wir nennen hier als besonders wichtig das *Benzol* C_6H_6, dessen Aufbau roh schematisch durch die untenstehende Formel angegeben werden kann; vgl. aber dazu S. 198.

$$\begin{array}{ccccccc} & & \mathrm{H} & & \mathrm{H} & & \\ & & | & & | & & \\ & & \mathrm{C} & = & \mathrm{C} & & \\ & \diagup & & & & \diagdown & \\ \mathrm{H{-}C} & & & & & & \mathrm{C{-}H} \\ & \diagdown\!\!\diagdown & & & & \diagup\!\!\diagup & \\ & & \mathrm{C} & - & \mathrm{C} & & \\ & & | & & | & & \\ & & \mathrm{H} & & \mathrm{H} & & \end{array}$$

Die bisher genannten Verbindungen bestanden nur aus Kohlenstoff und Wasserstoff. Durch das Hinzukommen *anderer Elemente* (insbesondere von

[13] Um die Mehrfachbindungen besteht keine freie Drehbarkeit,

$$\mathrm{{}^{H}_{Cl}C{=}C^{H}_{Cl}}$$

(*cis*-Form) und

$$\mathrm{{}^{H}_{Cl}C{=}C^{Cl}_{H}}$$

(*trans*-Form) sind also zwei verschiedene Stoffe (Isomere).

Sauerstoff, Halogenen und Stickstoff) wird die Zahl der möglichen Verbindungen noch um ein Vielfaches größer. Wir nennen als besonders wichtige Derivate der Kohlenwasserstoffe einige Sauerstoffverbindungen: In den *Alkoholen* ist ein H durch OH ersetzt – die Ähnlichkeit mit den Basen ist aber nur formal! –, in den *Carbonsäuren* findet sich die Gruppe

$$-C\begin{matrix}\nearrow\!\!\!\!\!\!=O\\ \searrow OH\end{matrix}$$

Beispiele:

$$H-\underset{H}{\overset{H}{\underset{|}{\overset{|}{C}}}}-OH$$ Methylalkohol, (Methanol)

$$H-\underset{H}{\overset{H}{\underset{|}{\overset{|}{C}}}}-\underset{H}{\overset{H}{\underset{|}{\overset{|}{C}}}}-OH$$ Ethylalkohol (Äthylalkohol), Ethanol (Äthanol)

$$H-C\begin{matrix}=O\\ -OH\end{matrix}$$ Ameisensäure,

$$H-\underset{H}{\overset{H}{\underset{|}{\overset{|}{C}}}}-C\begin{matrix}=O\\ -OH\end{matrix}$$ Essigsäure.

Aus Alkoholen und Säuren bilden sich bei geeigneten Reaktionsbedingungen *Ester*, wie das nachstehende Beispiel zeigt:

$$H_3C-\overset{H_2}{C}-O-H + HO-\overset{O}{\overset{\|}{C}}-CH_3 \xrightarrow{-H_2O} H_3C-\overset{H_2}{C}-O-\overset{O}{\overset{\|}{C}}-CH_3.$$

Dies erinnert in gewisser Weise an die Salzbildung; Ester haben aber durchaus keinen salzartigen Charakter, sondern sie sind Nichtelektrolyte.

Weiterhin seien genannt die *Ether* (Äther), z. B. Diethylether,

$$\begin{matrix}C_2H_5\searrow\\ \quad O\\ C_2H_5\nearrow\end{matrix}$$

die *Aldehyde*, z. B. Acetaldehyd

$$H_3C{-}C\begin{matrix}{}^{\nearrow O}\\{}_{\searrow H}\end{matrix},$$

und die *Ketone*, z. B. Aceton

$$\begin{matrix}H_3C\searrow\\ \quad C{=}O.\\ H_3C\nearrow\end{matrix}$$

Wir können nun die Frage beantworten, warum die Zahl der organischen Verbindungen so unübersehbar groß ist. Der Grund liegt in der Fähigkeit des Kohlenstoffs, sich mit anderen C-Atomen zu verbinden. So etwas gibt es zwar bei den Nachbarn im Perioden-System ebenfalls; auch beim Silicium, beim Bor, bei Stickstoff, Phosphor und Schwefel kennt man eine Reihe kompliziert zusammengesetzter Wasserstoffverbindungen. Als Beispiel zeigt die Reihe HO—OH (Hydrogenperoxid), $H_2N{-}NH_2$ (Hydrazin) und $H_3C{-}CH_3$ (Ethan), daß auch beim Stickstoff und Sauerstoff Verkettungen gleicher Atome möglich sind. Aber beim Hydrogenperoxid, dem Hydrazin und den Silanen handelt es sich um vereinzelte, leicht zersetzliche Verbindungen[14]. Beim Kohlenstoff dagegen liegt eine riesige Zahl von recht beständig erscheinenden Stoffen vor. Allerdings ist diese Beständigkeit nicht so aufzufassen, als ob wirklich stabile Verbindungen vorlängen. Vielmehr sind nahezu alle Verbindungen der organischen Chemie instabil und müßten sich freiwillig zersetzen bzw. bei Anwesenheit von Sauerstoff in CO_2, H_2O usw. übergehen. Aber dieser Übergang erfolgt bei Zimmertemperatur so außerordentlich langsam, daß er bei den meisten Verbindungen überhaupt nicht feststellbar ist.

Weitere Kohlenstoff-Verbindungen. Als *stickstoffhaltige* Verbindungen nennen wir das *Hydrogencyanid* (HCN, Trivialname: *Blausäure*), das ebenso wie seine Salze (z. B. Kaliumcyanid[15] KCN) äußerst giftig ist. NaCN hat man früher durch Erhitzen von Na-Metall mit NH_3-Gas und Holzkohle erhal-

[14] Bei Bor sind zahlreiche Hydride bekannt, die z. T. kompliziert zusammengesetzt sind und besondere Bindungsverhältnisse zeigen.
[15] Die Bezeichnung „Cyankali" ist veraltet und sollte nicht mehr verwendet werden.

ten. Heute setzt man CH_4 mit NH_3 mit oder ohne Gegenwart von O_2 um; zur Darstellung von NaCN und KCN wird das erhaltene Hydrogencyanid mit NaOH bzw. KOH zur Reaktion gebracht. Das Anion CN^- verhält sich in vieler Beziehung dem Cl^--Ion ähnlich[16]; so ist AgCN (Silbercyanid) schwerlöslich wie AgCl. HCN besitzt aber im Gegensatz zu HCl nur sehr schwachen Säurecharakter. Durch Erhitzen von Schwermetallcyaniden, z. B. $Hg(CN)_2$ erhält man das dem Cl_2 entsprechende freie Dicyan $(CN)_2$.

Als einfache Kohlenstoffverbindungen von technischer Bedeutung seien noch genannt: *Kohlenstoffdisulfid* CS_2 (dargestellt durch direkte Synthese), *Kohlenstofftetrachlorid* CCl_4 (aus $CH_4 + Cl_2$ oder $CS_2 + Cl_2$), beides Flüssigkeiten, sowie *Phosgen* $COCl_2$ (aus $CO + Cl_2$), ein sehr giftiges Gas.

Die Verbindungen von Kohlenstoff mit Metallen bezeichnet man als *Carbide.* Diese kann man z. T. formal als Salze des Methans auffassen (z. B. Al_4C_3; vgl. S. 159) bzw. als solche des Acetylens. Hier ist besonders das *Calciumcarbid* CaC_2 zu nennen, das man im elektrischen Ofen aus Kalk und Koks nach der stark endothermen Reaktion $CaO + 3C = CaC_2 + CO$ gewinnt.

Die Reaktion wird technisch unter Verwendung von mit einer senkrechten Bohrung versehenen Söderberg-Elektroden (S. 121) durchgeführt, durch die ein Teil der Beschickung eingeblasen wird. Mit Stickstoff gibt CaC_2, wie schon S. 122 erwähnt, gemäß $CaC_2 + N_2 = CaCN_2 + C$ das Düngemittel Kalkstickstoff. Mit Wasser bildet CaC_2 *Acetylen* C_2H_2. Dieses dient einmal für Beleuchtungs- und Schweißzwecke; zum andern lagert es als ungesättigter Kohlenwasserstoff Wasser (bei Anwendung geeigneter Katalysatoren) und andere Stoffe an und dient so als Ausgangsmaterial für organische Synthesen. Eine weitere große Klasse von Carbiden hat *metallischen* Charakter, z. B. der im Kap. XXXV zu besprechende Zementit Fe_3C. Als technischer Baustoff wird das Siliciumcarbid SiC verwendet; es entspricht in der Kristallstruktur und den Bindungsverhältnissen weitgehend dem Diamanten.

Elementorganische Verbindungen. 1849 fand der englische Chemiker *Frankland*, daß sich durch Einwirkung von Zinkmetall auf CH_3I bzw. C_2H_5I die Verbindungen $Zn(CH_3)_2$ und $Zn(C_2H_5)_2$ darstellen lassen. Es sind farblose, an der Luft entzündliche Flüssigkeiten. Dies waren die ersten Beispiele dafür, daß eine organische Gruppe über ein Kohlenstoffatom direkt an ein Metallatom gebunden sein kann. Solche „Metallorganischen" Verbindungen haben für die Entwicklung des Wertig-

[16] Andere „*Pseudohalogenid*"-Ionen sind OCN^-(Cyanat-Ion, S. 121), SCN^-(Thiocyanat-Ion, S. 257) und N_3^-(Azid-Ion, S. 125).

keitsbegriffs eine große Rolle gespielt. Heute sind von etwa der Hälfte der Elemente Verbindungen dargestellt worden, bei denen eine *Alkylgruppe* (z.B. $—CH_3$ Methyl, $—C_2H_5$ Ethyl) oder eine *Arylgruppe* (z.B. $—C_6H_5$ Phenyl) an ein Metall- oder Halbmetall-Atom gebunden ist. Genannt seien die Quecksilberdialkyle und -diaryle, die sich besonders leicht bilden; die Dialkyle sind farblose, luft- und wasserbeständige Flüssigkeiten, $Hg(C_6H_5)_2$ ist ein fester Stoff. Mit ihrer Hilfe kann man z.B. Li-Alkyle wie $Li\,C_2H_5$ herstellen, das mit Wasser und Luft heftig reagiert. $Pb(C_2H_5)_4$ (Bleitetraethyl), eine bei 200 °C siedende Flüssigkeit, dient als „Antiklopfmittel" für *Otto*-Motoren. Bedeutung haben – vor allem in der organischen Chemie – die Verbindungen gewonnen, die man nach *Grignard* durch Einwirkung von Magnesium-Metall auf eine etherische Lösung eines Halogenalkyls gewinnt, z.B. gemäß $C_2H_5Br + Mg + 2(C_2H_5)_2O = C_2H_5MgBr \cdot 2(C_2H_5)_2O$. Sie werden auch in der anorganischen Chemie benutzt; z.B. reagiert die Ethyl-Verbindung mit einer Si—Cl-Gruppe, indem das Cl durch C_2H_5 ersetzt wird. Viel werden in neuerer Zeit die Aryl-Verbindungen des *Lithiums* benutzt, die man ebenfalls in etherischer Lösung gemäß $C_6H_5Br + 2Li = C_6H_5Li + LiBr$ gewinnt. Die *Tetraphenylborate* $M^I[B(C_6H_5)_4]$ von K, Rb und Cs sind in Wasser schwer löslich und werden zur quantitativen Bestimmung dieser Elemente benutzt.

Große Bedeutung haben in neuerer Zeit die metallorganischen Verbindungen der *Übergangselemente* gewonnen; vgl. dazu Kap. XXXII.

Brennstoffe

Die Bundesrepublik Deutschland hat z.Z. einen jährlichen *Primärenergieverbrauch* von etwa 400 Millionen t SKE[17]. Davon entfallen 53% auf Mineralöl, 18% auf Steinkohle, 9% auf Braunkohle, 15% auf Erdgas, 2% auf Wasserkraft usw. sowie 3% auf Kernenergie (vgl. Kap. XXV.). Dabei ist zu berück-

[17] 1 t SKE (Steinkohleneinheiten) sind $10^3 \cdot 7000$ kcal ($= 10^3 \cdot 29\,300$ kJ). 7000 kcal entsprechen der Wärmemenge, die bei der Verbrennung von 1 kg Steinkohle im Mittel frei wird.

sichtigen, daß die Vorräte an Mineralöl und Erdgas in der Welt in absehbarer Zeit – Schätzungen nehmen 50 bis 100 Jahre an – erschöpft sein werden, während die Kohlevorräte noch etwa ein halbes Jahrtausend ausreichen dürften. Die Frage, wie in weiterer Zukunft der Energiebedarf gedeckt werden soll, ist eines der größten Probleme der Menschheit (über „Kernenergie" vgl. Kap. XXV). Von den genannten Energiequellen sind Mineralöl, Stein- und Braunkohle sowie Erdgas *kohlenstoffhaltige* Stoffe, die zur Erzeugung von Wärmeenergie verbrannt werden[18].

Zunächst wollen wir die Frage erörtern, warum gerade der Kohlenstoff und seine Wasserstoffverbindungen für die Energieerzeugung eine so überragende Bedeutung haben. An und für sich könnte man jede exotherme chemische Reaktion zur Wärmeerzeugung ausnutzen. Wenn man nun gerade die Vereinigung von Kohlenstoff mit Sauerstoff wählt, so hat dies verschiedene Gründe. Der wichtigste ist, daß die Reaktionsteilnehmer in einer für die Reaktion geeigneten Form und in genügender Menge in der Natur vorkommen: der Sauerstoff als Bestandteil der Luft, der Kohlenstoff als Hauptbestandteil der Kohle, der Kohlenwasserstoffe (Erdöl) und des Erdgases.

Andere Elemente, die an sich ebenfalls eine große Verbrennungsenthalpie zeigen (vgl. Tab. 8), kommen in der Natur vor allem als oxidische, also nicht brennbare Verbindungen vor. Außerdem ist die Verbrennungsenthalpie pro Gewichtseinheit beim Kohlenstoff besonders hoch, wie Tab. 8 zeigt.

Wichtig ist ferner, daß bei der Verbrennung von Kohlenstoff gasförmige Produkte entstehen, die eine bequeme Übertragung der Verbrennungswärme auf die zu erhitzenden Körper ermöglichen.

Feste Brennstoffe. Die wichtigsten festen Brennstoffe sind Holz, Braun-, Steinkohle und Koks. Über die Zusammensetzung unterrichtet Tab. 9. Nicht berücksichtigt ist der geringe, stark wechselnde Schwefelgehalt, der z. T. auf die Anwesenheit von Pyrit (S. 103) zurückzuführen ist.

[18] Kohle bildete sich aus Pflanzen, die durch Assimilationsvorgänge (Photosynthese) entstanden sind; der Sauerstoffgehalt der Luft geht ebenfalls auf Wirkungen der Sonnenenergie zurück (vgl. S. 44, Anm. 2). Wir benutzen also bei Verbrennungsvorgängen Energiereserven, die von der Sonne auf der Erde gebildet sind.
Mit der Zunahme der Verbrennungsanlagen in der Welt (Industrie, Wohnungsheizung) vergrößert sich auch der CO_2-Gehalt der Luft (z. Z. 0,03% Vol.-Anteil). Dies kann zu einer Erhöhung der Temperatur auf der Erde führen; denn CO_2 hat einen ähnlichen Effekt wie die Glasscheiben eines Treibhauses: die von der Sonne kommenden Lichtstrahlen gehen hindurch, die abfließende Wärme wird zurückgehalten. Dieses Problem hat weitreichende Konsequenzen und wird z. Zt. lebhaft diskutiert.

Tab. 8. Verbrennungsenthalpie

	kJ/kg	kcal/kg
Zn → ZnO	5300	1270
Na → Na_2O_2	11100	2650
Mg → MgO	24700	5910
Al → Al_2O_3	31000	7400
Si → SiO_2	30600	7300
C → CO	9200	2200
C → CO_2	32800	7830

Tab. 9. Zusammensetzung von festen Brennstoffen (in Reinsubstanz); Massenanteile

	Holz	Braunkohlen	Steinkohlen	Koks
C	50%	60 –70%	80 –92%	97%
H	6%	5 – 6%	3,5– 5,5%	0,4%
O	44%	20 –30%	2,5–10%	0,6%
N	0,1%	0,5– 1,5%	1 – 1,5%	1,0%
Heizwert[19]	18800	26000	33500	33100 kJ/kg
(Mittelwert)	4500	6300	8000	7900 kcal/kg

Für die Besprechung der Verbrennungsvorgänge wollen wir so vorgehen, als ob nur Kohlenstoff vorläge. Bei der Verbindung dieses Elements mit Sauerstoff kann, wie wir sahen, CO oder CO_2 entstehen. Tab. 8 zeigt, daß die Verbrennung zu CO noch nicht einmal ein Drittel soviel Wärme liefert wie die Bildung von CO_2 (Bildungsenthalpie von CO −110,5 kJ/mol (−26,4 kcal/mol), die von CO_2 −393,6 kJ/mol (−94,0 kcal/mol)). Infolgedessen wird man in der Praxis die CO-Bildung möglichst vermeiden. Das kann man aber nur dadurch erreichen, daß man einen Sauerstoff-, d.h. Luft-

[19] Die Verbrennungsenthalpie ermittelt man durch Verbrennung mit komprimiertem Sauerstoff in einer Bombe. Dabei geht der vorhandene Wasserstoff in flüssiges Wasser über. In einer Feuerung bildet sich jedoch gasförmiges Wasser; es wird also um die Verdampfungswärme des Wassers (vgl. S. 67) weniger Wärme frei. Deshalb muß man den in der Bombe gefundenen Wert in den für die Praxis maßgeblichen *Heizwert* umrechnen.

Überschuß, verwendet. Es geht zwar dadurch eine gewisse Wärmemenge verloren, die der überschüssige Sauerstoff und vor allem der wegen der Zusammensetzung der Luft zwangsläufig beigemengte Stickstoff wegführt; denn die Rauchgase müssen mit Rücksicht auf den Taupunkt je nach Brennstoff und Kesselart 140 bis 300 °C heiß in den Schornstein eintreten. Dieser Wärmeverlust ist aber bei weitem nicht so schlimm, als wenn sich durch unvollständige Verbrennung nur CO bilden würde.

Flüssige Brennstoffe haben gegenüber den festen (Kohle und Koks) den Vorteil, daß sie sich bequemer handhaben lassen; außerdem kann man den Verbrennungsvorgang schnell unterbrechen und wieder in Gang bringen. Wichtig ist schließlich, daß man bei der Verbrennung mit einem geringeren Luftüberschuß auskommt.

Ausgangsstoff für die flüssigen Brennstoffe ist der z.Z. wichtigste Energieträger der Welt, das *Erdöl*, das an vielen Stellen der Erde vorkommt. Besonders wichtige Fördergebiete sind: Naher Osten, UdSSR, USA, Venezuela, China, Libyen, Nigeria. Die gebräuchlichsten Erdöle enthalten in Massenanteilen: 80–87% C, 10–14% H, 0,2–5% S, 0,1–2% N, 0–3% O. Chemisch handelt es sich in der Hauptsache um Kohlenwasserstoffe (vgl. S. 159f.) von unterschiedlicher Zusammensetzung; darunter vor allem aliphatische und cyclische Alkane (s. S. 159), Aromaten und Naphthene; Alkene (s. S. 162) treten zurück. Schwefel, Stickstoff und Sauerstoff liegen in Form organischer Verbindungen vor.

Erdöl wird in *Raffinerien* durch Destillation in Primärprodukte zerlegt: Gase, Flüssiggase, Leichtbenzin, Schwerbenzin, Kerosin, Gasöle und Rückstand (Heizöl S). Aus einem Teil des Rückstandes gewinnt man durch „Cracken" (thermisches Spalten) leichtere und schwerere Komponenten.

Auch andere Produkte müssen nachbehandelt werden: „Reformieren", d.h. katalytisches „Cyclisieren", „Isomerisieren" und „Aromatisieren" erhöht die Klopffestigkeit von Schwerbenzin; „Hydrotreating" (katalytisches Hydrieren) senkt den S-Gehalt in Kerosin und Gasölen für die Herstellung von Düsentreibstoff, Dieselöl und Heizöl EL; „Hydrocracking" (hydrierende Spaltung) erzeugt aus schweren Destillaten leichtere Fraktionen für Leichtbenzin, Vergaserkraftstoff und niedrig siedende Öle. Bestimmte Siedelagen des Gasöls arbeitet man zu Schmierölen um, die Rückstände z.T. zu Bitumen oder Petrolkoks.

Erdöl ist heute eine wichtige *Rohstoffquelle für die chemische Großindustrie.* Durch geeignete Verfahren („*Petrochemie*") werden H_2, CO, CH_4, C_2H_4, C_2H_2 und ungesättigte Kohlenwasserstoffe mit 3, 4, 5 C-Atomen, Benzol und andere Aromaten hergestellt. Für die Petrochemie werden vor allem die leicht siedenden Benzine verwendet. Erdöl ist heute eine wichtige *Schwefel-*

quelle. Der unverbrennbare Anteil, die Asche, ist sehr gering; beträchtlich kann in ihr der *Vanadium*-Anteil sein.

Gasförmige Brennstoffe haben praktisch alle Vorzüge der flüssigen. Dazu kommt, daß man hohe Temperaturen erzielen kann[20]. Manche technische Verfahren, z. B. das *Siemens-Martin*-Verfahren bei der Stahlerzeugung (vgl. Kap. XXXV), sind überhaupt erst durch die Gasfeuerung möglich geworden.

Der wichtigste gasförmige Brennstoff ist das *Erdgas*. Die größten Mengen werden z. Z. in USA, der UdSSR, in Kanada und den Niederlanden gewonnen, jedoch gibt es Vorkommen an vielen Stellen der Erde, auch in Deutschland. Große Mengen werden bei der Gewinnung von Erdöl, insbesondere in den arabischen Ländern, freigesetzt, die wegen des Fehlens eines Bedarfs zu einem großen Teil abgefackelt werden (*flare gas*). Lediglich in Algerien wird dieses Gas an die Küste geleitet und dort nach Verflüssigung in die Industrieländer transportiert.

Erdgas enthält je nach den Vorkommen Volumenanteile von 75 bis $>98\%$ CH_4. „Trockene" Gase haben einen sehr hohen CH_4-Gehalt, „nasse" können neben Ethan (Äthan) erhebliche Anteile an Propan und Butan (vgl. S. 160) enthalten, die abgetrennt und als „Flüssig"-Gas verwendet werden. Sehr groß ist bei einigen Vorkommen der Gehalt an N_2.

Schließlich kann Erdgas stark wechselnde Mengen von *Schwefelverbindungen* (meist H_2S) enthalten; somit liegt, ähnlich wie beim Erdöl, eine wichtige Schwefelquelle vor[21].

Erdgas hat eine Verbrennungsenthalpie von 32000 bis 45000 kJ/m_n^3 (7600

[20] Die bei einer Verbrennung erreichbare *Temperatur* ist bei gleicher Ausgangstemperatur nicht nur von der Verbrennungsenthalpie ΔH bestimmt. Bei der Verbrennung von CO mit O_2 entsteht gemäß $CO + {}^1/_2 O_2 = CO_2$ aus 1 Molekül CO nur 1 Molekül CO_2, das durch die Verbrennungswärme erwärmt werden muß. Bei der Verbrennung von CH_4 gemäß $CH_4 + 2\,O_2 = CO_2 + 2\,H_2O$ bilden sich dagegen aus 1 Molekül CH_4 3 neue Moleküle. Obwohl die ΔH-Werte für die Verbrennung von CO (-283 kJ/mol $=$ $-67{,}6$ kcal/mol) und von CH_4 (-808 kJ/mol bzw. -193 kcal/mol) sehr verschieden sind, sind die Flammentemperaturen ähnlich. Beim Verbrennen mit Luft ist sogar die Temp. der CO-Flamme höher, da hier aus 1 Molekül nur ≈ 3 Moleküle zu Verbrennungsgasen werden, bei CH_4 dagegen ≈ 11.

[21] Zur Entfernung von H_2S aus einem Gasgemisch gibt es zahlreiche Verfahren. Zum Beispiel kann man das Gas bei Normaltemperaturen unter Druck mit einer sehr schwachen Base umsetzen; H_2S wird gebunden. Erwärmt man dann unter vermindertem Druck, so wird H_2S-Gas frei. Aus diesem kann man nach dem *Claus*-Verfahren in 2 Stufen elementaren Schwefel gewinnen: $H_2S + 1{,}5\,O_2 = SO_2 + H_2O$; $SO_2 + 2\,H_2S = 3\,S + 2\,H_2O$.

bis 10700 kcal/m_n^3)[22]. Es wird nicht nur für industrielle Zwecke als *Heizgas* und zur Herstellung von *Synthesegas* (vgl. S. 123) in katalytischer Reaktion nach der Umsetzung $CH_4 + H_2O = 3H_2 + CO$ verwendet, es verdrängt auch als „*Stadtgas*" das „Leuchtgas" („Kokereigas", s. S. 172) immer mehr. Da Heizwert, Dichte und Zündgeschwindigkeit anders sind, müssen bei Umstellung auf Erdgas die Brenner ausgewechselt werden.

Da in Deutschland in der ersten Hälfte dieses Jahrhunderts (und vor allem im 2. Weltkrieg!) keine nennenswerten Mengen Erdgas zur Verfügung standen, ist eine Reihe von Verfahren entwickelt worden, Gas aus festen Brennstoffen herzustellen. Diese Verfahren werden zwar heute nicht mehr praktiziert, sollen aber kurz geschildert werden, da sie vom Prinzip her Grundlage für die neuere Entwicklung sind.

Genannt sei zunächst das *Generatorgas*-Verfahren. Dieses Gas gewinnt man, indem man die Verbrennung von Kohle so durchführt, daß nur CO entsteht. Dazu bläst man Luft durch eine hohe Schicht glühender Kohle oder Koks. Es erfolgt dann zwar in den tiefer gelegenen Bezirken Verbrennung zu CO_2, aber in den höheren Schichten wird dieses wieder zu CO reduziert. Denn der Vorgang $C_{fest} + CO_2 \rightleftharpoons 2CO$; $\Delta H = +172$ kJ/mol = 41,2 kcal/mol (*Boudouard*-Gleichgewicht) ist endotherm. Dementsprechend liegt, wie Abb. 21 zeigt, bei hohen Temperaturen das Gleichgewicht zugunsten von CO. Andererseits sollte bei tiefen Temperaturen CO in CO_2 und Kohlenstoff

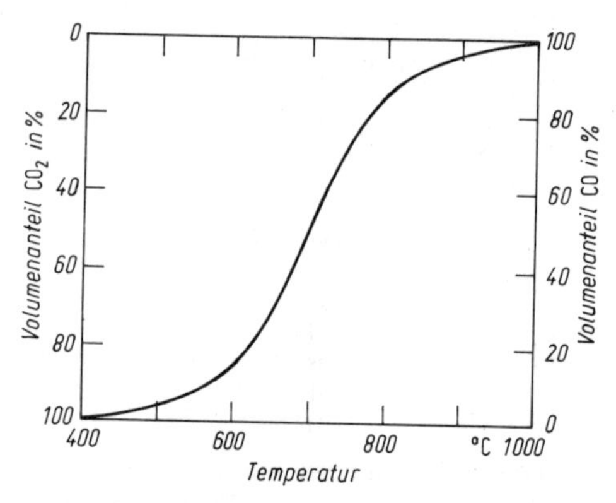

Abb. 21. *Boudouard*-Gleichgewicht

[22] Der Index $_n$ bei m_n^3 bedeutet: unter *Normalbedingungen*, d. h. 0 °C und 1 atm (1,013 bar); vgl. S. 23.

zerfallen. Die Geschwindigkeit dieser Reaktion ist aber bei Zimmertemperatur unmeßbar klein. Bei mittleren Temperaturen dagegen tritt die Reaktion ein, wenn geeignete Katalysatoren, z. B. fein verteiltes Eisen, vorhanden sind (vgl. Kap. XXXV).

Für die Herstellung von Generatorgas verwendete man minderwertige Kohle, z. B. Braunkohle. Da solche Kohlen Wasserstoff und besonders viel Wasser enthalten, spielt die im folgenden Abschnitt beschriebene Wassergasreaktion eine Rolle, das entstehende Gas enthält erhebliche Mengen H_2. Außerdem sind von der eingeblasenen Luft her große Mengen N_2 vorhanden ($4N_2$ auf $1O_2$ bzw. auf $2CO$!). Man bezeichnet das Gas daher als *Schwachgas*. Eine typische Zusammensetzung ist (in Volumenanteilen): 7% CO_2, 27% CO, 49% N_2, 15% H_2, 2% CH_4. Die Verbrennungsenthalpie liegt zwischen 6100 und 6500 kJ/m_n^3 (bzw. 1450 bis 1550 kcal/m_n^3). Das Gas ist nur verwendbar, wenn man keine allzu hohen Temperaturen benötigt. Mit nahezu reinem Kohlenstoff (Koks) findet der Generatorgasprozeß im Eisen-Hochofen (vgl. Kap. XXXV) statt.

Läßt man auf glühende Kohle Wasserdampf einwirken, so erhält man nach der Gleichung: $C_{fest} + H_2O_{gasf.} \rightleftharpoons CO + H_2$; $\Delta H = +130$ kJ/mol (+31,4 kcal/mol) *Wassergas*[23]. Da die Bildung von Wassergas endotherm ist, kühlt sich die Beschickung ab; man muß daher wieder durch Einblasen von Luft aufheizen. Bei den älteren Anlagen geschah dies durch entsprechendes Umschalten und getrenntes Auffangen der gebildeten Gase. Eine typische Zusammensetzung von Wassergas ist: 5% CO_2, 35% CO, 48% H_2, 6% N_2, 6% CH_4. Die Verbrennungsenthalpie beträgt 10500 bis 12900 kJ/m_n^3 (bzw. 2500 bis 3100 kcal/m_n^3).

Aus den genannten Verfahren hat sich die *autotherme Vergasung* von Braun- und Steinkohle sowie von Schweröl entwickelt, um *Heizgas*, *Wasserstoff* und *Synthesegas*, das Ausgangsprodukt zahlreicher Synthesen, z. B. von Ammoniak (s. S. 123), Methanol (s. S. 162), Kohlenwasserstoffen nach dem *Fischer-Tropsch*-Verfahren u. ä., herzustellen. Entscheidend war der Umstand, daß durch die Verbesserung der Verfahren zur Verflüssigung der Luft *Sauerstoff* (und Stickstoff) zu geringen Kosten zugänglich geworden sind. Man verwendet daher Sauerstoff statt Luft und läßt ein Gemisch von Wasserdampf und O_2 einwirken, so daß ein autothermer Prozeß abläuft, bei dem die Verbrennung eines Teils des Brennstoffs zur Deckung des Wärmebedarfs des gleichzeitig stattfindenden Wassergas-Prozesses benutzt wird. Der Prozeß kann somit kontinuierlich geführt werden.

[23] Die weitergehende Reaktion $H_2O + CO \rightleftharpoons H_2 + CO_2$; $\Delta H = -41$ kJ/mol (−9,8 kcal/mol) muß als schwach exotherme Reaktion bei tiefen Temperaturen und Gegenwart eines Katalysators durchgeführt werden; vgl. dazu S. 108 und S. 123.

Die Vergasung wird sowohl bei Normaldruck als auch bei erhöhtem Druck durchgeführt; das letztere hat den Vorteil höherer spezifischer Vergaserleistung, ferner steht das erzeugte Gas mit hohen Drucken zur Verfügung. Die Wahl der angewandten Verfahren hängt davon ab, ob stückige Kohle, Feinkorn-Kohle oder Kohlenstaub eingesetzt werden soll.

Das früher überall in „Gasanstalten" hergestellte „Leuchtgas" fällt heute praktisch nur noch in Kokereien als Nebenprodukt der *Koksgewinnung* als „*Kokereigas*" an. Beim Erhitzen von Kohlen geeigneter Sorte unter Ausschluß von Sauerstoff zerfallen die komplizierten organischen Verbindungen, aus denen die Kohle besteht, und es entstehen Koks, Teer sowie ein Gas, das nach der Entfernung von Nebenbestandteilen (NH_3, HCN und H_2S) etwa folgende Volumenanteile hat: 55 bis 58% H_2, 22 bis 30% CH_4, 5 bis 6% CO, 2% CO_2, 1,5 bis 3,5 andere Kohlenwasserstoffe und 5 bis 11% N_2. Die Verbrennungsenthalpie beträgt 18000 bis 22000 kJ/m_n^3 (4300 bis 5200 kcal/m_n^3).

Zurück bleibt *Koks*, der – abgesehen von einem Gehalt an nicht verbrennbaren Stoffen (Asche) – nahezu reinen Kohlenstoff darstellt. Außerdem gewinnt man Teer, Ammoniak, Benzol (s. S. 161), Schwefel und Cyanverbindungen (s. S. 163).

XXIV. Silicium und Bor; Kolloide Lösungen

Unter dem Kohlenstoff steht im Perioden-System das Silicium. Es ist nach dem Sauerstoff das in der Erdkruste am häufigsten vorkommende Element.

Häufigkeit der Elemente. Über den Gehalt der *Erdkruste* (einschließlich Hydrosphäre und Atmosphäre) an den einzelnen Elementen gibt folgende auf Grund von Analysen und geologischen Betrachtungen aufgestellte Tabelle der häufigsten Elemente Auskunft (Massenanteile in %). [1]

Element	%	Element	%
Sauerstoff	49,4	Wasserstoff	0,88
Silicium	25,8	Titan	0,58
Aluminium	7,5	Chlor	0,19
Eisen	4,7	Phosphor	0,12
Calcium	3,4	Kohlenstoff	0,09
Natrium	2,6	Mangan	0,08
Kalium	2,4	Schwefel	0,05
Magnesium	1,9	usw.	

[1] Ordnet man nach Stoffmengenanteilen, so kommt H zwischen Si und Al.

In dieser Tabelle überrascht die geringe Häufigkeit von Kohlenstoff und Schwefel sowie der verhältnismäßig große Massenanteil an Titan, einem Element, das man früher für sehr selten hielt.

Nach dem Inneren der Erde folgt nach heutiger Kenntnis auf diese Kruste der ebenfalls silicatische, Al-ärmere und Mg- und Fe-reichere *Erdmantel* und schließlich der vermutlich aus Fe + Ni bestehende *Erdkern*. – Es sind jedoch auch andere Ansichten geäußert worden.

Silicium. Von besonderer Bedeutung sind das Oxid SiO_2 und seine Verbindungen mit Metalloxiden, die *Silicate*.

SiO_2, *Siliciumdioxid*, kommt in der Natur sowohl in kristallisierter als auch in amorpher Form vor. Amorphe (bzw. feinkristalline) Formen sind der wasserhaltige *Opal* und seine durch Schwermetallverbindungen gefärbten Abarten *Achat*, *Onyx*, *Karneol* usw., die als Schmucksteine Verwendung finden. Eine erdige Form ist der *Kieselgur*, der aus vorzeitlichen Aufgußtierchen und Kieselalgen entstanden ist.

In kristallisierter Form kommt SiO_2 als *Quarz* [2,3] oder *Bergkristall* vor. Es ist also im Gegensatz zum CO_2 fest und gehört sogar zu den hoch schmelzenden Verbindungen. Erhitzt man Quarz, so treten zunächst mehrere Modifikations-Änderungen (*Tridymit*, *Cristobalit*) auf und bei etwa 1700° erfolgt Schmelzen. Wegen dieses hohen Schmelzpunktes sind die im wesentlichen aus feinkristallinem SiO_2 bestehenden „Silika-Steine“ ein technisch wertvolles, hochfeuerfestes Erzeugnis; sie sind besonders gegenüber sauren Schmelzen beständig (vgl. auch S. 228, Anm. 10).

Beim Erkalten geht die SiO_2-Schmelze nicht wieder in den kristallisierten Zustand über, sie bleibt vielmehr nichtkristallisiert und bildet ein „*Glas*“ (näheres über Gläser vgl. S. 227). Dieses Quarzglas ist nicht nur durch seine Durchlässigkeit für ultraviolettes Licht und durch seine große chemische Widerstandsfähigkeit[4] ausgezeichnet, sondern auch durch seine Unemp-

[2] Seit einiger Zeit kennt man neben dem *Quarz* (Dichte $\varrho = 2{,}65\ g/cm^3$) und den Hochtemperatur-Modifikationen von SiO_2 noch Hochdruckformen: *Coesit* ($\varrho = 2{,}91\ g/cm^3$) und *Stishovit* ($\varrho = 4{,}35\ g/cm^3$). Coesit und auch Stishovit treten auf, wenn durch Meteorit-Einschläge große Drucke entstanden sind (Mondoberfläche, *Nördlinger Ries*).

[3] Quarzkristalle kann man durch Erhitzen von amorphem SiO_2 mit Wasser unter hohem Druck bei Gegenwart von Alkalihydroxid technisch herstellen.

[4] Gegen wäßrige Lösungen, insbesondere von Säuren, ist Quarzglas auch beim Kochen beständig. Auch Laugen greifen beim Kochen nur sehr langsam an. Wäßrige Flußsäure löst langsam (s. S. 99), gegen wasserfreies flüssiges Hydrogenfluorid ist Quarzglas bei Zimmertemperatur beständig. Bei Temperaturen von einigen 100 °C wird Quarzglas allerdings durch Wasser angegriffen.

findlichkeit gegen schroffen Temperaturwechsel (kleiner thermischer Ausdehnungskoeffizient!). Man kann ein rotglühendes Stück Quarzglas in Wasser tauchen, ohne daß es springt.

Die Verbindungen des Siliciumdioxides mit Metalloxiden, die *Silicate*, hat man früher als Salze verschiedener Kieselsäuren aufgefaßt: z. B. der Orthokieselsäure H_4SiO_4, der Metakieselsäure H_2SiO_3, der Dikieselsäure $H_2Si_2O_5$ usw. Das hat aber nur formale Bedeutung. Wirklich verstehen kann man den Aufbau der Silicate nur auf Grund der allgemeinen Gesetzmäßigkeiten über die Lagerung der Atome bzw. Ionen in den Kristallen. Diese Gesetzmäßigkeiten kann man heute gut übersehen, nachdem man den inneren Aufbau vieler Kristalle mit Röntgenstrahlen erforscht hat (vgl. dazu S. 49 und S. 201 f.). Bei allen Silicaten findet man SiO_4^{4-}-Tetraeder, die in den Orthosilicaten, z. B. Mg_2SiO_4 [5] wirklich als Einzelgruppen vorkommen. Sie können aber auch dadurch verknüpft sein, daß ein O^{2-}-Ion zwei SiO_4-Gruppen zugehört. So können $Si_2O_7^{2-}$-Gruppen, Ketten (Asbest), Flächen (Glimmer) und dreidimensionale Gebilde (Quarz) vorkommen. Dabei kann Si z. T. durch Al ersetzt sein, z. B. in den Feldspäten $NaAlSi_3O_8$ (Albit), $KAlSi_3O_8$ (Orthoklas) und $CaAl_2Si_2O_8$ (Anorthit). Auf Einzelheiten dieses umfangreichen und verwickelten Gebietes können wir nicht eingehen.

In ihrem *chemischen Verhalten* sind die Silicate durch große Beständigkeit gegen die meisten Reagentien, insbesondere Säuren, ausgezeichnet; nur Flußsäure greift sie an (vgl. dazu S. 99). Daher haben die Silicate eine große Bedeutung für das tägliche Leben. Hierfür sind Glas, Porzellan und Zement typische Beispiele. Ihre Besprechung wollen wir aber auf das Kap. XXVII verschieben, bis wir ihre anderen Bestandteile kennengelernt haben.

Leicht löslich sind nur ganz wenige Silicate, insbesondere die *Wassergläser*. Man stellt sie her, indem man Kieselsäure mit Natrium- oder Kalium-Carbonat zusammenschmilzt: $Na_2CO_3 + SiO_2 = Na_2SiO_3 + CO_2$. Die schwer flüchtige Kieselsäure treibt also die leicht flüchtige Kohlensäure aus. Da Salze starker Basen mit einer sehr schwachen Säure vorliegen, reagieren die Wasserglaslösungen alkalisch. Durch starke Säuren, z. B. HCl oder $HClO_4$, wird die schwache Kieselsäure in Freiheit gesetzt. Dabei entsteht primär $Si(OH)_4$; durch Wasserabspaltung zwischen benachbarten Molekülen bilden sich aber große Aggregate, es fallen gallertartige Niederschläge aus. Auch diese sind nicht stabil; schon bei wenig erhöhter Temperatur gehen sie verhältnismäßig rasch in Siliciumdioxid und Wasser über.

Das Freimachen der Kieselsäure aus Wasserglaslösungen kann auch schon durch schwache Säuren, z. B. *Kohlensäure*, erfolgen. Früher legte man rohe

[5] Mg^{2+} kann hier wie in anderen Fällen durch Fe^{2+} ersetzt sein: $(Mg, Fe)_2SiO_4$ ist der *Olivin*. Entsprechend kann Fe^{3+} anstelle von Al^{3+} treten.

Eier in eine verdünnte Wasserglaslösung; es bildete sich allmählich unter dem Einfluß des in der Luft enthaltenen Kohlendioxides auf den Schalen eine Kieselsäurehaut aus, die den Zutritt der Luft verhinderte und so die Eier vor dem Verderben schützte.

Das *elementare Silicium* kann man „aluminothermisch" (vgl. Kap. XXVII) durch Entzünden eines Gemisches von SiO_2 und Al-Metall gewinnen. Das entstehende, grobkristalline Produkt löst sich nicht in Säuren, wohl aber in Laugen. Si äußerster Reinheit, das nur durch Spezialmethoden erhalten werden kann, benutzt man für „Transistoren" in der Elektrotechnik (vgl. S. 206, Anm. 25).

Die *Siliciumhydride* (*Silane*) wie z. B. SiH_4(*Monosilan*), Si_2H_6 usw. kann man auf verschiedene Weise gewinnen, z. B. durch Zersetzung von Mg_2Si mit Salzsäure (Mg_2Si bildet sich beim Erhitzen von SiO_2 mit Mg-Metall). Sie sind in ihren physikalischen Eigenschaften den entsprechenden Kohlenwasserstoffen ähnlich, entzünden sich aber an der Luft.

Von den *Halogenverbindungen* sind die Tetrahalogenide SiF_4 (vgl. S. 99) und $SiCl_4$ (aus Si + 2 Cl_2 oder nach *Ørsted* durch Erhitzen eines SiO_2/C-Gemenges im Cl_2-Strom) die wichtigsten. Beim Erhitzen von Si mit $SiCl_4$ bildet sich in endothermer Reaktion gasförmiges $SiCl_2$, das je nach den Abkühlungsbedingungen wieder in Si + $SiCl_4$ übergeht oder kompliziert zusammengesetzte niedere Si-Chloride höherer molarer Masse bildet[6]. Beim Erhitzen von elementarem Si im HCl-Strom erhält man Silicium-Chloroform $HSiCl_3$.

Technische Bedeutung haben die „*Silicone*" erlangt. Bei ihnen sind die Si-Atome, ähnlich wie in den Silicaten, durch O-Brücken verkettet, sie sind aber außerdem mit organischen Gruppen, wie $—CH_3$, $—C_2H_5$ verbunden. Die Silicone sind chemisch und thermisch recht widerstandsfähig und außerdem wasserabstoßend.

Über die Elemente der 4B-Gruppe (Ge, Sn, Pb) s. Kap. XXVIII.

Bor. Dem Silicium sehr ähnlich ist das Bor, das wie alle Elemente der dritten Gruppe ein Oxid der Formel B_2O_3 bildet. Durch Wasseranlagerung entsteht daraus die Borsäure H_3BO_3, die als mildes Desinfektionsmittel dient. Ein bekanntes Salz ist der Borax $Na_2B_4O_7 \cdot 10\,H_2O$ (bzw. $[Na(H_2O)_4]_2 \cdot$ $\cdot\, [B_4O_5(OH)_4]$). Ein anderes Hydrat dieses Na-Tetraborats ist der Kernit, das wichtigste natürliche Vorkommen von Bor-Verbindungen. Natriumperoxoborat $Na_2B_2(O_2)_2(OH)_4 \cdot 6\,H_2O$ (technisch fälschlich als Natriumperborat bezeichnet) ist ein Bestandteil vieler Waschpulver.

[6] Analog den niederen Halogeniden kann sich beim Erhitzen eines Si/SiO_2-Gemisches auch gasförmiges, endothermes SiO bilden; dies entspricht weitgehend dem S. 170 beschriebenen *Boudouard*-Gleichgewicht.

Flüchtige Borverbindungen, z. B. BF_3 oder Borsäuremethylester $B(OCH_3)_3$, färben die Flamme grün. Von den *Wasserstoffverbindungen* des Bors sei als die einfachste das gasförmige B_2H_6 der Konstitution

```
H     H     H
 \   / \   /
  B     B
 /   \ /   \
H     H     H
```

genannt. Daneben gibt es zahlreiche andere, kompliziert aufgebaute Borhydride. B_2H_6 entzündet sich, wenn es mit Luft in Berührung kommt; die dabei freiwerdende Verbrennungswärme ist größer als bei den Kohlenwasserstoffen. Von vielen Borhydriden leiten sich Salze ab, z. B. $Li[BH_4]$; vgl. S. 216/17 über $Li[AlH_4]$.

*Borstickstoff*verbindungen ähneln in ihrem Aufbau und ihren physikalischen Eigenschaften den entsprechenden Kohlenstoffverbindungen, so z. B. BN dem Graphit und $B_3N_3H_6$ dem Benzol C_6H_6. Das chemische Verhalten ist jedoch meist anders.

Kolloide Lösungen

Führt man die Zersetzung von Natriumsilicat durch Säuren in stark verdünnter Lösung durch, so ist kein Niederschlag zu beobachten. Beim Durchgang eines Lichtstrahles durch eine solche Lösung zeichnet sich aber bei seitlicher Beobachtung der Strahl leuchtend in der Flüssigkeit ab, während er beim Durchgang durch reines Wasser oder Lösungen kaum zu erkennen ist. Dieser „*Tyndall-Effekt*“ bleibt auch bestehen, wenn man die Lösung filtriert. Er entspricht dem Aufleuchten von Staubteilchen in einem Sonnenstrahl.

Lösungen, die den *Tyndall-Effekt* sehr ausgeprägt zeigen, bezeichnet man als „*kolloide*“ (leimartige) Lösungen oder *Sole*. Sie bilden einen Übergang zwischen den „echten“ Lösungen, in denen der gelöste Stoff in einzelne Moleküle oder Ionen aufgeteilt ist, und den „Aufschlämmungen“ oder „Suspensionen“, wie etwa Lehmwasser, bei denen man schon bei ganz schwacher Vergrößerung die einzelnen Teilchen erkennen kann. Bei den kolloiden Lösungen beträgt der Durchmesser der Teilchen 10^{-7} bis 10^{-5} cm. Sie sind meist so klein, daß man sie mit einem Mikroskop nicht mehr sehen kann; man erkennt sie aber im „Ultramikroskop“ durch die von ihnen hervorgerufenen Beugungserscheinungen. Mit der Kleinheit der Teilchen hängt zusammen, daß sich kolloide Lösungen – im Gegensatz zu Suspensionen – auch nach langer Zeit nicht absetzen. Auch gehen sie durch die meisten Filter hindurch; durch Pergamentmembranen werden sie dagegen zurückgehalten. Man kann daher kolloide Lösungen durch „Dialyse“ durch solche Membranen von Elektrolyten befreien.

Man unterscheidet „*lyophobe*" (das Lösungsmittel fürchtende) und „*lyophile*" (das Lösungsmittel liebende) Kolloidteilchen; bei wäßrigen Solen (Hydrosolen) spricht man von „hydrophob" bzw. „hydrophil". Zu den erstgenannten gehören z.B. fein zerstäubte Metalle und Sulfide, zu den letzteren Hydroxide und viele organische Substanzen von großer molarer Masse (z.B. Gelatine). Wir betrachten zunächst die *hydrophoben* Kolloide. Da es sich bei ihnen durchweg um äußerst wenig lösliche Stoffe handelt, die sich eigentlich zu größeren Partikeln vereinigen und ausfallen müßten, so muß eine *Ursache* vorliegen, die das Zusammentreten der Teilchen verhindert. Es ist dies ihre *elektrische Ladung*; sie sind alle im gleichen Sinne gegen das Lösungsmittel aufgeladen. Treffen daher infolge der Wärme-Bewegung zwei Teilchen aufeinander, so stoßen sie sich ab.

Diese elektrische Ladung kann verschiedene Ursachen haben. Zum Beispiel können einzelne an der Oberfläche des Kolloidteilchens sitzende Aggregate dissoziieren. Enthält ein Kolloidteilchen saure Gruppen, so kann es H_3O^+-Ionen abspalten und bleibt negativ geladen zurück. Es können auch Ionen aus der Lösung an der Oberfläche der Teilchen angelagert werden. So „adsorbiert" Silberiodid, wenn es durch Zugabe einer $AgNO_3$-Lösung zu einer im Überschuß vorhandenen KI-Lösung gefällt wird, I^--Ionen und lädt sich daher negativ auf; die Lösung ist trübe. Sie hellt sich bei weiterer Zugabe von $AgNO_3$-Lösung auf, wenn die Menge der Ag^+-Ionen genau die der I^--Ionen erreicht. Fällt man umgekehrt AgI aus einer $AgNO_3$-Lösung durch Zugabe von einer unzureichenden Menge von KI-Lösung, so daß Ag^+-Ionen im Überschuß vorhanden sind, so werden diese angelagert, die AgI-Teilchen sind positiv geladen. Wieder tritt Aufklärung beim Äquivalenzpunkte ein.

Gibt man zu einem Sol *Elektrolyte*, so reichern sich die Ionen, deren Ladung entgegengesetzt zu der des Kolloidteilchens ist, in der Grenzschicht Teilchen/Wasser an; dadurch kann die Ladung des Teilchens kompensiert werden. Sind die Teilchen gegenüber dem Lösungsmittel nicht mehr geladen (*isoelektrischer Punkt*), so fällt ein Niederschlag aus. Bei diesen Vorgängen sind H_3O^+-Ionen und solche höherer Ladung, z.B. Al^{3+}, besonders wirksam. In Gegensatz zu dieser „*Koagulation*" steht die „*Peptisation*", das In-Lösung-Gehen eines Niederschlages; diese kann z.B. erfolgen, wenn durch Verdünnung die Konzentration an Elektrolytionen erniedrigt wird. Dies bringt z.B. gelegentlich Störungen beim Auswaschen von Sulfid-Fällungen.

Bei den *hydrophilen* Kolloiden spielt nicht so sehr die Ladung eine Rolle als die Umhüllung mit Wassermolekülen, die Teilchen besitzen daher keine so scharfe Grenze. Dies kann soweit gehen, daß die ganze Masse zu einem „*Gel*" erstarrt.

Da kolloide Lösungen instabil sind, „altern" sie; nach einiger Zeit flockt der gelöste Stoff ganz oder teilweise aus. Besonders unbeständig sind hydrophobe Kolloide. Man stabilisiert diese gelegentlich, indem man ein hydrophiles Kolloid zugibt („*Schutzkolloid*"); so ist im „*Kollargol*" kolloides Silber durch eiweißartige Stoffe stabilisiert.

Kolloide Lösungen können sich auch gegenseitig ausfällen, wenn die Teilchen entgegengesetzte Ladung besitzen, so z. B. ein positives $Fe(OH)_3$- und ein negatives Sb_2S_3-Sol.

Der kolloide Zustand spielt in der Natur eine sehr große Rolle, denn die tierischen und pflanzlichen Organismen bestehen zum großen Teil aus kolloiden Systemen. Auch der Ackerboden ist reich an Kolloiden.

XXV. Der Aufbau der Atome; Chemische Bindung

Die Regelmäßigkeiten des Perioden-Systems müssen irgendwie mit dem Aufbau der Atome zusammenhängen. Früher glaubte man, die Atome seien gleichmäßig mit Materie erfüllte, undurchdringliche Kugeln. Eine große Reihe physikalischer Erscheinungen, auf die wir im einzelnen nicht eingehen können, zeigt aber, daß es nicht so ist. Nach der *Rutherford-Bohr*schen Atomtheorie[1] besteht vielmehr jedes Atom aus einem positiv geladenen Kern von nur $\approx 10^{-13}$ cm ($\equiv 1$ fm) Durchmesser, um den herum sich gleichartige, negativ geladene „Elektronen" (Elektronenhülle) bewegen; der Durchmesser dieser Hülle liegt in der Größenordnung von 10^{-8} cm ($\equiv 100$ pm). Im Kern ist praktisch die ganze Masse des Atoms vereinigt; die Masse der Elektronen ist demgegenüber zu vernachlässigen. Die Ladung des Kernes ist gleich der Nummer des betreffenden Elementes im Perioden-System, der „Ordnungszahl" (vgl. S. 116), wenn man als Einheit die Absolutgröße der Ladung des Elektrons wählt. Die Anzahl der Elektronen ist daher im ungeladenen Atom gleich der so gemessenen Kernladung. In den positiven Ionen dagegen ist die Zahl der Elektronen kleiner, in den negativen größer als die Kernladung.

[1] Lord *Ernest Rutherford*, englischer Physiker, lebte 1871–1937; der dänische theoretische Physiker *Niels Bohr* lebte 1885–1962.

Die Ruhemasse des *Elektrons* m_e beträgt $9{,}109534 \cdot 10^{-31}$ kg = 0,0005486 u, sie ist also nur etwa $^1/_{2000}$ so groß wie die Ruhemasse des *Protons* $m_p = 1{,}6726485 \cdot 10^{-27}$ kg = 1,007276 u. Ganz ähnlich ist die Ruhemasse des *Neutrons* (vgl. S. 182) $m_n = 1{,}6749543 \cdot 10^{-27}$ kg = 1,008665 u. Die *Elementarladung e* beträgt $1{,}6021892 \cdot 10^{-19}$ C. Bezgl. der Einheit u vgl. S. 63.

Aufbau der Kerne

Es hat sich ergeben, daß die Atomkerne zusammengesetzt sind. Für unsere Zwecke genügt die vereinfachende Annahme, daß die Kerne aus *Protonen* (Symbol p, Masse 1,007276 u (vgl. oben), Ladung +e) und *Neutronen* (Symbol n, Masse 1,008665 u, Ladung 0) zusammengesetzt sind. Diese Teilchen nennt man *Nukleonen.* Dies bringt man z. B. für das Helium, dessen Kern zwei Protonen und zwei Neutronen enthält, durch die Schreibweise $^4_2$He zum Ausdruck. Dabei bedeutet die links oben stehende 4, die „*Nukleonenzahl*“ (veraltet: Massenzahl), daß insgesamt 4 Nukleonen vorhanden sind, die links unten stehende Zahl 2, die „*Protonenzahl*“ (auch als Ordnungszahl oder Kernladung bezeichnet), gibt die Zahl der Protonen im Kern und damit die Kernladung an. Die genannte Vorstellung ergibt sich aus der nachstehend beschriebenen historischen Entwicklung:

Der französische Physiker *Becquerel* fand am Ende des vorigen Jahrhunderts, daß das Uran und einige andere Elemente mit sehr hoher Ordnungszahl Strahlen aussenden, die die photographische Platte schwärzen. Der polnischen Physikerin *Marie Sklodowska* (1867–1934), später mit dem französischen Physiker *P. Curie* verheiratet, gelang die Isolierung des *Poloniums* und des *Radiums*, die wesentlich stärker strahlen als Uran. Ferner zeigte es sich, daß es sich um drei verschiedene Strahlungsarten handelt, nämlich doppelt positiv geladene Helium-Ionen (α-Strahlen), Elektronen (β-Strahlen) und eine elektromagnetische (γ)-Strahlung, die meistens noch viel kurzwelliger und damit energiereicher ist als die Röntgenstrahlen. Diese Strahlungen rühren von Zerfalls- und Umwandlungsprozessen dieser höheren Atomkerne her, die ohne erkennbare äußere Einflüsse ablaufen.

Zum Beispiel ist *Radium* ein α-Strahler, dies entspricht dem Vorgang $^{226}_{88}\mathrm{Ra} \rightarrow {}^4_2\mathrm{He} + {}^{222}_{86}\mathrm{Rn}$, die Nukleonenzahl (und angenähert auch die relative Masse) wird um 4, die Kernladung um 2 kleiner. Das so gebildete Edelgas Rn zerfällt ebenfalls als α-Strahler zu $^{218}_{84}$RaA, einem Element der 6. Gruppe des Perioden-Systems. Auch dieses ist wiederum ein α-Strahler, es entsteht $^{214}_{82}$RaB, ein Element der 4. Gruppe. $^{214}_{82}$RaB ist dagegen ein β-Strahler, im

Kern geht ein Neutron in ein Proton über und es wird ein Elektron ausgestoßen; die Masse ändert sich dabei praktisch nicht und es entsteht $^{214}_{83}$RaC, ein Element der 5. Gruppe. Dann folgt wieder ein β-Strahler usw. und schließlich entsteht $^{206}_{82}$Pb, das nicht mehr radioaktiv ist. Vorgänge, wie sie eben dargelegt sind, bilden den Inhalt des Verschiebungssatzes von *Fajans* und *Soddy*.

Es gibt drei natürliche radioaktive *Zerfallsreihen*: die Actinium-Reihe (**I**) beginnt mit dem Actino-Uran $^{235}_{92}$U, die Uran-Reihe (**II**) mit Uran I $^{238}_{92}$U (in diese Reihe gehört das Radium), die Thorium-Reihe (**III**) mit Thorium $^{232}_{90}$Th. Nach einer größeren Zahl von α- und β-Zerfällen (die Einzelschritte können mit sehr verschiedener Energie und Geschwindigkeit verlaufen, die „Halbwertszeiten" liegen zwischen 10^{10} Jahren und 10^{-7} Sekunden!) entsteht in allen Fällen ein beständiges Endglied mit der Protonenzahl 82, d. h. Blei; denn die Protonenzahl bestimmt die Zahl der Elektronen in der Elektronenhülle und damit das chemische Verhalten, und 82 Elektronen in der Elektronenhülle sind für das Element Blei charakteristisch. Die Blei-Atome, die aus den drei genannten Zerfallsreihen entstehen, haben aber verschiedene Nukleonenzahlen: bei Reihe **I** 207, bei **II** 206, bei **III** 208.

In den radioaktiven Reihen finden sich demnach Erscheinungen, die die älteren Vorstellungen über den Elementbegriff umstürzen: Einmal die Existenz von Atomen, die nicht beständig sind, sondern sich umwandeln[2]; dabei werden Energien frei, die um Zehnerpotenzen größer sind als man sie bei chemischen Vorgängen findet (vgl. S. 183). Zum anderen war man früher überzeugt, daß den Atomen eines Elements eine ganz bestimmte charakteristische Masse zukommt. Wie aber soeben dargelegt wurde, gibt es z. B. mehrere Bleiarten mit verschiedenen Atommassen. Dies gilt nicht nur für Blei, sondern kommt bei fast allen Gliedern der radioaktiven Reihen vor. Uran z. B., wie es in der Natur vorkommt, besteht zu 99,3% aus $^{238}_{92}$U, zu 0,7% aus $^{235}_{92}$U. Andererseits hat RaA (vgl. S. 179) chemisch die Eigenschaften von Po, RaB von Pb, RaC von Bi usw. Man bezeichnet Atomarten, die die gleiche Protonenzahl, aber verschiedene Nukleonenzahl haben, als *Isotope*, weil sie im Periodensystem an der gleichen Stelle stehen.

Als man dann Methoden entwickelt hatte, um die Massen von einzelnen Atomen oder Molekülen bzw. Molekülbruchstücken genau zu bestimmen – insbesondere ist hier als höchst entwickelte Präzisionsmethode die bereits S. 62 erwähnte *Massenspektroskopie* zu nennen – stellte sich heraus, daß die *Mehrzahl der Elemente* aus mehreren Isotopen besteht. Nur wenige Elemente (Be, F, Na, Al, P, Sc, Mn, Co, As, Y, Nb, I, Cs, Pr, Tb, Ho, Tm,

[2] Es gibt auch einige Isotope von leichteren Elementen, die radioaktiv sind; genannt seien $^{40}_{19}$K(β), $^{87}_{37}$Rb(β), $^{138}_{57}$La(β), $^{147}_{62}$Sm(α), $^{176}_{71}$Lu(β), $^{187}_{75}$Re(β); in Klammern ist die Strahlungsart angegeben.

Au, Bi) sind Reinelemente, sie sind „mononuklidisch". Die anderen sind Gemische von Isotopen (Mischelemente), sie sind „polynuklidisch". Die Zahl der Isotope eines Elements kann bis zu 10 betragen! Die Isotopie erklärt es, daß viele Elemente eine so weit von einer ganzen Zahl abweichende molare Masse haben; es liegen Gemische verschiedener Isotope vor. So stellt z. B. Chlor mit der relativen Masse 35,453 ein Gemisch von zwei Isotopen mit den Nukleonenzahlen 35 (75,4%) und 37 (25,6%) dar.

Die *Trennung von Isotopengemischen*, wie sie bei fast allen Elementen vorliegen, ist außerordentlich schwer. Eine solche Trennung kann nur auf physikalischem Wege erfolgen[3]; denn chemisch unterscheiden sich Isotope voneinander praktisch nicht, da die Protonenzahl und damit die Zahl der Elektronen in der Hülle die gleiche ist. Besonders wichtig ist es, daß neben gewöhnlichen Wasserstoffatomen mit der Nukleonenzahl 1 auch solche der Nukleonenzahl 2 vorkommen[4], wenn auch nur etwa im Verhältnis 1 : 7000. Man hat dem schweren Wasserstoff einen eigenen Namen gegeben, „*Deuterium*" (Symbol D); der Wasserstoffkern mit der Nukleonenzahl 2 heißt „*Deuteron*". Die Trennung der Wasserstoffisotopen gelingt verhältnismäßig leicht, da sich bei der Elektrolyse der Wasserstoff mit der Nukleonenzahl 1 leichter abscheidet, während sich D_2O bzw. DHO im Elektrolysenrückstand anreichern. (Über „schweres Wasser" vgl. auch S. 13).

Ersetzt man in chemischen Verbindungen Wasserstoff durch Deuterium, so kann man Einblicke in den *Verlauf von chemischen Reaktionen* u. a. erhalten. Ähnliches kann man mit den Isotopen anderer Elemente erreichen, wobei es sich sowohl um in der Natur vorkommende als auch um künstlich dargestellte, radioaktive Isotope (vgl. dazu unten) handeln kann. Auch für *analytische* Zwecke benutzt man die durch Neutronenbestrahlung erzeugten radioaktiven Stoffe (*Aktivierungsanalyse*). Schließlich sei darauf hingewiesen, daß man durch radioaktive Messungen das *Alter von Mineralien* und damit das Mindestalter der Erde ($3{,}5 \times 10^9$ Jahre) feststellen kann, indem man z. B. das Verhältnis $^{206}_{82}Pb : ^{238}_{92}U$ in einem Mineral bestimmt. Andere zur Altersbestimmung geeignete Atompaare sind:
$^{40}_{18}Ar : ^{40}_{19}K$; $^{87}_{38}Sr : ^{87}_{37}Rb$. Ferner kann man den Gehalt an $^{14}_{6}C$ und $^{3}_{1}H$ zur Altersbestimmung benutzen.

Radioaktive Strahlen kann man in der *Wilson*schen Nebelkammer sichtbar machen; diese enthält Luft, die mit Wasserdampf übersättigt ist, der dort, wo

[3] Als besonders wirksam hat sich die sogenannte „Thermodiffusion" erwiesen (*Clusius*).
[4] Das Wasserstoffisotop der Nukleonenzahl 3, das „*Tritium*", kommt in der Natur nur in sehr geringen Mengen vor; man kann es aber künstlich durch Beschießen von $^{6}_{3}Li$ und $^{7}_{3}Li$ mit langsamen Neutronen gewinnen. Es ist radioaktiv (β-Strahler).

ein geladenes Teilchen geflogen ist, zur Kondensation gebracht wird, weil die Teilchen durch Zusammenstöße mit Gasmolekülen Ionen erzeugen, die als Kondensationskerne dienen. Als *Rutherford* 1919 in einer Stickstoffatmosphäre Versuche mit α-Strahlen machte, stellte er fest, daß sich ein Strahl in einen kurzen und einen langen Ast teilte. Der letztere konnte nur von einem H-Teilchen herrühren. Es hatte folgende Reaktion stattgefunden:

$$^{14}_{7}N + ^{4}_{2}He = ^{1}_{1}H + ^{17}_{8}O$$

es war aus Stickstoff und Helium Wasserstoff und das – in der Natur nur in geringer Menge vorkommende – Sauerstoff-Isotop der Nukleonenzahl 17 entstanden. Der alte Traum der Alchimisten einer künstlich ausgelösten Atomumwandlung war erfüllt. Mit α-Teilchen und durch sehr stark elektrische Felder beschleunigten anderen Teilchen (H, D u.ä.) hat man dann noch viele andere Atomumwandlungen durchgeführt und dabei auch künstlich radioaktive Stoffe hergestellt, z.B. gemäß $^{27}_{13}Al + ^{4}_{2}He \rightarrow ^{1}_{0}n + ^{30}_{15}P$; $^{30}_{15}P \rightarrow ^{30}_{14}Si + ^{0}_{1}e^{+}$; das nach dem ersten Vorgang aufgebaute $^{30}_{15}P$-Teilchen zerfällt freiwillig! Bei den eben genannten Prozessen treten zwei Elementarteilchen auf, die man früher nicht kannte[5]. e^{+} ist das *positiv geladene Elektron*; es ist das „Antiteilchen" zu e^{-}. Beim Zusammenprall eines e^{+} und eines e^{-} vernichten sie sich gegenseitig unter Aussendung elektromagnetischer Strahlung. Man kennt heute auch ein „Anti"-Proton, -Neutron usw. Wichtiger als e^{+} ist das zweite, als n bezeichnete Teilchen, das *Neutron.* Es ist 1932 von *Chadwick* entdeckt worden und entsteht z.B. bei der Kernreaktion $^{9}_{4}Be + ^{4}_{2}He \rightarrow ^{12}_{6}C + ^{1}_{0}n$. Ein Gemisch eines α-Strahlers (z.B. Ra oder Rn) und Be bezeichnet man daher als „Neutronenkanone".

Die Entdeckung des Neutrons war von entscheidender Bedeutung für die weitere Entwicklung. Einmal erkannte man, daß dieses Teilchen, obwohl es außerhalb des Kerns als freies Teilchen nur kurzlebig ist – es zerfällt mit einer Halbwertszeit von 12,8 Minuten unter β-Strahlung in ein Proton – eine wesentliche Rolle beim Aufbau der Atomkerne spielt. Schon vor etwa 150 Jahren hatte der englische Arzt *Prout* die Hypothese aufgestellt, die Atome aller Elemente seien aus Wasserstoffatomen aufgebaut. Das war

[5] Man hat darüber hinaus in den letzten Jahrzehnten noch zahlreiche weitere, durchweg kurzlebige Elementarteilchen kennengelernt, deren Massen meist zwischen der des Elektrons und der des Protons liegen, z.T. aber noch etwas schwerer sind: die μ-, π- und K-Mesonen und die Hyperonen; es ist hier jedoch nicht möglich, darauf einzugehen. Ebensowenig können das Photon, das Neutrino und die weiteren Antiteilchen besprochen werden. Ob eine Theorie, daß alle Elementarteilchen, die schwerer sind als das μ-Meson, aus den sog. „Quarks" und „Antiquarks" mit $^{1}/_{3}$ bzw. $^{2}/_{3}$ Elementarladung entstehen, zutrifft, ist noch fraglich; neuerdings ist diese Theorie modifiziert worden.

damals eine Spekulation, die *Berzelius* und andere durch genaue Atomgewichtsbestimmungen nachprüften und als nicht zutreffend fanden. Erst in den dreißiger Jahren dieses Jahrhunderts hat sich ergeben, daß im Grunde genommen die Hypothese von *Prout* richtig ist. Nur zeigte es sich, daß es offenbar *zwei* Elementarteilchen sind, die hierbei eine Rolle spielen, die Wasserstoffkerne („*Protonen*" p) und die *Neutronen*.

$^{4}_{2}$He z. B. ist, wie schon S. 179 erwähnt, aus 2p und 2n, insgesamt aus 4 Nukleonen, aufgebaut, $^{238}_{92}$U aus 92p und 146n, insgesamt 238 Nukleonen. Die Zahl der Neutronen pro Proton ist also bei den schweren Elementen größer als bei den leichten. Mit der Annahme, daß in den Atomkernen Protonen und Neutronen vorhanden sind, wird die Existenz von Isotopen verständlich: ein Atom mit einer bestimmten Protonenzahl kann eine wechselnde Menge von Neutronen enthalten.

Nach der Vorstellung, daß die Atomkerne aus Protonen und Neutronen aufgebaut sind, müßte sich die *Masse eines Atomkerns* additiv aus der Summe der Massen der Wasserstoffatome und der Neutronen ergeben, aus denen der betreffende Atomkern gebildet ist. Da nach S. 179 ein Proton die Masse 1,007276 u und das Neutron die Masse 1,008665 u besitzt, sollte ein Deuteron die Masse 2,015941 u haben. Tatsächlich beträgt sie 2,013553 u, ist also um 0,002388 u geringer. Nach der *Relativitätstheorie* bedeutet gemäß der Formel $\Delta m = E/c^2$ (c = Lichtgeschwindigkeit) eine *Abnahme der Masse das Freiwerden von Energie:* 1 kg Masse entspricht demnach $8{,}987 \cdot 10^{16}$ J, 1 g Masse also $8{,}987 \cdot 10^{13}$ J und die Masse von 1 u ($= 1{,}6606 \cdot 10^{-24}$ g) entspricht einer Energie von $1{,}492 \cdot 10^{-10}$ J. Benutzt man die bei derartigen Betrachtungen oft verwendete Energie-Einheit 1 eV [6], so entspricht 1 u $931 \cdot 10^6$ eV = 931 MeV. Einer Massenabnahme von 0,002388 u entspricht also eine freiwerdende Energie von 2,22 MeV bzw. 1,11 MeV pro Nukleon; damit ist in Übereinstimmung, daß bei der Reaktion von Wasserstoff mit langsamen Neutronen eine γ-Strahlung von 2,19 MeV beobachtet wird. Bei der Bildung von 1 mol Deuterium werden also $13 \cdot 10^{23}$ MeV entsprechend $21 \cdot 10^{10}$ J ($5 \cdot 10^7$ kcal) frei; dieser Betrag ist 10^5 bis 10^6 mal so groß, wie die Reaktionsenthalpie chemischer Reaktionen!

Bei der Bildung von einem He-Kern aus 2 Protonen und 2 Neutronen werden sogar 28,3 MeV frei, d. h. pro Nukleon 7,07 MeV. Abb. 22 gibt den Verlauf der Bindungsenergien der Atomkerne pro Nukleon. Man sieht, daß die Elemente mit der größten Kernbindungsenergie zwischen Nukleonenzahlen von etwa 40 (Ar) und 80 (Kr) liegen; sowohl die schwereren als beson-

[6] 1 Elektronenvolt eV ist die Energie, die ein Elektron gewinnt, wenn es durch die Spannung von 1 Volt beschleunigt wird. 1 eV bezogen auf das Einzelelektron, entspricht $1{,}6021892 \cdot 10^{-19}$ J; für $6{,}022045 \cdot 10^{23}$ Elektronen sind dies 96,48 kJ = 23,060 kcal.

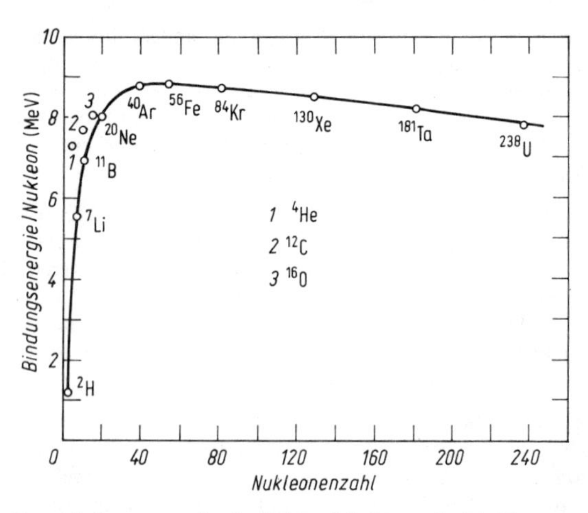

Abb. 22. Kernbindungsenergien in Abhängigkeit von der Nukleonenzahl. Nach *Hollemann-Wiberg*, Lehrbuch der Anorganischen Chemie, Berlin, 1976

ders auch die leichteren sind weniger beständig und würden Energie liefern, wenn sie in die mittleren überführt werden könnten. Ein Schritt in dieser Richtung ist der freiwillige radioaktive Zerfall der schwersten Elemente; er liefert einen wesentlichen Teil der Wärme-Energie, die die Erde laufend in den Weltraum ausstrahlt. Wie man den Zerfall der schweren Elemente in mittelschwere Elemente zur Energieerzeugung ausnutzen kann, wird im folgenden besprochen.

Bei den Versuchen zur Atomumwandlung durch Beschuß mit geladenen, stark beschleunigten Teilchen (H, D) ergab sich mit den vor etwa 50 Jahren erreichbaren elektrischen Feldern eine Grenze, weil die hochgeladenen Kerne der schweren Elemente diese ebenfalls positiv geladenen Teilchen so stark abstießen, daß sie nicht in den Kern eindringen konnten. Es lag nahe, mit Neutronen zu beschießen, weil diese ungeladen sind und nicht von der Kernladung abgestoßen werden. Als man ab 1934 solche Neutronenbeschießungen von Uran durchführte, zeigte es sich, daß je nach der Geschwindigkeit der Neutronen verschiedene Kernreaktionen eintreten. Ganz schnelle Neutronen gehen praktisch ohne Wirkung hindurch. Mit mittelschnellen Neutronen reagiert das Isotop der Nukleonenzahl 238 (vgl. S. 180) folgendermaßen:

$$^{238}_{92}U + n = ^{239}_{92}U \xrightarrow[23{,}5\,\text{Minuten}]{\beta} ^{239}_{93}Np \xrightarrow[2{,}33\,\text{Tage}]{\beta} ^{239}_{94}Pu \xrightarrow[2{,}4\cdot 10^4\,\text{Jahre}]{\alpha} ^{235}_{92}U$$

Das durch Neutronen-Einfang gebildete $^{239}_{92}U$ zerfällt unter β-Zerfall rasch in ein neues Element *Neptunium* der Protonenzahl 93 und dieses etwas langsamer in ein weiteres neues Element *Plutonium* der Protonenzahl 94. Dieses bildet zwar unter α-Strahlung das Uran-Isotop $^{235}_{92}U$, aber nur sehr langsam. Es ist so gelungen, Elemente herzustellen, die es in der Natur nicht gibt[7], die sogenannten *Transurane*. Dazu kamen später noch die Elemente *Americium, Curium, Berkelium, Californium, Einsteinium, Fermium, Mendelevium, Nobelium* und *Lawrencium*[8]. Sie sind S. 117 geklammert aufgeführt; sie zerfallen um so schneller, je höher ihre Protonenzahl ist. Das Nobelium z. B. hat nur noch eine Halbwertszeit von einigen Minuten.[9]

Wichtiger war jedoch eine andere Kernreaktion, die *O. Hahn*[10] und *F. Straßmann* 1939 entdeckten: *Langsame* Neutronen reagieren bevorzugt mit $^{235}_{92}U$. Das so gebildete $^{236}_{92}U$ zerfällt sofort und unter sehr großer Energieabgabe in zwei Bruchstücke mit mittlerer Größe, etwa nach dem Schema:

$$^{236}_{92}U \rightarrow {}_{36}Kr + {}_{56}Ba \quad \text{bzw.} \quad ^{236}_{92}U \rightarrow {}_{38}Sr + {}_{54}Xe \quad \text{usw.}$$

Da die mittelschweren Atome, auch bei den instabilen Isotopen, relativ weniger Neutronen besitzen als die schweren, werden dabei 2–3 Neutronen frei. Diese können mit anderen U-Atomen weiter reagieren. Liegt reines ^{235}U vor – das durch umständliche und kostspielige Prozesse aus natürlichem Uran abgetrennt werden muß – so kommt ein großer Bruchteil der entstehenden Neutronen zur Wirkung: Sorgt man dafür, daß die vorhandene Uranmenge eine „kritische Masse“ erreicht, so bildet sich eine sehr schnell verlaufende Kettenreaktion aus, die zur Explosion führt, man erhält eine *Atombombe*[11]. Liegt dagegen *natürliches Uran* vor, das nur 0,7% des bei der Reaktion Neutronen liefernden ^{235}U enthält, so ist die Aussicht, daß das Neutron mit ^{238}U reagiert, sehr viel größer. Nun sind allerdings die

[7] Inzwischen hat man allerdings in der Natur äußerst kleine Mengen Pu-Verbindungen in der U-Pechblende und dem *Carnotit* $K[UO_2(VO_4)] \cdot xH_2O$ gefunden.

[8] Bei den Mitte der Sechziger-Jahre hergestellten Elementen 104 und 105, deren Namen *Kurtschatovium* und *Hahnium* international noch nicht anerkannt sind, handelt es sich vermutlich um Homologe des Hf und Ta.

[9] Nach theoretischen Berechnungen sollen Elemente mit wesentlich höheren Protonenzahlen (oberhalb etwa 140) wieder beständiger sein; solche Elemente sind aber noch nicht hergestellt worden.

[10] *Otto Hahn* (1879–1968) erhielt für diese Entdeckung den Nobelpreis.

[11] Man kann solche Bomben auch aus Pu herstellen, das im Reaktor (vgl. später) als Nebenprodukt anfällt und dessen Abtrennung leichter ist als die von ^{235}U aus natürlichem Uran.

Neutronen im Augenblick des Entstehens so energiereich, daß sie das Uranmetall durchflogen haben, ehe sie zur Reaktion gekommen sind, also verlorengehen. Man muß also die Neutronengeschwindigkeit herabsetzen; dies kann dadurch geschehen, daß man die Uranstäbe (oder Würfel usw.) in einem „*Moderator*" verteilt, der Atome geringen Atomgewichts enthält, deren Kerne mit den Neutronen keine Kernreaktionen eingehen. Dadurch wird erreicht, daß die kinetische Energie der Neutronen durch immer erneute Zusammenstöße mit den Kernen des Moderatormaterials sehr stark erniedrigt wird. Als Moderatormaterial benutzte man zunächst ganz reinen Graphit oder schweres Wasser. Erreicht man es dann, daß die kinetische Energie der Neutronen durch immer erneute Zusammenstöße mit den ^{2}H- oder C-Atomen sehr stark erniedrigt wird, so reagieren diese langsamen Neutronen bevorzugt mit dem ^{235}U, es entstehen wieder neue Neutronen und der Prozeß, der durch irgendeins der überall in geringer Menge vorhandenen Neutronen ausgelöst wird, läuft kontinuierlich weiter. Er kann dadurch geregelt werden, daß man Stäbe aus Stoffen, die Neutronen sehr stark absorbieren, wie Borstahl oder Cd, in den Reaktor hineinschiebt oder herauszieht. Durch die geschilderten Kernreaktionen wird laufend Wärme erzeugt, die man durch Flüssigkeiten oder Gase abführen und zur Arbeitsleistung in Wärmemaschinen benutzen kann. Mit solchen „*Reaktoren*" kann man Elektrizitätswerke betreiben.

In der Praxis benutzt man heute als Moderator gewöhnliches Wasser („*Leichtwasserreaktor*" LWR). Dazu braucht man als Brennstoff Uran, das auf 3% an ^{235}U angerichert ist[12]. Bei dem LWR wird im „Siedewasser-Reaktor" der im Reaktor selbst erzeugte, radioaktive Wasserdampf direkt zum Antrieb der Turbinen benutzt. Im „Druckwasserreaktor" dagegen wird in einem ersten Kreislauf das radioaktive Wasser bei mehr als 300 °C und einem Druck von 180 atm flüssig gehalten und dient einem getrennten zweiten Kreislauf von strahlungsfreiem Wasser als Wärmequelle für die Dampferzeugung. – Im LWR werden die Uranstäbe auf 1% ^{235}U abgebrannt. Sie halten dann neben den Zerfallsprodukten des verbrauchten ^{235}U und von ^{238}U noch etwa ½% ^{239}Pu, das ebenfalls ein Kernbrennstoff ist. Pu ist äußerst giftig! Die Wiederaufbereitung der Kernbrennstäbe, die Handhabung des Pu, die Kontrolle über das gewonnene Pu und die Aufbewahrung der entstandenen radioaktiven Abfallstoffe, deren Halbwertszeiten z. T. Jahrtausende beträgt, stellen äußerst schwierige Probleme dar. Diese „*Entsorgung*" muß ja so geführt werden, daß auch für die kommenden Generationen kein Schaden entsteht. Man plant Lagerung in tief gelegenen

[12] Verwendet man schweres Wasser oder Graphit als Moderator, so kann man natürliches Uran verwenden; man spart die Kosten für die Isotopen-Trennung, aber die Investitionskosten sind wesentlich höher. Graphit-Reaktoren sind in der UdSSR und Canada in Betrieb.

Salzstöcken. Es sind Zweifel entstanden, ob die Vorteile der Energie-Gewinnung in Atomkraftwerken so groß sind, daß man die Risiken beim Betrieb und bei der Entsorgung in Kauf nehmen kann.

Reaktoren von der Art des LWR stellen zudem nur eine Zwischenlösung dar; denn bei dieser geringen Ausnutzung reichen die auf der Erde zu erträglichen Kosten gewinnbaren Uran-Mengen noch nicht einmal für ein Jahrhundert. Auch der Einsatz von *Thorium* würde diese Spanne nicht entscheidend ändern. Um etwa den Faktor 60 würde sich die Ausnutzung des Urans verbessern, wenn es gelänge, die sogenannten „*Schnellbrüter*" zu einer so hohen technischen Reife zu entwickeln, daß ihr Einsatz in größerer Zahl verantwortet werden könnte. Das Prinzip ist das folgende: Bei der Spaltung von ^{239}Pu werden 2–3 Neutronen frei. Wird eines dieser Neutronen von ^{238}U eingefangen, so kann daraus wieder ^{239}Pu entstehen. Da 2–3 Neutronen zur Verfügung stehen, können unter günstigen Bedingungen beim Zerfall eines ^{239}Pu mehr als ein neues ^{239}Pu aus ^{238}U gebildet werden. Für diese Vorgänge sind im Gegensatz zum LWR schnelle Neutronen erforderlich, abgebremste sind nicht brauchbar. Man darf daher zur Wärmeübertragung nicht Wasser verwenden, sondern muß einen Stoff benutzen, der wesentlich weniger abbremst. Man verwendet z.B. geschmolzenes Na-Metall. Im übrigen benutzt man auch hier die gebildete Wärme, um Elektrizität zu erzeugen.

Aus Abb. 22 (S. 184) erkennt man, daß man noch mehr Energie als durch den Zerfall der schwersten Elemente gewinnen würde, wenn man *Wasserstoff in Helium* verwandeln könnte.

Dieser Prozeß geht im Innern der *Sonne* dauernd vor sich; dort ist die Temperatur so hoch, daß die erforderliche „Aktivierungsenergie" zur Verfügung steht. Die bei dieser Kernverschmelzung freiwerdende Wärme hat seit mehreren Milliarden Jahren die Temperatur der Sonne aufrecht erhalten, obwohl eine so starke Abstrahlung erfolgt. Sie wird auch noch mindestens zwei Milliarden Jahre dazu ausreichen.

Auf der Erde kann man einen ähnlichen Prozeß durchführen, wenn man eine „gewöhnliche" uranhaltige Atombombe mit geeigneten Verbindungen, z.B. LiD, umgibt. Beide Li-Isotope bilden bei der Beschießung mit Neutronen Tritium, z.B. nach der Reaktion $^{6}_{3}Li + n = 2T +$ Energie. Dieses bildet mit Deuterium gemäß $T + D = He + n$ neben einem energiereichen Neutron ein He-Atom. Die Wirkungen einer solchen Wasserstoff-Bombe sind noch viel verheerender als die einer Uranbombe. Gelänge es, diese „*Kernfusion*" in gesteuerter Form durchzuführen, so wäre die Energieversorgung der Menschheit auf lange Zeit gesichert. Ob man dieses Ziel erreichen wird, weiß man noch nicht. Ausgangsmaterial wäre genügend vorhanden, da sowohl Deuterium als auch Lithium auf der Erde in genügender

Menge vorhanden sind. Ungelöst ist bisher das Problem, eine Temperatur von 50 bis $100 \cdot 10^6$ °C herzustellen und genügend lange aufrecht zu erhalten; das Produkt aus Einschließungszeit und Teilchendichte sollte mindestens den Wert $10^{14}\,cm^{-3}$ sec haben.

Aufbau der Elektronenhüllen. Chemische Bindung

Wie erwähnt, ist die Zahl der Elektronen eines neutralen Atoms gleich der Protonenzahl, d.h. gleich der Kernladung bzw. der Ordnungszahl im Perioden-System. Das Wasserstoffatom besitzt also 1 Elektron, das Natriumatom 11, das Uranatom 92 Elektronen. Physikalische und chemische Erfahrungen (z.B. optische und Röntgen-Spektren, Perioden-System der Elemente) haben erkennen lassen, daß die Energiezustände dieser Elektronen im Atom durch 4 *Quantenzahlen* charakterisiert werden:

n: Hauptquantenzahl, $n = 1, 2, \dots \infty$ ($n = 1$: K-Schale, $n = 2$: L-Schale, etc.)
l: Nebenquantenzahl, $l = 0, 1, \dots$ maximal $(n-1)$
m_l: magnetische Quantenzahl, $+l \dots 0 \dots -l$
m_s: magnetische Spinquantenzahl, $\pm 1/2$

Dabei ist n eine Zahl. l, ebenfalls eine Zahl, mißt das „*Bahnimpulsmoment*“ in der Einheit $\hbar = \frac{h}{2\pi}$, wobei h das *Planck*sche Wirkungsquantum ist[13]. m_l gibt die *Einstellmöglichkeiten* des Bahnimpulsmoments bei gegebener äußerer Vorzugsrichtung (z.B. Magnetfeld) an; wie bei l liegt eine Zahl vor. $m_s = \pm 1/2$ ist entsprechend ein Maß des „*Elektronenspins*“ (vgl. S. 190) bei gegebener Vorzugsrichtung.

Es ist üblich, Elektronen mit bestimmtem l-Wert nach folgendem Schlüssel mit kleinen Buchstaben zu kennzeichnen:

$l =$	0	1	2	3	4	5
Name[14]:	s	p	d	f	g	h

Ein Elektron mit der Hauptquantenzahl 2 und der Nebenquantenzahl 1 bezeichnet man als 2p-Elektron. Vier solche Elektronen werden mit $2p^4$ ge-

[13] l gibt außerdem das magnetische Moment in *Bohr*schen Magnetonen ($1\,\mu_B = 1 \cdot eh/4\pi m_e$), vgl. Kap. XXX.
[14] s („sharp“), p („principal“) und d („diffuse“) entstammen der spektroskopischen Erforschung der Elektronenzustände durch Vermessung von Elektronenspektren („Linien“).

kennzeichnet. Im Gegensatz zu der ursprünglichen *Bohr*schen Theorie nimmt man heute im Atom nicht mehr bestimmte Kreis- bzw. Ellipsenbahnen an; vielmehr kann man nur die Wahrscheinlichkeit angeben, das Elektron in einem bestimmten Volumenelement $d\tau$ anzutreffen, also eine „*Wahrscheinlichkeitsdichte*". Diese Wahrscheinlichkeitsdichte wird in der Quantenmechanik mit $|\psi|^2$ bezeichnet.

$|\psi|^2$ ist im einfachsten Falle (1s-Zustand des H-Atoms, Abb. 23a) um so größer, je näher man sich am Kern befindet; nach außen wird $|\psi^2|$ immer geringer, es wird aber nie ganz Null (vgl. Abb. 23b). Da alle s-Zustände Kugelsymmetrie besitzen, wählt man als Volumenelement am besten eine Kugelschale; der Ausdruck $|\psi^2| \cdot 4\pi r^2$ gibt also die Wahrscheinlichkeit an, ein Elektron in einer bestimmten Entfernung vom Kern anzutreffen; Abb. 23c zeigt, daß diese für ein 1s-Elektron des Wasserstoffs in einer bestimmten Entfernung vom Kern [0,5284 Å ($1\,\text{Å} = 10^{-10}$ m)] ein ausgeprägtes Maximum besitzt. Abb. 23d gibt schematisch die Symmetrie.

p-Elektronen besitzen nicht mehr Kugelsymmetrie; ihre Form zeigt Abb. 24. Zu den Raumkoordinaten können diese drei Stellungen annehmen: in Richtung der x-, der y- und der z-Achse. Es gibt fünf d-Zustände (vgl. dazu S. 267), sieben f-Zustände usw. (Siehe dazu S. 261 f.).

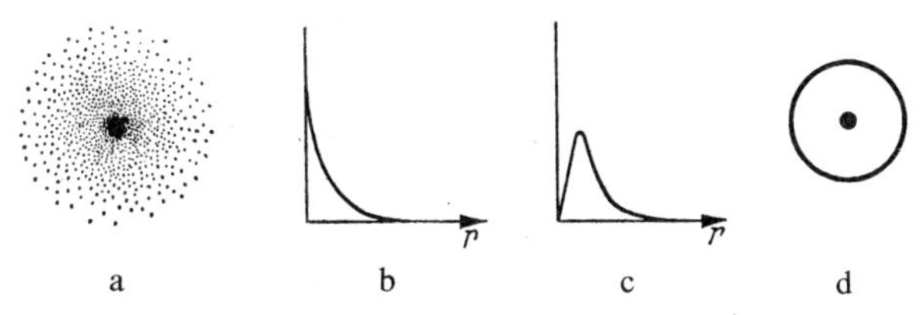

Abb. 23. 1s-Zustand des Wasserstoffatoms

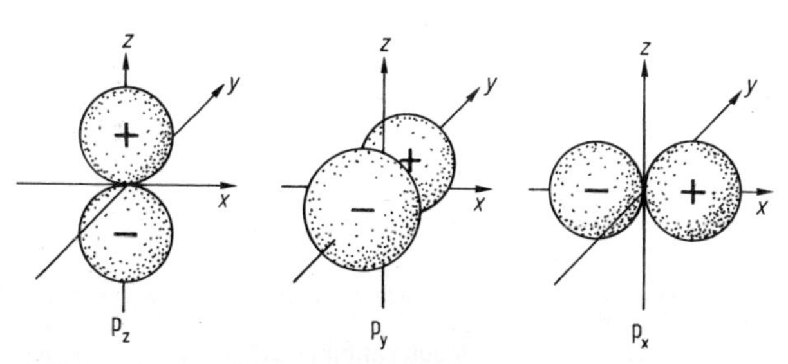

Abb. 24. Symmetrie der 2p-Zustände

Während diese verschiedenen Zustände gleicher Haupt- und Nebenquantenzahl im feldfreien Raum die gleiche Energie besitzen (entartet sind), verhalten sie sich gegenüber einem äußeren Magnetfeld sowie in der Ausrichtung zu den Momenten anderer Elektronenzustände energetisch verschieden; man bringt dies durch eine *„magnetische Bahnquantenzahl"* m_l zum Ausdruck.

Schließlich können sich die Elektronen um die eigene Achse drehen; das *„Spinmoment"* beträgt im mechanischen Maß $^1/_2 \cdot h/2\pi$; in der Richtung eines äußeren Magnetfeldes beträgt das magnetische Moment des Spins dagegen $g \cdot {}^1/_2 = 2 \cdot {}^1/_2 \, \mu_B$[15,16]. Zu einer gegebenen Vorzugsstellung kann das Spinmoment zwei Stellungen einnehmen.

Nach dem *Pauli-Prinzip* dürfen in einem Atom nur Elektronen vorkommen, die sich in einer der 4 Quantenzahlen n, l, m_l und m_s unterscheiden. Die Zahl der Möglichkeiten unter Berücksichtigung von n, l und m_l zeigt das folgende Schema; durch das Spinmoment wird die Zahl der Möglichkeiten verdoppelt, da m_s $+^1/_2$ und $-^1/_2$ sein kann.

n	l	m_l	Zahl der Möglichkeiten ohne Berücksichtigung des Spinmoments	Zahl der Möglichkeiten mit Berücksichtigung des Spinmoments	
1 (K)	0 (s)	0	1	2	
2 (L)	0 (s)	0	1	2	8
	1 (p)	+1, 0, −1	3	6	
3 (M)	0 (s)	0	1	2	18
	1 (p)	+1, 0, −1	3	6	
	2 (d)	+2, +1, 0, −1, −2	5	10	
4 (N)	0 (s)	0	1	2	32
	1 (p)	+1, 0, −1	3	6	
	2 (d)	+2, +1, 0, −1, −2	5	10	
	3 (f)	+3, +2, +1, 0, −1, −2, −3	7	14	

[15] Der sog. g-Faktor beträgt 1, wenn es sich um Bahnmomente handelt, dagegen 2, wenn Spinmomente vorliegen.
[16] Aus Messungen der magnetischen Susceptibilität erhält man das magnetische Moment des Spins $\mu = 2\sqrt{^1/_2(^1/_2 + 1)}\,\mu_B = 1{,}73\,\mu_B$.

Die Grundzustände der Atome, d. h. die Elektronen-Anordnungen mit der geringsten Energie, sind in erster Linie durch den niedrigsten n-Wert bestimmt, der nach dem Pauli-Prinzip möglich ist. Außerdem spielt der l-Wert eine Rolle. Während beim H-Atom alle Zustände mit gleichem n unabhängig vom l-Wert die gleiche Energie besitzen, ist dies bei den Atomen mit mehreren Elektronen nicht mehr der Fall; bei gleichem n-Wert liegt die Energie um so tiefer, je niedriger der l-Wert ist. Abb. 25 zeigt, daß der Einfluß der l-Werte zwar geringer ist als der der n-Werte, jedoch macht ein Unterschied im l-Wert von 2 in der Regel mehr aus als ein Unterschied im n-Wert von 1. So liegt z. B. der 4s-Zustand energetisch niedriger als der 3d-Zustand, der 5s-Zustand niedriger als der 4d-Zustand (vgl. Übergangselemente S. 247), während der 5d-Zustand etwa die gleiche Energie besitzt wie der 4f-Zustand (vgl. Lanthanoide S. 261 f.). Eine gewisse Rolle spielt schließlich der Umstand, daß nicht nur *abgeschlossene* Konfigurationen (z. B. der s^2p^6-Zustand[17] der Edelgase, der $s^2p^6d^{10}$-Zustand des Ag^+ oder

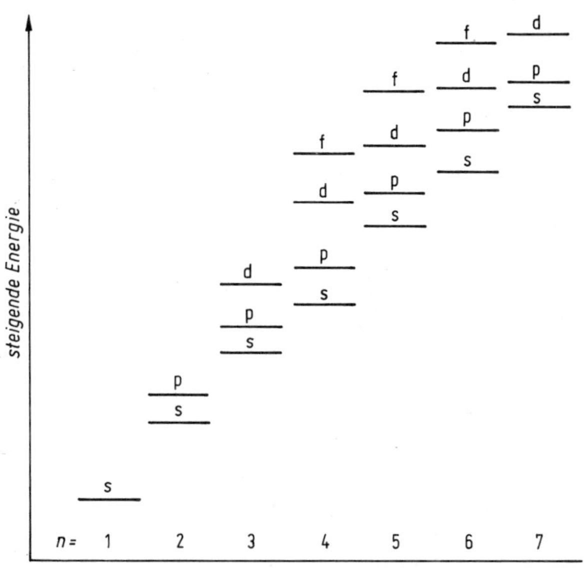

Abb. 25. Energieniveaus (schematisch)

[17] s^2p^6 bezeichnet die Anwesenheit von zwei s- und sechs p-Elektronen; vgl. S. 188.

der $4f^{14}$-Zustand des Lu^{3+}) energetisch etwas begünstigt sind, sondern auch *halbabgeschlossene* Konfigurationen (z. B. Mn^{2+} mit $3d^5$ oder Gd^{3+} mit $4f^7$). Man ersieht dies sehr anschaulich im Verlauf der Ionisierungsenergien (Abb. 26, S. 195).

Nach diesen Vorbemerkungen dürfte Tab. 10, die die *Elektronenanordnungen in den neutralen Atomen* zeigt, verständlich sein. Für eine eingehende Beschreibung müßte noch die gegenseitige Ausrichtung („*Koppelung*“) der Bahn- und Spinmomente innerhalb der Atome besprochen werden. Auch hier gibt es sehr verschiedene Möglichkeiten, die sich in den Energien stark auswirken können. Hierauf können wir jedoch nicht eingehen.

Tab. 10. Elektronenanordnung in den neutralen Atomen

Zwischen den Elementen 58 und 71 stehen die Lanthanoide (vgl. S. 261), bei denen die 4f-Schale aufgefüllt wird. Die Elemente ab Z = 89 sind nicht aufgeführt, da noch nicht alle Einzelheiten geklärt sind. Es wird hier ähnlich, wie bei den Lanthanoiden, eine f-Schale (5f) besetzt, die beim Element 103 voll besetzt ist. Das Element 104 dürfte in dem Aufbau der Elektronen dem Hf, das Element 105 dem Ta analog aufgebaut sein.

Z		K	L		M			N			
		1s	2s	2p	3s	3p	3d	4s	4p	4d	4f
1	H	1									
2	He	2									
3	Li	2	1								
4	Be	2	2								
5	B	2	2	1							
6	C	2	2	2							
7	N	2	2	3							
8	O	2	2	4							
9	F	2	2	5							
10	Ne	2	2	6							
11	Na	2	2	6	1						
12	Mg	2	2	6	2						
13	Al	2	2	6	2	1					
14	Si	2	2	6	2	2					
15	P	2	2	6	2	3					
16	S	2	2	6	2	4					
17	Cl	2	2	6	2	5					
18	Ar	2	2	6	2	6					

Z		K	L		M			N			
		1s	2s	2p	3s	3p	3d	4s	4p	4d	4f
19	K	2	2	6	2	6		1			
20	Ca	2	2	6	2	6		2			
21	Sc	2	2	6	2	6	1	2			
22	Ti	2	2	6	2	6	2	2			
23	V	2	2	6	2	6	3	2			
24	Cr	2	2	6	2	6	5	1			
25	Mn	2	2	6	2	6	5	2			
26	Fe	2	2	6	2	6	6	2			
27	Co	2	2	6	2	6	7	2			
28	Ni	2	2	6	2	6	8	2			
29	Cu	2	2	6	2	6	10	1			
30	Zn	2	2	6	2	6	10	2			
31	Ga	2	2	6	2	6	10	2	1		
32	Ge	2	2	6	2	6	10	2	2		
33	As	2	2	6	2	6	10	2	3		
34	Se	2	2	6	2	6	10	2	4		
35	Br	2	2	6	2	6	10	2	5		
36	Kr	2	2	6	2	6	10	2	6		

Z		K	L	M	N				O			P		Q
					4s	4p	4d	4f	5s	5p	5d	6s	6p	7s
37	Rb	2	8	18	2	6			1					
38	Sr	2	8	18	2	6			2					
39	Y	2	8	18	2	6	1		2					
40	Zr	2	8	18	2	6	2		2					
41	Nb	2	8	18	2	6	4		1					
42	Mo	2	8	18	2	6	5		1					
43	(Tc)	2	8	18	2	6	5		2					
44	Ru	2	8	18	2	6	7		1					
45	Rh	2	8	18	2	6	8		1					
46	Pd	2	8	18	2	6	10							
47	Ag	2	8	18	2	6	10		1					
48	Cd	2	8	18	2	6	10		2					
49	In	2	8	18	2	6	10		2	1				
50	Sn	2	8	18	2	6	10		2	2				
51	Sb	2	8	18	2	6	10		2	3				

Z		K	L	M	N				O			P		Q
					4s	4p	4d	4f	5s	5p	5d	6s	6p	7s
52	Te	2	8	18	2	6	10		2	4				
53	I	2	8	18	2	6	10		2	5				
54	Xe	2	8	18	2	6	10		2	6				
55	Cs	2	8	18	2	6	10		2	6		1		
56	Ba	2	8	18	2	6	10		2	6		2		
57	La	2	8	18	2	6	10		2	6	1	2		
58	Ce	2	8	18	2	6	10	2	2	6		2		
59	Pr	2	8	18	2	6	10	3	2	6		2		
*	*	*	*	*	*	*	*	*	*	*		*		
69	Tm	2	8	18	2	6	10	13	2	6		2		
70	Yb	2	8	18	2	6	10	14	2	6		2		
71	Lu	2	8	18	2	6	10	14	2	6	1	2		
72	Hf	2	8	18	2	6	10	14	2	6	2	2		
73	Ta	2	8	18	2	6	10	14	2	6	3	2		
74	W	2	8	18	2	6	10	14	2	6	4	2		
75	Re	2	8	18	2	6	10	14	2	6	5	2		
76	Os	2	8	18	2	6	10	14	2	6	6	2		
77	Ir	2	8	18	2	6	10	14	2	6	7	2		
78	Pt	2	8	18	2	6	10	14	2	6	9	1		
79	Au	2	8	18	2	6	10	14	2	6	10	1		
80	Hg	2	8	18	2	6	10	14	2	6	10	2		
81	Tl	2	8	18	2	6	10	14	2	6	10	2	1	
82	Pb	2	8	18	2	6	10	14	2	6	10	2	2	
83	Bi	2	8	18	2	6	10	14	2	6	10	2	3	
84	Po	2	8	18	2	6	10	14	2	6	10	2	4	
85	(At)	2	8	18	2	6	10	14	2	6	10	2	5	
86	Rn	2	8	18	2	6	10	14	2	6	10	2	6	
87	(Fr)	2	8	18	2	6	10	14	2	6	10	2	6	1
88	Ra	2	8	18	2	6	10	14	2	6	10	2	6	2

Bindungsarten in der Einzelmolekel. Ionenbindung. (Vgl. dazu S. 84ff.). Tab. 10 zeigt, daß die neu hinzukommenden Elektronen innerhalb einer Periode in derselben Schale angelagert werden, bis bei den Edelgasen eine *abgeschlossene Konfiguration* der äußeren Elektronen erreicht ist, die beim He 2(s^2), beim

Ne und Ar 8 Elektronen (s^2p^6) umfaßt[18]. Abb. 26 zeigt, daß die „Ionisierungsenergie", d.h. die Arbeit, die notwendig ist, um ein Elektron aus dem neutralen Atom abzuspalten und somit ein positiv geladenes Ion zu bilden, vom Li zum Ne – bzw. vom Na zum Ar usw. – ziemlich regelmäßig ansteigt. Beim Übergang vom Edelgas zum folgenden Metall der 1. Gruppe, also z.B. vom Ne zum Na, dagegen fällt sie plötzlich ab, so daß bei den *Edelgasen* die Bindung der Elektronen ganz besonders fest ist. Dies ist von großer Bedeutung für die Chemie. Die Nachbarelemente der Edelgase zeigen nämlich das Bestreben, in Verbindungen ebenfalls die Elektronenkonfiguration der Edelgase zu erreichen[19].

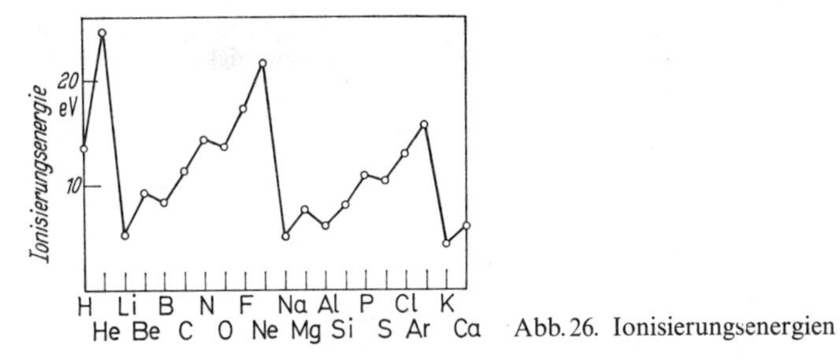

Abb. 26. Ionisierungsenergien

Ein Beispiel möge dies erläutern: Bei der Bildung von NaCl geht, wie wir schon S. 84 sahen, ein Elektron vom Natrium-Atom zum Chlor-Atom über, das dadurch zum negativ geladenen Ion wird, während umgekehrt das Natrium als positiv geladenes Ion zurückbleibt. Tab. 10 zeigt uns, daß damit beide Ionen Edelgaskonfiguration besitzen. Das Na^+-Ion unterscheidet sich vom Neon-Atom nur dadurch, daß es nicht die Protonenzahl 10 besitzt, sondern die Protonenzahl 11 des Natrium-Kerns unverändert beibehalten hat. Ebenso besitzt das Cl^--Ion die Elektronenkonfiguration des Argon-Atoms, aber nur die Protonenzahl 17. Man versteht so, daß Wasserstoff, Lithium und Natrium in Verbindungen einfach-, Beryllium und Magnesium doppelt-, Bor und Aluminium dreifach-positiv geladene Ionen bilden, während an-

[18] Und ebenso bei den anderen Edelgasen.

[19] Die hier gewählte Darstellung ist nur ein grobes Schema; verstehen kann man die Tendenz, Verbindungen mit edelgasähnlichen Ionen zu bilden, nur durch eine Betrachtung aller in Frage kommenden Energiebeträge, z.B. Ionisierungsenergien, Gitterenergien, Sublimationsenergie der Metalle usw.

dererseits Fluor und Chlor [20] in Verbindungen als einfach-, Sauerstoff und Schwefel als doppelt-, Stickstoff und Phosphor als dreifach-negativ geladene Ionen auftreten.

Nun kann bei den letztgenannten Elementen, z.B. bei Chlor, Schwefel und Phosphor, die Edelgaskonfiguration auch dadurch erreicht werden, daß – ebenso wie bei der Bildung des Na^+-Ions – Elektronen abgegeben werden, daß also die Elektronenkonfiguration des vorhergehenden Edelgases (hier Neon) gebildet wird. Damit erhält man Cl^{7+}, S^{6+}, P^{5+} usw. Man versteht so, daß die Differenz zwischen der höchsten positiven und der höchsten negativen Oxidationsstufe bei diesen den Edelgasen vorhergehenden Elementen immer 8 beträgt (vgl. $Cl^{7+} \rightarrow Cl^{1-}$ oder $S^{6+} \rightarrow S^{2-}$); es liegt dies eben daran, daß vom Neon bis zum Argon gerade 8 Elektronen angelagert werden. Es ist auch plausibel, daß die *mittleren* Oxidationsstufen bei solchen Elementen (z. B. Cl^{1+}, Cl^{3+}, Cl^{5+} usw.), bei denen nicht Ionen mit Edelgaskonfiguration gebildet werden, nur in *unbeständigen* Verbindungen vorkommen, die leicht in Verbindungen mit den Grenzwertigkeiten (Cl^{7+} bzw. Cl^{1-}) übergehen (vgl. dazu Kap. XVI).

Eine abgeschlossene Konfiguration liegt auch bei Ionen mit zwei s-Elektronen vor; z. B. P^{3+}, S^{4+}; Tl^{1+}, Pb^{2+}, Bi^{3+}. Auch Verbindungen mit solchen Elektronenanordnungen findet man oft.

Ganz allgemein kann man also sagen, daß das chemische Verhalten, insbesondere die Wertigkeit, soweit aus Ionen aufgebaute Verbindungen in Frage kommen, weitgehend durch das Bestreben der Elemente bestimmt ist, abgeschlossene Elektronen-Konfigurationen, insbesondere die Edelgaskonfiguration, zu erreichen (vgl. dazu aber Übergangselemente S. 247ff. und Lanthanoide S. 261f.).

Atombindung. Die eben geschilderte Ionenbindung setzt voraus, daß es sich um sehr verschiedenartige Atome handelt, etwa ein Alkalimetall- und ein Halogenatom. Bei der Bildung eines Moleküls aus gleichen oder sehr ähnlichen Atomen, etwa innerhalb eines H_2-Moleküls, ist Ionenbindung nicht möglich. Man spricht hier von *Atombindung* (oder *kovalenter Bindung*). Das Verständnis dieser Bindungsart hat lange Schwierigkeiten gemacht. *Lewis* sah als Voraussetzung für ihr Auftreten an, daß die Atome eine nicht voll besetzte Konfiguration besitzen, wie

[20] Und auch gelegentlich Wasserstoff, z.B. im Lithium- und im Calciumhydrid LiH bzw. CaH_2; vgl. S. 217f.

es etwa beim H- oder Cl-Atom der Fall ist, denen zur Edelgaskonfiguration ein Elektron fehlt, oder beim O- bzw. N-Atom, denen 2 bzw. 3 Elektronen fehlen. Die Atome vereinigen sich dann in der Weise, daß Elektronen benachbarter Atome *Paare* bilden, die beiden Atomen gemeinsam sind. Auf diese Weise wird erreicht, daß um jedes Atom gerade soviel Elektronen vorhanden sind, wie einer abgeschlossenen Konfiguration entspricht.

Da es sich dabei vielfach um die Ausbildung einer Elektronenanordnung handelt, die der Edelgaskonfiguration mit 8 Elektronen entspricht, hat sich die „*Oktett*"-Regel als nützlich erwiesen, daß die Zahl von 8 Elektronen um ein Atom vorhanden sein solle. Diese gilt aber streng nur in der Horizontalen Li...Ne des Periodensystems.

Als Beispiele seien genannt:

$$\mathrm{H{:}H} \qquad \mathrm{:\ddot{\underset{..}{Cl}}{:}\ddot{\underset{..}{Cl}}:} \qquad \mathrm{\dot{O}{::}\dot{O}} \qquad \mathrm{:N{:::}N:}$$

$$\mathrm{H{:}\underset{\underset{H}{..}}{\overset{\overset{H}{..}}{C}}{:}H} \qquad \mathrm{:\underset{\underset{H}{..}}{\overset{..}{N}}{:}H} \qquad \mathrm{\underset{H}{\overset{H}{C}}{::}\underset{H}{\overset{H}{C}}} \qquad \mathrm{:\overset{\ominus}{C}{:::}\overset{\oplus}{O}:}$$

Methan Ammoniak Ethylen Kohlenoxid[21]

$$\mathrm{\dot{O}{::}C{::}\dot{O}} \qquad \mathrm{\overset{\ominus}{N}{::}\overset{\oplus}{N}{::}\dot{O}} \qquad \mathrm{\overset{\ominus}{N}{::}\overset{\oplus}{N}{::}\underset{..}{N}{:}H}$$

Kohlendioxid Distickstoffoxid[21] Hydrogenazid[21]

Anstelle der Elektronenpaare kann man auch Bindestriche schreiben, wie dies S. 160ff. bereits geschehen ist. Man erhält dann folgende Formelbilder:

$$\mathrm{H{-}H} \qquad \mathrm{|\overline{\underline{Cl}}{-}\overline{\underline{Cl}}|} \qquad \mathrm{\langle O{=}O \rangle} \qquad \mathrm{|N{\equiv}N|}$$

$$\mathrm{H{-}\underset{\underset{H}{|}}{\overset{\overset{H}{|}}{C}}{-}H} \qquad \mathrm{|\underset{\underset{H}{|}}{\overset{\overset{H}{|}}{N}}{-}H} \qquad \mathrm{\underset{H}{\overset{H}{\diagdown}}C{=}C\underset{H}{\overset{H}{\diagup}}} \qquad \mathrm{|\overset{\ominus}{C}{\equiv}\overset{\oplus}{O}|}$$

$$\mathrm{\langle O{=}C{=}O \rangle} \qquad \mathrm{\langle\overset{\ominus}{N}{=}\overset{\oplus}{N}{=}O\rangle} \qquad \mathrm{\langle\overset{\ominus}{N}{=}\overset{\oplus}{N}{=}\underline{N}{-}H}$$

bzw. vereinfacht: Cl—Cl, O=O, N≡N usw.

[21] Es sind hier auch „mesomere" Formen zu berücksichtigen. Über den Begriff „Mesomerie" siehe S. 198.

Die Zahl dieser Bindestriche bzw. Elektronenpaare bezeichnet man als „*Bindigkeit*".

Die Vorstellungen von *Lewis* sind jedoch nur ein Formalismus. Eine bessere Erklärung auf Grund der Lehre vom Atombau wurde erst später, zuerst von *Heitler* und *London*, gegeben und zu einer umfassenden Theorie entwickelt. Die Theorie ist schwierig zu verstehen und erfordert im einzelnen einen erheblichen mathematischen Aufwand. Systeme mit einem Elektron sind exakt lösbar, während sonst Näherungen durchgeführt werden müssen.
Bei der VB-(*Valence-Bond*)-Methode wird die Molekülfunktion in Anlehnung an das Valenzstrichschema der Chemie (*Lewis*-Struktur) aufgebaut, wobei jedes bindende Elektronenpaar durch eine Zweizentrenfunktion (in Form einer „Linearkombination" der beiden möglichen Produkte der „Atomorbitale" der beteiligten Elektronen) beschrieben wird. Dabei wird hier und im folgenden unter „Orbital" eine Einelektronenfunktion, d. h. die entsprechende Funktion für das H-Atom, verstanden.

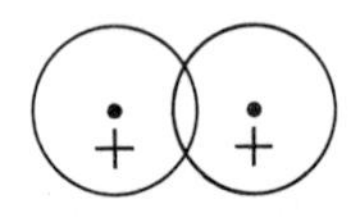

Abb. 27. Überlappen von zwei s-Orbitalen

Danach gilt für das Beispiel von zwei H-Atomen, daß sich bei der Annäherung der Atome die Elektronenwolken „überlappen", wobei die beiden positiv geladenen Atomkerne die Elektronen beider Atome, insbesondere im Überlappungsgebiet, elektrostatisch anziehen. Schließlich entsteht eine einzige Wolke, in die beide Kerne eingelagert sind (Abb. 27). Dabei tritt neben der Anziehung der Kerne auf die beiden Elektronen eine gegenseitige Abstoßung der Kerne und der Elektronen sowie eine Erhöhung der kinetischen Energie auf, weil das den Elektronen zur Verfügung stehende Volumen kleiner wird. Bei einer gewissen Entfernung der Kerne voneinander, dem Gleichgewichtsabstand, besitzt die Energie ein Minimum; bei noch stärkerer Annäherung der Kerne würde die Energie wieder zunehmen, vor allem weil die kinetische Energie sehr stark ansteigt.

Die Atombindung läßt sich oft als ein gleichzeitiges Vorhandensein von „Grenzstrukturen" beschreiben; keine dieser Grenzstrukturen ist tatsächlich vorhanden, sondern nur die Kombination aus ihnen, die energieärmer ist als jede einzelne Grenzstruktur. Man spricht hier auch von Resonanz oder *Mesomerie* und bezeichnet dies mit dem Symbol ↔, etwa für die wichtigsten Grenzstrukturen des Benzols

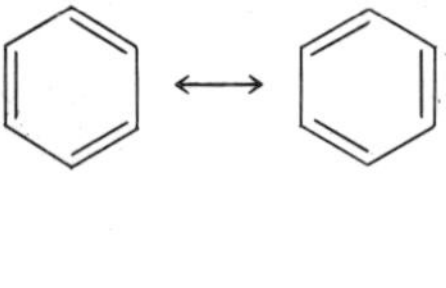

$$\longleftrightarrow$$

Ähnlich ist es in

$$\left[\begin{matrix} O \\ O \end{matrix}\!\!>\!C{-}O\right]^{2-}$$

und

$$\left[O{=}N\!<\!\!\begin{matrix} O \\ O \end{matrix}\right]^{1-}$$

der Fall.

Im Gegensatz zu der Ionenbindung sind Atombindungen *gerichtet.* Die Bindungsrichtungen hängen von der Zahl und Art der Elektronen ab, die die Bindung bilden. Dabei können Bindungsrichtungen auftreten, die nach der Symmetrie der getrennt betrachteten Orbitale nicht zu erwarten wären. Betrachten wir z.B. den sp^3-Zustand: Ein s-Orbital ist kugelsymmetrisch, die drei p-Orbitale stehen senkrecht aufeinander (S. 189); damit läßt sich die experimentell festgestellte Tetraeder-Form etwa eines CX_4-Moleküls nicht verstehen. Nun sind aber „Linearkombinationen“ der ψ-Werte eines s- und dreier p-Elektronen möglich, die zu neuen „q-Funktionen“ führen, die tetraedrisch gerichtet und damit mit der experimentell gefundenen Struktur im Einklang sind. Dies bezeichnet man als „*Hybridisierung*“. Weitere Beispiele dafür, daß die Hybridisierung zu neuen, mit dem Experiment übereinstimmenden q-Orbitalen führt, sind die folgenden:

sp linear, sp^2 trigonal, dsp^2 quadratisch, d^2sp^3 oktaedrisch.

Solche Hybridisierungen spielen freilich nur hier bei der VB-Methode eine Rolle.

Bei der *MO* (*Molecularorbital*)-*Methode* wird von mehrzentrischen Einzelelektronen-Wellenfunktionen ausgegangen, die eine über den gesamten Molekülbereich sich verteilende Elektronendichte besitzen. Diese sog. Molekülorbitale werden in der MO—LCAO-Methode durch Linearkombinationen von Atomorbitalen genähert; dabei ergeben sich entweder „bindende“ oder „lockernde“ Molekülzustände, deren relativer Anteil an der Gesamtwellenfunktion die Festigkeit der Bindung im Molekül festlegt und die entsprechend dem *Pauli*-Prinzip jeweils mit 2 Elektronen entgegengesetzten Spins besetzt werden können. Das Energieschema des Moleküls wird dann durch die Gesamtheit solcher Molekülzustände bestimmt. Die verwendeten Einelektronenfunktionen werden mit der *Hartree-Fock*-Methode festgelegt. Diese Methode, an deren Entwicklung *Mulliken* und *Hund* maßgebenden Anteil haben, ist für numerische Rechnungen besonders gut geeignet und wird praktisch ausschließlich verwendet.

Genau wie man bei den Atom-Orbitalen durch die Symbole s, p, d usw. die Symmetrie ausdrückt, kann man dies auch für Molekül-Orbitale, wobei man die Symmetrie um die Verbindungsachse der beiden Kerne betrachtet.

Eine σ-Bindung ist rotationssymmetrisch um diese Achse, π-Bindungen besitzen eine Knotenebene. Zwei s- und ebenso ein s- und ein p_x-Orbital (Abb. 28a) sowie zwei p_x-Orbitale bilden σ-Bindungen, zwei p_y- bzw. p_z-Orbitale π-Bindungen (Abb. 28b). Mit p_y- und p_z-Orbitalen können s-Orbitale überhaupt keine Bindungen bilden, da die +- und −-Anteile sich aufheben (Abb. 28c). Die Abb. 28 bezieht sich auf „bindende“ Molekülorbitale.

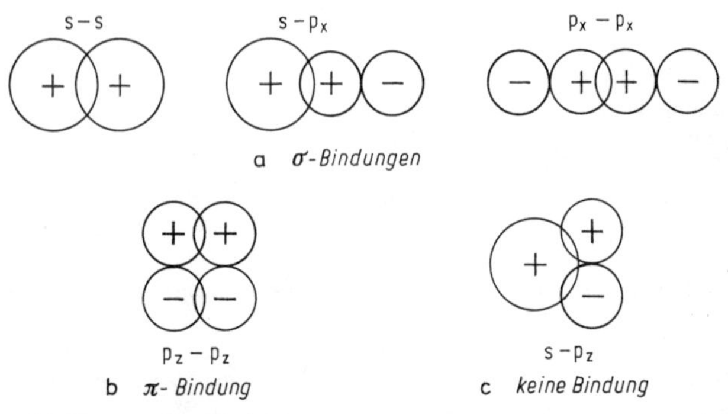

Abb. 28. σ- und π-Bindungen

Erwähnt sei noch, daß man für das Verständnis der „Bindigkeit“ eines Atoms nicht immer vom Grundzustand ausgehen darf. So hat z. B. Be mit der $2s^2$-Anordnung keine „einsamen“ Elektronen für Atombindungen zur Verfügung. Dagegen kann der unter Energieaufnahme erreichbare („*angeregte*“) 2s2p-Zustand zwei Atombindungen bilden. Ebenso leiten sich „dreibindiges“ Bor und „vierbindiger“ Kohlenstoff von den angeregten Zuständen $2s2p^2$ bzw. $2s2p^3$ ab. Ferner kann man sich in manchen Fällen als Vorbereitung für die Ausbildung von Atombindungen einen Elektronenübergang vorstellen, z. B. bei der Bildung von CO: $C^{\pm 0} + O^{\pm 0} \rightarrow C^- + O^+$; diese beiden Ionen haben die gleiche Elektronenkonfiguration wie das N-Atom; die Elektronenformeln $|N{\equiv}N|$ und $|\overset{\ominus}{C} \equiv \overset{\oplus}{O}|$ entsprechen einander. Beim CO gibt es außerdem die „Grenzstruktur“ $|C{=}O\rangle$, die bei den Metallcarbonylen (vgl. Kap. XXXII) eine Rolle spielt.

Bei Atombindungen, die verschiedene Atome miteinander verbinden, z. B. C—H, C=N, O—H usw. fällt – wie man aus den Dipolmomenten erkennt – der Schwerpunkt der positiven und negativen Ladungen nicht zusammen. Die gemeinsamen Elektronen befinden sich bevorzugt bei dem Atom mit der größeren „Elektronegativität“ [22] (vgl. S. 201), so daß schon ein gewisser

[22] Man beachte, daß CO nur ein sehr kleines Dipolmoment besitzt!

Übergang zur Ionenbindung vorliegt. Auf der anderen Seite wird bei Molekülen mit Ionenbindung durch eine Verzerrung der Elektronenwolken unter dem Einfluß der Ionenladungen (*Ionen-Deformation*) die Polarität vermindert. Daher findet sich vielfach ein nahezu kontinuierlicher Übergang zwischen diesen beiden Bindungsarten; man kann oft nicht mit Bestimmtheit sagen, daß eine bestimmte Bindungsart *vorliegt*, sondern nur, daß sie *vorherrscht*.

Sehr nützlich hat sich für solche Betrachtungen der soeben erwähnte, von dem Amerikaner *L. Pauling* eingeführte Begriff der *Elektronegativität* erwiesen (Tab. 11, S. 202). Bei einer Atombindung ist stets der Partner negativ, dessen Elektronegativität größer ist; gegenüber C ist also H schwach positiv, gegenüber B schwach negativ. Die Werte sind so gewählt, daß die Differenz ungefähr das Dipolmoment (vgl. dazu S. 86) der betreffenden Bindung in Debye-Einheiten (vgl. S. 86, Anm.) ergibt. So folgt z.B. aus Tab. 11 für HCl ein Dipolmoment von 0,6, gefunden sind 1,03 Debye. Bei komplizierteren Verbindungen erhält man das Gesamtdipolmoment durch vektorielle Addition der Einzelmomente.

Bindungsarten im Kristall. In den *Kristallen* bleiben in vielen Fällen die Einzelmoleküle, innerhalb deren sowohl kovalente als auch Ionenbindungen, bzw. Übergänge vorhanden sein können, erhalten (*Molekül-Kristalle*, weniger gut als „*Molekülgitter*" bezeichnet), z.B. H_2, I_2 (s. S. 205), CCl_4. Da die Kräfte zwischen den Molekülen verhältnismäßig gering sind[23], handelt es sich meist um leicht flüchtige Stoffe. Da ferner keine freien Elektronen vorhanden sind (vgl. unten über Metalle), liegen *Nichtmetalle* vor, die den elektrischen Strom nicht leiten.

Zweitens können Kristallgitter aus Ionen aufgebaut werden, und zwar so, daß Einzelmoleküle nicht erkennbar sind (*Ionenkristalle*, früher *Ionengitter*). Einen hierfür typischen Fall haben wir beim Natriumchlorid (Abb. 13, S. 85) kennengelernt; weitere Strukturtypen für Ionenkristallstrukturen gibt Abb. 29, S. 204. Unter Umständen können sich dabei Schichten (z.B. bei der $Mg(OH)_2$-Struktur) oder Ketten ausbilden. Auch hier handelt es sich im festen Zustande in der Regel um sehr schlechte

[23] Diese sogenannten *Dispersionskräfte*, die zwischen benachbarten Atomen immer auftreten, gleichgültig ob es sich um Moleküle oder Ionen handelt, lassen sich ebenfalls auf Grund der Quantenmechanik verstehen; eine einfache modellmäßige Erklärung ist schwierig.

Tab. 11. Elektronegativitäten* (Werte nach *A. I. Allred* und *E. Rochow*)

1A	2A	3A	4A	5A	6A	7A	8			1B	2B	3B	4B	5B	6B	7B
																H 2,2
Li 1,0	Be 1,5											B 2,0	C 2,5	N 2,1	O 3,5	F 4,1
Na 1,0	Mg 1,2											Al 1,5	Si 1,7	P 2,1	S 2,4	Cl 2,8
K 0,9	Ca 1,0	Sc 1,2	Ti 1,3	V 1,5	Cr 1,6	Mn 1,6	Fe 1,6	Co 1,7	Ni 1,8	Cu 1,8	Zn 1,7	Ga 1,8	Ge 2,0	As 2,2	Se 2,5	Br 2,7
Rb 0,9	Sr 1,0	Y 1,1	Zr 1,2	Nb 1,2	Mo 1,3	Tc 1,4	Ru 1,4	Rh 1,4	Pd 1,4	Ag 1,4	Cd 1,5	In 1,5	Sn 1,7	Sb 1,8	Te 2,0	I 2,2
Cs 0,9	Ba 1,0	La 1,1	Hf 1,2	Ta 1,3	W 1,4	Re 1,5	Os 1,5	Ir 1,6	Pt 1,4	Au 1,4	Hg 1,4	Tl 1,4	Pb 1,6	Bi 1,7	Po 1,8	At 2,0

* Es handelt sich um Energiewerte in einem willkürlichen Maß.

Leiter des elektrischen Stromes, da die Ionen ihren Platz nur unter Ausnutzung von „Leerstellen" mit großem Arbeitsaufwand wechseln können. Ionen-Schmelzen leiten dagegen unter Wanderung der Ionen gut.

Schließlich können die äußersten Elektronen der Atome ein „*Elektronengas*" bilden, in der die zurückbleibenden positiv geladenen Ionen in einer bestimmten Struktur eingelagert sind. Dies ist der Fall bei den *Metallen.* Die typisch metallischen Eigenschaften (Leitfähigkeit für Elektrizität und Wärme, Undurchsichtigkeit, leichte Verformbarkeit) hängen mit dem Auftreten dieses Elektronengases zusammen. Das Volumen des Elektronengases kann sehr verschieden sein; vgl. dazu S. 231. Die wichtigsten *Kristallstrukturen der Metalle* sind die kubisch- und die hexagonal-dichteste Kugelpackung sowie die kubisch-raumzentrierte Struktur (Abb. 30). Die Zahl der nächsten Nachbarn, die Koordinationszahl KZ, beträgt bei den beiden erstgenannten 12, bei der letztgenannten 8.

Wir hatten früher gesehen, daß die typisch nichtmetallischen Elemente sich in den höheren Gruppen des Perioden-Systems – also in den Gruppen dicht vor den Edelgasen – finden, während in den auf die Edelgase folgenden Gruppen Metalle stehen. Man erkennt den Zusammenhang: Diejenigen Elemente, die leicht positive Ionen bilden, also die äußeren Elektronen nicht sehr fest halten, bilden Metalle mit den Valenzelektronen im Elektronengas, während die Atome derjenigen Elemente, die in Verbindungen oft negative Ionen bilden – also nicht nur die eigenen Elektronen sehr festhalten, sondern sogar noch fremde Elektronen aufnehmen – auch als Element im Kristall keine Elektronen an ein Elektronengas abgeben und daher Nichtmetalle sind.

Bei den *nichtmetallischen Strukturen der Elemente* ist die Zahl der Lücken in der äußersten Elektronenschale für die Kristallstruktur maßgebend. Bei den Halogen-Atomen (7. Gruppe des Periodensystems) fehlt ein Elektron zur Edelgaskonfiguration; es ist daher *eine* Atombindung möglich. Daher sind auch im Kristall Moleküle aus 2 Atomen vorhanden. In der 6. Gruppe sind *zwei* Atombindungen möglich; wir finden im Kristall entweder Moleküle mit Doppelbindung (O_2) oder gewellte Ringe (S_8) oder gewundene Ketten (Se bzw. Te). Drei Atombindungen pro Atom können zu einer Kristallstruktur aus zweiatomigen Molekülen mit einer dreifachen Bindung führen (N_2), zu tetraedrisch gebauten Molekülen aus 4 Atomen (vermutlich beim weißen Phosphor) und schließlich zu Strukturen mit Doppelschichten, in denen jedes Atom drei nächste Nachbarn hat (schwarzer Phosphor, As,

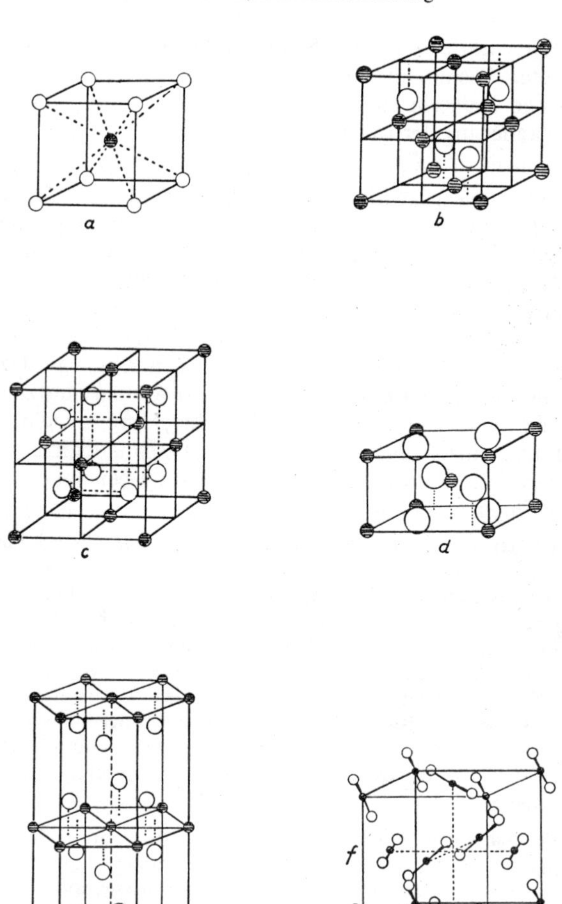

Abb. 29. Beispiele für Kristallstrukturen von einfachen Verbindungen; NaCl s. Abb. 13, S. 85
a) CsCl b) Zinkblende ZnS c) Flußspat CaF_2 d) Rutil TiO_2
e) Brucit $Mg(OH)_2$ (Schichtenstruktur) f) CO_2 (Molekülkristall)

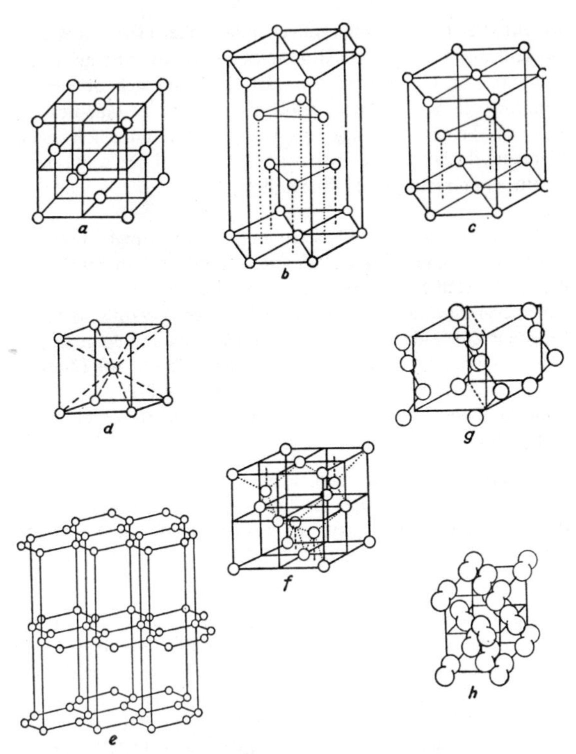

Abb. 30. Kristallstrukturen von Elementen
a) kubisch-dichteste Kugelpackung, flächenzentriert, KZ = 12 (z. B. Cu, Al) b) desgl., hexagonal aufgestellt c) hexagonal-dichteste Kugelpackung[24], KZ = 12 (z. B. Mg) d) kubisch-raumzentriert KZ = 8 (z. B. Na) e) Graphit f) Diamant (KZ = 4) g) Selen (Fadenstruktur) h) Iod (Molekülkristall)

[24] Alle dichtesten Kugelpackungen haben zwei Arten von Hohlräumen: Solche, die von 6 Atomen umgeben sind („Oktaederlücken") und solche, die von 4 Atomen umgeben sind („Tetraederlücken"). In diese Lücken können kleinere Atome eingelagert werden, z. B. Kationen, wenn eine dichteste Packung von Cl^-, O^{2-} usw. vorliegt. Diese Einlagerung kann nach verschiedenen Anordnungen erfolgen und macht den Kristallbau von vielen binären und ternären Ionenkristallen verständlich. So sind z. B. in der NaCl-Struktur alle Oktaederlücken, in der Zinkblende die Hälfte der Tetraederlücken von Kationen besetzt.

Sb, Bi). Bei *vier* Atombindungen bildet sich in der Regel die Diamantstruktur aus, in der jedes Atom tetraedrisch von vier anderen umgeben ist (Diamant, Si, Ge, graues Sn), oder es bilden sich Sonderstrukturen wie Graphit (vgl. S. 155) oder weißes Zinn (stark gestauchtes Diamantgitter, KZ ≈ 6). Trotz des Vorliegens von Atombindungen leiten einige dieser Elemente, insbesondere P schwarz, As, Sb, Bi, Sn weiß, den elektrischen Strom schon recht gut (Halbmetalle).

Halbleiter. An dieser Stelle seien einige Bemerkungen über Halbleiter eingefügt, da diese in Wissenschaft und Technik eine immer größere Rolle spielen. Im Kristall entstehen unter der Wirkung der Nachbarn aus den diskreten Energiezuständen der Atome eine große Anzahl sehr nahe beieinander liegender Zustände, die mit je zwei Elektronen mit entgegengesetzten Spinmomenten besetzt sind; der im isolierten Atom scharfe Energiezustand verbreitert sich zu einem *Energieband.* Diese Verbreiterung betrifft in erster Linie die Valenzelektronen, bei den inneren Elektronen ist die Verbreiterung sehr gering.

Bei *Isolatoren*, wie etwa dem Diamanten, bei dem von jedem Atom vier Atombindungen ausgehen, ist das *Valenzband* voll besetzt; es ist von dem Band eines angeregten Zustandes, dem *Leitungsband*, durch eine breite *„verbotene“ Zone* getrennt, die von den Elektronen nicht überschritten werden kann.

Bei einem *Metall*, etwa Na, ist dagegen das dem 3s-Zustand entsprechende Band nur halb besetzt; daher können die Elektronen leicht in einen anderen Zustand im gleichen Energieband übergehen und sich im elektrischen Felde bewegen; es liegt metallische Leitfähigkeit vor. Beim Mg mit $3s^2$ ist zwar das 3s-Band voll besetzt, aber infolge der Breite der Bänder überlappen das 3s- und das 3p-Band; daher findet sich auch hier elektrische Leitfähigkeit.

Zwischen den Isolatoren und den Metallen stehen die *Halbleiter.* Auch sie besitzen, wie die Isolatoren, eine verbotene Zone, aber diese ist hier verhältnismäßig schmal, so daß bei höheren Temperaturen einige Elektronen diese Zone überspringen und in das Leitungsband übergehen können; es findet sich eine geringe und im Gegensatz zu den Metallen mit der Temperatur zunehmende elektrische Leitfähigkeit.

Von großer Bedeutung sind dabei Zusätze (*„Dotierungen“*). Äußerst reines Si [25] leitet schlecht. Dotiert man mit einer ganz geringen Menge As, so bringt

[25] Elementares Si läßt sich auf verschiedenen Wegen darstellen, ist aber meist etwas verunreinigt. Für die Verwendung als Halbleiter reduziert man $HSiCl_3$ (Si-Chloroform) durch Erhitzen mit H_2 und reinigt durch „Zonenschmelzen“ (S. 288); vgl. auch über „Transportreaktionen“ (S. 251).

jedes As-Atom ein überschüssiges Elektron hinzu, das in das Valenzband nicht paßt und mit sehr geringer Energie in das Leitungsband übergehen kann. Es liegt ein *n-Halbleiter* vor. Gibt man jedoch zu dem Si einen sehr geringen Betrag von Al-Atomen mit nur drei Valenzelektronen, so entsteht für jedes zugefügte Al-Atom ein Elektronenloch und damit ebenfalls elektrische Leitfähigkeit (*p-Halbleiter*). Bei der Herstellung von Halbleitern bestimmter Eigenschaften werden daher außerordentlich hohe Reinheitsansprüche gestellt.

Halbleiter werden u.a. bei den „*Solarzellen*" benutzt, um in der Raumfahrt, aber auch für irdische Zwecke – z. B. für die Versorgung von Meß- und Sendeanlagen in Gebieten ohne allgemeine Stromversorgung – die von der Sonne einfallende Strahlenenergie in elektrische Energie umzuwandeln (vgl. dazu auch S. 113). Solarzellen bestehen z.B. aus Scheiben aus Si-Einkristallen (*p*-Leiter) von wenigen Zehntel mm Dicke, die der Eindringtiefe des Lichtes entspricht. In sie wird auf der Seite, in die das Licht einfällt, eine dünne *n*-leitende Schicht aus B eindiffundiert. Danach wird auf diese Seite ein System von strich- oder gitterförmigen metallischen Kontakten aufgebracht, durch die hindurch das Licht in den Halbleiter einfallen kann. Die Rückseite der Si-Scheibe wird mit einer flächendeckenden metallischen Ableitung versehen. Der *n-p*-Übergang zwischen B-Schicht und Si-Schicht wirkt als Photozelle. Man kann auch Sperrschicht-Photozellen auf CdS- oder CdTe-Basis benutzen. Für terrestrische Zwecke wurden in jüngster Zeit Si-Zellen aus polykristallinem Material entwickelt.

Atom- und Ionenradien; Molare Volumeninkremente. Halbiert man in einem Molekül oder in einer Kristallstruktur eines Elements den kürzesten Abstand zwischen zwei Atomen, so erhält man den „*Atomradius*". Kommt ein Element in mehreren Kristallstrukturen mit verschiedener Koordinationszahl KZ vor, so zeigt sich, daß mit steigender KZ die „Atomradien" etwas ansteigen. Man gibt daher solche Radien (S. 208) für eine bestimmte KZ an.

Die entsprechende Ableitung von „*Ionenradien*" erfordert noch zusätzliche Annahmen. In aus Ionen aufgebauten Verbindungen sind dann die kürzesten Teilchenabstände angenähert gleich der Summen der Ionen-Radien. Dabei kann man aus den Abständen gelegentlich Schlüsse auf den Bindungszustand ziehen.

Von *W. Biltz*[26] wieder aufgegriffen wurde das schon alte Verfahren, das molare Volumen einer Verbindung in „*molare Volumeninkremente*" (vgl. S. 209). aufzuteilen. Angenähert ergibt die Summe dieser Inkremente das molare Volumen einer beliebigen Verbindung. Hier braucht man die Kenntnis der speziellen Kristallstruktur nicht.

[26] *Wilhelm Biltz*, deutscher Anorganiker, lebte 1877–1943.

Tab. 12. Atom- und Ionenradien. Werte in pm

Ionenradien nach *R. D. Shannon*, 1976. Die Werte beziehen sich auf die Koordinationszahl KZ = 6. Für die ungeladenen Atome ist der halbe Abstand zu den nächsten Nachbarn angegeben. Bei Nichtmetall-Molekülen ist auf einfache Bindung umgerechnet.

						H^{-} 148 H 37			
Li 152 Li^{+} 76	Be 112 Be^{2+} 45	B 100 B^{3+} 27	C 77 C^{4+} 16	N^{3-} 171 N 70 N^{3+} 16	O^{2-} 140 O 66	F^{-} 133 F 64			
Na 185 Na^{+} 102	Mg 160 Mg^{2+} 72	Al 143 Al^{3+} 54	Si 117 Si^{4+} 40	P 110 P^{3+} 44 P^{5+} 38	S^{2-} 184 S 104 S^{4+} 37 S^{6+} 29	Cl^{-} 181 Cl 100 Cl^{7+} 27			
K 231 K^{+} 138	Ca 197 Ca^{2+} 100	Sc 160 Sc^{3+} 75	Ti 144 Ti^{3+} 67 Ti^{4+} 61	V 131 V^{3+} 64 V^{5+} 54	Cr 125 Cr^{3+} 80 Cr^{6+} 62	Mn 130 Mn^{2+} 83 Mn^{4+} 53 Mn^{7+} 46	Fe 127 Fe^{2+} 78 Fe^{3+} 65 Fe^{6+} 59	Co 125 Co^{2+} 75 Co^{3+} 61 Co^{4+} 53	Ni 125 Ni^{2+} 69 Ni^{3+} 60 Ni^{4+} 48
Cu 128 Cu^{+} 77 Cu^{2+} 73	Zn 133 Zn^{2+} 74	Ga 122 Ga^{3+} 62	Ge 122 Ge^{4+} 53	As 130 As^{3+} 58 As^{5+} 46	Se^{2-} 198 Se 114 Se^{4+} 50 Se^{6+} 42	Br^{-} 196 Br 114 Br^{7+} 39			
Rb 246 Rb^{+} 152	Sr 215 Sr^{2+} 118	Y 180 Y^{3+} 90	Zr 158 Zr^{4+} 72	Nb 143 Nb^{3+} 72 Nb^{5+} 64	Mo 136 Mo^{3+} 69 Mo^{4+} 65 Mo^{6+} 59	Tc 135 Tc^{4+} 65 Tc^{5+} 60 Tc^{7+} 56	Ru 132 Ru^{3+} 68 Ru^{5+} 57 Ru^{7+} 38	Rh 134 Rh^{3+} 67 Rh^{4+} 60 Rh^{5+} 55	Pd 138 Pd^{2+} 86 Pd^{4+} 62
Ag 144 Ag^{+} 115 Ag^{2+} 94 Ag^{3+} 75	Cd 149 Cd^{2+} 95	In 162 In^{3+} 80	Sn 148 Sn^{4+} 69	Sb 150 Sb^{3+} 76 Sb^{5+} 60	Te^{2-} 221 Te 132 Te^{4+} 97 Te^{6+} 56	I^{-} 220 I 133 I^{5+} 95 I^{7+} 53			
Cs 263 Cs^{+} 167	Ba 217 Ba^{2+} 135	La 187 La^{3+} 103	Hf 158 Hf^{4+} 71	Ta 143 Ta^{3+} 72 Ta^{5+} 64	W 137 W^{4+} 66 W^{6+} 60	Re 137 Re^{4+} 63 Re^{6+} 55 Re^{7+} 53	Os 134 Os^{4+} 63 Os^{6+} 55 Os^{7+} 53	Ir 136 Ir^{3+} 68 Ir^{4+} 63 Ir^{5+} 57	Pt 139 Pt^{2+} 80 Pt^{4+} 63
Au 144 Au^{+} 137 Au^{3+} 85	Hg 148 Hg^{1+} 119 Hg^{2+} 102	Tl 170 Tl^{1+} 150 Tl^{3+} 82	Pb 175 Pb^{2+} 119 Pb^{4+} 78	Bi 166 Bi^{3+} 103 Bi^{5+} 76	Po 168 Po^{4+} 94 Po^{6+} 67	At 140 At^{7+} 62			
	Ra 223 Ra^{2+} 137	Ac 188 Ac^{3+} 112	Th 180 Th^{4+} 94	Pa 161 Pa^{3+} 104 Pa^{4+} 90	U 150 U^{4+} 89 U^{6+} 73	Np 131 Np^{4+} 110 Np^{6+} 71	Pu 176 Pu^{4+} 86 Pu^{6+} 71		

Lanthanoide:

Ce 182 Ce^{3+} 101 Ce^{4+} 87	Pr 183 Pr^{3+} 99 Pr^{4+} 85	Nd 181 Nd^{3+} 98	Pm 180 Pm^{3+} 97	Sm 181 Sm^{3+} 96	Eu 199 Eu^{2+} 117 Eu^{3+} 95	Gd 179 Gd^{3+} 94	Tb 176 Tb^{3+} 92 Tb^{4+} 76	Dy 175 Dy^{3+} 91	Ho 174 Ho^{3+} 90	Er 173 Er^{3+} 89	Tm 172 Tm^{3+} 88	Yb 194 Yb^{2+} 102 Yb^{3+} 87	Lu 172 Lu^{3+} 86

Früher wurden Atom- und Ionenradien in Å angegeben; $1 \text{ Å} = 10^{-10} \text{ m} \equiv 100 \text{ pm}$.

Tab. 13. Einige molare Voluminkremente nach *W. Biltz* (cm^3/mol; T = 0K)

H 11,4 H^+ 0	Die Inkremente für Anionen gelten gegenüber einwertigen Kationen; sie nehmen mit steigender Ladung der Kationen ab.						H^- 11 H 11,4	
Li 12,5 Li^+ 1–2	Be 4,84 Be^{2+} 0	B 4,1 B^{3+} 0	C 3,4 (5,4) C^{4+} 0	N^{3-} ≈19 N 13,7	O^{2-} 11 O 10,9	F^- 9,5 F ≈85		
Na 22,8 Na^+ 6,5	Mg 13,81 Mg^{2+} 2	Al 9,9 Al^{3+} 0–1	Si 12,03 Si^{4+} 0	P 11,4 (15,4) P^{5+} 0	S^{2-} 29 S 15,0	Cl^- 20 Cl 16,3		
K 43,4 K^+ 16	Ca 25,6 Ca^{2+} 6,5	Sc 15,0 Sc^{3+} 2	Ti 10,7 Ti^{3+} ≈2 Ti^{4+} 0–1	V 8,2 V^{3+} 2 V^{5+} 0	Cr 7,2 Cr^{3+} 1 Cr^{6+} 0	Mn 7,26 Mn^{2+} 5 Mn^{4+} 1	Fe 7,05 Fe^{2+} 4 Fe^{3+} 1
Cu 7,05 Cu^+ 5 Cu^{2+} 3	Zn 8,90 Zn^{2+} 3	Ga 11,71 Ga^{3+} 2	Ge 13,5 Ge^{4+} ≈1	As 13,0 As^{3+} 7	Se^{2-} 32 Se 15,8	Br^- 25 Br 19,2		
Rb 53,1 Rb^+ 20	Sr 33,2 Sr^{2+} 11	Y 20,2 Y^{3+} 6	Zr 13,94 Zr^{4+} 2–3	Nb 10,85 Nb^{5+} 0	Mo 9,37 Mo^{4+} 1	Tc –		
Ag 10,13 Ag^+ 9	Cd 12,7 Cd^{2+} 6	In 15,3 In^{3+} ≈4	Sn 16,0 Sn^{4+} ≈2	Sb 18,1 Sb^{3+} 8	Te^{2-} 40 Te 20,2	I^- 34 I 24,5		
Cs 65,9 Cs^+ 26	Ba 37 Ba^{2+} 16	La 22,0 La^{3+} 8	Hf 13,39 Hf^{4+} 2–3	Ta 10,9 Ta^{5+} 0	W 9,50 W^{6+} 0	Re 8,82 Re^{7+} 0		
Au 10, 12 Au^+ 10–12	Hg 13,75 Hg^{2+} 8	Tl 16,9 Tl^+ 18,5	Pb 17,9 Pb^{2+} 12,5	Bi 21,0 Bi^{3+} 8				

XXVI. Alkalimetalle; Hydride

Nachdem wir in den früheren Abschnitten die Nichtmetalle kennengelernt haben, wollen wir jetzt die wichtigsten *Metalle* besprechen. Man unterscheidet einmal unedle und edle Metalle, zum anderen Leichtmetalle ($\varrho < 5$ g/cm^3) und Schwermetalle ($\varrho > 5$ g/cm^3). Wir werden nach dem Perioden-System vorgehen, die genannten Einteilungsprinzipien werden sich dabei von selbst ergeben. Wir beginnen mit der ersten Gruppe, den Elementen Lithium, Natrium, Kalium, Rubidium und Caesium, den *Alkalimetallen.*

Von diesen kennt man Natrium und Kalium schon sehr lange, wenn es auch bei der großen Ähnlichkeit erst im 18. Jahrhundert gelungen ist, die Verbindungen dieser beiden Elemente sicher voneinander zu unterscheiden. Man kann zu ihrer Erkennung die Farbe heranziehen, die sie einer Gasflamme erteilen: Natrium färbt gelb, Kalium violett. Das 1817 entdeckte Lithium ist wesentlich seltener; es färbt die Flamme rot. Ganz selten sind die 1860/61 von *Bunsen* auf Grund ihrer Spektren (vgl. auch S. 46) entdeckten und rein dargestellten Elemente Rubidium und Caesium, die nach den charakteristischen roten bzw. himmelblauen Linien ihres Flammenspektrums benannt sind.

Alle Alkalimetalle sind *Leichtmetalle.* Da sie außerordentlich *unedel* sind, kommen sie in der Natur niemals frei vor, sondern nur als Verbindungen. Bei der Kristallisation des Erdmagmas haben sie sich in den die Erdoberfläche bildenden (vgl. dazu S. 172 f.) Silicaten (z. B. Feldspäten und Glimmern) angesammelt. Bei der Verwitterung des Urgesteins werden die entstehenden Alkalimetallsalze, die durchweg leicht löslich sind, herausgewaschen und durch die Flüsse dem Meere zugeführt.

Während in den Urgesteinen beide Elemente etwa in gleicher Menge vorkommen, findet sich im Meere sehr viel mehr Natrium als Kalium. Dies liegt daran, daß beim Durchgang des Wassers durch den Boden die K^+-Ionen von den Bodenkolloiden viel stärker adsorbiert werden als die Na^+-Ionen. Das ist wichtig, da die Pflanzen mehr Kalium als Natrium benötigen.

Trocknet ein Meeresteil infolge besonderer Umstände ein, so kristallisieren die gelösten Salze aus, und zwar zuerst die schwerlöslichen, vor allem $CaSO_4$ (Anhydrit), dann NaCl. Die leichter löslichen Kalium- (und Magnesium-)Salze finden sich in den obersten Schichten. Meist werden diese vom Regen usw. weggewaschen, so daß die als Düngemittel (vgl. S. 121) wertvollen *Kaliumsalze* (meist abgekürzt als „Kalisalze" bezeichnet) verlorengehen. Nur in seltenen Fällen bildet sich auf der obersten Salzschicht schnell eine wasserundurchlässige Tondecke, die die Kalisalze vor dem Auswaschen schützt. Das ist z. B. in Mitteldeutschland und im Elsaß der Fall gewesen, wo sich auf dem Steinsalz wertvolle Kalisalzlager finden; Kalisalze werden von Deutschland in erheblichem Umfange exportiert. Umfangreiche Kalisalzlager finden sich ferner in Nordamerika und in Rußland.

Elemente. Die freien Alkalimetalle setzen sich sofort mit Wasser unter Bildung von Wasserstoffgas und Alkalimetallhydroxid-Lösung um, z. B. $2Na + 2H_2O = 2NaOH + H_2$. Diese Umsetzung ist bei den höheren Alkalimetallen (Kalium, Rubidium, Caesium) besonders heftig. Hier wird der Wasserstoff infolge der Reaktionswärme sofort entzündet. Bei den leichteren Alkalimetallen (Lithium, Natrium) verläuft die Umsetzung etwas milder.

Wegen dieser Reaktionsfähigkeit gegenüber Wasser muß man die *Darstellung* der Metalle bei Abwesenheit von Wasser durchführen. Zum Beispiel kann man nach *Davy* (vgl. S. 74) eine Schmelze von NaOH elektrolysieren. Dabei bildet sich an der Kathode Natrium-Metall, an der Anode werden OH^--Ionen zu Sauerstoff und Wasser entladen: $4OH^- = O_2 + 2H_2O + 4e^-$.

Der Nachteil des Verfahrens liegt darin, daß es schwer ist, die Einwirkung des anodisch entstehenden Wassers auf das Metall ganz zu vermeiden. Trotzdem benutzte man dieses Verfahren früher nahezu ausschließlich; denn man kann so bei relativ niedrigen Temperaturen arbeiten, da NaOH schon dicht oberhalb 300 °C schmilzt. Heute elektrolysiert man ein geschmolzenes Gemisch von NaCl und $CaCl_2$; reine NaCl-Schmelzen sind nicht verwendbar, da NaCl erst bei 800 °C schmilzt, nur etwa 80° unter dem Siedepunkt von Natrium-Metall; außerdem lösen sich die Alkalimetalle in den geschmolzenen Alkalimetallchloriden in mit steigender Temperatur zunehmenden Beträgen auf.

Die Alkalimetalle sind im reinen Zustande silberglänzend; Caesiummetall ist messinggelb. An der Luft bedecken sich alle Alkalimetalle schnell mit einer Schicht von Hydroxid und Carbonat. Über einige Eigenschaften gibt die nachfolgende Tab. 14 Auskunft. Wie man sieht, sind die Anfangsglieder Lithium, Natrium und Kalium leichter als Wasser, Lithium schwimmt sogar auf Petroleum. Die Schmelzpunkte liegen recht niedrig, bei den höheren Elementen dicht über Zimmertemperatur; eine Legierung aus Natrium und Kalium ist sogar bei Zimmertemperatur flüssig (Eutektikum, vgl. dazu S. 284 ff.). Die Siedepunkte fallen – ebenso wie die Schmelzpunkte – vom Lithium zum Rubidium ziemlich gleichmäßig ab; zwischen den beiden schwersten Alkalimetallen sind keine nennenswerten Unterschiede mehr.

Tab. 14. Eigenschaften der Alkalimetalle

	Dichte ϱ g/cm³ bei 20 °C	molares Volumen cm³/mol	Schmelzpunkt °C	Siedepunkt °C
Lithium	0,53	13,0	179	1340
Natrium	0,97	23,8	97,8	882
Kalium	0,86	45,5	63,5	754
Rubidium	1,52	56,2	38,9	696
Caesium	1,87	71,1	28,4	708

Die Kristallstruktur der Alkalimetalle entspricht nicht, wie die der meisten übrigen metallischen Elemente, einer der dichtesten Kugelpackungen (KZ = 12), sie kristallisieren vielmehr kubisch-raumzentriert (KZ = 8); vgl. S. 205.

Verbindungen. In *Verbindungen* treten die Alkalimetalle stets als einfach positiv geladene Ionen auf, wie es ja aus dem Atombau ohne weiteres folgt. Bei einigen Verbindungen könnte es allerdings so scheinen, als ob höhere Wertigkeiten vorliegen; so entstehen z.B. bei der Verbrennung in Sauerstoff folgende *Oxide*:

$$Li_2O \quad Na_2O_2 \quad KO_2 \quad RbO_2 \quad CsO_2.$$

Aber auch bei diesen Verbindungen sind die Alkalimetalle einwertig. Der Überschuß an Sauerstoff gegenüber der Formel Me_2O in den Peroxiden Me_2O_2 und den Hyperoxiden MeO_2

kommt daher, daß sich komplexe Anionen (O_2^{2-} wie im H_2O_2 bzw. das sonst nicht bekannte O_2^{1-}) bilden.

Bemerkenswert ist, daß Caesium und Rubidium auch niedere Oxide von metallischem Charakter bilden: Cs_7O, Cs_4O und $Cs_{11}O_3$, alle mit $[Cs_{11}O_3]^{5+}$-Komplexen, sowie Rb_6O und Rb_9O_2 mit $[Rb_9O_2]^{5+}$-Komplexen.

Daß *Hydroxid*-Lösungen durch Einwirkung der Metalle auf Wasser entstehen, wurde schon erwähnt. Dieser Weg ist aber für technische Zwecke viel zu teuer. Man gewinnt die Hydroxid-Lösungen vielmehr entweder durch Elektrolyse wässeriger Chloridlösungen (vgl. unten) oder durch Umsetzung von Alkalimetallcarbonaten mit Calciumhydroxid. Das zweite, heute nur noch selten verwendete Verfahren ist das ältere. Es beruht darauf, daß sich bei der Reaktion $Na_2CO_3 + Ca(OH)_2 = 2NaOH + CaCO_3$ unlösliches Calciumcarbonat ausscheidet.

Bei der *Elektrolyse* von NaCl-Lösungen scheidet sich, wie S. 70 schon erwähnt, an der Anode *Chlor* ab, an der Kathode dagegen nicht Natriummetall, sondern Wasserstoff. Das liegt daran, daß – wie schon die Umsetzung von Alkalimetallen mit Wasser zeigt – die infolge der Dissoziation des Wassers in sehr geringer Konzentration vorhandenen H_3O^+-Ionen ihre positive Ladung weniger fest halten als die Na^+- bzw. K^+-Ionen und daher leichter entladen werden (vgl. auch Kap. XXIX); dabei werden H-Atome frei, die sich zu H_2-Molekülen vereinigen. Es bleiben daher bei der Elektrolyse in der Lösung neben den von dem Chlorid her vorhandenen Alkalimetall-Ionen die der abgeschiedenen Wasserstoffmenge entsprechenden OH^--Ionen zurück; in der Nähe der Kathode findet man daher alkalische Reaktion. Beim Eindampfen der Kathodenflüssigkeit fällt zunächst das noch nicht verbrauchte Chlorid aus; erst beim nahezu völligen Verdampfen des Wassers gewinnt man das äußerst leicht lösliche Hydroxid bzw. sein Hydrat in fester Form.

Bei derartigen Elektrolysen besteht eine prinzipielle Schwierigkeit. Chlorgas gibt nach S. 93/94 mit Laugen Hypochlorit (bzw. in der Wärme Chlorat) und Chlorid. Um Verluste zu vermeiden, muß man es verhindern, daß OH^--Ionen mit dem anodisch entstehenden Chlor zusammenkommen. Das ist um so schwieriger, als die OH^--Ionen sich als Anionen nach der positiv geladenen Anode hin bewegen, und zwar ziemlich schnell, da sie – wie die

H_3O^+-Ionen – in Lösungen besonders leicht beweglich sind. Es gibt verschiedene Verfahren[1], mit denen man technisch diese Schwierigkeiten überwunden hat, z. B. Bewegung der Elektrolytflüssigkeit zur Kathode durch ein Diaphragma (flüssigkeitsdurchlässiges, gasundurchlässiges Fasersystem) oder Transport der Kationen durch eine chemisch beständige Kationen-Austauschermembran zwischen Anode und Kathode. Das Quecksilberverfahren umgeht das oben geschilderte Problem. In kurzem Abstand zu den Anoden (Metall[2] oder Graphit) fließt das als Kathode benutzte Quecksilber. In diesem Falle erfolgt wirklich Abscheidung von Natrium-*Metall*, weil sich dieses – wie alle Alkalimetalle – mit dem Quecksilber unter großer Energieabgabe zu „Amalgam" verbindet und weil die Abscheidung von H_2 an Hg-Kathoden erschwert ist („Überspannung", vgl. S. 243). Läßt man dann das gebildete Amalgam zusammen mit der erforderlichen Menge Wasser über Graphitplatten laufen, so reagiert es gemäß $Na/Hg + H_2O = NaOH + \frac{1}{2}H_2 + Hg$, da der Wasserstoff gegenüber dem Graphit keine Überspannung besitzt. Die so erhaltene Natronlauge ist sehr rein.

Die meisten *Salze* der Alkalimetalle sind, wie bereits erwähnt, leicht in Wasser löslich. Damit hängt zusammen, daß sie aus wässerigen Lösungen oft kristallwasserhaltig auskristallisieren und daß viele von ihnen an der Luft Feuchtigkeit anziehen und zerfließlich („hygroskopisch") sind. Das gilt vor allem für viele Lithium-Salze. Kristallwasserfrei kristallisiert ein Teil der *Halogenide*, z. B. Kochsalz (NaCl)[3] bei Zimmertemperatur[4].

Wichtig sind die *Carbonate*. Man gewann sie früher durch Auslaugen von Pflanzenaschen mit Wasser. Ging man dabei von

[1] Während vor einigen Jahren in Deutschland fast nur nach dem Quecksilber-Verfahren gearbeitet wurde, gewinnen z. Zt. Diaphragmen-Verfahren wieder an Bedeutung. Zur Zeit beträgt ihr Anteil an der deutschen Chlorproduktion ca. 30%.

[2] In neuerer Zeit verwendet man Anoden aus mit RuO_2 überzogenem *Titan*-Metall. Die Kochsalz-Elektrolyse nimmt heute in der chemischen Industrie eine *Schlüsselstellung* ein, da der Bedarf an Chlor für die Herstellung organischer Produkte immer größer wird. Da es schwer ist, den Verbrauch von NaOH und Cl_2 im Gleichgewicht zu halten, ist man schon dazu übergegangen, statt NaCl-Lösungen solche von HCl – das bei vielen Reaktionen anfällt – zu elektrolysieren. Auch gewinnt das *Deacon*-Verfahren (vgl. S. 72/73) mit neuartigen Katalysatoren wieder an Bedeutung.

[3] Reines Kochsalz ist nicht hygroskopisch; nur unreines, $MgCl_2$-haltiges Salz wird an der Luft feucht und backt zusammen.

[4] Bei Temperaturen unterhalb 0,15 °C scheidet sich das Hydrat $NaCl \cdot 2H_2O$ aus.

Landpflanzen aus, so erhielt man im wesentlichen K_2CO_3 (Pottasche), während Seepflanzenasche vorwiegend Na_2CO_3 (Soda) enthält. Der steigende Bedarf von Industrie und Haushalten für *Soda* zwang dazu, sie aus Kochsalz, dem leichtest zugänglichen Natriumsalz, herzustellen.

Das ältere Verfahren von *Leblanc* ist durch die nachstehenden Gleichungen charakterisiert: 1) $2NaCl + H_2SO_4 = Na_2SO_4 + 2HCl$; 2) $Na_2SO_4 + 2C = Na_2S + 2CO_2$; 3) $Na_2S + CaCO_3 = Na_2CO_3 + CaS$; die Stufen 2 und 3 werden in einer Operation durch Erhitzen durchgeführt. Beim Auslaugen des Schmelzkuchens bleibt CaS ungelöst. Dieses Verfahren ist für die Entwicklung der chemischen Technik von großer Bedeutung gewesen, da viele grundlegende technische Apparaturen, z. B. für Schmelzen, Lösen, erstmalig für den *Leblanc*-Prozeß entwickelt worden sind. Er wurde am Ende des vorigen Jahrhunderts durch das *Solvay*-Verfahren verdrängt, bei dem durch Sättigen von konzentrierter Kochsalzlösung mit Ammoniakgas und Einleiten von CO_2 nach der Gleichung: $NaCl + (NH_4)HCO_3 = NaHCO_3 + NH_4Cl$ das verhältnismäßig schwer lösliche *Natriumhydrogencarbonat* gewonnen wird. Dieses wird dann durch Erhitzen gemäß der Gleichung: $2NaHCO_3 = Na_2CO_3 + H_2O + CO_2$ in *Soda* verwandelt. Die abfallende NH_4Cl-Lösung wird durch Umsetzung mit Kalkmilch gemäß $2NH_4Cl + Ca(OH)_2 = CaCl_2 + 2NH_3 + 2H_2O$ in $CaCl_2$-Lösung und NH_3-Gas überführt, so daß das wertvolle Ammoniak für den Prozeß zurückgewonnen wird.

Soda kommt wasserfrei sowie außerdem als Kristallsoda ($Na_2CO_3 \cdot 10H_2O$) in den Handel. Wasserfreie Soda wird in großen Mengen zur Glasfabrikation benutzt. Soda-Lösung reagiert, da das Anion eine ziemlich starke Base ist und gemäß $CO_3^{2-} + H_2O = HCO_3^- + OH^-$ (vgl. S. 141ff.) OH^--Ionen bildet, alkalisch. Dies nutzt man u. a. aus, um Fette zu lösen.

Fette sind Ester (vgl. S. 162), die als Alkohol

das *Glycerin*,

```
  OH OH  OH
  |  |   |
H2C—CH—CH2
```

als Säuren die sog. *Fettsäuren*, wie Palmitinsäure $CH_3 \cdot (CH_2)_{14} \cdot COOH$, Stearinsäure $CH_3 \cdot (CH_2)_{16} \cdot COOH$ usw. enthalten[5]. Durch Einwirkung von OH^--Ionen, wie sie in der Soda-Lösung enthalten sind, erfolgt die „Verseifung“ dieser Fette entsprechend folgendem Schema:
Ester (Fett) + NaOH = Alkohol (Glycerin) + fettsaures Natrium (Seife).

[5] Die bei Zimmertemperatur flüssigen Pflanzenöle und Trane enthalten Fettsäuren mit Doppelbindungen. Bei der „*Fetthärtung*“ wird an diese Doppelbindungen Wasserstoff angelagert, wobei Ni als Katalysator dient.

Infolgedessen werden Haushaltsgegenstände, Wolle u. ä. durch Behandlung mit Sodalösung von der anhaftenden Fettschicht befreit.

Auch auf unserer Haut befinden sich fettige, den Schmutz festhaltende Substanzen, die wir beim Waschen entfernen wollen. Sodalösung würde die Haut zu sehr angreifen. Man benutzt daher als weniger stark alkalisch reagierende Natrium-Salze die eben genannten fettsauren Salze, die *Seifen.* Bei diesen sind allerdings die bei der Einwirkung von Wasser freiwerdenden OH^--Ionen von untergeordneter Bedeutung. Wichtig sind vielmehr die sich bildenden undissoziierten Fettsäuren. Da diese auf der einen Seite eine sich im Wasser gut lösende Gruppe (-COOH) besitzen, auf der anderen Seite einen das Wasser abstoßenden Kohlenwasserstoffrest, orientieren sie sich auf der Wasseroberfläche so, daß die -COOH-Gruppe in die Flüssigkeit eindringt, das andere Ende des Moleküls dagegen außerhalb des Wassers bleibt. Damit werden die Oberflächenspannung des Wassers und somit die Benetzungsverhältnisse verändert, die Schmutzteilchen werden von Flüssigkeit umhüllt, erweicht und abgelöst[6]. Zur Herstellung der Seifen aus den Fetten benutzt man „Ätznatron" („Seifenstein") NaOH oder „Ätzkali" KOH. Man unterscheidet die harten Natron-Seifen (Kernseifen) und die weichen Kali-Seifen (Schmierseifen).

Von den *Nitraten* der Alkalimetalle haben wir das Natriumsalz, den Chilesalpeter, S. 129 erwähnt. Kalisalpeter ist ein Bestandteil des außerdem noch Schwefel und Kohle enthaltenden Schwarzpulvers. Hierfür kann man den Natronsalpeter nicht verwenden, da er hygroskopisch ist. Kalisalpeter erhält man u. a. durch Umsetzung von $NaNO_3$ mit KCl in wäßriger Lösung („Konversionssalpeter").

Die Grundlagen für dieses Verfahren zeigt Abb. 31. Die Löslichkeit von NaCl ist kaum von der Temperatur abhängig, die von KNO_3 dagegen stark; bei hohen Temperaturen ist NaCl schwerer löslich als KNO_3, bei tiefen ist es umgekehrt. Gibt man daher heiße konzentrierte Lösungen von $NaNO_3$ und KCl zusammen, so scheidet sich NaCl aus; filtriert man in der Wärme ab und läßt erkalten, so kristallisiert KNO_3 aus.

Alle Alkalimetalle reagieren bei höheren Temperaturen mit *Wasserstoff* und bilden *Hydride* der Formel MeH. Bei der Elektrolyse von geschmolzenem LiH entsteht an der Anode H_2-Gas, die Hydride der Alkalimetalle enthalten also H^--Ionen. Mit Wasser reagieren sie gemäß $MeH + H_2O = MeOH + H_2$. Wichtig ist die Reaktion von LiH in ätherischer Lösung mit $AlBr_3$; gemäß

[6] Da die Calcium-Salze der Fettsäuren sehr schwer löslich sind, schäumt die Seife in hartem Wasser (vgl. S. 158) nicht.

$4LiH + AlBr_3 = 3LiBr + Li[AlH_4]$ bildet sich Lithiumalanat, ein wichtiges Hydrierungsmittel.

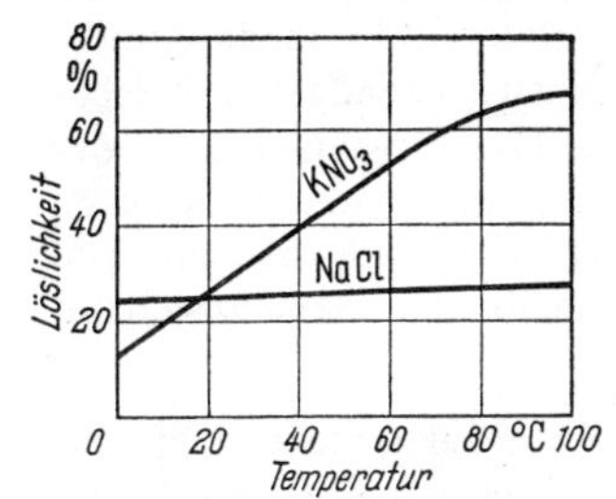

Abb. 31. Zur Darstellung von KNO_3 Löslichkeiten in Massenanteilen in %

Mit *Stickstoff* reagiert nur das Lithium (Analogie zum Mg!); es bildet sich Li_3N[7]. Die *Azide* der Formel MeN_3 lassen sich nur auf Umwegen gewinnen (vgl. S. 125) und zerfallen beim Erhitzen, unter Umständen explosionsartig.

Eine Reihe weiterer Natrium- und Kaliumsalze haben wir schon an anderen Stellen besprochen. Erwähnt sei ferner noch, daß die *Lithiumsalze* vielfach Ähnlichkeit mit den Magnesium- und Calciumsalzen besitzen (Schrägbeziehung im Perioden-System! vgl. S. 118). So sind Lithiumphosphat, -fluorid und -carbonat im Gegensatz zu den entsprechenden Salzen der anderen Alkalimetalle wenig löslich, ebenso wie die Magnesium- und Calciumsalze. Auch ist LiCl im Gegensatz zu NaCl und KCl zerfließlich und in Alkohol leicht löslich wie $MgCl_2$ und $CaCl_2$.

Hydride

Mit den Hydriden der Alkalimetalle haben wir *salzartige* Stoffe kennengelernt, deren Eigenschaften von den früher besprochenen Wasserstoffverbindungen wie HCl, H_2O, H_2S, NH_3, B_2H_6, die wir aus den gleich zu besprechenden Gründen als *kovalente* Hydride bezeichnen wollen, sehr verschieden sind. Während es sich bei diesen um Stoffe mit niedrigen Schmelz- und Siedepunk-

[7] Li_3N gehört zu den seltenen Fällen, daß ein Ionenkristall gute Ionen-Leitfähigkeit besitzt; insbesondere bei höheren Temperaturen. Andere Beispiele sind AgI und $Na_2Al_{12}O_{19}$ [früher fälschlicher Weise als ein Al-Oxid (β-Al_2O_3) angesehen].

ten handelt, schmelzen die Hydride der Alkalimetalle in dem gleichen Temperaturbereich wie die Halogenide. Ihre Schmelzen besitzen eine gute elektrolytische Leitfähigkeit wie die geschmolzenen Halogenide; der Wasserstoff wandert dabei an die Anode. Die kovalenten Hydride sind im flüssigen Zustande sehr schlechte Leiter des elektrischen Stromes. Die Kristallstruktur der Alkalimetall-Hydride entspricht der NaCl-Struktur, es liegen also Ionenkristalle vor. Die kovalenten Hydride sind dagegen im festen Zustande aus Molekülen aufgebaut, es handelt sich um Molekülkristalle (vgl. S. 201).

Diese Unterschiede lassen sich auf Grund der Elektronegativitäten (Tab. 11, S. 202) verstehen. Die Elektronegativität des H-Atoms ist mit 2,2 wesentlich größer als die der Alkalimetalle und die der Erdalkalimetalle, die ebenfalls salzartige Hydride bilden; es ist verständlich, daß der Wasserstoff hier als Anion auftritt. Bei der Mehrzahl der kovalenten Hydride dagegen besitzt der Verbindungspartner X eine größere Elektronegativität als der Wasserstoff. Man könnte daher im Grenzfall von dem Schema $H^+ + X^-$ ausgehen. Das H^+-Teilchen, das Proton, besitzt aber im Gegensatz zum H^--Teilchen und zum H-Atom keine Elektronenhülle; es wird daher von der Elektronenhülle des X^--Teilchens nicht abgestoßen, sondern nur von dem Kern des X-Atoms. Daher dringt das Proton in die Elektronenhülle von X^- ein und es bildet sich eine *kovalente* Bindung. Der Unterschied der Elektronegativitäten macht sich aber in vielen Fällen dadurch bemerkbar, daß die H—X-Bindungen elektrisch unsymmetrisch sind, d. h. ein Dipolmoment besitzen.

Gegenüber *Wasser* verhalten sich die Hydride sehr verschieden. Die Halogenwasserstoffe geben leicht Protonen ab und reagieren gemäß $HX + H_2O = H_3O^+ + X^-$ als starke Säuren. Die Chalkogenhydride sind ganz schwache Säuren; NH_3 (und abgeschwächt PH_3) sind schwache Basen: $NH_3 + H_2O = NH_4^+ + OH^-$; es wird also ein Proton aufgenommen. Im Gegensatz dazu reagieren die Alkalimetallhydride: $LiH + H_2O = H_2 + OH^- + Li^+$ unter H_2-Entwicklung. Eine Übergangsstellung nimmt B_2H_6 ein, das zwar kovalent gebaut ist, bei dem aber die H-Atome, den Elektronegativitäten entsprechend, schwach negativ sind. Dementsprechend bildet B_2H_6 mit Wasser H_2 und $B(OH)_3$.

Eine dritte Klasse liegt bei den *metallischen* Hydriden vor. Sie finden sich vor allem bei den Übergangsmetallen. Bei ihnen handelt es sich um feste Stoffe, bei denen H-Atome in Lücken des Metallgitters eingebaut sind. Sie sind Elektronenleiter. Ihre Zusammensetzung entspricht in der Regel keiner einfachen Formel; sie hängt vom H_2-Druck und von der Temperatur ab. Besonders wasserstoffreich ist das Palladium-Hydrid, dessen Zusammensetzung bei 20 °C und 10^{-2} atm H_2-Druck $PdH_{0,61}$, bei 150 atm H_2-Druck $PdH_{0,8}$ beträgt. Im elektrischen Feld wandern die H-Teilchen, als ob sie positiv geladen wären, zur Kathode.

XXVII. Erdalkali- und Erdmetalle

Allgemeines und Elemente. In der 3A-Gruppe bezeichnet man Al_2O_3 als Tonerde und dementsprechend die Elemente Aluminium, Scandium, Yttrium und Lanthan als „Erdmetalle". Die Oxide von Yttrium und Lanthan sowie die der in Tab. S. 117 als „Lanthanoide" zusammengefaßten Elemente heißen „Seltene Erden" (vgl. S. 261)[1]. Die Lanthanoide werden im Kap. XXXI besprochen.

Bei den Elementen der Gruppe 2A trägt man der Zwischenstellung von Calcium, Strontium und Barium zwischen Alkali- und Erdmetallen durch die Bezeichnung „Erdalkalimetalle" Rechnung. Die Verwandtschaft mit den Alkalimetallen kommt u.a. darin zum Ausdruck, daß die Erdalkalimetall-Verbindungen die Flamme ebenfalls färben, und zwar Calcium gelbrot, Strontium rot, Barium grün, Radium karminrot. Den Erdalkalimetallen sind nahe verwandt die beiden anderen Elemente der Gruppe 2A, Magnesium und Beryllium[2].

Ebenso wie die Alkalimetalle sind auch die Erdalkali- und Erdmetalle sehr unedel und lassen sich daher bei Gegenwart von Wasser nicht aus ihren Salzen darstellen. Am besten elektroly-

[1] Scandium gehört nicht zu den Seltenen Erdmetallen im engeren Sinne.
[2] Von manchen Autoren werden auch Be und Mg zu den Erdalkalimetallen gerechnet.

siert man auch hier geschmolzene wasserfreie Salze. Man geht z.B. beim *Aluminium*[3] so vor, daß man eine Schmelze von Na_3AlF_6 (Kryolith) als Elektrolytflüssigkeit verwendet, in der sich Al_2O_3 ziemlich gut löst.

Das beste *Rohmaterial*[4] für Al_2O_3 ist Bauxit, ein mit FeOOH, SiO_2 und TiO_2 verunreinigtes Oxidhydroxid AlOOH. Von diesem finden sich reiche Vorkommen in Frankreich, Ungarn, Italien und Jugoslawien. Das Rohmaterial wird unter Druck mit NaOH-Lösung behandelt, wobei sich nach S. 144 AlOOH unter Bildung von $[Al(OH)_4]^-$-Ionen löst. Nach der Erniedrigung der OH^--Ionen-Konzentration durch Verdünnen der Lösung bildet sich durch Abspaltung von OH^- aus den $[Al(OH)_4]^-$-Ionen langsam $Al(OH)_3$; beim Erhitzen entsteht aus diesem erst γ-Al_2O_3, das hygroskopisch und daher für die Elektrolyse nicht brauchbar ist, und oberhalb von 1000 °C α-Al_2O_3 (Korund), das nicht mehr Wasser anzieht.

Die Rohstoffkosten spielen beim Aluminium nicht die Rolle, wie etwa beim Kupfer, da beim Aluminium-Metall vor allem die elektrische Energie für die Elektrolyse bezahlt werden muß. Kryolith findet man in Grönland, heute gewinnt man ihn synthetisch.

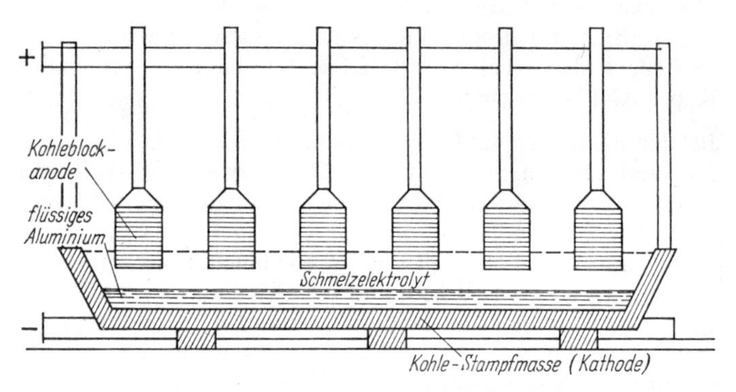

Abb. 32. Schmelzelektrolytische Darstellung von Aluminium

[3] Metallisches Aluminium wurde erstmalig 1827 von dem deutschen Forscher *Friedrich Wöhler* (1800–1882) durch Einwirkung von K-Metall auf $AlCl_3$ dargestellt; unreines Metall hatte 1825 der dänische Forscher *H. C. Ørsted* (1777–1851) erhalten.

[4] Es gibt auch Methoden, um Al_2O_3 aus dem reichlich zur Verfügung stehenden Ton zu gewinnen; diese haben aber z.Z. noch keine Bedeutung.

Eine Zelle für die *Aluminiumelektrolyse* zeigt Abb. 32. Der Boden besteht aus gebranntem Teerkoks; er dient als Kathode. Die Kohleanoden werden entweder nach dem *Söderberg*-Verfahren (vgl. S. 121) hergestellt oder man verwendet große vorgebrannte Blöcke, die durch die Hitze auf der Unterlage festbrennen; die elektrischen Zuleitungen werden entsprechend dem Abbrand durch die CO_2-Bildung von Zeit zu Zeit verlegt. Das durch die Elektrolyse gebildete Al-Metall ist spezifisch schwerer als die Schmelze und sammelt sich auf dem Boden des Elektrolysengefäßes, von wo es seitlich abgelassen oder von oben abgesaugt wird.

Auch *Magnesium* gewinnt man elektrolytisch aus $KCl/MgCl_2$-Schmelzen; Mg schwimmt dabei auf der Schmelze. Man kann aber auch im Hochvakuum ein Gemisch von MgO und CaO mit Si (in der Praxis „Ferrosilicium") gemäß $2MgO + 2CaO + Si = 2Mg + Ca_2SiO_4$ bei höherer Temperatur umsetzen; das Mg-Metall destilliert dabei ab.

Be und Mg kristallisieren in der hexagonal-dichtesten, Ca, Sr und Al in der kubisch-dichtesten Kugelpackung; Ba hat (wie die Alkalimetalle) eine kubisch-raumzentrierte Struktur[5].

Trotz der hohen Bildungsenthalpie der Oxide bzw. Hydroxide sind die Metalle der 2A- und 3A-Gruppe wesentlich beständiger gegen Wasser als die Alkalimetalle. Das gilt insbesondere von Magnesium und Aluminium; das letztere wird ja sogar im Haushalt und in der Technik als gegen Wasser vollständig beständiger Werkstoff verwendet, und Legierungen von Aluminium und Magnesium (vgl. unten) spielen heute als Leichtmetalle (Dichte von Al 2,70, von Mg 1,74 g/cm^3) eine große Rolle, nicht nur für den Flugzeug- und Fahrzeugbau, sondern auch in der Elektrotechnik; denn die elektrische Leitfähigkeit des Aluminiums ist fast so gut wie die des Kupfers. Reines Aluminium ist allerdings für die meisten technischen Verwendungszwecke zu weich; man legiert es daher, um seine Härte und Festigkeit zu steigern.

So enthält z.B. *Duraluminium* neben wenig Magnesium, Mangan und Silicium einige % Kupfer. Diese Zusätze werden jedoch erst durch eine geeignete Wärmebehandlung („Vergütung") voll wirksam. Cu löst sich nämlich in der Wärme in festem Al besser als in der Kälte. Vgl. dazu auch die Löslichkeit

[5] Die hier angegebenen Strukturen beziehen sich auf Zimmertemperatur und 1 atm. Druck. Bei anderen Temperaturen, z.T. auch bei höheren Drucken, können andere Strukturen auftreten. So ist Sr oberhalb 605 °C kubisch-raumzentriert, Ca mit geringem H-Gehalt kristallisiert wie Mg.

von Kupfer in Silber, Abb. 44, S. 287. Durch „Tempern" bei etwa 500 °C geht daher alles Cu in Lösung; es bilden sich Mischkristalle, die auch beim raschen Abkühlen erhalten bleiben, „einfrieren", obwohl sich im Gleichgewicht in der Kälte nur sehr wenig Cu löst. „Läßt" man die Legierung jedoch durch Erhitzen auf etwa 100–200 °C „an", so werden die Atome beweglich und das zuviel gelöste Cu scheidet sich als $CuAl_2$ in äußerst feinkörniger Form aus. Hierdurch tritt die erwünschte Verbesserung der mechanischen Eigenschaften ein („Ausscheidungshärtung"; vgl. dazu auch S. 295f.)

Der Zusatz eines edleren Metalles begünstigt auf der anderen Seite aber den Angriff korrodierender Stoffe, da Cu und Al in der Spannungsreihe weit auseinander stehen und daher „Lokalelemente" bilden (vgl. dazu S. 241). Man kann dem entweder durch „Plattieren" mit Reinaluminium begegnen oder aber man kann mit Metallen legieren, die elektrochemisch dem Aluminium nahestehen. So enthält z. B. das sehr korrosionsfeste „Hydronalium" einige Prozente Magnesium.

Ganz ähnlich liegen die Verhältnisse beim *Magnesium.* Die wichtigste Legierung ist hier das „Elektron-Metall"; es enthält neben etwa 8% Massenanteil Al geringe Zusätze von Zn, Si und Mn.

Die Beständigkeit von Aluminium und Magnesium gegen Wasser ist darin begründet, daß ihre Oxide bzw. Hydroxide in Wasser schwer löslich sind. Beim Zusammentreffen mit Wasser oder Luftfeuchtigkeit bedecken sich daher die Metalle mit einer dünnen Oxidhaut, die sie vor einer weiteren Einwirkung schützt[6, 7]. Durch elektrolytische Oxidation kann man diese Schicht beim Aluminium noch verstärken („*Eloxal*-Verfahren"); auch durch chemische Mittel läßt sich dies erreichen.

Das Oxidhäutchen kann man z. B. daran erkennen, daß ein Aluminium-Draht auch dann noch seine Form behält, wenn man ihn über den Schmelzpunkt des Metalls (660 °C) erhitzt, weil die Oxidhaut das flüssige Metall zusammenhält.

[6] In verdünnten wäßrigen Lösungen von Säuren und starken Basen löst sich die Oxid-Schicht auf (vgl. dazu S. 143f.). Sie bleibt jedoch gegenüber stark oxidierenden, konzentrierten Säuren bestehen („Passivität", vgl. S. 130).

[7] Auch beim *Eisen* bilden sich solche Oxid- bzw. Oxidhydroxid-Schichten. Zunächst entsteht eine dichte, festhaftende Schicht mit zweiwertigem Eisen, die man als Schutzschicht auch künstlich erzeugt („Brünieren", z. B. von Gewehrläufen). Bei der weiteren Einwirkung von Luft und Feuchtigkeit erfolgt Oxidation zum dreiwertigen Eisen (FeOOH, vgl. S. 256); damit werden die Deckschichten porös und schützen nicht mehr („*Rost*").

Läßt man die Oxidation jedoch bei höheren Temperaturen vor sich gehen, so reicht der Schutz durch dieses Oxidhäutchen nicht mehr aus. So verbrennen z.B. Magnesiumband oder Calciumspäne unter hellem Aufglühen, wenn man sie mit einer Flamme entzündet. Läßt man die Verbrennung so vor sich gehen, daß keine Wärme durch Strahlung verlorengeht, so kann man außerordentlich hohe Temperaturen erzielen, da ja keine Verbrennungsgase entweichen und die entwickelte Wärme nur zum Erhitzen des Oxides verwendet wird.

Wichtiger als die Verbrennung der Metalle selbst sind Reaktionen, bei denen Aluminiummetall mit dem Oxid eines edleren Metalles in Reaktion gebracht wird. So steigt z.B. bei der Umsetzung mit Eisenoxid: $3\,Fe_3O_4 + 8\,Al = 4\,Al_2O_3 + 9\,Fe$; $\Delta H = -3340$ kJ/mol (-798 kcal/mol) die Temperatur auf etwa 2400 °C, so daß sowohl Eisen als auch Al_2O_3 geschmolzen werden. Das Metall trennt sich dabei glatt von der Oxidschmelze und sammelt sich am Boden des Reaktionsgefäßes an. Versieht man dessen Boden mit einer Öffnung, so fließt das Metall heraus und kann dann dazu benutzt werden, um zwei Eisenstücke (z.B. Eisenbahnschienen) zu verschweißen. Außerdem kann man nach diesem *Goldschmidt*schen „Thermitverfahren" „aluminothermisch" viele sehr hoch schmelzende Metalle in kohlenstofffreier Form herstellen, z.B. Silicium, Chrom, Mangan u.a.

Magnesium und Calcium eignen sich trotz der stark negativen Bildungsenthalpien ihrer Oxide nicht so gut für diese Reaktion, da ihre Oxide noch höher schmelzen als Al_2O_3. Man erhält infolgedessen nur eine gesinterte Schlacke mit kleinen eingesprengten Metallstückchen.

Verbindungen. In ihren Salzen sind **Beryllium, Magnesium** und die **Erdalkalimetalle** ausschließlich zweiwertig, wie es dem Atombau entspricht. Die *Oxide* gewinnt man meist durch Erhitzen der Carbonate. Zum Beispiel zerfällt Kalkstein beim „Brennen" in Kohlendioxid und Calciumoxid („gebrannter Kalk"): $CaCO_3 = CO_2 + CaO$. Während sich BeO und MgO gegen Wasser ziemlich indifferent verhalten, reagieren die Erdalkalimetalloxide mit Wasser lebhaft unter Bildung der Hydroxide: $CaO + H_2O = Ca(OH)_2$. Man erhält so durch Löschen des gebrannten Kalks den „gelöschten Kalk". CaO bzw.

$Ca(OH)_2$ sind die billigsten und in der Technik am meisten verwendeten festen Stoffe von basischem Charakter. Als hochfeuerfester Baustoff ist CaO nicht brauchbar, da es sich mit Wasser und CO_2 umsetzt. Für diese Zwecke verwendet man vielmehr die durch Brennen von Magnesit ($MgCO_3$) erhaltenen *Magnesitsteine.* Diese bestehen aus „totgebranntem", also nicht mehr reaktionsfähigem Magnesiumoxid; sie sind gegen alkalische Schmelzen widerstandsfähig.

In dieser Gruppe ist besonders deutlich zu erkennen, daß der basische Charakter und die Löslichkeit der Hydroxide mit fallendem Kationenradius abnimmt: $Ba(OH)_2$ ist ziemlich leicht löslich; in der Lösung von Ba-Salzen finden sich nur sehr wenig $[BaOH]^+$-Ionen. $Ca(OH)_2$ ist wenig, $Mg(OH)_2$ sehr wenig löslich; Ca- und noch stärker Mg-Salzlösungen reagieren durch Abspaltung von Protonen gemäß $[Mg(H_2O)_6]^{2+} + H_2O = H_3O^+ + [Mg(H_2O)_5OH]^+$ schwach sauer. $Be(OH)_2$ ist amphoter, es löst sich sowohl in starken Säuren als auch in starken Basen, ganz ähnlich wie wir es S. 143f. für $Al(OH)_3$ geschildert haben. Im festen Zustand kennt man z.B. K_2BeO_2.

Leitet man in Kalkwasser (oder Barytwasser), d.h. eine Lösung von Hydroxid in Wasser, CO_2-Gas ein, so entsteht gemäß $Ca(OH)_2 + CO_2 = CaCO_3 + H_2O$ schwer lösliches *Carbonat* [8]. Diese Reaktion dient nicht nur zum Nachweis von CO_2 – z.B. kann man es so in der ausgeatmeten Luft nachweisen –, sondern sie hat auch eine sehr große praktische Bedeutung. Ein Gemisch von gelöschtem Kalk mit Sand, der im wesentlichen als „Füllmaterial" dient, wird nämlich als „*Luftmörtel*" für Bauzwecke in großem Maßstabe verwendet, um Ziegel miteinander zu verbinden, ferner für Putz und ähnliches. Das Erhärten des Luftmörtels erfolgt zunächst durch Verdunsten des überschüssigen Wassers und weiterhin im Verlauf der Zeit durch Bildung von Carbonat unter der Einwirkung des atmosphärischen Kohlendioxids. Um den Erhärtungsvorgang zu beschleunigen, stellt man im Winter in Neubauräumen Koksöfen auf, die CO_2 entwickeln und außerdem die Räume heizen, so daß das Verdunsten des Wassers beschleunigt wird. Über „Wassermörtel" siehe S. 229.

[8] $CaCO_3$ löst sich in Wasser bei der Einwirkung von überschüssigem CO_2: $CaCO_3 + CO_2 + H_2O = Ca(HCO_3)_2$; vgl. S. 157.

Von weiteren wichtigen Salzen seien die *Sulfate* genannt. Alle Erdalkalisulfate, besonders $BaSO_4$, sind schwer löslich. $BaCl_2$- oder $Ba(NO_3)_2$-Lösungen benutzt man daher zum Nachweis von Sulfat-Ionen. Calciumsulfat scheidet sich aus Lösungen, je nach der Temperatur oder dem Gehalt an Fremdsalzen, als *Anhydrit* $CaSO_4$ oder *Gips* $CaSO_4 \cdot 2H_2O$ aus

Gips hat für Bauzwecke Bedeutung. Er hält nämlich einen großen Teil seines Kristallwassers nur sehr wenig fest und geht schon beim gelinden Erhitzen in $CaSO_4 \cdot {}^1/_2 H_2O$ über. Dieser „gebrannte" Gips nimmt leicht wieder Wasser auf und verfestigt sich dadurch, so daß man so Holzpflöcke u. a. „eingipsen" kann. Viel verwendet wird Gips zur Herstellung von „Gipswänden", bei denen ein Füllstoff durch Gips zusammengehalten wird, sie sind leicht transportabel und verschiebbar. Erhitzt man Gips höher, so verliert er auch das weitere Wasser und schließlich auch etwas SO_3. Das so erhaltene basische Sulfat erhärtet mit Wasser ebenfalls und wird als „Estrichgips" verwendet. In ganz ähnlicher Weise erhärtet auch basisches Magnesiumchlorid. Man verwendet es im Gemisch mit Holzspänen als „Sorelzement" oder „Steinholz" für Fußböden und ähnliches.

Die *Halogenide* dieser Elementgruppe sind bis auf die Fluoride leicht in Wasser löslich, die der niederen Elemente sogar zerfließlich. Daß man entwässertes $CaCl_2$ zum Trocknen von Gasen verwendet, wurde schon erwähnt; auch benutzt man es – neben NaCl – zum Auftauen von Schnee. Hingewiesen sei noch auf die mit Wasser langsam in Hydroxid und Hydrogensulfid übergehenden *Sulfide*. Enthalten diese äußerst geringe Beimengungen von Schwermetall-Sulfiden, so „phosphoreszieren" sie, d. h. sie leuchten nach Bestrahlung mit Licht noch längere Zeit im Dunkeln nach. Von den übrigen Salzen haben wir die Phosphate des Calciums schon (S. 131 f.) besprochen; die Silicate sind im anschließenden Kap. behandelt.

Aluminium und die anderen *Erdmetalle* sind dreiwertig. Von den Verbindungen sind zunächst die *Oxide* zu nennen. Wegen seines hohen Schmelzpunktes und seiner chemischen Widerstandsfähigkeit benutzt man den *Korund* Al_2O_3 als hochfeuerfesten Werkstoff. Auch dient er wegen seiner Härte als Schleifmittel. Einkristalle von Korund sind wertvolle Edelsteine, insbesondere wenn sie infolge von Beimengungen farbig sind (Rubin und Saphir). Man kann heute solche Einkristalle fabrikatorisch herstellen; synthetische Rubine benutzt man als Lager für Uhrwerke u. ä. Das Doppeloxid $MgO \cdot Al_2O_3$ ist der *Spinell*, der als Edelstein verwendet wird und ebenfalls synthetisch hergestellt werden kann. Gleiche Kristallstrukturen besitzen Chromeisenstein $FeO \cdot Cr_2O_3$ (S. 254) und Magnetit $FeO \cdot Fe_2O_3$ (S. 257).

Im *Spinell-Typ* liegt, wie bei der NaCl-Struktur, eine dichteste Kugelpackung der O^{2-}-Ionen vor. Die Kationen liegen z. T. in Oktaeder-, z. T. in Tetraeder-Lücken (vgl. S. 205). Je nach der Art der Verteilung spricht man von „*normalen*" und „*inversen*" Spinellen.

Ein wichtiges Aluminiumsalz ist der *Alaun* $KAl(SO_4)_2 \cdot 12H_2O$. In Alaunen kann statt K^+ auch NH_4^+, Rb^+, Cs^+ oder Tl^+, statt Al^{3+} ein anderes dreiwertiges Ion (z. B. V^{3+}, Cr^{3+}, Fe^{3+}) vorhanden sein.

Von den *Halogeniden* ist $AlCl_3$ zu nennen; es wird u. a. in der organischen Chemie für gewisse Synthesen benutzt. Man gewinnt es nach *Ørsted*, indem man ein Gemisch aus $Al_2O_3 + C$ im Cl_2-Strom bzw. Al_2O_3 im CO/Cl_2-Strom erhitzt. $AlCl_3$ ist leicht flüchtig; da der Schmelzpunkt bei 193 °C liegt, der Dampfdruck aber schon bei 183 °C 1 atm erreicht, sublimiert es bei 1 atm Außendruck. Aus wässeriger Lösung scheidet sich das Hydrat $AlCl_3 \cdot 6H_2O$ aus; daraus läßt sich durch Erhitzen $AlCl_3$ nicht gewinnen, da sich basische Salze bzw. Hydroxid und Oxid bilden.

Verbindungen des *einwertigen* Aluminiums sind nur im Gaszustand darstellbar; sie bilden sich z. B. nach der umkehrbaren Reaktion $2Al_{fl} + AlCl_{3,\,gasf.} = 3AlCl_{gasf.}$ Das Gleichgewicht liegt bei hohen Temperaturen auf der rechten, bei tieferen auf der linken Seite (vgl. das *Boudouard*-Gleichgewicht S. 170f. und die zweiwertigen Si-Verbindungen S. 175).

Technisch wichtige Silicate der Erdalkali- und Erdmetalle

Zu den wichtigsten Verbindungen der Erdalkali- und Erdmetalle gehören die Silicate. Siliciumdioxid besitzt, wie wir sahen, technisch wertvolle Eigenschaften, es ist sehr feuerbeständig, mechanisch fest und vor allem chemisch sehr widerstandsfähig; aber es ist nicht leicht verarbeitbar. Die Verbindungen der Leichtmetalle mit SiO_2 lassen sich leichter in bestimmte Formen bringen. Da in ihnen die wertvollen Eigenschaften von SiO_2 mehr oder weniger erhalten sind, stellen sie wichtige Werkstoffe dar. Ihre Beschreibung ist dadurch erschwert, daß die technischen Erzeugnisse Gemische verschiedener Verbindungen sind und daß sie in ihrer Zusammensetzung schwanken.

Besonders reich an SiO_2 sind die **Gläser**. Sie enthalten in der Regel neben SiO_2 ein einwertiges und ein zweiwertiges Oxid. Natrium- bzw. Kaliumsilicat ohne den Zusatz eines zweiwertigen Oxids sind wasserlöslich (Wasserglas, vgl. S. 174) und nicht als Glas im engeren Sinne zu bezeichnen.

Zum Beispiel liegen beim Fensterglas Natrium-Calcium-Gläser vor, deren Zusammensetzung oft dem Verhältnis $1Na_2O:1CaO:6SiO_2$ nahekommt. Tritt für Natrium Kalium ein, so erhalten wir die Kaligläser (z. B. „Böhmisches“ Glas), während „Bleikristall“ statt Calciumoxid Bleioxid enthält. In modernen Gläsern sind oft die verschiedensten ein- und zweiwertigen Oxide enthalten; außerdem ist manchmal SiO_2 durch B_2O_3 ersetzt. Al_2O_3 ist meist nur in sehr geringer Menge vorhanden.

Die Gläser erstarren aus dem Schmelzflusse „glasig“, d. h. ohne zu kristallisieren. Sie sind optisch „isotrop“, d. h. sie haben in allen Richtungen die gleichen Eigenschaften. Mit dem glasigen Zustand hängt auch ihre Durchsichtigkeit zusammen sowie die für die Verarbeitung wichtige Tatsache, daß sie nicht bei einer bestimmten Temperatur schmelzen, sondern ein ziemlich großes Temperaturgebiet allmählicher Erweichung besitzen. Man kann die Gläser als stark unterkühlte Flüssigkeiten bezeichnen, muß aber auf der anderen Seite zugeben, daß sie mit Rücksicht auf ihre Formbeständigkeit den Kristallen näher stehen als den Flüssigkeiten. Erhitzt man ein Glas längere Zeit auf höhere Temperaturen, so kristallisiert es teilweise, es wird undurchsichtig und „entglast“[9].

Die *chemische Widerstandsfähigkeit* der Gläser ist geringer als die des Quarzes. So geben sie z. B. bei längerem Kochen oberflächlich Alkalioxid ab, so daß das Wasser alkalische Reaktion annimmt. Je nach der Menge des unter bestimmten Bedingungen abgegebenen Alkalioxids teilt man die Gläser in verschiedene „hydrolytische“ Klassen ein.

Tonwaren *(Keramische Erzeugnisse)* enthalten Al_2O_3 und SiO_2, außerdem von Fall zu Fall wechselnde Mengen von Alkali-

[9] Bei der *Glaskeramik* nutzt man dies technisch aus. „Keimbildner“ enthaltende Gläser bestimmter Zusammensetzung der Systeme $Li_2O/Al_2O_3/SiO_2$ bzw. $Li_2O/MgO/Al_2O_3/SiO_2$ erhitzt man nach dem Abkühlen noch einmal auf Temperaturen über 1000 °C. Dabei kristallisiert ein großer Anteil, wobei winzige Kristalle in die restliche Glasmasse eingebettet sind. Man kann so porenfreie Stoffe mit technisch wertvollen Eigenschaften herstellen, etwa mit extrem kleiner thermischer Ausdehnung (kleiner als Quarzglas!). Glaskeramik als Werkstoff verwendet man für Raketenköpfe, elektrotechnische Geräte, Haushaltsartikel und vieles andere.

oxiden, CaO und anderen Beimengungen. Das wichtigste Ausgangsmaterial ist der Ton.

Ton entsteht aus dem Urgestein, insbesondere den Feldspäten, durch verwickelte physikalische und chemische Vorgänge. Kaolin enthält neben wechselnden, oft sehr geringen Mengen von unveränderten, fein verteilten Gesteinsresten (Quarz, Feldspat) als wichtiges Tonmineral den *Kaolinit* $Al_2Si_2O_5(OH)_4$. Er besitzt eine kompliziert aufgebaute „Schichtenstruktur".

Ein anderes wichtiges Tonmineral ist der *Montmorillonit*. Dieser besitzt – wie der Pyrophyllit $Al_2Si_4O_{10}(OH)_2$ – etwas anders aufgebaute Schichten (zwei Si-Lagen und dazwischen eine Al-Lage). Gegenüber dem Pyrophillit besteht jedoch der Unterschied, daß im Montmorillonit ein Teil (etwa $^1/_6$) der Al-Plätze durch Mg ersetzt ist; zur elektrostatischen Kompensation befinden sich zwischen den Schichten mit H_2O umgebene Alkalimetall-Ionen, insbesondere Na^+-Ionen, so daß man die Formel des Montmorillonits schematisch $[Al_{1,67}Mg_{0,33}Si_4O_{10}(OH)_2]Na_{0,33} \cdot nH_2O$ schreiben kann. Der Wassergehalt zwischen den Schichten kann stark variieren, wobei sich der Abstand zwischen den Schichten entsprechend ändert; dementsprechend ist der Montmorillonit stark quellbar. – Im Aufbau dem Pyrophyllit eng verwandt ist der *Muskowit* (Kaliglimmer) $[Al_3Si_3O_{10}(OH)_2]K$; bei ihm befinden sich zwischen den Schichten K^+-Ionen.

Der Ton hat die Fähigkeit, mit Wasser „plastisch", d. h. knetbar zu werden; durch eine Behandlung mit geringen Mengen von Lauge oder gewissen Säuren läßt er sich sogar in eine gießbare Masse geringen Wassergehalts überführen. Man brennt die nach verschiedenen Methoden geformten und an der Luft getrockneten Gegenstände nicht wie die Gläser bis zum völligen Schmelzen, sondern nur so weit, daß unter Volumverkleinerung („Schwinden") ein mehr oder weniger starkes Sintern eintritt, d. h. ein Zusammenbacken bzw. ein teilweises Schmelzen. Ein charakteristischer Bestandteil der gebrannten Tonwaren ist der *Mullit* $3Al_2O_3 \cdot 2SiO_2$.

Brennt man Ton ohne Beimengungen, so erhält man die *Schamotte*, ein wertvolles, feuerfestes Material[10]. Der Name rührt vielleicht daher, daß man zur Verminderung des Schwindens dem Ton reichlich gebrannte Scherben („Klamotten") zusetzt.

Das edelste keramische Erzeugnis ist das *Porzellan*. Zu seiner Herstellung brennt man eine aus etwa 50% eisenfreiem, also weißem Kaolin und je 25% Quarz und Feldspat bestehende Masse zunächst im „*Rohbrand*" auf 900 °C, trägt dann eine etwas leichter schmelzende *Glasur* (im wesentlichen Feldspat)

[10] Als andere feuerfeste bzw. hochfeuerfeste Baustoffe nannten wir bereits die Silikasteine (S. 173), die Magnesitsteine (S. 224) und die Korundsteine (S. 225).

des gleichen Ausdehnungskoeffizienten auf und brennt schließlich im „Scharffeuer“ bei etwa 1400 °C. Ähnlich geht man beim *Steinzeug* vor, bei dem etwas weniger reine Ausgangsmaterialien verwendet werden. Man kann aus Steinzeug technische Apparaturen herstellen, was für die chemische Industrie von Bedeutung ist. Auch die *Klinkersteine* gehören zum Steinzeug.

Während bei Porzellan und Steinzeug so hoch gebrannt wird, daß die Masse vollkommen dicht wird, „*verglast*“ ist, wird bei *Steingut*, *Majolika* („Schmelzware“), *Töpfergeschirr* und *Ziegelsteinen* nicht so hoch erhitzt. Der „Scherben“ bleibt infolgedessen *porös*. Von diesen Stoffen wird nur das Steingut aus eisenarmen, also weißbrennenden Tonen hergestellt. Bei den übrigen Stoffen sind die Ausgangsmaterialien weniger rein; insbesondere der für die Töpferei-Erzeugnisse und Ziegel verwendete Lehm enthält viel Eisenoxid. Hier braucht man beim zweiten Brand nicht so hoch zu erhitzen, da man als *Glasuren* niedrig schmelzende blei- bzw. borhaltige Gläser benutzt. Diese sind weicher als die Glasur des Porzellans. Beim Steingut ist die Glasur durchsichtig, so daß Licht eindringt und ein porzellanähnliches Aussehen bewirkt. Bei Majolika, Ofenkacheln u. ä. dagegen wird die Glasur in der Regel undurchsichtig gehalten, um die Farbe des Scherbens zu verdecken. Bei dieser ganzen Gruppe läßt sich durch Färbung der Glasur sowie durch Unterglasurfarben eine sehr viel reichere Abstufung in den Farbtönen erhalten als beim Porzellan, bei dessen hoher Brenntemperatur nur noch wenige Schwermetalloxide beständig sind (braune, blaue und grüne Farben).

Die **Zemente** schließlich enthalten sehr viel Calciumoxid. So sind die Massenanteile im Portlandzement 60–67% CaO, 18–23% SiO_2, 4–8% Al_2O_3 u. TiO_2, bis 8% Fe_2O_3 (einschl. Mn_2O_3).

Zur Herstellung von Zement[11] werden Kalkstein und Ton fein gemahlen und bei etwa 1450 °C gesintert. Die dabei entstehenden Klinker werden unter Zugabe von Gips ($CaSO_4 \cdot 2H_2O$) oder Anhydrit ($CaSO_4$) zum Regeln des Abbindens feinst gemahlen. Zement nimmt 12–15% Wasser auf und erhärtet dadurch. Beim Abbinden finden verwickelte chemische und kolloidchemische Vorgänge statt. Mit Zusätzen von Kies und Sand vermischten Zement bezeichnet man als „Beton“.

Der große Vorteil des Zements gegenüber dem Luftmörtel (S. 224) liegt – neben den besseren mechanischen Eigenschaften – darin, daß er auch in Gegenwart von Wasser abbindet und erhärtet („*Wassermörtel*“), während ja der gelöschte Kalk in Wasser löslich ist. Man kann daher Zement auch für Bauten unter Wasser verwenden. Dabei muß man auf die Zusammenset-

[11] Über „Hochofenzement“ und „Eisenportlandzement“ siehe S. 292.

zung des mit solchen Zementbauten in Berührung kommenden Wassers achten. Enthält es viel freie Kohlensäure, so wird das Calciumoxid z.T. als Hydrogencarbonat herausgelöst. Enthält es Sulfate oder gar freie Schwefelsäure, so bilden sich Calciumsulfat-haltige Verbindungen; infolge der damit verbundenen Volumenvermehrung „*treibt*" der Zement.

Von technisch benutzten Silicaten sei schließlich noch das *Ultramarin* genannt (in der Natur als Lasurstein), ein Natriumaluminiumsilicat, dessen blaue Farbe[12] durch einen Gehalt an Schwefel bedingt ist. Manche Silicate besitzen Hohlräume, z.B. die *Zeolithe.* Diese können, ebenso wie künstlich dargestellte Stoffe, als „*Molekularsiebe*" verwendet werden, indem die Hohlräume zur selektiven Absorption bzw. Trennung von Gasen und Dämpfen benutzt werden.

XXVIII. Elemente der Gruppen 1 B bis 4 B

Kupfer, Silber, Gold. Die bisher besprochenen Metalle gehörten den kleinen Perioden bzw. den A-Gruppen der großen Perioden des Perioden-Systems an (vgl. S. 117). Wenden wir uns jetzt den B-Gruppen zu, so sehen wir bei den Elementen der Gruppe 1B, Kupfer, Silber und Gold, sehr charakteristische *Unterschiede gegenüber den Alkalimetallen.* Während bei diesen Leichtmetalle vorliegen (vgl. Tab. 14, S. 212) mit Dichten ϱ zwischen 0,5 und 1,9 g/cm^3 und molare Volumina V_m zwischen 13 und 70 cm^3/mol, handelt es sich bei den Elementen Cu, Ag und Au um Schwermetalle (ϱ(Cu) 8,92; (Ag) 10,50; (Au) 19,32 g/cm^3); die molaren Volumina betragen: Cu 6,96; Ag 10,51; Au 10,34 cm^3/mol. Während die Alkalimetalle dicht über Zimmertemperatur schmelzen, liegen die Schmelzpunkte von Cu, Ag und Au bei etwa 1000 °C (Cu 1083; Ag 960; Au 1063 °C). Auch das chemische Verhalten ist grundverschieden. Die Alkalimetalle bilden mit Nichtmetallen Verbindungen mit hoher negativer Bildungsenthalpie, sie sind „unedel"; die entsprechenden Verbindungen von Cu, Ag und Au dagegen haben geringe negative oder sogar positive Bildungsenthalpien, es liegen „edle" Metalle vor.

[12] Man kann auch grüne und rote Ultramarine herstellen.

Fragt man, auf welche Eigenschaften der Atome dies zurückgeht, so stellt sich als ein besonders wichtiger Faktor die *Ionisierungsenergie* heraus. Bei den Elementen der B-Gruppen halten die Atome das äußerste Elektron stärker fest als bei den Alkalimetallen[1]. Die ersten Ionisierungsenergien sind für Cu 745, Ag 731, Au 891 kJ/mol, während die Werte für Li 521, Na 496, K 420, Rb 402, Cs 375 kJ/mol betragen[2]. Die starke Anziehung der positiven Ionen auf Elektronen bewirkt, daß in den Metallen das Elektronengas gleichsam unter starkem Druck steht, also auf ein sehr kleines Volumen zusammengedrängt wird, während es bei den Alkalimetallen einen viel größeren Raum einnimmt. So verstehen wir die Unterschiede in den Dichten und die hohen Schmelzpunkte.

Auch die Unterschiede in den *Bildungsenthalpien* hängen mit den Ionisierungsenergien zusammen. Es erfordert bei den Elementen der B-Gruppen eine größere Energie, positive Ionen zu bilden[3]. Zwar hängt die Enthalpie bei der Bildung der Verbindungen eines Elements auch noch von anderen Faktoren ab – z. B. kann die Sublimationsenergie des Metalls eine wichtige Rolle spielen –, eine Gesamtübersicht zeigt aber, daß durchweg der Absolutbetrag der negativen Bildungsenthalpie umso kleiner ist, je größer die Ionisierungsenergie ist.

Die Tab. 11, S. 202, der Elektronegativitäten weist ferner darauf hin, daß der Anteil kovalenter Bindung bei den Verbindungen der Elemente der 1B-Gruppen größer ist als bei denen der Alkalimetalle.

Charakteristisch ist, daß hier wie auch in den anderen B-Gruppen der Absolutwert der Bildungsenthalpie der meisten Verbindungen fällt, wenn man von den leichteren zu den schwereren Elementen übergeht: Kupfer- und Silberverbindungen haben stärker negative Bildungsenthalpien als die entsprechenden Goldverbindungen. In den A-Gruppen werden im Gegensatz dazu die Bildungsenthalpien mit wachsender relativer Atommasse des metallischen Bestandteils in der Regel stärker negativ (vgl. S. 250).

Kennzeichnend ist ferner, daß das Auftreten der verschiedenen *Oxidationsstufen* (Wertigkeiten) hier nicht so einfach sind wie

[1] Diese größere „*Ionisierungsenergie*" hängt damit zusammen, daß bei den im Perioden-System vorhergehenden „Übergangselementen" Sc—Ni, Y—Pd, La—Pt (Kap. XXX), Elektronen in einer inneren Schale (d-Elektronen, in der Reihe Ce—Lu außerdem f-Elektronen) eingebaut werden.

[2] Ionisierungsenergien werden meist in eV angegeben (vgl. S. 183, Anm. 6). Sie betragen in dieser Einheit: Li 5,40; Na 5,14; K 4,34; Rb 4,17; Cs 3,89; Cu 7,72; Ag 7,58; Au 9,23 eV. Dem entsprechen die Werte: Li 124,5; Na 118,5; K 100,1; Rb 96,2; Cs 89,7; Cu 178,0; Ag 174,8; Au 212,8 kcal/mol.

[3] Ein Maß für die Bildungstendenz in Wasser gelöster Ionen werden wir im Kap. XXIX (Elektrochemie) kennen lernen.

bei den Alkalimetallen. Zwar treten alle drei Elemente der Gruppenzahl entsprechend einwertig auf; insbesondere gibt es beim Silber überwiegend Verbindungen der Oxidationsstufe 1+[4]. Aber beim Kupfer finden sich außerdem Verbindungen der Oxidationsstufe 2+, die sogar meist beständiger sind; wasserlösliche Cu(I)-Verbindungen bilden in wäßriger Lösung Cu^{2+}-Ionen und metallisches Kupfer[5]. Gold ist nicht nur ein-, sondern auch dreiwerig und sogar fünfwertig. Berücksichtigen wir nur die *ein*wertigen Verbindungen, so zeigen sich charakteristische Unterschiede in den *Löslichkeitsverhältnissen*. Während die Alkalimetall*halogenide* durchweg leicht löslich sind[6], sind die Kupfer(I)- und Silberhalogenide mit Ausnahme von AgF schwer löslich[7]. Ferner erhält man in der B-Gruppe im Gegensatz zur A-Gruppe mit Schwefelwasserstoff schwer lösliche *Sulfid*niederschläge. Der letztgenannte Unterschied gilt nicht nur für die 1. Gruppe des Perioden-Systems, sondern auch für die folgenden. Schließlich sei erwähnt, daß die Neigung der Elemente der B-Gruppe zur Bildung von *Komplexverbindungen* (Ammoniakaten, Cyaniden u.a.) sehr groß ist, wofür wir noch Beispiele kennenlernen werden.

Wegen der hohen Wertschätzung dieser Metalle, die in Deutschland nur in ganz unzureichenden Mengen vorkommen, ist ihr *Vorkommen* weitgehend erforscht. Das edelste von ihnen, das *Gold*, kommt im wesentlichen im elementaren Zustande in Quarzgängen und „Seifen“ vor, d.h. in gewissen Verwitterungsprodukten. Freilich ist der Goldgehalt meist sehr gering, die Metallkörnchen sind sehr klein. Größere Kügelchen und Flitter gewinnt man durch Schlämmen des fein verteilten Gesteines, geringere Gehalte muß man auf chemischem Wege entziehen. Entweder behandelt man mit Quecksilber, in dem sich das Gold sehr leicht zum „Amalgam“ löst, oder man laugt mit Cyanidlösungen aus, wobei sich unter Mitwirkung des Luftsauerstoffes

[4] Es gibt aber auch Verbindungen des Ag(II), z.B. AgF_2 und einige Komplexsalze; sogar Verbindungen von Ag(III) lassen sich herstellen, z.B. $KAgF_4$. Die Natur der höheren Silberoxide wie AgO, ist noch nicht endgültig geklärt.

[5] Auch einige Komplexverbindungen von Cu(III) und Cu(IV) sind hergestellt worden, z.B. $K_3[CuF_6]$, $KCuO_2$ und als bisher einzige Verbindung der Oxidationsstufe 4+ das ziegelrote $Cs_2[CuF_6]$.

[6] Ausnahmen LiF und NaF.

[7] AuCl zerfällt mit Wasser gemäß $3AuCl = 2Au + AuCl_3$ unter Disproportionierung.

ein leicht lösliches komplexes Cyanid bildet: $4Au + 8CN^- + O_2 + 2H_2O = 4[Au(CN)_2]^- + 4OH^-$; vgl. dazu S. 245.

Das etwas weniger edle *Silber* kommt nur selten gediegen vor. Eine wichtige Quelle ist der Bleiglanz (PbS), dessen Silbergehalt in der Regel 0,1 bis 0,01% beträgt. Zur Trennung des Silbers vom Blei schmilzt man das Metallgemisch unter starkem Luftzutritt auf sogenannten „Treibherden". Das Blei wird dabei zu PbO oxidiert, das abfließt. Wenn alles Blei entfernt ist, bleibt das Silber als geschmolzene Metallkugel zurück. Gewöhnlich reichert man das Silber für den Treibprozeß erst an. Bei dem *Parkes*-Verfahren schmilzt man zu diesem Zweck das silberhaltige Blei mit etwas Zink zusammen. Geschmolzenes Blei und Zink mischen sich nur äußerst wenig, und neben etwas Blei geht auch das Silber zum überwiegenden Teil in den Zinkschaum, aus dem dann leicht durch Abdestillieren des Zinks silberreicheres Blei gewonnen werden kann.

Kupfer kommt in der Natur nur selten gediegen vor. Die wichtigste Ausgangsquelle sind auch in Deutschland an mehreren Stellen gewonnene schwefelhaltige Erze, die neben Cu Fe, Zn, Pb und anderes enthalten[8]. Man röstet diese Erze zunächst so, daß nur ein Teil des Schwefels zu SO_2 verbrennt, und erhitzt das Röstgut unter Zusatz von Kohle und kieselsäurereichen Silicaten in Schachtöfen. Es bilden sich dabei 3 Schichten: unten eine Metallschicht, die im wesentlichen aus Blei besteht, darüber eine Sulfidschicht, der „Stein", der neben Eisen nahezu alles Kupfer enthält, und oben eine oxidische Schlacke, die aus Eisen-, Zink- und anderen Silicaten besteht. Der Stein wird dann nochmals unter Zugabe quarziger Zuschläge geschmolzen und Luft eingeblasen (Kupfer-„Bessemerei"). Dabei verbrennt der Schwefel zu SO_2; das unedlere Eisen wird in Oxid übergeführt, das mit den Zuschlägen Silicat bildet, während sich das edlere Kupfer als Metallschmelze am Boden ansammelt. Das Rohkupfer wird dann noch elektrolytisch *raffiniert*. Man benutzt dabei das Rohkupfer als Anode und dünne Bleche von Reinkupfer als Kathode; als Elektrolyt dient eine schwefelsaure Lösung von Kupfervitriol ($CuSO_4 \cdot 5H_2O$). Beim Durchgang des elektrischen Stromes lösen sich Kupfer und die unedleren Beimengungen (Eisen und Nickel) an der Anode auf, während die edleren Metalle Silber, Gold usw. ungelöst bleiben und sich als Anodenschlamm absetzen; an der Kathode schlägt sich das Kupfer nieder, die unedleren Metalle bleiben in Lösung. Dieses elektrolytisch raffinierte Kupfer enthält weniger als 0,1% andere Metalle. Dieser hohe Reinheitsgrad ist notwendig; denn die *Elektrotechnik*, die sehr große Mengen Kupfer verbraucht, verlangt eine gute elektrische Leitfähigkeit, die durch

[8] Das geschilderte Verfahren wird heute meist nur in Teilen durchgeführt, da man durch „Flotation" (vgl. S. 11) die gemischten Erze in ihre Hauptbestandteile trennen („aufbereiten") kann.

Verunreinigungen herabgesetzt wird. Außer für die Elektrotechnik wird Kupfer viel für *Legierungen* verwendet; so besteht Messing im wesentlichen aus Cu und Zn, Bronze aus Cu und Sn.

Über die **Verbindungen** der Elemente der Gruppe 1B seien über die allgemeinen Ausführungen auf S. 230/32 hinaus noch einige Einzelheiten nachgetragen. Beim *Kupfer* sind die Verbindungen der Oxidationsstufe 2+ leichter zugänglich als die oxidablen Verbindungen der Stufe 1+. CuI_2 existiert allerdings nicht; kommen in wässeriger Lösung Cu^{2+}- und I^--Ionen zusammen, so bilden sich CuI und I_2[9]. Auch andere Halogenide der Oxidationsstufe 1+, wie CuCl und CuCNS lassen sich leicht aus wässeriger Lösung gewinnen. Die Kupfer(II)-Salze schließen sich in ihrem Verhalten, so z.B. in ihrer Farbigkeit, eng an die im Perioden-System vorhergehenden Elemente an, die alle in wässeriger Lösung farbige Ionen bilden:

Mn^{2+}	Fe^{2+}	Co^{2+}	Ni^{2+}	Cu^{2+}
rosa, fast farblos	grünlich	rot bzw. blau	grün	blau

Die blaue Farbe der wässerigen Lösungen der Cu^{2+}-Verbindungen hängt mit der Hydratation (vgl. S. 89) der Cu^{2+}-Ionen zusammen, denn wasserfreies $CuSO_4$ ist farblos. Noch tiefer ist die Farbe der Ammoniakkomplexe; so ist der $[Cu(NH_3)_4]^{2+}$-Komplex sowohl in wäßriger Lösung als auch in festen Verbindungen, wie z.B. $[Cu(NH_3)_4]SO_4 \cdot H_2O$, dunkelblau.

Wichtige *Silber*-Verbindungen sind die *Halogenide*. Über ihre geringe Löslichkeit (mit Ausnahme von AgF!) und ihre Benutzung für analytische Zwecke ist schon berichtet worden. AgCl kommt als „Hornsilber" in der Natur vor.

Die Bedeutung von AgCl und AgBr liegt in ihrer Verwendung für *photographische* Zwecke. Sie zerfallen nämlich bei der Einwirkung von Licht in Metall und Halogen. Bei den geringen Lichtmengen, die bei der Belichtung einer photographischen Platte auf das in der Gelatineschicht befindliche AgBr oder AgCl auftreffen, ist dieser Zerfall allerdings so gering, daß man das gebildete Metall nicht erkennen würde. Behandelt man aber die Platte mit einem Reduktionsmittel („Entwickler"), so wird mehr Silber-Halogenid zu Metall reduziert. Die Reduktion erfolgt dabei am schnellsten an den Stellen, an denen infolge der Belichtung schon Silberkeime vorhanden sind, an die sich die durch die Reduktion gebildeten Silberatome anlagern können. Diese Stellen werden daher am stärksten geschwärzt. Man erhält so ein „Negativ", in dem die in der Wirklichkeit hellsten Stellen am dunkelsten sind. – Dem Entwickeln folgt dann das „Fixieren", d.h. das Entfernen des noch

[9] Es gibt aber Komplexverbindungen wie $[Cu(NH_3)_4]I_2$.

nicht reduzierten Halogenids. Man benutzt hierzu Thiosulfate (Natriumthiosulfat, $Na_2S_2O_3$, und in neuerer Zeit bevorzugt Ammoniumthiosulfat $(NH_4)_2S_2O_3$, vgl. S. 111); beim Fixieren werden die Silberhalogenide unter Bildung des Komplexes $[Ag(S_2O_3)_3]^{5-}$ gelöst.

Über das *Anlaufen* von Silbergegenständen durch die Einwirkung von H_2S vgl. S. 106.

Silber benutzt man seit *Liebig* zur Herstellung von *Spiegeln*[10]. Man bringt dazu eine ammoniakhaltige Silbersalzlösung auf die vorher mit Lauge sorgfältig gereinigte (entfettete!) Glasoberfläche, gibt ein langsam wirkendes Reduktionsmittel hinzu und erwärmt etwas. Das Silbermetall setzt sich dann in ganz feinteiliger, glänzender Form nieder.

Lösungen, die die komplexen *Cyanoaurat*(I)- bzw. -(III)-Ionen $[Au^{1+}(CN)_2]^-$ bzw. $[Au^{3+}(CN)_4]^-$ enthalten, werden zur „galvanischen" (elektrolytischen) *Vergoldung* benutzt. Bei der „Feuervergoldung" von Porzellan usw. trägt man Goldpulver mit HgO, Bi_2O_3 und Öl auf die betreffenden Gegenstände auf; beim Brennen verdampft das aus dem HgO entstandene Quecksilber sowie das Öl, während das Bi_2O_3 das Gold mit der Glasur verbindet.

Reduziert man Goldsalzlösungen unter ganz bestimmten Bedingungen, so erhält man tiefrot gefärbte Lösungen von „kolloidem Gold". Auch in den dunkelroten *Goldrubingläsern* ist metallisches Gold in äußerst feiner Verteilung enthalten.

Zink, Cadmium, Quecksilber. Bei den Elementen der 2B-Gruppe, *Zink*, *Cadmium* und *Quecksilber*, bestehen die in der 1B-Gruppe besprochenen Unterschiede gegenüber den Elementen der A-Gruppe ebenfalls. So finden wir auch hier wenig lösliche Sulfide: ZnS ist weiß, CdS gelb; aus Hg-Salzlösungen fällt ein instabiles schwarzes Sulfid, während die stabile Form von HgS rot ist (Zinnober). Auch hier sind die Metalle wesentlich edler als die der Hauptgruppe, aber die Unterschiede sind geringer. Auch in dieser Gruppe ist das letzte Element, das Quecksilber, wesentlich edler als die beiden anderen, wenn auch längst nicht so edel wie Gold. Bei diesen Elementen findet sich ebenfalls eine starke Neigung zur Komplexbildung; so löst sich $Zn(OH)_2$ – wie übrigens auch $Cu(OH)_2$ – in Ammoniaklösung auf: $Zn(OH)_2 + 4\,NH_3 = [Zn(NH_3)_4]^{2+} + 2\,OH^-$. Schließlich läßt sich hier noch ein weiterer allgemeiner Unterschied gegenüber der A-Gruppe

[10] Früher benutzte man dazu Quecksilber, das aber gesundheitsschädlich ist und außerdem die Farben in ungünstiger Weise verändert.

besonders leicht erkennen: der basische Charakter ist bei den Hydroxiden der B-Gruppe wesentlich weniger ausgeprägt. So besitzt $Ca(OH)_2$ ausgesprochen basischen Charakter, während $Zn(OH)_2$ amphoter ist. Erst beim $Cd(OH)_2$ liegt ein Hydroxid von stärker basischem Charakter vor.

Die wichtigsten *Vorkommen* der drei Elemente sind die *Sulfide;* wir nennen ZnS, Zinkblende, und HgS, Zinnober. Das seltenere Cadmium kommt fast nur als geringe Beimengung in Zinkmineralien vor. – Die Zinkblende wird zu ZnO abgeröstet. Reduziert man dieses durch Erhitzen mit Kohlenstoff, so verdampft das gebildete Zinkmetall. Man kann den Prozeß in Hohlkörpern aus Schamotte („Muffeln") diskontinuierlich durchführen, man kann aber auch in stehenden Großmuffeln aus SiC kontinuierlich arbeiten. Das rohe Metall kann durch fraktionierte Destillation raffiniert werden. Man kann Zinkmetall auch durch Elektrolyse von Zinksulfat-Lösungen gewinnen, erhält aber nur dann dicht anliegende, kompakte Niederschläge, wenn man die Lösung vorher, etwa durch Behandeln mit Zn-Pulver, von allen edleren Elementen (dazu gehört auch das stets in geringer Menge vorhandene *Cadmium*) befreit; sonst führen „*Lokalelemente*" (vgl. S. 240/41) zur Abscheidung von Wasserstoff. Das elektrolytisch gewonnene Zink ist sehr rein und braucht nicht mehr destilliert zu werden. – *Zinnober* liefert beim Abrösten SO_2 und Hg-Dampf; durch Abkühlen erhält man das Metall.

Alle *Metalle* dieser Gruppe schmelzen und sieden bei verhältnismäßig niedrigen Temperaturen[11]. Die Schmelzpunkte sind: Zn 419 °C, Cd 321 °C, Hg −39 °C, die Siedepunkte Zn 906 °C, Cd 764 °C, Hg 357 °C. Überzüge mit Zinkmetall verwendet man, um Eisengegenstände vor dem Rosten zu schützen. Besser, aber auch wesentlich teurer sind Cadmiumüberzüge. Da Quecksilber das einzige Metall ist, das bei Zimmertemperatur flüssig ist, benutzt man es für elektrische Kontakte, Thermometer u. ä.

In *Verbindungen* kommen *Zink* und *Cadmium* praktisch nur in der Oxidationsstufe 2+ vor. Zinkverbindungen finden Verwendung als Pigmentfarben[12]. Zinkweiß ist ZnO, Lithopone ein Gemenge von ZnS und $BaSO_4$[13]; CdS ist eine wichtige gelbe Pigmentfarbe. CdSe ist im Cadmiumrot enthalten.

[11] Möglicherweise hängt dies damit zusammen, daß zwei s-Elektronen eine abgeschlossene Gruppe bilden, die besonders stabil ist (vgl. Abb. 26, S. 195). Dies wirkt sich im Gaszustande und in der Schmelze stärker aus als im festen, metallischen Zustande.

[12] *Pigmentfarben* sind farbgebende Stoffe, die vom Bindemittel aufgenommen, aber nicht gelöst werden.

[13] *Lithopone* und das früher hochgeschätzte *Bleiweiß* (vgl. S. 238) haben keine Bedeutung mehr. Das wichtigste weiße Pigment ist heute *Titanweiß* (vgl. S. 254).

Quecksilber tritt in den Oxidationsstufen 2+ und 1+ auf. Von den *zweiwertigen* Verbindungen seien genannt: HgO (rot), HgS („Zinnober“, vgl. S. 235) und $HgCl_2$ („Sublimat“, weil es sich leicht verflüchtigt!). $HgCl_2$ ist eines der wenigen Salze, die in wässeriger Lösung nur ganz schwach dissoziiert sind; es wird als Desinfektionsmittel benutzt. Mit NH_3-Lösungen gibt $HgCl_2$ – ebenso wie andere Hg(II)-Salze – Niederschläge; das Cl wird durch die NH_2-Gruppe ersetzt.

$$HgCl_2 + 2NH_3 = NH_4^+ + Cl^- + Hg\begin{matrix} \diagup Cl \\ \diagdown NH_2 \end{matrix} \quad \text{(„Präzipitat“)}.$$

In den *ein*wertigen Verbindungen sind zwei Hg^+-Teilchen zu einem Hg_2^{2+}-Ion verbunden. Das als Abführmittel gebrauchte Quecksilber(I)-chlorid Hg_2Cl_2 ist in Wasser wenig löslich. Der eigenartige Name „Kalomel“ für das farblose Hg_2Cl_2 rührt daher, daß es mit NH_3-Lösung in $HgClNH_2 + Hg$ disproportioniert; das feinverteilte Hg färbt den Präzipitat-Niederschlag dunkel.

Alle löslichen Quecksilberverbindungen sind Gifte. Auch die Dämpfe des Quecksilbermetalls sind giftig. Es ist daher zu vermeiden, daß Quecksilber – etwa aus zersprungenen Thermometern – in bewohnten Räumen verbleibt.

Gallium, Indium, Thallium. Die Elemente der 3B-Gruppe, Gallium, Indium und Thallium, sind seltene Elemente, die einen großen Reichtum von Verbindungen aufweisen; so kennt man beim Gallium und Indium solche der ein-, (zwei-) und dreiwertigen Stufe. *Thallium* kommt zwar auch in Verbindungen der Oxidationsstufe 3+ vor, meist ist es aber einwertig. Die Thallium(I)-Salze ähneln teils den Alkaliverbindungen (leicht lösliches Hydroxid), teils den Silberverbindungen (die Halogenide und das Sulfid sind wenig löslich). Hervorzuheben ist die intensiv grüne Flammenfärbung. Thalliumverbindungen sind giftig und dienen zur Schädlingsbekämpfung.

Germanium, Zinn, Blei. Auch das erste Element der 4B-Gruppe, *Germanium*, ist selten. Seine Entdeckung durch *Clemens Winkler* (1885) hatte große Bedeutung für die Anerkennung des Perioden-Systems. *Mendelejeff* hatte nämlich die Eigenschaften eines – damals noch unbekannten – „Ekasiliciums“ und seiner Verbindungen vorausgesagt, und *Winkler* fand diese Voraussagen in jeder Weise beim Germanium bestätigt. Elementares Germanium hat heute – ebenso wie Si – Bedeutung für Transistoren. Ge kommt z.B. im Germanit (einem Kupferthiogermanat; Fundort Tsumeb in Namibia) und in einigen anderen sulfidischen Erzen vor.

Wichtiger als Germanium sind die beiden anderen Elemente, *Zinn* und *Blei*. Das wichtigste Zinnerz ist der Zinnstein SnO_2, dessen wichtigste Lagerstätten in Ostasien liegen. Zinn ist daraus durch Reduktion mit Kohlenstoff zu gewinnen. Früher benutzte man Zinn-Folien für Verpackungszwecke

(„Stanniol“); heute benutzt man dafür Aluminium. Zinn dient zum Überziehen von Eisen (Weißblech für Konservendosen). Da es verhältnismäßig teuer ist, gewinnt man es aus Weißblechabfällen wieder. Früher behandelte man diese unter Feuchtigkeitsausschluß mit Chlor; Zinn bildet dann $SnCl_4$, eine farblose, leicht flüchtige, infolge Hydrolyse an der Luft rauchende Flüssigkeit, während Eisen nicht angegriffen wird (vgl. auch S. 70/71). Heute löst man das Zinn anodisch mit Natronlauge zum Alkalistannat $Na_2[Sn(OH)_6]$. Über das wichtigste Vorkommen des Bleis, den Bleiglanz PbS, haben wir schon an anderer Stelle (S. 236) gesprochen. Das metallische Blei kann man aus dem teilweise abgerösteten PbS durch Umsetzung gemäß $PbS + 2PbO = 3Pb + SO_2$ gewinnen. Man benutzt es zu Rohrleitungen; denn es ist sehr weich und leicht zu verarbeiten. Außerdem ist es nicht nur, wie schon S. 107 erwähnt, gegen Schwefelsäure und Sulfatlösungen widerstandsfähig, weil es sich mit einer Schicht von unlöslichem $PbSO_4$ überzieht; es wird auch von Leitungswasser nicht angegriffen, weil sich aus den gelösten Sulfaten und Hydrogencarbonaten eine Bleisulfat- bzw. Carbonat-Schicht bildet.

In *Verbindungen* kommen beide Elemente in den Oxidationsstufen 2+ und 4+ vor. Beim *Zinn* ist die 4wertige Stufe bevorzugt, Sn(II)-Verbindungen sind Reduktionsmittel. In wässerigen Lösungen von Sn(IV)-Verbindungen liegt infolge von Deprotonierung der hydratisierten Sn^{4+}-Ionen z. T. $Sn(OH)_4$ vor; dieses fällt zwar nicht ohne weiteres aus, schlägt sich aber auf Fasern, z. B. Seide, nieder. Behandelt man Sn-Metall mit Salpetersäure, so erhält man SnO_2. Dieses ist merkwürdigerweise weder in Säuren noch in Basen löslich. Es adsorbiert leicht Phosphorsäure, was für die Analyse von Bedeutung ist. Löst man Sn in HCl-Lösung, so erhält man Salze des zweiwertigen Zinns. SnS ist kaffeebraun, SnS_2 gelb. Nur das letztere löst sich in $(NH_4)_2S$-Lösung unter Bildung von $[SnS_3]^{2-}$-Ionen.

Beim *Blei* ist die Vierwertigkeit selten; genannt seien PbO_2, PbF_4, $Pb(O_2C \cdot CH_3)_4$, $Pb(C_2H_5)_4$[14] und Komplexsalze wie $(NH_4)_2[PbCl_6]$. Die Unbeständigkeit der Blei(IV)-Verbindungen entspricht der geringen Beständigkeit der Quecksilber(II)- und Thallium(III)-Verbindungen. Unter den Pb(II)-Verbindungen gibt es wichtige Pigmentfarben, z. B. das gelbe Bleichromat ($PbCrO_4$) und das Molybdänrot $Pb(S, Cr, Mo)O_4$. Bleiweiß, ein basisches Bleicarbonat, wird wegen seiner Giftigkeit und wegen der Empfindlichkeit gegen H_2S nicht mehr verwendet. Wichtig sind ferner die Oxide des Bleis. S. 233 wurde die „Bleiglätte“ PbO erwähnt, die in einer roten und in einer bei Zimmertemperatur metastabilen gelben Form auftritt. Die rote Mennige Pb_3O_4, die gemäß $2PbO \cdot PbO_2$ Blei in den Oxidationsstufen 2+

[14] Bleitetraethyl $Pb(C_2H_5)_4$ wird als „Antiklopfmittel“ dem Autobenzin zugesetzt. Dadurch gelangt viel Blei in die Luft.

und 4+ enthält, wird als Rostschutzmittel verwendet. PbO_2[15] benutzt man im Bleiakkumulator; diesen werden wir im nächsten Kapitel behandeln. Wenig lösliche Bleiverbindungen sind außer dem Sulfat und dem Chromat das farblose Chlorid $PbCl_2$ und das gelbe Iodid PbI_2. Bleisilicate spielen bei den „Bleigläsern“ eine Rolle (vgl. S. 227).

XXIX. Elektrochemie

Elektrolyse und galvanische Ketten. Wie wir bereits mehrfach gesehen haben, kann man es durch Zufuhr von elektrischer Energie *erzwingen*, daß Reaktionen in dem entgegengesetzten Sinne verlaufen, wie sie es freiwillig tun würden. So reagieren Wasserstoff und Sauerstoff unter Bildung von Wasser, während durch Zufuhr von elektrischer Energie, durch *Elektrolyse*, eine Zerlegung von Wasser in diese beiden Gase erfolgt. Umgekehrt kann man auch durch eine freiwillig verlaufende Reaktion elektrischen Strom erzeugen, wenn man die Versuchsanordnung geeignet wählt. Dies ist der Fall in den „*galvanischen Ketten*“, gelegentlich auch als „*galvanische Elemente*“[1] bezeichnet.

Als Beispiel nennen wir die dem *Daniell*-Element zugrunde liegende Reaktion zwischen metallischem Zink und $CuSO_4$-Lösung, die der Gleichung: $Zn + Cu^{2+} = Zn^{2+} + Cu$ entspricht. Es geht also Zink in Lösung, während sich Kupfer ausscheidet. Wie man diese Reaktion zur Herstellung einer galvanischen Kette verwendet, zeigt Abb. 33. Ein Zinkblech taucht in eine $ZnSO_4$-, Kupfer in eine $CuSO_4$-Lösung. Die beiden Lösungen sind durch ein Diaphragma getrennt, d. h. durch eine poröse Wand, die zwar den Ionen für die Stromleitung den Durchgang gestattet, aber eine allzu schnelle Vermischung durch Diffusion verhindert. Verbindet man jetzt die beiden Metalle durch einen Draht, so fließt in diesem ein Strom, Elektronen bewegen sich in ihm vom Zink zum Kupfer, während in der Lösung SO_4^{2-}-Ionen von der Cu- zur Zn-Teilzelle bzw. die Kationen im entgegengesetzten Sinne wandern. Dabei löst sich dauernd Zink auf, während an der anderen Elektrode Kupfer abgeschieden wird.

[15] Hier wie in anderen Chalkogeniden ist es noch nicht gelungen, Proben zu erhalten, deren Zusammensetzung genau der Formel entspricht. Man ist über die Zusammensetzung $PbO_{1.97}$ nicht hinausgekommen.

[1] Der Ausdruck „galvanisches Element“ hat mit dem Begriff des „chemischen Elementes“ nichts zu tun.

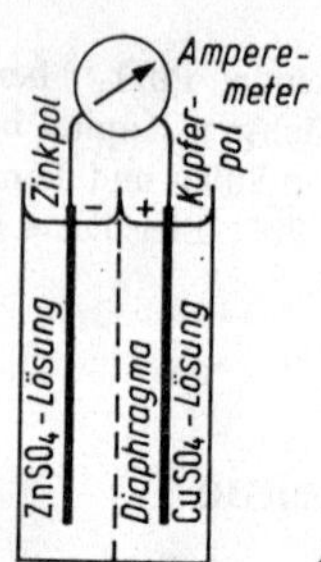

Abb. 33. Daniell-Element

Wenn wir umgekehrt von außen her eine Spannung anlegen, die etwas größer als die durch das Element selbst erzeugte und außerdem ihr entgegengesetzt ist, also an die Zink-Elektrode den negativen, an das Kupfer den positiven Pol anschließen, so erzwingen wir den entgegengesetzten Vorgang, eine *Elektrolyse*: Kupfer geht in Lösung, Zink scheidet sich ab.

Das eben genannte Cu/Zn-Element ist ein Beispiel für eine *umkehrbare* Kette. Es gibt auch nicht umkehrbare Ketten. Tauchen wir z.B. eine Zink- und eine Kupferelektrode in Schwefelsäure ein, so löst sich Zink auf, und am Kupferpole scheidet sich Wasserstoff ab. Elektrolysieren wir, so wird Kupfer gelöst und am Zinkpole Wasserstoff entwickelt.

Eine weitgehend umkehrbare Kette ist der *Bleiakkumulator*, bei dem folgende Reaktion ausgenutzt wird: $PbO_2 + Pb + 2H_2SO_4 = 2PbSO_4 + 2H_2O$. Man verwendet also eine PbO_2-[2] und eine Blei-Elektrode, die in Schwefelsäure tauchen. Verbindet man die Elektroden durch einen Draht, so geht sowohl das 4wertige Blei des PbO_2 als auch das metallische Blei in Pb^{2+}-Ionen über. Diese bilden mit SO_4^{2-}-Ionen festes $PbSO_4$, das sich auf den Elektroden absetzt, und es fließen Elektronen im Draht von der Pb- zur PbO_2-Elektrode. Um den Akkumulator wieder zu „laden", legt man an der PbO_2-Elektrode den positiven, an der Pb-Elektrode den negativen Pol einer fremden Spannung an, so daß wieder PbO_2 und Pb zurückgebildet werden. Da beim „Laden" des Akkumulators Schwefelsäure frei, beim „Entladen" dagegen verbraucht wird, kann man den Grad der Entladung durch eine Bestimmung des Schwefelsäuregehalts (Dichtemessung!) ermitteln.

Ein galvanisches Element liegt auch vor, wenn sich in einer Lösung ein edles und ein unedles Metall berühren; dann übernimmt die Berührungsstelle die

[2] Über die Zusammensetzung von PbO_2 s. S. 239, Anm. 15. Da PbO_2 den Strom schlecht leitet und zudem nicht in eine mechanisch genügend feste Form zu bringen ist, benutzt man ein gitterartiges Pb-Gerüst, in das PbO_2 eingepreßt wird.

Rolle des äußeren Verbindungsdrahtes, das Element ist „kurzgeschlossen". Solche „*Lokalelemente*" spielen z.B. bei Legierungen eine Rolle, in denen Kriställchen eines edlen Metalls neben solchen eines unedlen liegen. Solche Legierungen „korrodieren" leicht; vgl. dazu auch S. 222.

Faradaysches Gesetz. Die durch einen Leiter geflossene Elektrizitätsmenge Q (gemessen in Coulomb C) ist das Produkt aus der Stromstärke I (gemessen in Ampere A) und der Zeit t (gemessen in Sekunden s). Über die Beziehung zwischen der Elektrizitätsmenge Q und der bei der Elektrolyse abgeschiedenen Stoffmenge n gibt das *Faraday*sche Gesetz Auskunft. Nach diesem wird durch 96484,56 C eine Stoffportion abgeschieden, deren Stoffmenge n, bezogen auf *Äquivalente* (vgl. S. 64/65), 1 mol beträgt. Dies entspricht z.B. 107,868 g Ag, 31,773 = 63,546/2 g Cu. Für die in einem galvanischen Element durch einen bestimmten Stoffumsatz überführte Elektrizitätsmenge gilt das Entsprechende. Die auf 1 mol von Äquivalenten bezogene Elektrizitätsmenge Q bezeichnet man als *Faraday-Konstante* $F = 96\,484{,}56 \text{ C mol}^{-1}$.

Elektromotorische Kraft. Mißt man die Spannung zwischen den Elektroden einer galvanischen Kette ohne Stromfluß, d.h. mit einer Kompensationsmethode, so erhält man die *elektromotorische Kraft* E der Kette. E wird gemessen in Volt V. Diese elektromotorische Kraft E ist für jede galvanische Kette eine individuelle Größe. Sie beträgt z.B. für das *Daniell*-Element 1,0 V, für den Blei-Akkumulator rund 2 V.

Das Produkt dieser Potentialdifferenz mit der überführten Elektrizitätsmenge $Q \cdot E$ ist eine *Energie*; sie wird, wie alle Energien im SI-System in Joule[3] gemessen: $1 \text{ C} \cdot \text{V} = 1 \text{ J}$. Für den Umsatz eines Mols von X ist diese Energie $z^* \cdot FE$. Dies ist die Energie, welche die galvanische Kette unter thermodynamisch reversiblen Verhältnissen liefern würde; sie ist ein exaktes Maß für die freie Enthalpie ΔG (vgl. S. 68) der zu Grunde liegenden Reaktion bei der Meßtemperatur.

[3] 1 Joule ist gleich 1 Wattsekunde Ws; 1 Kilowattstunde kWh sind $3{,}6 \cdot 10^6$ J. Weitere Angaben über die Umrechnung von verschiedenen Energiegrößen s. S. 25/26 und S. 183, Anm. 6. Bzgl. z^* und X vgl. S. 65.

Entsprechendes gilt für die Elektrolyse. Will man z. B. die Stromrichtung eines galvanischen Elements umkehren, also z. B. den Akkumulator laden, so muß man eine Spannung anlegen, die etwas größer ist als die elektromotorische Kraft des betreffenden Elementes.

Mechanismus der Stromerzeugung. Die von einer galv. Kette erzeugte Spannung E setzt sich aus den Einzel-Potentialen der beiden Elektroden zusammen, die wir uns nach *Nernst*[4] auf folgende Weise entstanden denken können: Tauchen wir ein *Metall* in eine Lösung eines seiner Salze, z. B. Zink in eine $ZnCl_2$-Lösung, so sendet es positive Ionen in Lösung und lädt sich infolgedessen selbst negativ auf. Die Kraft, mit der die Ionen in Lösung geschickt werden (der *Lösungsdruck*), ist um so größer, je unedler das Metall ist. Allerdings ist die Zahl dieser Ionen so gering, daß man sie nicht ohne weiteres nachweisen kann. Auch hier ist das sich einstellende Gleichgewicht ein *dynamisches*: es kehren dauernd Zink-Ionen aus der Lösung wieder an die Elektrode zurück und neutralisieren sich dort, während umgekehrt neue Ionen in Lösung gehen.

Sind nun noch andere positive Ionen in Lösung, z. B. die H_3O^+-Ionen einer Säure, so kommen in diesem Wechselspiel neben Zn^{2+}-Ionen auch H_3O^+-Ionen an die Elektrode. Da diese leichter entladen werden als die Zn^{2+}-Ionen, übernehmen sie (und nicht die Zn^{2+}-Ionen!) Elektronen aus der Elektrode, es entwickelt sich also, wie S. 33 u. 74 bereits besprochen wurde, Wasserstoff.

Als zweite Elektrode denken wir uns eine *Chlor*-Elektrode. Solche „*Gaselektroden*" erhält man, wenn als Elektrode ein sehr edles Metall, etwa Platin, das von der Lösung nicht angegriffen wird, benutzt und dieses mit dem betreffenden Gase umspült. Die Vorgänge sind dann so, als ob eine Elektrode aus dem betreffenden Gase vorläge. In unserem Falle werden Cl^--Ionen in Lösung geschickt, wodurch sich die Elektrode positiv gegen die Lösung auflädt. Auch hier ist die Zahl der gebildeten Cl^--Ionen nur sehr gering, da sie infolge der elektrostatischen Anziehung ebenfalls immer wieder an die Elektrode zurückkehren.

Verbinden wir jetzt aber die negativ geladene Zn- und die positiv geladene Cl-Elektrode mit einem Metalldraht und die beiden Flüssigkeiten durch ein Glasrohr mit einer elektrolythaltigen, also leitenden Lösung, so werden sich die positiven und negativen Ladungen der Elektroden und der beiden Lösungen durch den Verbindungsdraht bzw. die Flüssigkeitsbrücke austauschen. Damit ist das Hemmnis für das In-Lösung-Gehen weiterer Ionen behoben, und sowohl Metall wie Nichtmetall werden dauernd Ionen in Lösung

[4] Der deutsche Physikochemiker *Walther Nernst* lebte 1864–1941.

schicken, wobei nun auch fortwährend ein Strom fließt. Die dabei erzeugte Gesamtspannung *E* der Kette ist gleich der Differenz der Einzelpotentiale der Elektroden[5].

Wie wir nun schon beim Daniell-Element sahen, ist es gar nicht nötig, daß neben der Metallelektrode eine Nichtmetallelektrode vorhanden ist, die negative Ionen liefert; man kann auch neben einem unedlen ein edleres Metall verwenden, das seine Ionen mit geringerer Kraft in die Lösung schickt. So drängt beim Daniell-Element das Bestreben der Zink-Elektrode, positive Ionen in die Lösung zu schicken, gewissermaßen die Kupfer-Ionen aus der Lösung heraus. Die Gesamtspannung ist auch in diesem Falle gleich der Differenz der Einzelpotentiale.

Das Einzelpotential eines Metalls kann man nicht bestimmen; denn für eine solche Messung muß man ja eine leitende Verbindung mit der Lösung herstellen, d.h. ein zweites Metall in sie hineinbringen. Man erhält also auf diese Weise immer eine Kette, deren elektromotorische Kraft durch die Einzelpotentiale *beider* Elektroden bestimmt wird. Stellt man sich nun aber galvanische Ketten her, bei denen nur das Metall der einen Elektrode variiert wird, während die Bezugselektrode immer die gleiche bleibt, so ergeben die beobachteten elektromotorischen Kräfte die gesuchten Potentialdifferenzen, die sich alle auf das gleiche unbekannte Potential, nämlich das der Bezugselektrode gegen ihre Lösung, beziehen. Man setzt *willkürlich* das Potential einer Wasserstoffelektrode bei einem Außendruck von 1,01325 bar (1 atm) gegen eine Lösung, deren H_3O^+-Ionenaktivität 1 mol/l [6] beträgt gleich Null[7] und erhält so die *Normalpotentiale*, von denen wir in Tab. 15 einige Beispiele herausgreifen; das Reduktionsmittel steht hier und in den folgenden Tabellen links, das Oxidationsmittel rechts.

[5] Streng genommen ist neben den Elektrodenpotentialen auch noch der Potentialsprung an der Berührungsstelle der beiden Lösungen (Diffusionspotential) zu berücksichtigen.

[6] Eine solche Lösung liegt z.B. vor, wenn 1,184 mol HCl in 1 kg H_2O gelöst ist.

[7] Es ist jedoch zu betonen, daß man diesen Wert nur an „platiniertem" (d.h. mit fein verteiltem Platin bedeckten) Platin erhält. An anderen Kathoden sind zur Abscheidung des Wasserstoffs vielfach wesentlich höhere Spannungen erforderlich. Diese sogenannte „*Überspannung*" des Wasserstoffs ist z.B. an *Zinkelektroden* sehr groß und ermöglicht es überhaupt erst, daß man das Zink aus wäßriger Lösung elektrolytisch abscheiden kann, obwohl es un-

Tab. 15. Normalpotentiale einiger Elemente in Volt (Spannungsreihe)

Metalle		Nichtmetalle	
$K = K^+ + e^-$	$-2,9$		
$Zn = Zn^{2+} + 2e^-$	$-0,76$		
$Fe = Fe^{2+} + 2e^-$	$-0,44$	$S^{2-} = S + 2e^-$	$-0,50$
$Sn = Sn^{2+} + 2e^-$	$-0,15$		
$Pb = Pb^{2+} + 2e^-$	$-0,13$		
$\frac{1}{2}H_2 + H_2O = H_3O^+ + e^-$	$\pm 0,00$		
$Cu = Cu^{2+} + 2e^-$	$+0,34$	$OH^- = \frac{1}{4}O_2 + \frac{1}{2}H_2O + e^-$	$+0,40$
$Ag = Ag^+ + e^-$	$+0,81$	$I^- = \frac{1}{2}I_2 + e^-$	$+0,58$
$Au = Au^{3+} + 3e^-$	$+1,38$	$Cl^- = \frac{1}{2}Cl_2 + e^-$	$+1,36$
		$F^- = \frac{1}{2}F_2 + e^-$	$+2,85$

Man erkennt bei den Metallen deutlich den Zusammenhang zwischen dem edlen Charakter und den Potentialen. Ferner ergibt die Zusammenstellung auf Grund des dritten Absatzes von S. 242, daß sich alle Metalle bis zum Blei in Säuren unter H_2-Entwicklung lösen, nicht aber die unter dem Wasserstoff stehenden. Auch der Zusammenhang mit Reaktionen wie $Cu^{2+} + Zn = Zn^{2+} + Cu$ oder $Cl_2 + 2I^- = I_2 + 2Cl^-$ ist ohne weiteres gegeben; das Element, das in der Spannungsreihe weiter oben steht, entzieht dem tiefer stehenden die positive Ionenladung; umgekehrt ist es bei negativen Ionen. Ferner ersieht man, daß zur Elektrolyse einer $CuCl_2$-Lösung, die 1 mol/l Cu^{2+}-Ionen enthält (vgl. unten) mindestens 1,4–0,3 = 1,1 V erforderlich sind, während für eine entsprechende $ZnCl_2$-Lösung 1,4 + 0,8 = 2,2 V die Mindestspannung darstellen.

Die Normalpotentiale gelten bei Zimmertemperatur für Lösungen des betreffenden Ions, die eine Konzentration von 1 mol/l besitzen[8] und, soweit es sich um Gaselektroden handelt, für den Druck von 1,01325 bar (1 atm). Liegt eine verdünntere Lösung vor, ist also der osmotische Druck der Ionen in der Lösung kleiner, so ist das In-Lösung-Gehen erleichtert; die Potentiale ändern sich daher für die Metalle nach der negativen, für die Nichtmetalle nach der positiven Seite hin.

edler ist als Wasserstoff. Ohne Überspannung wäre der *Bleiakkumulator* nicht möglich, weil sich sonst beim Laden an der Kathode Wasserstoff, nicht Blei abscheiden würde. Über die Ausnutzung der ebenfalls sehr großen Überspannung des *Quecksilbers* vgl. S. 214.

[8] Genauer, deren Aktivität gleich 1 mol/l ist.

Der quantitative Zusammenhang wird durch die *Nernst*sche Gleichung

$$E = E_0 + \frac{RT}{z \cdot F} \ln c = E_0 + \frac{0{,}059}{z} \log c \text{ V}$$

gegeben; dabei ist z die Anzahl Elektronen, die bei dem betreffenden Vorgang pro Atom von dem Metall in die Lösung übergehen; E_0 ist das *Normalpotential* für die Aktivität 1 in der Lösung. Verringert sich also die Konzentration in der Lösung um 1 Zehnerpotenz, so wird das Potential der betreffenden Metallelektrode um 0,059 V negativer (unedler), bei 10 Zehnerpotenzen also um 0,59 V [9,10]. Man versteht so, daß sich Gold in HNO_3 nicht löst; das Oxidationspotential von HNO_3 beträgt, wie wir in Tab. 17 sehen werden, +0,95 V, das Normalpotential des Goldes dagegen +1,38 V. In einer HCl-haltigen Lösung liegen dagegen $[AuCl_4]^{1-}$-Komplexe vor; da die Dissoziationskonstante

$$\frac{[Au^{3+}] \cdot [Cl^-]^4}{[AuCl_4^-]} = 5 \cdot 10^{-22} \text{ mol}^4/l^4$$

beträgt, sind äußerst wenig Au^{3+}-Ionen in Lösung. Damit wird das erforderliche Oxidationspotential so stark vermindert, daß jetzt das Oxidationsvermögen der Salpetersäure ausreicht. Die CN^--Komplexe des Goldes sind noch weniger dissoziiert; daher kann bei Gegenwart von CN^--Ionen die Oxidation von Gold schon durch den Luftsauerstoff erfolgen (vgl. S. 232/33).

Auch Umladungen in Lösungen können in entsprechender Weise behandelt werden[11], z. B. der Vorgang $Fe^{2+} = Fe^{3+} + e^-$; die Potentiale hängen dann sowohl von der Konzentration der Fe^{2+}- als auch der Fe^{3+}-Ionen ab. Die *Nernst*sche Formel nimmt dann die Form

$$E = E_0 + \frac{0{,}059}{z} \cdot \log \frac{c_{\text{Ox.}}}{c_{\text{Red.}}} \text{ V}$$

an; dabei bezeichnet Ox. das Oxidationsmittel (Fe^{3+}), Red. das Reduktionsmittel (Fe^{2+}). Das „*Redox-Potential*", wie es z. B. in Tab.16 angegeben ist, bezieht sich auf den Spezialfall, daß $c_{\text{Ox.}} = c_{\text{Red.}}$ ist.

[9] Man kann daher aus der gleichen Lösung Cu und Zn elektrolytisch als Messing abscheiden, wenn man NaCN zugibt; denn der CN^--Komplex des Cu liefert eine viel kleinere Metall-Ionenkonzentration als der des Zn.
[10] Unter Benutzung der *Nernst*schen Gleichung kann man auch durch Potential-Messungen *p*H-Werte sehr genau bestimmen.
[11] Man mißt solche Potentiale so, wie es bei Gaselektroden beschrieben ist. Gibt man z. B. einen Platindraht in eine Lösung, die Fe^{2+}- und Fe^{3+}-Ionen in gleicher Konzentration enthält und schaltet diese Elektrode gegen eine Normalwasserstoff-Elektrode, so stellt sich ein Potential von +0,75 V ein.

Tab. 16. Redox-Potentiale I

$Cr^{2+} = Cr^{3+} + e^-$	−0,41 V
$Sn^{2+} = Sn^{4+} + 2e^-$	+0,15 V
$Fe^{2+} = Fe^{3+} + e^-$	+0,75 V

Auch für komplizierte Reaktionen kann man Redox-Potentiale bestimmen (Tab. 17); die Werte gelten für eine Aktivität 1 aller gelösten Ionen und – soweit gasförmige Produkte auftreten – für einen Außendruck von 1,01325 bar (1 atm). Sind in einer Reaktionsgleichung die Komponenten mit einem Faktor versehen, so sind bei den *c*- bzw. *p*-Werten der *Nernst*schen Gleichung die entsprechenden Potenzen zu setzen. Das Lösungsmittel Wasser wird, soweit es in den Reaktionen mitwirkt, mit der Aktivität 1 eingesetzt.

Tab. 17. Redox-Potentiale II

$NO + 6H_2O = NO_3^- + 4H_3O^+ + 3e^-$	+0,96 V
$Cr^{3+} + 11H_2O = HCrO_4^- + 7H_3O^+ + 3e^-$	+1,36 V
$Cl^- + 9H_2O = ClO_3^- + 6H_3O^+ + 6e^-$	+1,44 V
$Pb^{2+} + 6H_2O = PbO_2 + 4H_3O^+ + 2e^-$	+1,46 V
$Mn^{2+} + 12H_2O = MnO_4^- + 8H_3O^+ + 5e^-$	+1,50 V
$O_2 + 3H_2O = O_3 + 2H_3O^+ + 2e^-$	+2,07 V

Aus den Tabellen 15 bis 17 kann man ablesen, ob und wie stark ein Stoff als Oxidations- bzw. Reduktionsmittel wirkt und wie sich verschiedene Stoffe zueinander verhalten. Starke Reduktionsmittel (Na, Zn) haben E_0-Werte $< -0,5$, mittelstarke (H_2S, Fe) von $-0,5$ bis 0, schwache (H_2, Sn^{2+}, HI) von 0 bis $+0,5$; schwache Oxidationsmittel (O_2, I_2, Fe^{3+}) von $+0,5$ bis 1, mittelstarke (CrO_4^{2-}, Cl_2) von 1 bis 1,5 und sehr starke (MnO_4^-, O_3, F_2) $> +1,5$ V.

Die Betrachtung von Potentialen ist ein ausgezeichnetes Mittel, um anzugeben, ob eine Oxidations-Reduktions-Reaktion erfolgen kann; sie können aber nichts darüber aussagen, ob sie auch tatsächlich erfolgt. Viele Reaktionen, die nach den Potentialen möglich sind, finden nicht statt, weil *Reaktionshemmungen* vorhanden sind. Dies gilt vor allem für den Fall, daß sich Gase entwickeln. So sollte ein Oxidationsmittel mit einem Normalpotential $> +0,81$ V aus Wasser Sauerstoff freimachen. Dieser Wert ergibt sich folgendermaßen: E_0 für die Reaktion $OH^- = \frac{1}{4}O_2 + \frac{1}{2}H_2O + e^-$ beträgt $+0,40$ V. Dies gilt für $p_{O_2} = 1,01325$ bar und $[OH^-] = 1$. Da im Wasser $[OH^-]$ jedoch 10^{-7} ist, so wird $E = E_0 + 0,059 \cdot 7 = +0,40 + 0,41 = 0,81$ V. Tatsächlich entwickeln aber Lösungen der Konzentration 1 von MnO_4^- oder ClO_3^-

keinen Sauerstoff, obwohl ihre E-Werte in neutraler Lösung größer als dieser Grenzwert sind. Nur F_2 ist dazu in der Lage.

Entsprechend läßt sich ableiten, daß Edelmetalle aus ihren Salzlösungen durch H_2 reduziert werden sollten, was tatsächlich nicht erfolgt. Ferner sollten alle Metalle, deren E_0-Wert negativer als $-0{,}41$ V ist, nicht nur aus sauren Lösungen, sondern auch aus neutralem Wasser H_2 freimachen. Daß dies nur bei den Alkalimetallen erfolgt, hängt manchmal von der Überspannung (vgl. S. 243, Anm. 7), meist aber von der Bildung von unlöslichen Deckschichten von Hydroxiden bzw. Oxiden ab, wie schon mehrfach erwähnt wurde.

Am Schluß sei noch ein Beispiel besprochen, das in der analytischen Chemie Bedeutung hat. Eine schwach saure Lösung, die Sn^{2+}-Ionen enthält, wird wohl durch Zn-Metall zu Sn-Metall reduziert, nicht aber durch Fe-Metall, obwohl auch Fe in der Spannungsreihe vor Sn steht. Der Grund liegt darin, daß eigentlich in beiden Fällen gar nicht Sn, sondern nur H_2 abgeschieden werden müßte, denn H_2 ist edler als Sn. Mit Fe erfolgt auch tatsächlich nur Entwicklung von H_2. Wenn mit Zn – neben H_2-Entwicklung! – auch Sn-Metall abgeschieden wird, so liegt dies daran, daß der Wasserstoff am Fe nur eine kleine, an Zn jedoch eine erhebliche Überspannung besitzt. Die Abscheidung von H_2 ist also erschwert, und nur deshalb scheidet sich Sn-Metall ab. Entfernt man das Zn-Stückchen, dann geht, wenn die Lösung noch sauer ist, das Sn auch wieder in Lösung.

XXX. Die Übergangselemente. Magnetochemie

Allgemeines. In den großen Perioden schließen sich sowohl die Anfangsglieder, also die Elemente der 1A- und 2A-Gruppen, als auch die Endglieder, d. h. die B-Gruppen von 3 bis 7, den entsprechenden Elementen der kleinen Perioden recht gut an, während die mittleren Elemente eine gewisse Sonderstellung einnehmen. Man bezeichnet sie als *Übergangselemente.* Vom Atombau aus gesehen sind diese Elemente dadurch ausgezeichnet, daß ein bis dahin nicht besetztes Niveau, das der d-Elektronen, aufgefüllt wird[1].

[1] In der Reihe La-Hg werden, nachdem beim La-Atom ein 5d-Elektron eingelagert ist, bei den „*Lanthanoiden*“ Ce-Lu (vgl. S. 117) noch die 4f-Elektronen eingelagert; erst beim Hf wird die Einlagerung der 5d-Elektronen fortgesetzt (vgl. Tab. 10, S. 192). Ähnlich ist es bei den „*Actinoiden*“. Näheres über diese beiden Gruppen siehe Kap. XXXI.

Mit diesen Sonderheiten im Atombau hängt es zusammen, daß sich das chemische Verhalten dieser Übergangselemente in charakteristischer Weise von dem der bisher besprochenen Elemente unterscheidet. Dies geht schon aus den maximal erreichbaren Oxidationsstufen hervor. Während z.B. in der 3. Periode sowohl die Elemente Kalium bis Titan als auch Arsen bis Brom in ihren Verbindungen durchaus in den der Gruppenzahl entsprechenden Oxidationsstufen auftreten, ist das bei den Übergangselementen nicht immer der Fall. So findet sich bei den Elementen *Vanadium* bis *Mangan* die der Gruppenzahl entsprechende Oxidationsstufe nur noch vorzugsweise in Salzen von Sauerstoffsäuren, z.B. den farblosen Vanadaten[2] $M^{I}VO_3$, den gelben Chromaten $M^{I}_2CrO_4$ bzw. den gelbroten Dichromaten $M^{I}_2Cr_2O_7$ und den fast schwarzen, in Lösungen dunkelroten Permanganaten $M^{I}MnO_4$. Mit der zunehmenden Farbtiefe geht eine Abnahme der Beständigkeit parallel: Chromate (man beachte den Gegensatz zu den beständigen farblosen Sulfaten!) und Permanganate sind starke, viel benutzte Oxidationsmittel, weil sie leicht in Verbindungen mit einer niederen Oxidationsstufe der Übergangsmetall-Atome übergehen.

Noch unbeständiger als die genannten Salze sind die *Oxide*: das hellrotbraune V_2O_5, das dunkelrote CrO_3 und das leicht explosionsartig zerfallende Mn_2O_7.[3] Die größere Beständigkeit der Sauerstoffsalze hängt damit zusammen, daß bei ihnen Komplexionen (z.B. $[VO_3]^{1-}$, $[CrO_4]^{2-}$ usw.; vgl. S. 87f.) vorliegen und daß durch die *Komplexbildung* eine *Stabilisierung* bewirkt wird. Es ist dies von allgemeiner Bedeutung. So gibt es, wie wir S. 234 sahen, CuI_2 nicht, wohl aber kennt man Ammoniakate von CuI_2. Ähnlich ist es beim Cobalt; hier kennt man mit Ausnahme des Trifluorides keine Trihalogenide, wohl aber zahlreiche Komplexverbindungen der Oxidationsstufe 3+, so z.B. $[Co(NH_3)_6]Cl_3$.

In dem Maße, wie die Beständigkeit der Verbindungen der höchsten Oxidationsstufe abnimmt, findet man beständige Verbindungen *niederer* Stufen; allgemein kann man sagen, daß alle Elemente der Übergangsgruppen eine große chemische Mannig-

[2] M^{I} bedeutet hier und im folgenden ein einfach positiv geladenes Kation, etwa Na^+ oder K^+.
[3] Die Säure $HMnO_4$ ist in Substanz noch unbekannt; bei „$Mn_2O_7 \cdot 2H_2O$" handelt es sich um $(OH_3)^+_2[Mn^{4+}(Mn^{7+}O_4)_6] \cdot 11H_2O$.

faltigkeit aufweisen. So kommt *Titan* in den Oxidationsstufen 4, 3 und 2, *Vanadium* in den Oxidationsstufen 5, 4, 3, 2 und in bestimmten Komplexverbindungen 1, 0 und 1 –[4] vor. Beim *Chrom* kennt man außer den 6wertigen Verbindungen solche mit den Oxidationsstufen 0, 1, 2, 3, 4 und 5[5] wobei sich – insbesondere in Lösung – die je nach den Hydratationsverhältnissen violetten oder grünen Cr^{3+}-Ionen durch besondere Beständigkeit auszeichnen. Diese bilden sich daher auch in den Fällen, in denen Chromate oder Dichromate als Oxidationsmittel wirken; z. B. gemäß der Gleichung: $Cr_2O_7^{2-} + 6I^- + 14H_3O^+ = 2Cr^{3+} + 3I_2 + 21H_2O$. Die beiden Cr^{6+}-Teilchen von $Cr_2O_7^{2-}$ haben je 3 Elektronen aufgenommen, die von den 6 I^--Ionen geliefert sind. – Besonders reichhaltig ist die Chemie des *Mangans*; hier sind alle Oxidationsstufen von 1– bis 7+ vorhanden. Wir nennen die nahezu farblosen recht beständigen Mangan(II)-Verbindungen, die den entsprechenden Magnesiumverbindungen sehr ähnlich sind, ferner als Vertreter der Oxidationsstufe 4+ den Braunstein (MnO_2), Oxomanganate der Oxidationsstufe 5+, z. B. Li_3MnO_4 (zwei Modifikationen, eine leuchtend grün, die andere himmelblau)[6], Oxomanganate (VI), z. B. das dichroitische K_2MnO_4 (grün/rot, in Lösung grün) und schließlich die schon erwähnten Permanganate mit der Oxidationsstufe 7+. In saurer Lösung ist die 2wertige, in alkalischem Medium die 4wertige Stufe besonders beständig. Dementsprechend wird Permanganat durch oxidierbare Substanzen in saurer Lösung zum Mn^{2+}-Ion, in alkalischer dagegen nur zu MnO_2 reduziert.

Bei *Eisen*, *Cobalt* und *Nickel* nimmt die Höchstwertigkeit schnell ab. *Eisen* besitzt maximal die Oxidationsstufe 6+ und auch das nur in wenig beständigen Verbindungen (den Oxoferraten (VI), z. B. $BaFeO_4$)[7]; meist ist es 3- oder 2wertig. Beim *Cobalt* findet man bei einfachen Verbindungen in der Regel die Oxidationsstufe 2+; dagegen ist es in Komplexsalzen, z. B. in den schon ge-

[4] Besonders niedrige bzw. negative Oxidationsstufen können bei Übergangselementen in „Durchdringungskomplexen" (vgl. S. 266) auftreten, wenn so die Elektronenzahl eines Edelgases ganz oder angenähert erreicht wird, vgl. z. B. Carbonylhydrido-Verbindungen (S. 272f.).

[5] Über Cr-Verbindungen der Oxidationsstufen 4+ und 5+ s. S. 254/55.

[6] Vgl. auch S. 256 über Manganblau.

[7] Oxoferrate (IV) und Oxoferrate (V) sind nur in festem Zustande bekannt.

nannten Ammoniakaten oder in $K_3[Co(CN)_6]$, meist 3wertig. Beim *Nickel* schließlich findet man ganz überwiegend Verbindungen der Oxidationsstufe 2+. Auch *Kupfer* tritt, wie beschrieben meist 2wertig auf[8]; daneben bildet es aber auch die der Gruppenzahl entsprechenden Verbindungen von Cu(I). Vom *Zink* an wird das Verhalten wieder regelmäßig (vgl. Kap. XXVIII).

Ähnlich ist der Verlauf in den *anderen großen Perioden*, nur findet sich hier der Abfall der Oxidationsstufen erst später. So ist MoO_3 noch sehr beständig, man kennt sogar noch RuO_4. Erst dann nehmen die Wertigkeiten ab; das höchste Rhodiumoxid ist RhO_2, und PdO_2 kommt nur noch wasserhaltig, d.h. in einer durch Hydratbildung stabilisierten Form (vgl. S. 248) vor. In der 5. Periode sind Re_2O_7 und OsO_4 recht beständige Verbindungen. Die höchsten Fluoride sind ReF_7, OsF_6, IrF_6 und PtF_6. Diesem schließt sich AuF_5 an.

Die Übersicht über die Oxidationsstufen wird durch folgende *Regeln* erleichtert: Bei den Elementen der A-Gruppen (über die B-Gruppen vgl. S. 231) nimmt die Neigung zur Bildung höherer Oxidationsstufen in jeder Gruppe in der Regel mit steigender rel. Atommasse zu. Sind bei einem Element Verbindungen hoher Wertigkeit stabil (z.B. Oxide), so sind entsprechende Verbindungen niederer Wertigkeit unbeständig oder fehlen ganz und umgekehrt. Die höchsten Oxidationsstufen findet man in Oxiden, Fluoriden und in komplexen Verbindungen; in der Reihenfolge Chlorid, Bromid, Iodid nimmt bei einem einzelnen Element die Tendenz zur Erreichung hoher Wertigkeiten ab, wie die Reihen der höchsten bei Zimmertemperatur beständigen Halogenverbindungen des Vanadins: VF_5, VCl_4, VBr_3, VI_3 bzw. des Rheniums ReF_7, $ReCl_6$, $ReBr_5$, ReI_4 zeigen.

Das Auftreten von Verbindungen mit verschiedenen Oxidationsstufen, die sich in ihrer Stabilität nicht allzusehr unterscheiden, könnte ein Grund dafür sein, daß bei den Chalkogeniden vieler Übergangselemente die einzelnen Verbindungen keine scharfe Zusammensetzung besitzen, sondern innerhalb eines gewissen, von der Temperatur abhängigen Bereichs stabil sind. Solche „*Homogenitätsgebiete*" findet man auch bei intermetallischen Phasen (S. 288). Zu diesen leiten noch stärker als die Chalkogenide viele Nitride, Phosphide, Carbide, Hydride schon durch ihre Zusammensetzung und ihre physikalischen Eigenschaften über.

Weiterhin ist auffällig, daß sich vielfach Verbindungen ähnlicher Struktur finden, deren Zusammensetzung sich nur wenig unterscheidet. So kennt man beim Titan außer der Ti-Phase (Lösung von O-Atomen im Kristall-

[8] Über Cu(III)- und Cu(IV)-Verbindungen s. S. 232, Anm. 5.

gitter des Metalls bis etwa zur Zusammensetzung $TiO_{0,5}$) und der TiO-Phase mit NaCl-Struktur (reicht von Stoffmengen-Anteilen an Sauerstoff von 38 bis 55%, wobei im einzelnen komplizierte Phasenverhältnisse vorliegen) folgende Sauerstoff-Verbindungen: Ti_2O_3; Ti_3O_5; Ti_4O_7; Ti_5O_9; Ti_6O_{11}; Ti_8O_{15}; Ti_9O_{17}; $Ti_{10}O_{19}$; TiO_2.

Ebenfalls unerwartete Zusammensetzungen findet man bei *Halogeniden der schweren Übergangselemente;* es treten hier Formeln wie $NbF_{2,5}$; $NbCl_{2,33}$; $NbI_{1,83}$; $WBr_{2,67}$ auf. Diese Verbindungen enthalten oktaedrische Baugruppen mit Atombindungen zwischen den Metall-Atomen; die genannten Formeln sind auf Grund von Kristallstruktur-Bestimmungen folgendermaßen aufzulösen: $[Nb_6F_{12}]F_{6/2}$; $[Nb_6Cl_{12}]Cl_{4/2}$; $[Nb_6I_8]I_{6/2}$; $[W_6Br_8]Br_6 \cdot Br_2$. Die Bezeichnung $F_{6/2}$, $Cl_{4/2}$ usw. bedeutet, daß jedes Halogenatom zwei der komplexen Gruppen verbindet.

Zur Darstellung derartiger Stoffe in einheitlich zusammengesetzten, gut ausgebildeten Kristallen hat die Methode des *Chemischen Transports im Temperaturgefälle* Bedeutung gewonnen. Das Prinzip der Methode besteht darin, daß man die zu transportierende Substanz zusammen mit geringen Mengen eines Stoffes, der mit dieser eine gasförmige Verbindung bilden kann, in ein Rohr füllt, das dann evakuiert und abgeschmolzen wird. Bringt man nun dieses Rohr in ein Temperaturgefälle, so wird in einer reversiblen Reaktion die Ausgangssubstanz an die Stelle einer bestimmten Temperatur transportiert. So reagiert z. B. elementares Silicium bei hohen Temperaturen mit zugegebenem $SiCl_4$ in endothermer Reaktion gemäß: $Si_{fest} + SiCl_{4,\,gasf} \rightleftharpoons SiCl_{2,\,gasf}$; das $SiCl_2$ zersetzt sich dann an einer etwas kälteren Stelle wieder zu $SiCl_4 + Si$; dieses scheidet sich in gut ausgebildeten Kristallen ab, die frei von den meisten im Ausgangsmaterial enthaltenen Verunreinigungen sind. Diese Methode ist außerordentlich variationsfähig. Vgl. dazu auch S. 288 über die Reindarstellung durch Zonenschmelzen.

Die Bedeutung der Gruppe der Übergangselemente für die Praxis ist vor allem in den Eigenschaften der *Elemente* selbst begründet. Das Eisen ist das wichtigste Gebrauchsmetall. Über das technische Eisen vgl. Kap. XXXV. Viele der anderen Metalle benutzt man, weil sie als Zusatz zum Eisen diesem für spezielle Verwendungszwecke besonders wertvolle Eigenschaften verleihen; genannt seien Titan, Vanadium, Chrom, Molybdän, Wolfram, Nickel. Aber auch sonst werden die Metalle viel verwendet, sei es wegen ihres edlen Charakters (wie z. B. die „Platinmetalle“ Ruthenium, Rhodium, Palladium und Osmium, Iridium, Platin), sei es wegen ihres hohen Schmelzpunktes. Daß viele dieser Metalle gute katalytische Eigenschaften haben, ist uns vom Platin her schon bekannt. Auch manche ihrer Verbindungen sind katalytisch wirksam. Wichtig ist ferner, daß sich hier die einzigen ferromagnetischen Elemente finden, die technische Bedeutung besitzen, nämlich Eisen, Cobalt und Nickel[9].

Auch einzelne Verbindungen sind ferro- bzw. ferrimagnetisch, z. B. der Magnetit Fe_3O_4 (= $FeO \cdot Fe_2O_3$, vgl. S. 226), γ-Fe_2O_3, das in Magnetophonbändern verwendet wird, und der Magnetkies, der etwa die Zusammensetzung $Fe_{0,9}S$ besitzt. Hier ist im FeS-Kristall ein Teil der Fe-Plätze nicht besetzt, während eine entsprechende Anzahl von Fe^{2+}-Teilchen durch Fe^{3+}-Teilchen ersetzt ist. Solche Strukturen mit „Leerstellen" findet man bei derartigen Verbindungen oft. Die meisten anderen Verbindungen dieser Gruppe sind paramagnetisch. Über diese magnetischen Erscheinungen unterrichtet der folgende Abschnitt.

Magnetochemie

Die Magnetochemie ist seit einigen Jahrzehnten ein wichtiges Arbeitsgebiet geworden. Man kann aus magnetischen Eigenschaften Schlüsse auf die Konstitution von chemischen Verbindungen ziehen. Die Atomtheorie gestattet, die magnetischen Momente μ der Atome und Ionen zu berechnen. Die meisten Ionen haben kein magnetisches Moment. Ebenso besitzen Elektronenpaare bei kovalenten Bindungen das Moment Null. Die Mehrzahl der Verbindungen ist also *diamagnetisch*; die „magnetische Suszeptibilität" χ ist schwach negativ. Magnetische Momente besitzen außer wenigen Molekülen (O_2, S_2, NO, NO_2, ClO_2) und den sogenannten „freien Radikalen" wie $\cdot\cdot\cdot C(C_6H_5)_3$ die Ionen der Lanthanoide (mit Ausnahme von La^{3+} und Lu^{3+} (vgl. S. 261f.) und die meisten Ionen der Übergangselemente; damit sind die Gebiete gekennzeichnet, mit denen man sich in der Magnetochemie in erster Linie beschäftigt.

Im einfachsten Falle sind die Wechselwirkungen zwischen den Teilchen mit magnetischem Moment zu vernachlässigen. Das gilt z. B. für Gase (z. B. O_2 mit $\mu = 2{,}83\,\mu_B$[10]) und für viele salzartige Verbindungen der Lanthanoide. In diesem Falle versuchen sich die Momente nach dem äußeren Feld auszurichten, was allerdings wegen der Temperaturbewegung nur zum sehr geringen Teil möglich ist. Es liegt *Paramagnetismus* vor; die Suszeptibilität χ ist deutlich positiv, das *Curiesche* Gesetz $\chi \cdot T = C$ ist streng oder angenähert gültig. Aus dem gefundenen Wert der auf die Stoffmenge von 1 mol bezogenen Konstanten C_m kann man das magnetische Moment μ berechnen

[9] Auch einige Metalle der Lanthanoide (vgl. Kap. XXXI) sind ferromagnetisch.

[10] μ_B ist ein *Bohr*sches Magneton; vgl. dazu S. 188, Anm. 13.

und mit der Theorie vergleichen. Da die Momente der Ionen eines Elements unterschiedlicher Ladung nicht die gleichen sind, kann man Ionenladungen in Verbindungen bestimmen. Besonders einfach ist das bei den *Lanthanoiden*. So gibt die Theorie für Ce^{3+} $\mu = 2{,}5\,\mu_B$ an, für Ce^{4+} $0\,\mu_B$. Da man für CeO_2 kein magnetisches Moment findet, enthält CeO_2 Ce^{4+}-Ionen. Im CeS_2 liegt dagegen nach dem magnetischen Verhalten Ce^{3+} vor; die Formel ist also $Ce_2S_2(S_2)$; nur die Hälfte des Schwefels liegt als S^{2-}-Ionen vor, die andere Hälfte dagegen als Disulfid-Ionen S_2^{2-}. Über die Metalle der Lanthanoide s. Kap. XXXI.

Bei den *Übergangselementen* liegen die Dinge verwickelter. Da hier die d-Elektronen an der Oberfläche der Atome bzw. Ionen liegen, treten stärkere Wechselwirkungen auf. Vor allem werden dadurch die Beträge der Bahnmomente betroffen. Durch die elektrischen Felder der Nachbarn im Kristall oder in der Lösung werden die d-Orbitale in energetisch verschiedene Gruppen aufgespalten (vgl. dazu S. 267f.), deren Bahnmoment Null ist oder nur kleine Werte besitzt. Man findet daher im wesentlichen nur die *Spinmomente*. Infolgedessen sind auch hier Wertigkeitsbestimmungen gut möglich.

Die Wechselwirkungen zwischen Ionen mit d-Elektronen und ihren Nachbarn können aber auch die *Spinmomente* betreffen. Stellen sich in einem Kristallgitter alle Spinmomente *parallel*, so entsteht *Ferromagnetismus*. Viel häufiger ist der Fall, daß sich die Spinmomente – ähnlich wie in einer kovalenten Bindung in Einzelmolekülen – im Kristallgitter *antiparallel* stellen. Man spricht dann von *Antiferromagnetismus*; bei ausreichend starker Wechselwirkung sind solche Stoffe nahezu unmagnetisch. Sind Teilchen mit *verschiedenen* Momenten gesetzmäßig *antiparallel* geordnet, so werden die Momente nicht völlig kompensiert; es liegt *Ferrimagnetismus* vor. Nach dem äußeren Erscheinungsbild hat dieser eine gewisse Ähnlichkeit mit dem Ferromagnetismus. Die Aufklärung solcher Wechselwirkungen ist z. Zt. in lebhaftem Fluß. Die Untersuchungen haben bereits zu neuen magnetischen Werkstoffen geführt, die in großen Mengen technisch produziert werden.
Über das magnetische Verhalten von Komplexverbindungen s. Kap. XXXII.

Einzelheiten über Übergangselemente

Titan. Die wichtigsten Vorkommen sind TiO_2 (Rutil) und Ilmenit $FeTiO_3$. Schließt man Ilmenit bzw. schon teilweise von Eisen befreite Schlacken mit heißer konzentrierter H_2SO_4 auf, so erhält man $Ti(SO_4)_2$ und $Fe_2(SO_4)_3$. Reduktion mit Fe-Metall führt dieses in $FeSO_4$ über. Verdünnt man die Lösung mit Wasser, so fällt wasserhaltiges TiO_2 durch Deprotonierung aus,

Fe^{2+}-Ionen bleiben in Lösung. Beim Erhitzen erhält man wasserfreies TiO_2, das als Pigmentfarbe („*Titanweiß*") in großen Mengen verwendet wird. In wäßrigen Lösungen von Titansalzen liegen überwiegend TiO^{2+}-Ionen vor; mit H_2O_2 wird O^{2-} durch die Peroxogruppe $(O_2)^{2-}$ ersetzt. Hierbei bildet sich in schwefelsaurer Lösung eine gelbe, komplexe Säure $H_2[Ti(O_2)(SO_4)_2]$ (Nachweis von H_2O_2!). $TiCl_4$, eine farblose, an der Luft rauchende Flüssigkeit, kann man nach *Ørsted* herstellen, indem man ein Gemenge von TiO_2 und C im Cl_2-Strom erhitzt. Setzt man $TiCl_4$ bei ca. 2000 °C mit O_2 um, so bildet sich gemäß $TiCl_4 + O_2 = TiO_2 + 2Cl_2$ neben Cl_2 TiO_2. Dieses Verfahren dient ebenfalls zur Darstellung von Titanweiß. $TiCl_3$ erhält man durch Einwirkung von H_2 auf $TiCl_4$ bei höheren Temperaturen. Ti(III)-Verbindungen lösen sich in Wasser mit blau-violetter Farbe; solche Lösungen werden in der analytischen Chemie als starkes Reduktionsmittel benutzt. – Ti-Metall kann man nach *van Arkel-de Boer* dadurch herstellen, daß sich TiI_4 an einem hocherhitzten W-Draht in Metall und Iod zersetzt. Man kann auch $TiCl_4$ mit Na- oder Mg-Metall reduzieren. Das Metall hat in neuerer Zeit Bedeutung gewonnen, da es auch bei hohen Temperaturen nicht mit Wasserdampf und Luft reagiert (Oxidhäutchen!); es wird in der Luftfahrt- und der chemischen Industrie verwendet. Auch Fe/Ti-Legierungen sind technisch wertvoll.

Vanadium kommt in der Natur u.a. als Polysulfid VS_4 (Patronit) und als Vanadinit $Pb_5(VO_4)_3$ (Apatitstruktur! vgl. S. 131) vor. Das Metall, das schwer zu gewinnen ist, wird vor allem als Fe/V-Legierung (Vanadinstahl) benutzt. Das rotgelbe V_2O_5 dient als Katalysator bei der SO_3-Fabrikation; es ist ein saures Oxid, das Vanadate bildet. Säuert man eine Vanadat-Lösung an, so scheidet sich orangefarbiges, wasserhaltiges V_2O_5 aus, das kolloid durchs Filter läuft. Mit Salzsäure gehen Lösungen mit fünfwertigem Vanadium unter Cl_2-Entwicklung in die Oxidationsstufe 4+ über; die blauen Lösungen enthalten VO^{2+}-Ionen.

Chrom. Das wichtigste Vorkommen ist der Chromeisenstein $FeCr_2O_4$ (Spinellstruktur!), der chemisch besonders widerstandsfähig ist und sich in keinem Lösungsmittel löst. Zur Gewinnung von Cr-Verbindungen mischt man das feingemahlene Erz mit Kalk und Soda und erhitzt im Luftstrom auf 1100–1200 °C; dabei wird Cr(III) in Cr(VI) überführt. Das gebildete gelbe Na_2CrO_4 wird durch Wasser gelöst; durch Ansäuern ($2CrO_4^{2-} + 2H_3O^+ = 3H_2O + Cr_2O_7^{2-}$) erhält man orangefarbene Lösungen, die $HCrO_4^-$- und $Cr_2O_7^{2-}$-Ionen enthalten und aus denen sich beim Eindampfen Kristalle von $Na_2Cr_2O_7 \cdot 2H_2O$ ausscheiden. $K_2Cr_2O_7$ und K_2CrO_4 kristallisieren wasserfrei.

Chromverbindungen der Oxidationsstufe 4+, z.B. CrF_4, CrO_2, Ba_2CrO_4 und der Oxidationsstufe 5+, z.B. CrF_5, $CrOF_3$, $Ca_5(CrO_4)_3OH$, lassen

sich im wasserfreien Zustand herstellen, disproportionieren aber beim Auflösen in Wasser in Cr(III)-Verbindungen (bzw. Cr^{3+}-Ionen) und Chromate(VI).
Grüne Lösungen von Cr(III)-Verbindungen gewinnt man aus Chromat(VI)-Lösungen durch Reduktion mit SO_2. Sie werden als Gerbmittel in der Lederindustrie benutzt. Dabei ist es günstig, wenn basische Salze vorliegen, in denen mehrere Cr^{3+}-Teilchen über OH-Gruppen verbunden („verolt") sind. Chromalaun $KCr(SO_4)_2 \cdot 12H_2O$ ist violett. – Vom Cr(III) leiten sich zahlreiche Komplexverbindungen ab.

Cr(II)-Salze sind unbeständig und werden als starke Reduktionsmittel benutzt.

Cr-Metall gewinnt man aluminothermisch aus Cr_2O_3 ($Cr_2O_3 + 2Al = Al_2O_3 + 2Cr$) oder durch Elektrolyse; verchromte Metalle werden viel verwendet, im Laboratorium sind sie allerdings unbrauchbar.

Chromate und Dichromate bilden, wie die Vanadate und Titanate, mit H_2O_2 Peroxoverbindungen. CrO_5 [$= CrO(O_2)_2$] ist blau, in Äther löslich; aus K_2CrO_4 entsteht in alkalischer Lösung orangefarbenes $K_3CrO_8 = K_3[Cr(O_2)_4]$ mit Cr der Oxidationsstufe 5+; H_2O_2 hat hier als Reduktionsmittel gewirkt.

Sowohl Cr(VI)- als auch Cr(III)-Verbindungen werden als Pigmente verwendet, so z.B. das gelbe $PbCrO_4$ und das grüne Cr_2O_3. CrO_2 ist ferromagnetisch und wird daher, ebenso wie γ-Fe_2O_3 (vgl. S. 252) für Magnetophonbänder benutzt. Verschiedene Cr-Verbindungen sind ferrimagnetisch.

Mangan kommt in der Natur ziemlich häufig vor und begleitet vielfach das Eisen. Bei den Erzen handelt es sich meist um Oxide der Oxidationsstufen 4+ und 3+ (z.B. Braunstein MnO_2, sowie Mn_2O_3 oder Mn_3O_4 u.a.); ferner sei der Manganspat $MnCO_3$ erwähnt. Das *Metall* selbst ist von geringerer Bedeutung. Dagegen sind Fe-Mn-Legierungen technisch in der Eisenindustrie wichtig, z.B. in den „austenitischen" Stählen (vgl. S. 296) sowie als Reduktionsmittel: Mn ist unedler als Fe und entzieht daher dem Eisen Nichtmetalle wie O und S.

Schmilzt man ein Gemenge von MnO_2 und KOH[11] an der Luft, so erhält man dunkelgrünes Manganat(VI), das mit Wasser in Permanganat und Braunstein disproportioniert: $3K_2MnO_4 + 2H_2O = 2KMnO_4 + MnO_2 + 4KOH$. Durch elektrolytische Oxidation (früher durch Behandeln mit Cl_2-Gas) kann man die Ausbeute an Permanganat wesentlich erhöhen. Die

[11] Im Laboratorium stellt man Manganate(VI) durch Erhitzen einer beliebigen Mn-Verbindung mit $KNO_3 + Na_2CO_3$ her („Soda-Salpeter-Schmelze"); die grüne Farbe der erkalteten Schmelze zeigt die Anwesenheit von Mangan-Verbindungen an. Entsprechend weist man Chrom durch die gelbe Farbe bei dieser Schmelzoperation nach.

Permanganate sind in wäßriger Lösung intensiv violett. Sie dienen als starke Oxidationsmittel (vgl. S. 246 und S. 249).
Die Manganate(V) sind in wasserfreier Form blau oder grün, die wäßrige Lösung ist blau. Mischkristalle von Ba-Manganat(V) mit $BaSO_4$, dienen als Pigment („*Manganblau*"). In der Oxidationsstufe 4+ sind als binäre Verbindungen MnF_4 und MnO_2 (Braunstein) zu nennen. MnO_2 wurde als Oxidationsmittel (z. B. für HCl; vgl. S. 72/73) und als Katalysator (S. 35f.) schon erwähnt. Es wird viel für Trockenbatterien verwendet (Zn und MnO_2 als Elektroden, eine mit Stärke verfestigte NH_4Cl-Lösung als Elektrolyt).

Mn^{2+}-Ionen sind nahezu farblos (ganz schwach rosa). Die Mn(II)-Salze sind den Mg-Salzen besonders ähnlich, mehr als andere zweiwertige Salze der Übergangselemente; es hängt dies damit zusammen, daß beim Mn^{2+} gerade die Hälfte der insgesamt zehn 3d-Elektronen vorhanden ist (vgl. S. 191f.). Im Gegensatz zu MgS ist aber MnS (drei Modifikationen, eine grüne und zwei fleischfarbene) in Wasser ziemlich schwer löslich.

$AlMnCu_2$ (*Heusler*sche Legierung) sowie einige weitere Mn-Verbindungen sind ferro- bzw. ferrimagnetisch.

Eisen. Über Eisenerze, Gewinnung von Roheisen und seine Weiterverarbeitung zu Stahl s. Kap. XXXV. Die wichtigsten Oxidationsstufen des Eisens sind 2+ und 3+. Schwach grünliche Lösungen von Eisen(II)-salzen erhält man, wenn man metallisches Eisen in verdünnter HCl oder H_2SO_4 löst; sie werden schon durch den Luftsauerstoff langsam zur dreiwertigen Stufe oxidiert. Mit NH_3 bzw. NaOH fällt aus einer Fe(II)-Salzlösung farbloses $Fe(OH)_2$; es geht an der Luft über grüne und fast schwarze Zwischenstufen in die dreiwertige Form über (FeOOH = „Goethit"). FeS fällt nur aus schwach alkalischer Lösung; auch aus Fe(III)-Salzlösungen bildet sich FeS neben S. FeS_2 (Pyrit) läßt sich auf trockenem Wege gewinnen; er löst sich nicht in verdünnten Säuren. Der ferrimagnetische Magnetkies ($\approx Fe_{0,9}S$, vgl. S. 252) gibt mit Säuren $H_2S(+S)$. $FeCO_3$ ist farblos, es löst sich in CO_2-haltigem Wasser als $Fe(HCO_3)_2$. Mit Luftsauerstoff scheidet sich langsam FeOOH aus: $4Fe(HCO_3)_2 + O_2 = 4FeOOH + 8CO_2 + 2H_2O$; so entsteht „*Raseneisenerz*". Dieses bildet sich vielfach an der Grenze des Grundwassers in Böden aus, die Pyrit enthalten. Dieser wird durch Luftsauerstoff zu $FeSO_4$ und H_2SO_4 oxidiert; durch weitere Oxidation von Fe(II) zu Fe(III) entsteht dann FeOOH, das meist auch aus beigemengten Mn-Verbindungen MnO_2 enthält. Auf diese Weise entstehen in der Natur dichte, wasserundurchlässige Schichten („*Ortstein*").

Von den *Oxiden* des Eisens läßt sich FeO zwar darstellen, es ist aber metastabil. Als stabile Phase tritt es erst oberhalb 570 °C im Zustandsdiagramm Fe/O auf. Die FeO-Phase („*Wüstit*") hat NaCl-Struktur, jedoch sind nur die O^{2-}-Ionenplätze voll besetzt; ein Teil der Metallionenplätze ist leer, dafür sind andere mit Fe^{3+}-Teilchen besetzt. Daher besteht eine gewisse „*Phasenbreite*" (vgl. S. 288 über „Homogenitätsgebiete"), die Kristalle haben je nach Temperatur und Sauerstoffdruck etwas verschiedene Zusammensetzung.

Daß es außer dem stabilen, paramagnetischen Fe_2O_3 noch das metastabile γ-Fe_2O_3 gibt, das stark ferrimagnetisch ist, wurde schon S. 252 erwähnt. Auch das schwarze Fe_3O_4 (*Magnetit;* Struktur S. 226) ist ferrimagnetisch.

Lösungen, die Fe^{3+}-Ionen enthalten, sind gelb; da sie in der Regel mehr oder weniger unter Bildung von $[Fe(H_2O)_5OH]^{2+}$ usw. deprotoniert sind, finden sich meist braune Tönungen. $Fe(OH)_3$ bzw. FeOOH lösen sich nicht in verdünnten Laugen (Gegensatz zu $Al(OH)_3$!). Jedoch bilden sich in trokkenem Zustand Ferrite, etwa $NaFeO_2$, z. B. beim Schmelzen von Fe_2O_3 mit Soda. Mit Wasser zerfällt dieses jedoch in $Fe(OH)_3$ und NaOH. $FeCl_3$ ist im wasserfreien Zustande leicht flüchtig. $Fe(SCN)_3$ bildet blutrote Lösungen, durch die sich minimale Mengen von Fe(III)-Salzen nachweisen lassen.

Von Verbindungen anderer Oxidationsstufen sei nur auf die purpurroten *Ferrate(VI)* hingewiesen, z. B. $BaFeO_4$. Es ist isotyp mit $BaSO_4$.

Von *Komplexsalzen* des Eisens seien die „Blutlaugensalze" ($K_4[Fe^{II}(CN)_6] \cdot 3H_2O$, gelb und $K_3[Fe^{III}(CN)_6]$, rot) genannt. Man gewann sie früher durch Erhitzen von Blut mit K_2CO_3. Der Blutfarbstoff ist eine kompliziert gebaute stickstoffhaltige organische Komplexverbindung des Eisens.
Versetzt man Lösungen, die Fe^{3+}-Ionen enthalten, mit Lösungen von $[Fe(CN)_6]^{4-}$-Ionen (oder Lösungen von Fe^{2+}-Ionen mit solchen von $[Fe(CN)_6]^{3-}$-Ionen), so erhält man je nach den Mengenverhältnissen intensiv blaue Lösungen oder Niederschläge von „*Berliner Blau*". Die intensive Farbe hängt damit zusammen, daß zwei Oxidationsstufen des gleichen Elements nebeneinander enthalten sind und damit Ladungswechsel möglich werden. Berliner Blau wird als Pigmentfarbe und für blaue Tinte benutzt. FeOOH (braun), Fe_2O_3 (leuchtend braunrot) und Fe_3O_4 (dunkelbraun, fast schwarz) werden großtechnisch als Pigmentfarben hergestellt.

Cobalt (früher Kobalt) kommt meist mit Nickel und anderen Schwermetallen in sulfidischen und arsenidischen Erzen vor (Beispiele s. bei Ni); die Hauptmenge wird bei der Gewinnung von Cu und Fe als Nebenprodukt gewonnen. Die Abtrennung von Co erfordert umständliche Verfahren, wobei man es ausnutzen kann, daß Co(II)-Salze mit Chlorkalk leichter zu einem höherwertigen Oxid oxidiert werden als Ni-Salze. Co-Metall wird in Hartmetallen (vgl. S. 296) verwendet. CoO färbt Glasflüsse intensiv blau. Auch der Spinell $CoAl_2O_4$ („*Thénards Blau*") ist blau, Mischkristalle aus ZnO und CoO („*Rinmanns Grün*") sind allerdings grün. In binären Verbindungen (mit Ausnahme von Oxiden, Hydroxiden und CoF_3) ist Co zweiwertig. Die wasserfreien Salze sind blau, die Lösungen und Hydrate (z. B. $CoCl_2 \cdot 6H_2O$) sind meist rot.

Komplexverbindungen des Cobalts leiten sich meist von der Oxidationsstufe 3+ ab. Sie sind besonders beständig und im Gegensatz zu den einfachen paramagnetischen Verbindungen von Co(II) unmagnetisch; näheres s. S. 267f. Als Beispiele für die sehr zahlreichen Komplexverbindungen, in denen die 6 Liganden ein Oktaeder bilden, seien genannt: $[Co(NH_3)_6Cl_3$ Hexaammincobalt(III)-chlorid, gelb, „Luteochlorid"; $[CoCl(NH_3)_5]Cl_2$ Chloropentaammincobalt(III)chlorid, „Purpureochlorid"; $[CoCl_2(NH_3)_4]Cl$ Dichlorotetraammincobalt(III)-chlorid. Diese Verbindung kommt in zwei isomeren Formen vor, „Violeo"- bzw. „Praseochlorid", je nachdem, ob die beiden Cl längs einer Kante oder an gegenüberliegenden Ecken des Oktaeders liegen. (Näheres s. Kap. XXXII). Anionische Komplexe liegen in den Hexacyanocobaltaten(III) vor, z. B. im $K_3[Co(CN)_6]$. Mit Brom und Natronlauge bildet sich hier kein Niederschlag. Für Trennungen ist wichtig, daß aus Lösungen, die die gelben $[Ni(CN)_4]^{2-}$-Ionen enthalten, mit Br_2 und NaOH-Lösung ein schwarzes, höheres Nickeloxid ausfällt. Schwerlöslich ist das Salz $K_3[Co(NO_2)_6]$, Hexanitrocobaltat(III); auch dieser Komplex kann zur Trennung von Co und Ni dienen.
Man kennt auch Cobaltate(IV), z. B. Ba_2CoO_4 und Cs_2CoF_6. Die Existenz von Cobaltaten(V) ist noch nicht sicher.

Nickel. Das wichtigste Erz ist der mit dem Magnetkies $Fe_{0,9}S$ zusammen vorkommende Eisennickelkies („*Pentlandit*") (Fe, Ni)S; genannt seien ferner *Rotnickelkies* NiAs, *Speiscobalt* (Co, Ni, Fe)As_{2-3}, *Linneit* (Ni, Co, Fe)$_3S_4$ und *Garnierit* (Mg, Ni)$_3[Si_2O_5](OH)_4$.

Zur Trennung von Ni und Cu kann man die Sulfide mit Na_2S schmelzen, wobei nur Cu_2S sich in der Na_2S-Schmelze löst. Oder man behandelt bei 80 °C mit CO-Gas, wobei sich flüchtiges Carbonyl $Ni(CO)_4$ (näheres s. S. 272) bildet, das sich bei 200 °C wieder in Ni und 4CO zersetzt (*Mond*-Verfahren).
In Verbindungen ist Ni überwiegend zweiwertig. Die Farbe der Lösungen, d. h. die des Hydratkomplexes $[Ni(OH_2)_6]^{2+}$, ist grün, die des NH_3-Komplexes $[Ni(NH_3)_6]^{2+}$ blau. Analytisch benutzt wird der schwerlösliche rote Ni-Komplex des Diacetyldioxims (Formel s. S. 271, I).
Verbindungen des Ni(IV) sind seltener (NiO_2 und einige Komplexe, z. B. $K_2[NiF_6]$); es gibt auch Komplexe bzw. Oxide mit Ni(III), z. B. $[Br_3Ni\{P(C_2H_5)_2\}_2]$.

Bezüglich der **höheren Übergangselemente** sei zunächst erwähnt, daß *Zirconium* und *Hafnium* so ähnlich sind[12], daß man die Existenz des Hf

[12] Dies hängt mit der Lanthanoiden-Kontraktion zusammen (vgl. S.

lange übersehen hat[13]. Erst als *N. Bohr* auf Grund der Atomtheorie die Existenz dieses Elements vorhergesagt hatte, wurde es 1922 von *v. Hevesy* und *Coster* gefunden.

Auch *Niob* und *Tantal* sind einander sehr ähnlich und kommen daher in der Natur stets zusammen vor. Die wichtigsten Mineralien entsprechen der Formel ((Fe, Mn)X_2O_6), wobei X = Nb oder Ta ist. Im Niobit überwiegt Nb, im Tantalit Ta. Die Trennung erfolgt meist durch fraktionierte Kristallisation der Doppelfluoride $K_2[XF_7]$[14]. Ta-Metall zeigt gute mechanische Eigenschaften und ist sehr korrosionsbeständig; es kann daher als Ersatz für Platin dienen. *Protactinium* ist ein sehr seltenes, radioaktives Element; es gehört zu den Actinoiden.

Das wichtigste Vorkommen des *Molybdäns* ist der Molybdänglanz MoS_2. Durch Abrösten erhält man MoO_3, das sich als saures Oxid in Sodalösung löst und mit Säuren wieder gefällt wird. Erhitzen im H_2-Strom ergibt dann das Metall, das erst bei 2610 °C schmilzt und wegen seiner geringen Angreifbarkeit für Laboratoriumsgeräte für hohe Temperaturen sowie vor allem für Molybdänstähle verwendet wird.

Noch höher (3380 °C) schmilzt *Wolfram*[15], das daher für Glühlampendrähte an Stelle des früher benutzten Osmiums verwendet wird[16]. Das wichtigste Vorkommen ist der Wolframit (Mn, Fe)WO_4. Dieser wird mit Soda oder NaOH aufgeschlossen; WO_3 wird mit HCl ausgefällt und mit H_2 zum Metall reduziert. Das technische Problem ist es, aus dem Pulver dünne Drähte herzustellen. Man führt dies heute so aus, daß man das auf über 1000 °C erhitzte Metallpulver hämmert und durch Düsen aus Diamant oder „Widiametall“ (vgl. S. 297) zieht.

Iso- und Heteropolysäuren. Molybdän und Wolfram haben, ebenso wie Vanadium und weniger ausgeprägt Niob und Tantal, eine große Tendenz zur Bildung von Polysäuren. Wir erinnern an das Verhalten der CrO_4^{2-}-Ionen, die unter Einwirkung von OH_3^+-Ionen nach der Reaktion $2Cr_2O_4^{2-} + 2OH_3^+ \rightleftharpoons Cr_2O_7^{2-} + 3H_2O$. $Cr_2O_7^{2-}$-Ionen bilden (vgl. S. 254); in konzentrierten stark sauren Lösungen hat man weiterhin $Cr_3O_{10}^{2-}$- und $Cr_4O_{13}^{2-}$-Ionen nachgewiesen, bis schließlich CrO_3 als fester Niederschlag ausfällt. Beim MoO_4^{2-}-Ion ist im Prinzip der Vorgang der gleiche, verläuft

[13] Als wirksame Trennungsmethode hat sich die Verteilung der Rhodanide (Thiocyanate) zwischen Wasser und Ether (Äther) oder Methylisobutylketon erwiesen.
[14] Es gibt aber auch andere Doppelfluoride bzw. Oxidfluoride.
[15] In der englischen Literatur wird W meist als „Tungsten“ bezeichnet, in der französischen als „Tungsténe“.
[16] Der Name der Firma „Osram“ erinnert daran.

aber im Einzelnen anders. Hier bilden sich beim Ansäuern von genügend konzentrierten Lösungen nach der reversiblen Reaktion $7[MoO_4]^{2-} + 8H_3O^+ = [Mo_7O_{24}]^{6-} + 12H_2O$ in *einer* Stufe komplexe Anionen, die ein Gerüst aus 7 Oktaedern aus O-Teilchen mit je einem Mo-Atom im Mittelpunkt enthalten, wobei diese Oktaeder durch gemeinsame Kanten verknüpft sind. In noch stärker sauren konzentrierten Lösungen findet man $[Mo_8O_{26}]^{4-}$-Komplexe. Beim Wolfram sind $[W_{12}O_{40}]^{8-}$-Komplexe festgestellt, beim Vanadium neben $[V_2O_7]^{4-}$- und $[V_3O_9]^{3-}$ $[V_{10}O_{28}]^{6-}$-Komplexe, bei Niob und Tantal schließlich $[Ta_6O_{19}]^{8-}$-Komplexe. Diese Anionen können bei Verminderung des *p*H 1 oder 2 H^+-Ionen binden, z. B. $[Mo_7O_{24}]^{6-} + H_3O^+ = [Mo_7O_{23}OH]^{5-} + H_2O$. Die Struktur der genannten Komplexe ist aus der Kristallstruktur von Salzen ermittelt, etwa von $(NH_4)_6[Mo_7O_{24}] \cdot 4H_2O$.

Bei den genannten Polysäuren spricht man von *Isopolysäuren*, weil sie nur die Atome eines Metalls enthalten. Bei den *Heteropolysäuren*, zu denen die schon S. 133 genannte Verbindung $(NH_4)_3[P(Mo_3O_{10})_4]$ gehört, ist ein Fremd-Ion eingebaut. Dieses befindet sich hier in der Mitte eines Würfels und ist von vier in der Form eines Tetraeders angeordneten Mo_3O_{10}-Gruppen umgeben. Bei solchen Heteropolysäuren kann die Zahl der Oktaeder, die ein Hetero-Atom umgeben, variieren; auch kann die Art des Hetero-Atoms verschieden sein (z. B. P, Si, As, Mn, Te). Schließlich kann die Art der einhüllenden Polyanionen variieren (z. B. Molybdate, Wolframate, Vanadate). Es ergibt sich also eine kaum übersehbare Vielfalt.

Von den höheren *Mangan*-Homologen kommt das Element 43 nicht in der Natur vor; es kann nur als radioaktives Element künstlich hergestellt werden; man hat ihm daher den Namen *Technetium* (Tc) gegeben. Das Element 75, das *Rhenium*, ist erst 1925 von *W.* und *I. Noddack* entdeckt worden. Re kommt in sehr geringen Mengen in verschiedenen Erzen, z. B. im Molybdänglanz, vor; es reichert sich aber bei der Aufarbeitung molybdänhaltiger Erze in den „Ofensauen“ an und ist daher verhältnismäßig leicht zugänglich. Das farblose $KReO_4$ ist schwer löslich. Re_2O_7 ist leicht flüchtig; das höchste Fluorid ist ReF_7, das höchste Chlorid $ReCl_6$. Aus salzsauren Perrhenatlösungen läßt sich schwarzes Re_2S_7 fällen, das aber beim Erhitzen in ReS_2 übergeht.

Platin-Metalle kommen auf primärer Lagerstätte in Olivin-haltigen[17] Gesteinen (Südafrika) oder als geringfügige Beimengungen sulfidischer Erze, insbesondere des Cu und Ni (Canada), vor. Sekundäre Lagerstätten der Pt-Metalle finden sich vor allem im Ural und in Kolumbien. Pt stellt stets den Hauptanteil dar; die sogenannte „Pt-Beimetalle“ sind in wesentlich ge-

[17] Olivin ist ein Ortho-Silicat $(Mg, Fe)_2SiO_4$; vgl. S. 174, Anm. 5.

ringeren Mengen in den Vorkommen enthalten. – Behandelt man ein Pt-Konzentrat oder einen Anodenschlamm aus einer Ni- bzw. Cu-Elektrolyse mit Königswasser, so gehen alle Pt-Metalle praktisch in Lösung (Ausnahme: „Osmirid", ein natürlicher Mischkristall Os/Ir). – Die Trennung der Pt-Metalle voneinander und ihre Feinreinigung erfolgt im wesentlichen über ihre Komplexsalze mit NH_4Cl, wobei $(NH_4)_2[PtCl_6]$ als Beispiel anzuführen ist. Im Trennungsgang nutzt man die unterschiedliche Wertigkeit der Pt-Metalle in Komplexsalzen und deren unterschiedliche Löslichkeit aus. – Eine Sonderstellung nehmen Ru und Os ein. Ihre Tetraoxide sind flüchtig und werden aufgrund dieser Eigenschaft abgetrennt.

Die Elemente der Pt-Gruppe werden vielfach im metallischen Zustand allein oder als Legierungen verwendet (Laborgeräte, Thermoelemente, elektrische Kontakte, Katalysatoren, Schmuckgegenstände[18]). Die Fähigkeit von Pd-Metall, Wasserstoff aufzunehmen, ist S. 219 besprochen. Pd-Blech ist durchlässig für H_2[19]. Im chemischen Verhalten, insbesondere bezüglich ihrer Bildung von Komplexverbindungen, ähneln Ru und Os etwa dem Fe, Rh und Ir dem Co, Pt und Pd dem Ni. Diese Eigenschaften sind aus der Stellung der Elemente im Periodensystem ableitbar. Die *Carbonyle* der Übergangselemente werden in Kap. XXXII besprochen.

XXXI. Lanthanoide und Actinoide

Während die Übergangselemente dadurch gekennzeichnet sind, daß die Niveaus der d-Elektronen aufgefüllt werden, gibt es noch zwei Gruppen von Elementen, bei denen f-Elektronen eingebaut werden: 4f-Elektronen bei den *Lanthanoiden*, den Elementen 58 Ce bis 71 Lu, 5f-Elektronen bei den *Actinoiden*, den Elementen 89 Th bis 103 Lr.

Lanthanoide. Es sind dies die auf La folgenden Elemente; unter Einschluß von Y und La bezeichnet man sie auch als *Seltene Erden.* Diese Elemente und ihre Verbindungen sind einander sehr ähnlich. Sie kommen in der Natur meist gemeinsam vor, z. B. im Monazit $CePO_4$, im Bastnäsit $Ce(CO_3)F$ und in verschiedenen Silicaten; dabei steht „Ce" für ein Gemisch ver-

[18] Neben Silber, Gold und Platin wird als Metall bei der Schmuckherstellung heute viel „Weißgold" verwendet. Es handelt sich dabei um Legierungen aus Au mit Pd oder Ni sowie z. T. Ag, Cu und Zn.
[19] Auch Ni ist bei höherer Temperatur durchlässig für H_2.

schiedener Erden. Wegen der Ähnlichkeit der Lanthanoide hat es vom Anfang des 19. Jahrhunderts bis zum Anfang unseres Jahrhunderts gedauert, bis man sie getrennt hatte und eindeutig angeben konnte, wieviel Elemente es in dieser Gruppe gibt.

Als *Trennungsmethode* benutzte man zunächst die Kristallisation geeigneter Verbindungen, die man – ähnlich wie wir es bei der Destillation (vgl. S. 36) besprochen haben – zu einer fraktionierten Kristallisation ausbaute. Als wirksam erwies sich weiterhin die Verteilung zwischen zwei nicht miteinander mischbaren Lösungsmitteln, das *Ausschütteln* (vgl. S. 97), was ebenfalls zu einer „fraktionierten" Methode entwickelt wurde. Als besonders effektiv hat sich in den letzten Jahrzehnten die Benutzung von *Ionenaustauschern* (S. 158) [1] erwiesen. Schließlich kann man das Auftreten der *Oxidationsstufen* 4+ und 2+ (vgl. unten) zu Trennungen ausnutzen.

Die Gruppe der Lanthanoide ist dadurch ausgezeichnet, daß alle Elemente weitgehend *dreiwertig* auftreten. Es hängt dies damit zusammen, daß die beim Ce und den anderen Elementen hinzutretenden 4f-Elektronen eine „Innere Schale" besetzen, während die Zahl der „Außenelektronen" (zwei 6s-Elektronen [2], außerdem acht Elektronen der O-Schale) bei allen Elementen die gleiche bleibt. Infolge der unvollständigen Auffüllung dieser „Inneren Schale" sind die Ionen der Lanthanoide (mit Ausnahme von La^{3+}, Gd^{3+} [3] und Lu^{3+}) farbig und paramagnetisch. Die Ionen- und Atomradien fallen vom La zum Lu ab (Lanthanoiden-Kontraktion), weil die steigende Kernladung von den 4f-Elektronen nicht völlig „abgeschirmt" wird. Damit hängt zusammen, daß die Y-Verbindungen zusammen mit denen von Ho, Er usw. kristallisieren; der Radius von Y^{3+} entspricht etwa dem von Ho^{3+}. Sc^{3+} ist kleiner als Lu^{3+}.

Vierwertigkeit findet man bei einigen Verbindungen von Ce, den Oxiden

[1] Man nutzt die Tatsache aus, daß die Ionen der leichten Lanthanoide weniger feste Komplexe bilden als die schweren. Gibt man eine Lösung geeigneter Verbindungen der zu trennenden Elemente auf eine Säule, die mit einem mit NH_4^+-Ionen beladenen *Kationenaustauscher* gefüllt ist, so werden die NH_4^+-Ionen durch die Lanthanoid-Ionen ausgetauscht. Läßt man dann zum „*Eluieren*" eine Lösung, die einen geeigneten Komplexbildner enthält, langsam von oben durch die Säule fließen, so finden sich in der abtropfenden Flüssigkeit zuerst die schwereren und nach und nach die leichteren Elemente.

Erwähnt sei bei dieser Gelegenheit die ähnlich arbeitende *Chromatographie*, bei der die Adsorption und Desorption an Stoffen wie Papier, Aluminiumoxid, Calciumcarbonat u.a. ausgenutzt wird. Man kann diese auch auf *Gase* anwenden.

[2] Beim La, Gd und Lu auch ein 5d-Elektron.

[3] Gd^{3+} ist zwar farblos, aber paramagnetisch.

von Pr und Tb und bei Fluorverbindungen von Ce, Pr, Nd, Tb und Dy. *Zweiwertige* Verbindungen mit Ionencharakter[4] wurden dargestellt bei Eu, Yb und Sm (sowie TmI_2). Das Auftreten dieser Verbindungen der Oxidationsstufen 4+ und 2+ spricht dafür, daß die Elektronenkonfigurationen von La^{3+}, Gd^{3+} und Lu^{3+} besonders stabil sind und von den Nachbarelementen „angestrebt" werden (vgl. dazu S. 195). Für La^{3+} und Lu^{3+} ist das nicht merkwürdig, da es sich um „abgeschlossene" Elektronenkonfigurationen handelt. Das Beispiel von Gd^{3+} zeigt darüber hinaus, daß auch „halbbesetzte" Konfigurationen besonders stabil sind. Man erkennt dies auch aus Abb. 26 (S. 195; Knick zwischen O und F sowie P und S) sowie aus der Sonderstellung von Mn^{2+} (vgl. S. 256). Die im Periodensystem S. 117 gegebene Darstellung berücksichtigt die Sonderstellung von La^{3+}, Gd^{3+} und Lu^{3+}.

Auch bei den *Metallen* der Lanthanoide drückt sich die Sonderstellung von La^{3+}, Gd^{3+} und Lu^{3+} aus, indem die vorhergehenden Elemente (Ba), Eu und Yb molare Volumina haben, die etwa 30% größer sind als man nach den Werten der Nachbarelemente erwarten würde. Magnetische Messungen zeigen, daß bei diesen Elementen Eu^{2+}- und Yb^{2+}-Ionen + Elektronengas, nicht wie sonst La^{3+}- (usw.) Ionen + Elektronengas vorhanden sind[5].

Die Oxide der Lanthanoide, insbesondere CeO_2, katalysieren die Verbrennung von Leuchtgas durch Luft; durch die rasche Verbrennung an ihrer Oberfläche wird Weißglut erreicht, bei der die Oxide, wie *Auer von Welsbach* fand, ein sehr helles Licht ausstrahlen. Besonders geeignet sind Mischkristalle aus 99% ThO_2 (vgl. Actinoide) und 1% CeO_2. Allerdings hat die Gasbeleuchtung mit ihren „*Auer*-Strümpfen" weitgehend an Bedeutung verloren. Dagegen wird der „Cerstahl", eine Legierung von Fe mit „Mischmetall" (enthält in der Hauptsache Ce und La), für Zündsteine und als Desoxidationsmittel verwendet. Auf der Basis Co_5Sm und verwandter Stoffe werden Dauermagnete hergestellt. Eu_2O_3 findet Verwendung für Leuchtschirme des Farbfernsehens.

Actinoide. Alle Elemente dieser Gruppe sind radioaktiv. In der Natur kommen Th, Pa und U vor (in Spuren Pu, vgl. S. 185); die höheren Actinoide (*Transurane*) können nur künstlich dar-

[4] Es gibt noch weitere Verbindungen der zweiwertigen Stufe, die aber metallischen Charakter besitzen. Außerdem sind in neuerer Zeit Verbindungen noch geringerer Oxidationsstufe hergestellt worden, die z. T. einen ähnlichen Aufbau haben, wie es S. 251 für Nb- und W-Verbindungen beschrieben worden ist.

[5] Es gibt auch zahlreiche intermetallische Verbindungen, in denen nach magnetischen Messungen Eu^{2+}- bzw. Yb^{2+}-Ionen vorliegen.

gestellt werden. Die Eigenschaften der Actinoide und ihre Verbindungen entsprechen denen der Lanthanoide (Paramagnetismus, Farbigkeit der Verbindungen). Die Oxidationsstufe 3+ tritt als charakteristische Eigenschaft erst in der zweiten Hälfte auf; bei den Anfangsgliedern sind höhere Wertigkeiten vorherrschend: Th 4+; Pa 5+; U 6+, 5+, 4+; Pu (7+), 6+, 4+. Die Elemente U und Th spielen eine entscheidende Rolle für die Kernenergie; infolgedessen ist das Vorkommen, vor allem von U, sorgfältig untersucht.

Thorium kommt u.a. im Monazit $CePO_4$ vor. Es tritt in Lösungen stets in der Oxidationsstufe 4+ auf. Früher war ThO_2 von Bedeutung für die Auer-Glühstrümpfe.

Protactinium ist ein sehr seltenes Element.

Uran: Das wichtigste Erz ist die Pechblende UO_2. Das Uran-Metall schmilzt bei 1092 °C. In vielen Verbindungen der Oxidationsstufe 6+ tritt das Kation $[UO_2]^{2+}$ auf ($UO_2(NO_3)_2$ = Uranylnitrat; gelbgrün fluoreszierende Prismen). Das bei 56 °C sublimierende UF_6 hat Bedeutung für die Trennung von ^{235}U und ^{238}U. An Oxiden sind UO_3, U_3O_8 und UO_2 zu nennen.

Neptunium: Schmelzpunkt des Metalls 639 °C.

Plutonium: Schmelzpunkt des Metalls 639 °C. Höchste Oxidationsstufe 7+ (PuO_6^{5-}, in LiOH-Lösung tiefgrün, zersetzlich); bevorzugte Stufe 4+ (orangebraun, stabil in wäßriger Lösung).

XXXII. Komplex-Verbindungen

Schon mehrfach wurden Komplex-Verbindungen erwähnt (vgl. z.B. S. 87ff.). Komplexe spielen bei den Übergangselementen eine besonders große Rolle. Sowohl vom experimentellen als auch vom theoretischen Standpunkt sind in den letzten Jahrzehnten wesentliche Fortschritte erzielt worden, die hier kurz zusammengefaßt werden sollen.

Geometrische Struktur der Komplexe. Den entscheidenden Fortschritt auf dem Gebiet der Komplex-Verbindungen verdankt man dem Elsässer *A. Werner*, der ab 1898 ihren *räumlichen Bau* klärte[1]. Werner zeigte, daß in

[1] *Alfred Werner* (1866–1919) wurde für diese Leistung mit dem Nobelpreis ausgezeichnet.

Komplexen mit der Koordinationszahl (KZ) 6 die Liganden oktaedrisch um das Zentralatom angeordnet sind; Komplexe der KZ 4 sind entweder tetraedrisch oder quadratisch. Den Beweis für diese Konfigurationen führte Werner u. a. durch die Betrachtung der Zahl der *Isomeren.* Zum Beispiel existieren bei der oktaedrischen Konfiguration Za_2b_4 (Z ist das Zentralatom, a und b sind die Liganden) gemäß Abb. 34 zwei Isomere (vgl. z. B. den Violeo- und Praseo-Komplex S. 258). Bei Verbindungen des Typs Za_2b_2 ist es verschieden, je nachdem ob ein Tetraeder (Abb. 20, S. 160: nur 1 Form, da die beiden a- bzw. die b-Liganden stets an der gleichen Tetraeder-Kante liegen) oder ebene Struktur (2 Isomere) vorliegt, Abb. 35. Weitere Beweise für den Aufbau von Komplexverbindungen ergaben sich aus der Messung der *elektrischen Leitfähigkeit* der Reihe 1) $[Pt(NH_3)_6]Cl_4$; 2) $[Pt(NH_3)_5Cl]Cl_3$ 3) $[Pt(NH_3)_4Cl_2]Cl_2$; 4) $[Pt(NH_3)_3Cl_3]Cl$; 5) $[Pt(NH_3)_2Cl_4]$; 6) $K[Pt(NH_3)Cl_5]$ und 7) $K_2[PtCl_6]$. Die wäßrige Lösung von 5) leitet den elektrischen Strom fast gar nicht, während von 5) zu 1) bzw. von 5) zu 7) die Leitfähigkeit ansteigt.

Schließlich gelang es *chirale Verbindungen*[2] herzustellen, bei denen zwei stofflich gleich zusammengesetzte Formen existieren, die – wie rechter und linker Handschuh – sich nicht zur Deckung bringen lassen, sondern Spiegelbilder voneinander sind; sie drehen die Ebene des in einer Ebene schwingenden (polarisierten) Lichtes. Diese Erscheinung war in der organischen

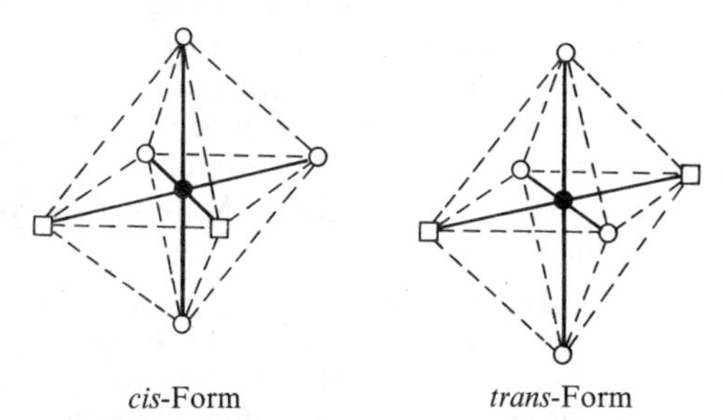

cis-Form *trans*-Form

Abb. 34. Isomere bei Za_2b_4-Komplexen; □: a; ○: b

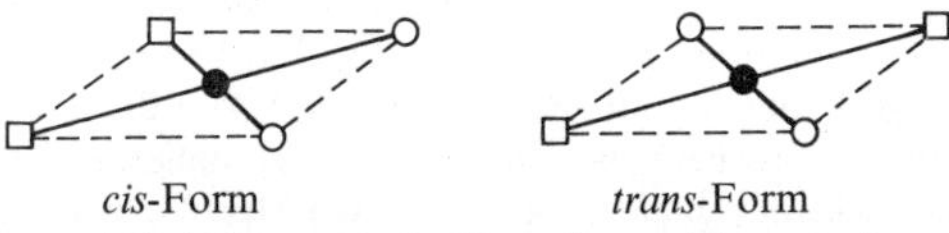

cis-Form *trans*-Form

Abb. 35. Isomerie bei ebenen Za_2b_2-Komplexen; □: a; ○: b

[2] Früher sprach man von *optisch-aktiven* Verbindungen.

Chemie für gewisse Verbindungen mit tetraedrischer Struktur lange bekannt, und es erregte großes Aufsehen, als es *Werner* gelang, auch bei oktaedrischen Komplexen chirale Verbindungen darzustellen. Schließlich hat *Werner* auch den Aufbau zahlreicher *mehrkerniger* Komplexe aufgeklärt.

Bindung in Komplexen. Während Werner über den inneren Aufbau der Komplexe nach dem damaligen Stand des Wissens keine klaren Vorstellungen entwickeln konnte – er half sich mit den recht unbestimmten Begriffen der „Hauptvalenz" und der „Nebenvalenz" – haben sich inzwischen zwei Modelle als fruchtbar erwiesen:

1. Zentralion und Liganden bleiben bindungsmäßig getrennt, zwischen ihnen besteht *Coulomb*sche Ion-Ion-Anziehung bzw. Ion-Dipol-Anziehung.
2. Innerhalb des Komplexes bestehen *Atombindungen.*

Das Interesse an einer Klärung der Bindungs-Verhältnisse wurde besonders dringend, als man fand, daß Komplexe des gleichen Zentralions ganz verschiedene magnetische Momente haben können. Während z.B. H_2O- oder NH_3-Komplexe des Fe^{2+} ein Moment von $\approx 5{,}4\ \mu_B$ besitzen, ist der $[Fe^{II}(CN_6]^{4-}$-Komplex unmagnetisch. Die erste Vorstellung, die man hier entwickelte, war die, daß im ersten Falle die Elektronenwolken von Zentralion und Liganden getrennt geblieben sind, im zweiten Falle dagegen Elektronen der Liganden dem Elektronensystem des Zentralatoms anteilig werden, wodurch eine Umgruppierung des Elektronenzustandes erfolgt. Man sprach von „normalen" und „Durchdringungs"-Komplexen.

Eine abgeschlossene, unmagnetische Elektronenkonfiguration wird erreicht, wenn die Gesamtzahl der Elektronen um das Zentralatom der eines Edelgases entspricht. So liefert z.B. im $[Co(NH_3)_6]^{3+}$-Ion das Co^{3+}-Ion 24 Elektronen, jedes NH_3-Molekül das einsame Elektronenpaar am N-Atom, das sind insgesamt $24 + 6 \cdot 2 = 36$ Elektronen. Das entspricht der Elektronenzahl des Kr. Ferner konnte *Pauling* zeigen, daß bei oktaedrischen Komplexen eine Hybridisierung (vgl. S. 199) einer d^2sp^3-Konfiguration vorliegt (daß eine sp^3-Konfiguration zu tetraedrischer Anordnung führt, wurde schon S. 199 besprochen). Bei quadratischen Komplexen sind in der gemeinsamen Elektronenhülle in der Regel zwei Elektronen weniger vorhanden als bei dem entsprechenden Edelgas (etwa im $[Ni(CN)_4]^{2-}$-Komplex nur 34!); die Komplexform wird in diesem Falle von einer dsp^2-Hybridisierung bestimmt. Auch diese Komplexe sind unmagnetisch.

Während die bisher geschilderten Vorstellungen dem Modell 2 entsprechen, wurde diese Auffassung in der weiteren Entwicklung durch die sogenannte *Kristallfeld*-Theorie zurückgedrängt, die auf *Bethe* und *van Vleck* zurückgeht; sie entspricht dem Modell 1.

Als Beispiel betrachten wir die Bildung eines *oktaedrischen* Komplexes um ein Zentralteilchen, das d-Elektronen enthält. Die Orbitale, die für d-Elektronen möglich sind, zeigt Abb. 36. Im feldfreien Raum sind diese Orbitale energetisch gleichwertig; ist das Zentralatom dagegen *oktaedrisch* von 6 negativ geladenen Liganden[3] umgeben, die auf der x- bzw. y- bzw. z-Achse liegen, so sind das d_{z^2}- und das $d_{x^2-y^2}$-Orbital energetisch benachteiligt, weil sie durch die Liganden abgestoßen werden; dagegen liegen die drei anderen Orbitale (d_{xy}, d_{xz} und d_{yz}) günstiger. Daher sind die fünf d-Orbitale energetisch nicht mehr gleichwertig; es findet eine *Aufspaltung* in eine d_ε-Gruppe von drei Orbitalen (d_{xy}, d_{xz} und d_{yz}) und eine d_γ-Gruppe von zwei

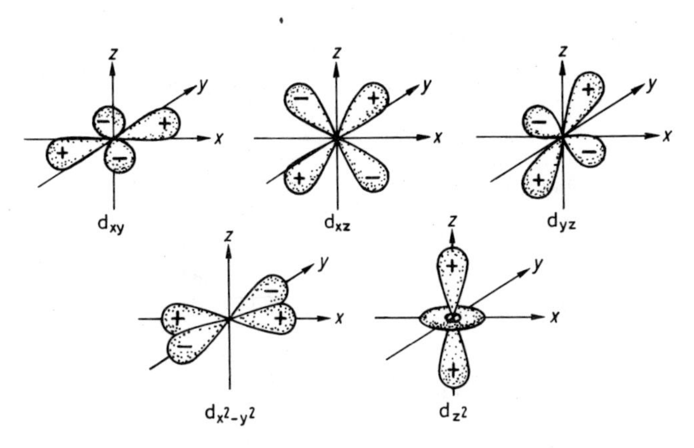

Abb. 36. Orbitale der d-Elektronen

Es sei darauf hingewiesen, daß es sich hier um eine stark vereinfachte Darstellung handelt.

[3] Bzw. neutralen Liganden mit Dipol, deren negative Seite nach dem Zentralatom hin gerichtet ist.

Orbitalen (d_{z^2} und $d_{x^2-y^2}$) statt, von denen die erstere im Oktaederfeld energetisch tiefer liegt als die zweite (vgl. Abb. 37). Die Energiedifferenz Δ (meist als 10 Dq bezeichnet) zwischen der d_ε- und der d_γ-Gruppe hängt von den Eigenschaften der Liganden (Größe, Dipolmoment, Polarisierbarkeit) ab.

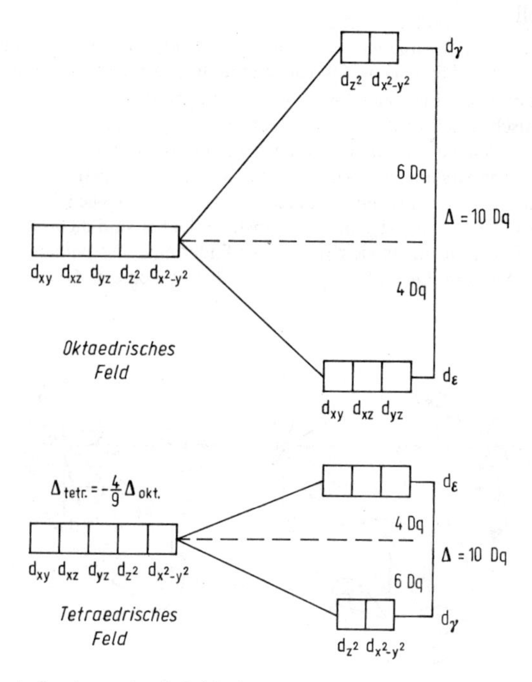

Abb. 37. Aufspaltung der d-Orbitale

Bei *tetraedrischen* Komplexen ist es, wie Abb. 37 zeigt, umgekehrt, die d_γ-Gruppe ist energieärmer als die d_ε-Gruppe. Außerdem ist die Aufspaltung geringer. Auf quadratische u. ä. Komplexe gehen wir hier nicht ein.

Die *Verteilung* der vorhandenen d-Elektronen auf die Orbitale ist an sich von dem Bestreben bedingt, möglichst jedes Orbital nur mit *einem* Elektron zu besetzen, weil Elektronen sich abstoßen; dabei stehen die Spinmomente parallel (*Hund*sche Regel). Ist Δ dagegen sehr groß, so ist es energetisch günstiger, wenn die d_ε-Orbitale doppelt besetzt werden, ehe die d_γ-Orbitale beansprucht werden. Auf diese Weise entsteht, wie Abb. 38 für die Fälle mit fünf und sechs d-Elektronen zeigt, eine „*high-spin*"-Besetzung bei schwachem und eine „*low-spin*"-Besetzung bei starkem Kristallfeld. Das erste entspricht den „normalen", das zweite den „Durchdringungskomplexen". Ferner sagt die Theorie etwas darüber aus, wie weit die Orbitale noch einen Beitrag zum Bahnmoment liefern; dies ist bei d_γ-Orbitalen nie der Fall, bei d_ε nur dann, wenn mindestens ein Orbital nur mit *einem* Elektron besetzt ist. Schließlich sagt die Kristallfeld-Theorie auch etwas über die *Farbe* von Komplexverbindungen aus. Zwischen den d_ε- und den d_γ-Orbitalen sind nämlich Elektronenübergänge möglich, deren Energie gerade im sichtbaren Gebiet liegt; die $h\nu$-Werte des Absorptionsspektrums ergeben die Energiedifferenz Δ zwischen d_ε und d_γ. Weitere Aufspaltungen von d_ε und d_γ treten in Feldern geringerer Symmetrie auf; die Spektren zeigen dies dann ebenfalls an.

In neuerer Zeit ist die Theorie der Bindung in Komplexen durch Anwendung der MO-Theorie (vgl. S. 199) erweitert und verfeinert worden.

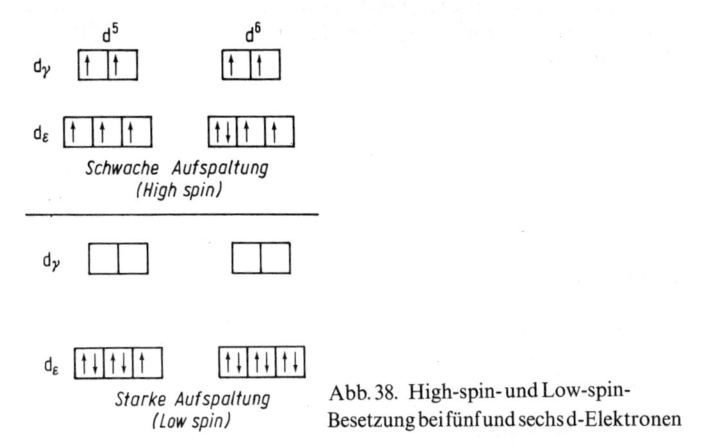

Abb. 38. High-spin- und Low-spin-Besetzung bei fünf und sechs d-Elektronen

Komplexe mit anorganischen Liganden. Beispiele für derartige Komplexe haben wir schon in großer Zahl kennengelernt. Viel benutzte Liganden sind die *Halogenidionen*, sowie OH^-, CN^- [4] und SCN^-, das NO_3^-, das NO_2^- und das ONO^--Ion, das CO_3^{2-} und das SO_4^{2-}-Ion sowie neutrale Moleküle mit Dipol wie H_2O und

[4] Da in Cyano-Komplexen Metall-Kohlenstoff-Bindungen vorhanden sind, kann man sie auch zu den „metallorganischen" Komplexen rechnen.

NH_3. Mit den letzteren verwandte, viel benutzte Liganden wie $H_2N—CH_2—CH_2—NH_2$ (Ethylendiamin), $P(C_2H_5)_3$, $P(C_6H_5)_3$, $As(C_6H_5)_3$, $Sb(C_6H_5)_3$ leiten schon zu den organischen Liganden über. In neuerer Zeit wurden auch Komplexe mit H, O_2, N_2 und PF_3 als Liganden dargestellt. Bei den P-, As- und Sb-haltigen Liganden wirken die d-Orbitale der Liganden bei der Bindung an das Zentralatom mit. Bei mehrkernigen Komplexen verbinden oft OH- oder NH_2-Gruppen die zentralen Metallatome. In neuerer Zeit sind auch Komplexe mit Metall-Metallbindungen hergestellt worden, z. B.

$$(C_6H_5)_3P—Au—Os(CO)_4—Os(CO_4)—Os(CO)_4—Cl$$

Organische Liganden. Diese sind von jeher in Komplexen viel verwendet worden. Genannt wurde schon Ethylendiamin (sowie zahlreiche Homologe); ferner sind viel verwendete Liganden: das Oxalat-anion $^-O_2C—CO_2^-$, das Anion von Acetylaceton,

$$H_3C—\underset{\underset{O}{\|}}{C}—CH_2—\underset{\underset{O}{\|}}{C}—CH_3$$

$$(\text{bzw. } H_3C—\underset{\underset{OH}{|}}{C}{=}CH—\underset{\underset{O}{\|}}{C}—CH_3),$$

Diacetyldioxim (vgl. S. 271 oben), *ortho*-Dipyridyl

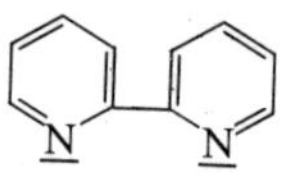

und *ortho*-Phenanthrolin

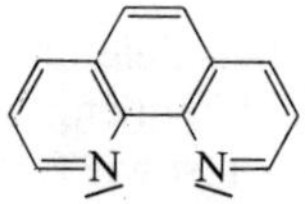

Alle diese Liganden sind „*zweizähnig*“ und bilden „*Krebsscheren-artige*“, sogenannte „*Chelat*“-Komplexe, bei denen ein Ligand das Zentralatom von zwei Seiten faßt; der Ni-Komplex des Diacetyldioxims (I; S. 271 oben) möge dies veranschaulichen.

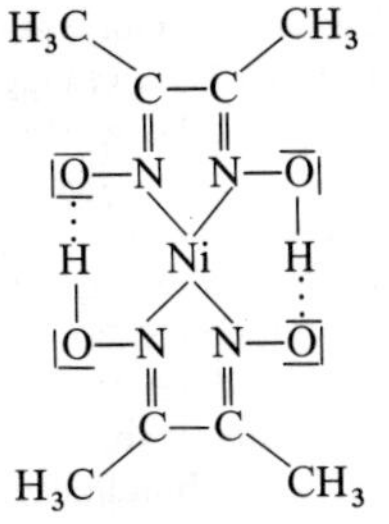

H_3C CH_3
C—C
‖ ‖
O—N N—O
H Ni H
O—N N—O
‖ ‖
C—C
H_3C CH_3

I

Analytisch von großer Bedeutung sind 8-Hydroxychinolin(II) und verwandte Stoffe sowie vor allem die *Komplexone*, z. B. Nitrilotriessigsäure (III) und Ethylendiamintetraessigsäure (IV). Diese bildet mit verschiedenen Kationen

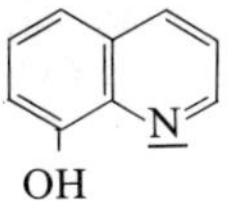

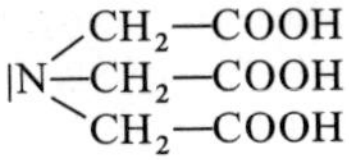

N
OH II

CH_2—COOH
N—CH_2—COOH
CH_2—COOH III

CH_2—COOH
N
CH_2—COOH
H_2C
CH_2—COOH
N
CH_2—COOH IV

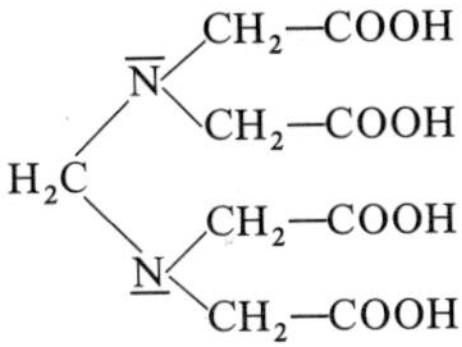

sehr beständige Komplexe, wobei unabhängig von der Wertigkeit nur ein Kation in den Komplex eintritt. Man sieht aus der Formel, daß sich hier viele Ringe, die alle das Metallatom enthalten, bilden können.

Als besonders wirksame Komplexbildner, die sogar mit Alkalimetall-Ionen reagieren, haben sich die *Kronenether*(*-äther*) erwiesen. Dies sind organische acyclische Verbindungen mit mehreren Ethergruppen (vgl. S. 162), die so angeordnet sind, daß die Ether-Sauerstoff-Atome wie die Zacken einer Krone liegen, so daß für die Komplexbildung mit einem Kation räumlich besonders günstige Verhältnisse vorliegen.

An wichtigen Naturstoffen, die hierher gehören, seien genannt: Das *Chlorophyll* (ein Mg-Komplex), der Blutfarbstoff des Menschen, ein Fe(II)-Komplex, und das Vitamin B_{12} (*Cobalamin*), ein Cobalt-Komplex.

Verbindungen mit Metall-Kohlenstoff-Bindungen (Metallorganische Verbindungen). Die im vorstehenden Abschnitt genannten Verbindungen enthalten zwar organische Liganden, aber es liegen bei ihnen keine Metall-Kohlenstoffbindungen vor; vielmehr ist das Zentralatom an O oder N gebunden. Eine Reihe von elementorganischen Verbindungen, bei denen C-Atome z.B. an Zn-, Hg-, Mg-, Li- und B-Atome gebunden sind, haben wir schon S. 164f. kennengelernt; bei diesen trugen die Me—C-Bindungen σ-Charakter (vgl. S. 200). Bei den Übergangselementen finden sich zahlreiche weitere metallorganische Verbindungen, bei denen es sich entweder um reine π-Bindungen handelt oder bei denen zum mindesten π- neben σ-Bindungen eine Rolle spielen.

Carbonyle und verwandte Verbindungen. 1888 entdeckte *C. Langer* die Verbindung $Ni(CO)_4$, in der 4 CO-Gruppen mit einem ungeladenen Ni-Atom verbunden sind; es handelt sich um eine farblose, leicht flüchtige Flüssigkeit. Auch andere Metalle der Übergangselemente bilden solche Carbonyle; das Gebiet ist vor allem durch Untersuchungen von *W. Hieber* ausgebaut worden. Die einfachsten Carbonyle sind $Ni(CO)_4$; $Fe(CO)_5$[5]; $Ru(CO)_5$; $Os(CO)_5$; $Cr(CO)_6$; $Mo(CO)_6$; $W(CO)_6$; $V(CO)_6$[6]. Bei den Carbonylen handelt es sich um „Durchdringungskomplexe" (vgl. S. 266), wobei das CO gemäß der Strukturformel $|C\equiv O|$ (vgl. S. 197) jeweils das am C befindliche Elektronenpaar für eine Metall-C-Bindung zur Verfügung stellt. Man erkennt, daß beim $Ni(CO)_4$ 28 + 8, beim $Fe(CO)_5$ 26 + 10, beim $Cr(CO)_6$ 24 + 12, d.h. in allen Fällen 36 Elektronen vorhanden sind wie beim Edelgas Kr; alle diese Carbonyle sind diamagnetisch. Nur das $V(CO)_6$ ist, da es ein Elektron weniger besitzt, paramagnetisch; es geht aber leicht in das diamagnetische Anion $[V(CO)_6]^-$ über.

Liegt ein Element mit ungerader Elektronenzahl vor, so bilden sich mehrkernige Komplexe, z.B. $Co_2(CO)_8$, $Mn_2(CO)_{10}$, $Re_2(CO)_{10}$. Entsprechende Verbindungen können sich jedoch auch bei den Elementen bilden, von denen einkernige Carbonyle bekannt sind, z.B. $Fe_2(CO)_9$, $Fe_3(CO)_{12}$.

Mit *alkalischen wäßrigen Lösungen* reagiert $Fe(CO)_5$ gemäß $Fe(CO)_5 + 4OH^- = [Fe(CO)_4]^{2-} + CO_3^{2-} + 2H_2O$; beim Ansäuern erhält man die wasserhaltige Verbindung Tetracarbonyldihydridoeisen $Fe(CO)_4H_2$, eine

[5] $Fe(CO)_5$ wurde früher zur Verhinderung des Klopfens von Benzin benutzt; heute verwendet man Bleitetraethyl $Pb(C_2H_5)_4$; s. S. 238.

[6] Bis auf das gelbe $Fe(CO)_5$ und das schwarzblaue $V(CO)_6$ sind die genannten Carbonyle farblose Flüssigkeiten. In Toluol löst sich $V(CO)_6$ unter Dimerisierung zu $V_2(CO)_{12}$ zu einer gelben Lösung.

farblose Flüssigkeit, die in Lösung als ziemlich starke Säure fungiert und Salze bildet. Analog gibt es $Co(CO)_4H$.

Die CO-Gruppe kann durch andere ungeladene Gruppen oder Ionen ersetzt werden, z. B. durch NO, Isonitrile ($|C{\equiv}N{-}R$, wobei R $-CH_3$, $-C_2H_5$, $-C_6H_5$ usw. sein kann), das Cyanid-Ion $[|C{\equiv}N|]^-$, das Acetylid-Ion $[|C{\equiv}C{-}H]^-$ u. ä. Bevorzugt sind dabei Gruppen, bei denen sich neben der einfachen Metall-Kohlenstoffbindung unter Heranziehung eines Elektronenpaars des Zentralatoms auch eine doppelte Bindung von π-Charakter bilden kann: $Ni{-}C{\equiv}O \leftrightarrow Ni{=}C{=}O$; diese beiden Zustände stehen im Verhältnis der *Mesomerie* (vgl. S. 198).

Aromatenkomplexe. Darunter versteht man Komplexverbindungen, in denen die Elektronen eines aromatischen Ringsystems direkt mit einem Atom der Übergangsmetalle verbunden sind. Die erste Verbindung dieser Klasse war das 1951 entdeckte orangegelbe, bei 174 °C schmelzende Dicyclopentadienyl-Eisen, das *Ferrocen.* Das Anion

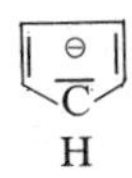

besitzt, wie das Benzol, außer den fünf σ-Bindungen noch drei π-Elektronenpaare, die als π-Elektronenwolke über und unter der Ringebene „verschmiert" sind. Diese π-Elektronen bewirken die Bindung der beiden C_5H_5-Ringe an das Fe-Atom in der „sandwich"-artig gebauten Verbindung $\overline{\underline{\mathrm{Fe}}}$. Die waagerechten Striche deuten dabei die Ebenen der ringförmigen $C_5H_5^-$-Anionen an. Da die π-Elektronen jedes $C_5H_5^-$-Anions 6 Elektronen zur Bindung mit dem Fe^{2+}-Kation (mit 24 Elektronen) liefern, ergibt dies insgesamt $2 \cdot 6 + 24 = 36$ Elektronen, d. h. die Elektronenzahl des Kryptons; das Ferrocen ist diamagnetisch. Analog gebaut ist das ebenfalls diamagnetische braunschwarze Dibenzolchrom $Cr(C_6H_6)_2$ und Derivate wie das paramagnetische $[Cr(C_6H_6)_2]I$. Ausgehend von diesen Typen ließen sich zahlreiche Verbindungen herstellen, bei denen entweder das Zentralatom oder die Liganden variiert sind.

Olefin-Komplexe. Obwohl die Bindung von $H_2C{=}CH_2$ an $PtCl_4^{2-}$ schon 1827 beobachtet wurde, haben derartige Verbindungen erst in den letzten Jahrzehnten Beachtung gefunden. Wir geben hier nur einige Beispiele: $[C_2H_4PtCl_3]^-$ (C_2H_4 = Ethylen); $[(C_3H_5)_2Ni]$ (C_3H_6 = Allyl $H_2C{=}CH{-}CH_2^{\ominus}$); $[(C_8H_{12})_2Ni]$

(C_8H_{12} = Cycloocta-1,5-dien);

$[C_8H_8Fe(CO)_3]$ (C_8H_8 = Cyclooctatetraen).

Auch bei diesen Verbindungen spielen die π-Elektronen der Liganden eine entscheidende Rolle. Vielfach sind derartige Komplexe als Katalysatoren von technischer Bedeutung.

XXXIII. Physikalische Methoden zur Untersuchung des Aufbaus von Molekülen und festen Stoffen

(bearbeitet von Dr. W. Urland, Gießen)

Aus den vorhergehenden Abschnitten hat sich gezeigt, daß in der Chemie immer stärker physikalische Methoden zur Lösung chemischer Strukturprobleme herangezogen werden. Da es nicht möglich ist, auf diese Methoden im einzelnen einzugehen, soll in tabellarischer Form eine Übersicht über besonders wichtige Methoden gegeben werden. Eingeteilt ist in Wechselwirkung mit elektromagnetischer Strahlung, desgl. mit Magnetfeld, mit elektrischem Feld und mit magnetischem und elektrischem Feld. Näheres s. Tab. 18 (S. 275–279).

Einige wichtige Methoden: elektrische Leitfähigkeit, Thermokraft, Hall-Effekt sind bei dieser Auswahl nicht besprochen, da sie vorwiegend für Spezialgebiete benutzt werden.

Tab. 18. Übersicht über Physikalische Methoden.

1. Wechselwirkung mit elektromagnetischer Strahlung[1]

Methode	zugrunde liegende Vorgänge	gemessene Größen	einige Informationen
Mößbauer-Spektroskopie	Absorption von Gammaquanten (Wellenzahl $\tilde{\nu} \approx 10^{11}\ cm^{-1}$) beim Übergang eines Atomkerns aus dem Grundzustand in den ersten angeregten Zustand.	Gemessen wird die Absorption der γ-Strahlen in Abhängigkeit der Relativgeschwindigkeit der Probe zur Erregerquelle; Intensität der Absorption und Lage und Form der Absorptionskurve.	Elektronendichte der s-Elektronen am Kern, Oxidationsstufe, Symmetrie des Feldes der umgebenden Teilchen am Ort des Kerns.
Photoelektronenspektroskopie (Electron Spectroscopy for Chemical Analysis, ESCA)	„photoelektrischer Effekt" Freisetzung von Elektronen bei Bestrahlung mit Röntgenstrahlen ($\tilde{\nu} \approx 10^{8}\ cm^{-1}$).	Kinetische Energie und Intensität der bei Bestrahlung austretenden Elektronen.	Bindungsenergie von Elektronen verschiedener Niveaus (z.B. K-, L-, M-„Schale").

[1] Das sichtbare Licht (Wellenzahl $\tilde{\nu}$ zwischen 1 und $3 \cdot 10^{4}\ cm^{-1}$) ist nur ein Sonderfall elektromagnetischer Strahlung. Diese reicht von der besonders „harten" γ-Strahlung ($\tilde{\nu} \approx 10^{11}\ cm^{-1}$) bis zur weichen „Langwellenstrahlung" ($\tilde{\nu} \approx 10^{-5}\ cm^{-1}$). Statt der Wellenlänge λ wird die Wellenzahl $\tilde{\nu} = 1/\lambda$ angegeben, die in cm^{-1} (Einheit = 1 Kaiser K bzw. ein Kilo-Kaiser 1 kK = 1000 K) ausgedrückt wird. Jedem $\tilde{\nu}$ entspricht eine Energie E, z.B. 1 kK = 0,124 eV entsprechend $2{,}85_7$ kcal/mol = $11{,}95_7$ kJ/mol; vgl. dazu auch S. 71.

Methode	zugrunde liegende Vorgänge	gemessene Größen	einige Informationen
Röntgenbeugung (vgl. dazu auch S. 49 und S. 201 ff.)	elastische Streuung („Beugung") von Röntgenstrahlen an den Elektronenhüllen von Atomen bzw. Ionen in Kristallen.	Bestimmung von Intensität und Lage (Beugungswinkel) der abgebeugten Strahlung („Reflexe") durch Kristall.	Position der Kerne (Kristallstruktur) und Elektronendichten im Kristall.
Elektronenbeugung	elastische Streuung von Elektronen ($\tilde{\nu} \approx 2 \cdot 10^9$ cm^{-1}, entsprechend einer Spannung U von $\approx 5 \cdot 10^4$ V) an Atomen und Ionen. Wird an Gasen und Kristallen durchgeführt.	Beugungswinkel	Gestalt (Bindungslänge und Bindungswinkel) von Gasmolekülen, Oberflächenstruktur von Kristallen.
Neutronenbeugung	Streuung von Neutronen ($\tilde{\nu} \approx 10^8$ cm^{-1}) am Kern mit Wechselwirkung des magnetischen Moments des Neutrons mit dem des Atoms (Kristalle, „amorphe" Stoffe wie z. B. Flüssigkeiten)	Beugungswinkel, Reflexintensität	Elektronendichte, Kristallstruktur (auch Bestimmung der Wasserstofflagen möglich), „magnetische" Strukturen (Orientierung von Spinmomenten im Kristall)
Elektronenspektroskopie (Ultraviolett UV)	Absorption des ultravioletten Lichts ($\tilde{\nu} \approx 3 \cdot 10^4$ bis $2 \cdot 10^6$ cm^{-1})	Wellenzahl, Intensität (Charge-Transfer-Banden) bei Elektronenübergängen *zwischen* Atomen bzw. Ionen.	Energetische Unterschiede zwischen verschiedenen Elektronenzuständen von Zentralion *und* Liganden.

„Optische Spektren“ (sichtbares Licht)[2]	Absorption sichtbaren Lichts ($\tilde{\nu} \approx 1 \cdot 10^4$ bis $3 \cdot 10^4\ cm^{-1}$) unter Veränderung der Elektronenzustände in den Atomhüllen	Wellenzahl, Intensität bei der Änderung des Elektronenzustandes eines Atoms bzw. Ions.	Stärke und Symmetrie des „Kristallfeldes“ am Ort des „Zentralions“.
Infrarot-spektroskopie (IR)	Absorption infraroten Lichts ($\tilde{\nu} \approx 10$ bis $1 \cdot 10^4\ cm^{-1}$) infolge Anregung von Schwingungen und Rotationen von Molekülen unter Änderung des Dipolmoments	Wellenzahl, Intensität	Symmetrie des Moleküls, Valenzkraftkonstanten, Trägheitsmoment des Moleküls und damit in einfachen Fällen Bestimmung des Atomabstandes[3].
Raman-spektroskopie	unelastische Streuung[4] von monochromatischem Licht (z. B. UV, Ar-Laser: $\tilde{\nu} \approx 2 \cdot 10^4\ cm^{-1}$) an schwingenden Atomen und rotierenden Molekülen unter Änderung der Polarisierbarkeit.	Wellenzahl, Intensität	Koordinationssymmetrie, Valenzkraftkonstanten, Trägheitsmomente.

[2] Die gegebenen Angaben beziehen sich nur auf Ionenkristalle bzw. Komplexverbindungen, nicht auf die zahlreichen Anwendungen auf Moleküle (in allen Aggregatzuständen), bei denen durch das Zusammenspiel von Rotationen, Schwingungen und Elektronenübergängen ziemlich schwer zu übersehende Verhältnisse vorliegen können. Hierauf kann aus Platzgründen nicht eingegangen werden.

[3] Infrarot- und Ramanspektren für Valenzschwingungen ergänzen sich gegenseitig: manche Linien treten bei beiden auf, manche sind nur infrarotaktiv, andere nur ramanaktiv.

[4] Wie beim unelastischen Stoß zweier Kugeln ändert sich die Energie der beteiligten Teilchen bzw. Quanten. Es hat dies zur Folge, daß in dem gestreuten Licht neben der Erregerlinie die Linien der Schwingung bzw. Rotation satellitenartig auf der langwelligen, bei hohen Temperaturen auch auf der kurzwelligen Seite auftreten.

Methode	zugrunde liegende Vorgänge	gemessene Größen	einige Informationen
Mikrowellen-spektroskopie[5]	Absorption von Mikrowellen ($\tilde{\nu} \approx 0{,}1$ bis $10\ \text{cm}^{-1}$) infolge Rotation von Molekülen.	Wellenzahl, Intensität	Trägheitsmomente, Atomabstände, Kernquadrupol-Kopplungs-Konstanten.
2. Wechselwirkung mit elektromagnetischer Strahlung und Magnetfeld			
Elektronenspin-resonanz (ESR) (paramagnetische Resonanz)	Wechselwirkung von Mikrowellen ($\tilde{\nu} \approx 1\ \text{cm}^{-1}$) mit Elektronenspin-moment in einem magnetischen Feld ($H \approx 10\ \text{kOe} = 10 \cdot 10^6/4\pi\ \text{A} \cdot \text{m}^{-1}$)	Frequenz oder magnetische Feldstärke, Intensität	Magnetische Momente von Übergangsmetall- und Seltenen Erdionen, Oxidationsstufen, Symmetrie des „Kristallfelds", Nachweis freier Radikale
Kernmagnetische Resonanz (NMR) (Nuclear magnetic resonance)	Wechselwirkung von Radiowellen ($\tilde{\nu} \approx 0{,}001\ \text{cm}^{-1}$) mit Kernspin-moment in einem magnetischen Feld ($H \approx 10\ \text{kOe} = 10 \cdot 10^6/4\pi\ \text{A} \cdot \text{m}^{-1}$)	Frequenz oder magnetische Feldstärke, Intensität	Lage der Resonanzsignale ist 1. durch die verschiedene Umgebung von Kernen mit magnetischem Moment, wie z. B. von ${}^{1}_{1}H$, ${}^{13}_{6}C$, ${}^{14}_{7}N$, ${}^{15}_{7}N$ und ${}^{19}_{9}F$ (chem. Verschiebung), 2. durch magnetische Wechselwirkung der Kerne (Spin-Spin-Kopplung) gegeben. Lage und Intensität der Signale dienen der Strukturaufklärung. Werden Spektren bei verschiedener Temperatur aufgenommen, kann die Kinetik von Umwandlungsvorgängen studiert werden.

3. Wechselwirkung mit Magnetfeld			
Messung von magnetischen Eigenschaften (vgl. S. 252)	Boltzmannverteilung über die Zustände, die durch das verschiedene Ausrichten des Elektronenspins in einem äußeren Magnetfeld eintreten	paramagnetische Suszeptibilität χ in Abhängigkeit von Temperatur, Feldstärke; andere magnetische Größen	Magnetische Momente der Übergangsmetall- und Seltenen Erdionen, Oxidationsstufe, Radikale, Koordinationssysmmetrie, Wechselwirkung mit Gitternachbarn (s. S. 253)
4. Wechselwirkung mit elektrischem Feld			
Messung von Dielektrizitätskonstanten (vgl. S. 86, Anm. 4)	Bildung von induzierten Dipolen und Ausrichtung von permanenten und induzierten Dipolen im elektrischen Feld	Dielektrizitätskonstante ε in Abhängigkeit von der Temperatur	Dipolmoment, Polarisierbarkeit
5. Wechselwirkung mit magnetischem und elektrischem Feld			
Massenspektroskopie (vgl. S. 62, 180)	Ablenkung von ionisierten Teilchen im Magnetfeld und elektrischen Feld	Verhältnis aus Masse der Teilchen und deren Ladung: m/e, Intensität	Bruttozusammensetzung einer Verbindung, Dissoziations- und Assoziationsgleichgewichte, Isotopenzusammensetzung.

[5] Nach Anlegen eines elektrischen Feldes kann durch Mikrowellen-Spektroskopie auch das Dipolmoment einer Verbindung bestimmt werden.

XXXIV. Tensions- und thermische Analyse; Intermetallische Verbindungen

In vielen Fällen ist es sehr leicht festzustellen, ob zwei Stoffe eine Verbindung miteinander eingehen oder nicht. So sind z. B. Natriummetall, Chlorgas und Kochsalz in allen ihren Eigenschaften so stark voneinander verschieden, daß kein Zweifel herrschen kann, daß Kochsalz eine Verbindung ist. In anderen Fällen ist es nicht so einfach. Schmilzt man z. B. zwei Metalle zusammen, so ist das entstehende Produkt, die Legierung, oft von den Ausgangsstoffen nicht sehr verschieden. Ebenso lassen sich z. B. verschiedene Ammoniakate manchmal gar nicht leicht voneinander unterscheiden. Man braucht daher Methoden, um auch in solchen Fällen zu einer Entscheidung darüber zu kommen, ob die Ausgangsstoffe eine Verbindung bilden und welche Zusammensetzung diese hat. Wichtige Methoden sind a) die Tensionsanalyse, b) die thermische Analyse und c) die Röntgenuntersuchung.

Tensionsanalyse. Wir wollen uns die Methode am Beispiel der *Kupfersulfat-Hydrate* klarmachen. Wie jedes Hydrat, so besitzt auch das wasserreichste Hydrat $CuSO_4 \cdot 5H_2O$ bei jeder Temperatur einen ganz bestimmten Wasserdampf-Dissoziationsdruck, der ebenso wie der Dampfdruck von Eis oder flüssigem Wasser unabhängig von der Menge des Hydrats ist. Dieser Druck entspricht der Reaktion $CuSO_4 \cdot 5H_2O_{fest} \rightleftharpoons CuSO_4 \cdot 3H_2O_{fest} + 2H_2O_{gasf.}$ Es bildet sich nämlich bei der Zersetzung aus dem Pentahydrat das Trihydrat. Da die beiden Hydrate keine Mischkristalle bilden, verändert die Anwesenheit beliebiger Mengen des Trihydrates den Dissoziationsdruck des Pentahydrates nicht. Entzieht man dem Pentahydrat etwas Wasser, etwa durch Abpumpen, so verschwindet ein Teil des Pentahydrates und es bildet sich die entsprechende Menge Trihydrat; der Wasserdampfdruck des Systems wird aber dadurch nicht geändert, weil ja noch Pentahydrat vorhanden ist. Dies geht so lange, bis man das Wasser bis zur Zusammensetzung $CuSO_4 \cdot 3H_2O$ entzogen hat. Jetzt ist kein Pentahydrat mehr vorhanden; der Wasserdampfdruck wird daher von nun an durch die Zersetzung des Trihydrates bestimmt, dessen Dissoziationsdruck bei gleicher Temperatur niedriger ist.

In einem bei konstanter Temperatur[1] aufgenommenen Druck-Zusammen-

[1] Neben diesem „*isothermen*" Verfahren, bei dem man die Temperatur konstant hält und den Druck in Abhängigkeit von der Zusammensetzung des

setzungs-Diagramm (vgl. Abb. 39) erhält man also für das Gebiet $CuSO_4 \cdot 5H_2O$ bis $CuSO_4 \cdot 3H_2O$ des Bodenkörpers eine Horizontale, weil ja immer derselbe Vorgang den Druck bestimmt. Bei der Zusammensetzung $CuSO_4 \cdot 3H_2O$ dagegen findet man einen plötzlichen Druckabfall

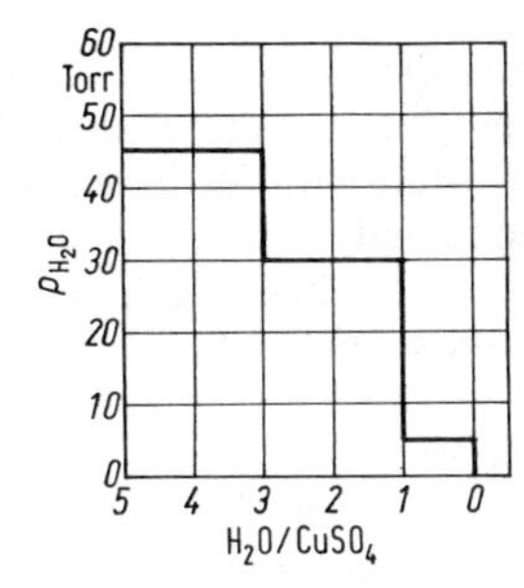

Abb. 39. Kupfersulfat-Hydrate. Isotherme bei 50 °C

auf den Dissoziationsdruck, der dem Vorgang $CuSO_4 \cdot 3H_2O_{fest} \rightleftharpoons CuSO_4 \cdot H_2O_{fest} + 2H_2O_{gasf.}$ entspricht. Bei weiterem Wasserentzug wird sich erst wieder etwas ändern, wenn kein Trihydrat mehr vorhanden ist. Da der Druck bei der Zusammensetzung $CuSO_4 \cdot H_2O$ erneut steil abfällt, erkennt man, daß noch das Monohydrat existiert. Das genannte Beispiel zeigt, wie man aus dem Verlauf des Dissoziationsdruckes in Abhängigkeit von der Zusammensetzung des Bodenkörpers die im Gleichgewicht beständigen Hydrate ermitteln kann.

Würde man das genannte System *röntgenographisch* untersuchen, so würde man bei jeder Zusammensetzung, die genau einem Hydrat entspricht, ein ganz bestimmtes Diagramm von Reflexen erhalten. Bei Zusammensetzungen dagegen, die zwischen zwei Hydraten liegen, würden sich Röntgendiagramme ergeben, die die Reflexe der beiden Hydrate nebeneinander zeigen. Bei der Zusammensetzung $CuSO_4 \cdot 4H_2O$ z.B. würde man die Reflexe des Trihydrates und des Pentahydrates nebeneinander finden und so erkennen, daß kein einheitliches neues Hydrat, sondern ein Gemisch der genannten beiden Hydrate vorliegt.

Bodenkörpers beobachtet, kann man auch „*isobar*" vorgehen und feststellen, welche Temperaturen bei den verschiedenen Zusammensetzungen erforderlich sind, um einen bestimmten Dissoziationsdruck zu erreichen.
Über die Verwendung der veralteten Einheit „Torr" s. Anm. 3, S. 49.

Die Tensionsanalyse setzt also voraus, daß die Substanzen bei Temperaturen, bei denen sie noch nicht geschmolzen sind, einen bequem meßbaren Dissoziationsdruck besitzen. Sie kommt daher in erster Linie für Hydrate, Ammoniakate, Oxide u. ä. in Frage, ist aber auch für Sulfide, Phosphide u. a. benutzt worden (*W. Biltz*, *R. Schenck*).

Thermische Analyse. Schmelzen die Stoffe eines Systems, ehe sie einen meßbaren Dissoziationsdruck besitzen, so ist die Tensionsanalyse nicht anwendbar. Man wird in diesem Falle das System mittels der thermischen Analyse untersuchen, bei der man die Schmelz- bzw. Erstarrungserscheinungen in Abhängigkeit von der Zusammensetzung beobachtet. Tensions- und thermische Analyse ergänzen sich also gegenseitig. So muß man in manchen Systemen gelegentlich beide Methoden anwenden, um ein vollständiges Bild zu gewinnen, z. B. für manche Metall/Phosphor-Systeme im phosphorreichen Gebiet die Tensionsanalyse, im phosphorarmen, metallreichen Gebiet die thermische Analyse benutzen. Die thermische Analyse ist in gleicher Weise für metallische, nichtmetallische und salzartige Systeme anwendbar; ihre größte Bedeutung hat sie jedoch für den Nachweis der Verbindungen, die die *Metalle* miteinander bilden. Bei diesen hat *G. Tammann* (1861–1938) das Methodische ausgebildet und so die Grundlage für ein großes Forschungsgebiet, die *Metallographie*, geschaffen.

Um das Wesen der thermischen Analyse zu verstehen, betrachten wir als Beispiel ein System aus zwei Elementen (Aluminium und Silicium), die keine *Verbindung* miteinander bilden und sich im flüssigen Zustande *vollständig* miteinander *mischen*, dagegen im *festen* Zustande *keine Mischkristalle* (vgl. S. 61)[2] miteinander bilden. Das Schmelzpunktdiagramm dieses Systems ist in Abb. 40 dargestellt. In diesem ist als Ordinate die Temperatur aufgetragen, als Abszisse die Zusammensetzung. Die letztere ist angegeben in *Massenanteilen* $w(\mathrm{Si})$ bzw. $w(\mathrm{Al})$ in Prozenten:

$$w(\mathrm{Al}) = \frac{m(\mathrm{Al})}{m(\mathrm{Al}) + m(\mathrm{Si})} \cdot 100\,\%$$ [3].

[2] Eine geringe gegenseitige Mischbarkeit ist zwar in diesem System vorhanden und sogar technisch auf der Aluminiumseite wichtig, weil hierauf ähnliche Ausscheidungsvorgänge beruhen, wie sie S. 221/22 für Duraluminium, S. 295 für Stahl beschrieben sind; davon sehen wir hier jedoch ab.

[3] Vielfach, namentlich wenn man die Zusammensetzung von Verbindungen

Aus dem Diagramm ersieht man folgendes: Die beiden Stoffe, aus denen das System aufgebaut ist, haben, wie jeder reine Stoff, ganz bestimmte Schmelz- bzw. Erstarrungstemperaturen (F_{Al} bzw. F_{Si}), bei denen beim Abkühlen der Schmelze die ganze Masse fest wird. Bei Schmelzen, die sowohl Aluminium als auch Silicium enthalten, ist dies jedoch nicht der Fall. Betrachten wir z. B. die durch die gestrichelte Vertikale bezeichnete Zusammensetzung C, bei der Massenanteile von 70% Si und 30% Al vorhanden sind. Die Erstarrung beginnt hier nicht bei der Erstarrungstemperatur des reinen Si, sondern bei einer wesentlich tieferen Temperatur. Auf diese Erscheinung haben wir schon S. 12 und S. 79 unter „Gefrierpunktserniedrigung" hingewiesen. Untersucht man die zunächst ausgeschiedenen Kristalle, so findet man, daß es sich um Si handelt. Durch diese Ausscheidung von Si wird der Gehalt der Schmelze an diesem Element geringer, während der prozentuale Anteil an Al zunimmt. Die Zusammensetzung der Schmelze ändert sich also so, wie es der waagerechte Pfeil zeigt. Schmelzen, die reicher an Al sind,

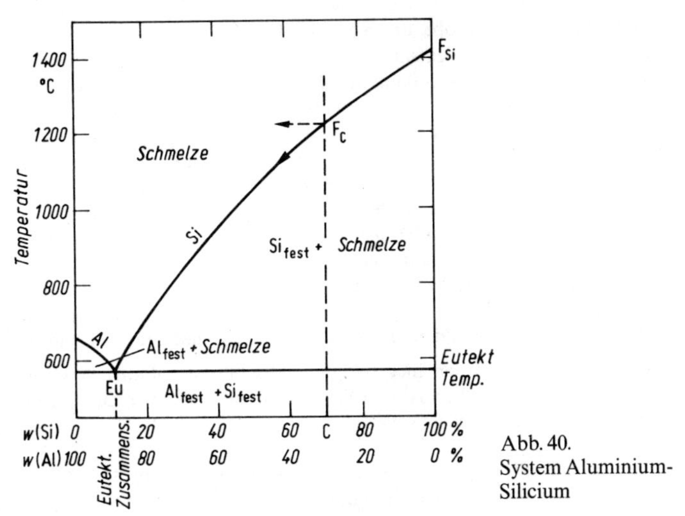

Abb. 40. System Aluminium-Silicium

schnell übersehen will, ist es vorteilhafter, *Stoffmengenanteile*, z. B.

$$x(\text{Al}) = \frac{n(\text{Al})}{n(\text{Al}) + n(\text{Si})} \cdot 100\%$$

anzugeben. Bei der Ähnlichkeit der relativen Atommassen von Al und Si bringt dies für die Abb. 40 keine nennenswerte Änderung; es sind daher nur die Massenanteile w angegeben. Dagegen sind in Abb. 41 Massen- und Stoffmengenanteile nebeneinander verzeichnet.

als C entspricht, erstarren aber, wie die Abb. zeigt, noch niedriger; d.h. je mehr sich Si ausscheidet, desto mehr sinkt der Erstarrungspunkt, und zwar längs der Kurve F_{Si}—Eu. In Eu trifft die Kurve F_{Si}—Eu die Kurve F_{Al}—Eu, längs deren sich Al abscheidet. Bei der durch den Punkt Eu, den „*eutektischen* Punkt“, bestimmten Temperatur und Zusammensetzung werden sich also Al und Si nebeneinander ausscheiden. Und zwar erfolgt bei dieser „eutektischen Temperatur“ die Ausscheidung des gesamten noch nicht erstarrten Restes.

Senkt man also bei der Zusammensetzung C des Gesamtsystems die Temperatur, so erhält man folgende Zustände: Oberhalb F_C ist eine homogene Schmelze vorhanden, bei F_C beginnt die Erstarrung, zwischen F_C und der eutektischen Temperatur sind festes Si und Schmelze nebeneinander vorhanden, bei der eutektischen Temperatur erstarrt der Rest, und unterhalb der eutektischen Temperatur ist alles fest; es liegen Kristalle von Al und Si nebeneinander vor.

Untersucht man eine Probe, deren Si-Gehalt geringer ist, als der eutektischen Zusammensetzung entspricht, so ist der Vorgang grundsätzlich der gleiche, jedoch scheidet sich dann aus der Schmelze zunächst Al aus. Nur wenn man von einer Schmelze der eutektischen Zusammensetzung ausgeht, so erfolgt das Erstarren der ganzen Masse bei *einer* Temperatur. Man darf aber daraus nicht etwa schließen, daß bei dieser Zusammensetzung eine Verbindung vorliegt, vielmehr kristallisieren Al und Si unverbunden nebeneinander aus. Allerdings unterscheidet sich das erstarrte „eutektische Gemisch“ in einem Anschliff unter dem Mikroskop im „*Gefüge*“ dadurch von den Nachbargebieten, daß sehr kleine Kristalle beider Komponenten innig vermengt sind, während sich bei der primären Ausscheidung nur einer Komponente durch Wachsen der zunächst ausgeschiedenen kleinen Kristalle größere Kristalle bilden, die dann von Eutektikum umgeben sind.

Röntgenaufnahmen würden hier bei allen Mischungsverhältnissen Überlagerungen der Reflexe von Al und Si ergeben und bei keiner Zusammensetzung irgendwelche neuen Reflexe.

Bilden die beiden Komponenten eines Systems eine *Verbindung*, so hat diese – vorausgesetzt, daß sie sich nicht schon beim Erwärmen zersetzt – als „reiner Stoff“ ebenfalls einen ganz bestimmten Schmelzpunkt bzw. Erstarrungspunkt. Liegt auch hier Mischbarkeit im flüssigen, Nichtmischbarkeit im festen Zustande vor, so ist das Gesamtdiagramm durch zwei eutektische Teildiagramme gegeben, wie es Abb. 41 für das System *Magnesium/Blei* zeigt[4]. Man erhält also hier zwei eutektische Punkte: Eu_1 zwischen Mg und

[4] Eine gewisse Löslichkeit von Pb in festem Mg und von Mg in festem Pb ist nicht berücksichtigt.

der Verbindung Mg_2Pb, sowie Eu_2 zwischen Mg_2Pb und Pb. Längs der Kurve F_{Mg}—Eu_1 scheidet sich Mg, längs der Kurven F_{Mg_2Pb}—Eu_1 und F_{Mg_2Pb}—Eu_2 die Verbindung Mg_2Pb, längs Eu_2—F_{Pb} Pb aus. In dem Gebiet Ia sind nebeneinander Schmelze und festes Mg vorhanden, in Ib und IIa festes Mg_2Pb und Schmelze, in IIb festes Pb und Schmelze. Unterhalb der beiden eutektischen Geraden ist alles fest.

Abb. 41 zeigt, wie man (unter den genannten Voraussetzungen) die Existenz einer *Verbindung* aus dem Verlauf der Erstarrungskurve erkennen kann, insbesondere aus dem Auftreten eines *Maximums*.

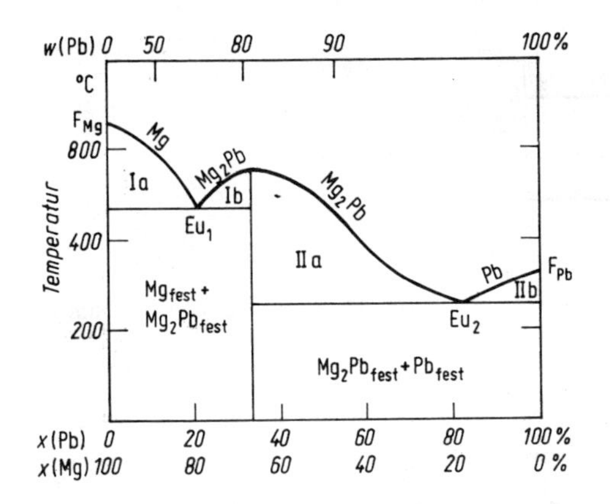

Abb. 41. System Magnesium-Blei

Röntgenographisch würde man hier nicht nur bei den Komponenten Magnesium und Blei selbständige, voneinander verschiedene Reflexe erhalten, sondern auch bei der Zusammensetzung Mg_2Pb. Das Auftreten neuer Röntgenreflexe bei dieser Zusammensetzung, die nicht eine Überlagerung der Reflexe von Magnesium und Blei darstellen, beweist eindeutig das Vorliegen einer Verbindung.

Bei der großen Bedeutung, die die thermische Analyse für theoretische und praktische Fragen hat, wollen wir uns nicht damit begnügen, diese allereinfachsten Fälle zu schildern, sondern auch auf einige *weitere Typen* wenigstens andeutungsweise eingehen.

Recht einfach liegen die Verhältnisse, wenn *weder im festen noch im flüssigen Zustande Mischbarkeit* vorliegt, wenn sich also nicht nur die Kristalle der beiden Komponenten unbeeinflußt voneinander ausscheiden, sondern auch in der Schmelze zwei Schichten gebildet werden, wie es etwa von Ether

(Äther) und Wasser her bekannt ist. Es erfolgt dann das Erstarren so, als ob jeder der beiden Stoffe für sich vorhanden wäre; die Diagramme entsprechen der Abb. 42 (System *Silber/Vanadium*[5]). Hiernach erstarrt bei 1730 °C zunächst das vorhandene V und später bei 960,5 °C alles Ag.

Sind dagegen – das andere Extrem – die Stoffe im *flüssigen* und *festen Zustande* miteinander *mischbar*, so liegen die Dinge verwickelter. Als typisches Diagramm zeigt Abb. 43 das System *Silber/Gold*[5]. Wir gehen von einer Schmelze der Zusammensetzung C aus. Aus dieser scheidet sich bei der Temperatur F_C ein Mischkristall aus, der aber nicht die Zusammensetzung

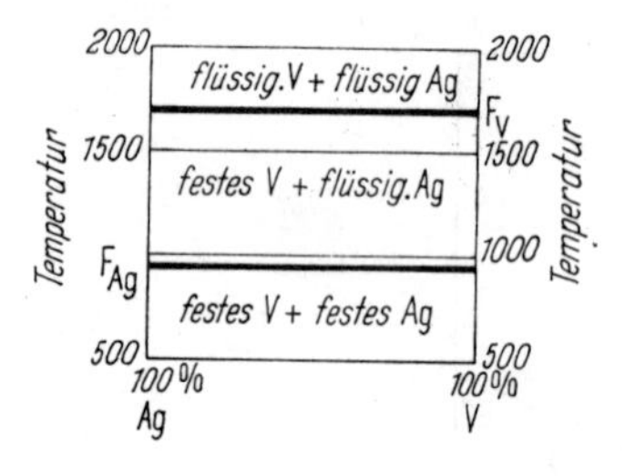

Abb. 42. System Silber-Vanadium

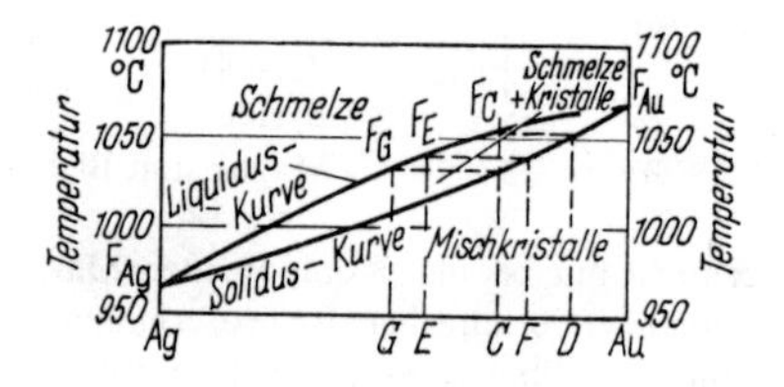

Abb. 43. System Silber-Gold

C wie die Schmelze, sondern die Zusammensetzung D besitzt. Er ist also reicher an Au, als C entspricht; die Schmelze reichert sich dadurch an Ag an, und die Erstarrungstemperatur sinkt längs der sogenannten „Liquidus"-Kurve, sagen wir bis zur Temperatur F_E. Mit einer Schmelze der Zusammensetzung E ist aber ein Mischkristall der Zusammensetzung F im Gleichgewicht. Es haben daher nicht nur die zuletzt ausgeschiedenen Kristalle die Zusammensetzung F, sondern es müssen auch die zuerst ausgeschiedenen Kristalle der Zusammensetzung D mit der Schmelze reagieren, bis auch sie

[5] Abb. 42, 43 und 44 geben die Temperatur in °C an, die Zusammensetzung in Stoffmengenanteilen *x*. Bei Abb. 42 besteht allerdings gegenüber Massenanteilen kein Unterschied im Zustandsdiagramm.

die Zusammensetzung F haben[6]. Erst dann ist alles im Gleichgewicht. Beim weiteren Fortschreiten des Erstarrungsvorganges kommen wir schließlich zur Erstarrungstemperatur F_G. Hier haben die Kristalle – und zwar sowohl die zuerst ausgeschiedenen, nachträglich umgewandelten als auch die zuletzt ausgeschiedenen – die Zusammensetzung C; sie sind also ebenso zusammengesetzt wie die ursprüngliche Schmelze. Damit ist der Erstarrungsvorgang beendet, alles ist zu einheitlichen Mischkristallen erstarrt. Oberhalb der Liquidus-Kurve ist also alles flüssig, unterhalb der „Solidus"-Kurve ist alles fest. Die beiden Kurven schließen somit ein Gebiet ein, in dem Schmelze und fester Stoff nebeneinander vorhanden sind.

Da in solchen Systemen die Ausgangsstoffe meist ähnliche Strukturen, nur mit verschiedenen „Gitterkonstanten", besitzen, sind die Röntgenreflexe der Ausgangsstoffe in der Regel von ähnlichem Habitus, aber mit verschiedenen Abständen. Bei den Mischkristallen liegen dann bei Erhaltung des Habitus der Reflexe die Abstände zwischen denen der Ausgangsstoffe.

Noch verwickelter wird das Verhalten beim Erstarren, wenn die Stoffe im *flüssigen* Zustande *völlig*, im *festen* aber nur *teilweise mischbar* sind. Hierfür ist das System *Silber/Kupfer* (Abb. 44) ein Beispiel. Gehen wir von einer Schmelze der Zusammensetzung C aus, so scheiden sich bei der Temperatur F_C zunächst Mischkristalle von Cu in Ag der Zusammensetzung D aus; sobald die eutektische Temperatur erreicht ist, haben die Mischkristalle im Gleichgewicht die Zusammensetzung E. Damit ist aber die Löslichkeits-

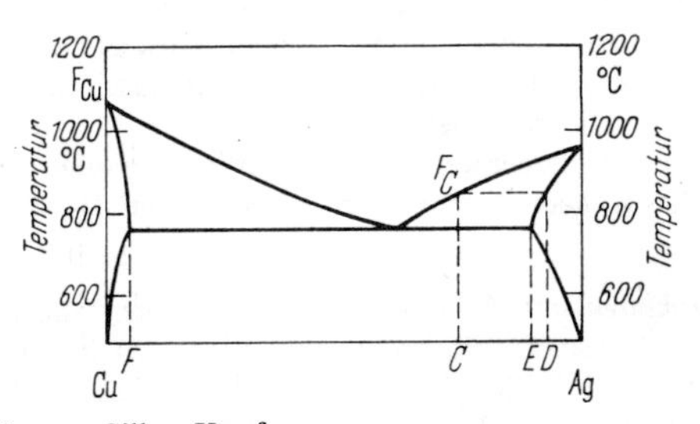

Abb. 44. System Silber-Kupfer

[6] Praktisch erfolgt diese nachträgliche Reaktion der Kristalle mit der Schmelze allerdings oft nur langsam. Dadurch wird bei normaler Abkühlungsgeschwindigkeit der weitere Erstarrungsvorgang anders; man erhält Ungleichgewichtszustände, die Zusammensetzung der einzelnen Kriställchen ändert sich von innen nach außen. Erst durch längeres Erhitzen dicht unterhalb der Schmelztemperatur („Tempern") lassen sich in diesem Falle homogene Mischkristalle erzielen.

grenze erreicht, mehr Kupfer kann Ag im festen Zustande bei dieser Temperatur nicht aufnehmen. Es scheiden sich daher jetzt neben Mischkristallen der Zusammensetzung E auch solche der Zusammensetzung F, d. h. fast reines Cu mit etwas gelöstem Ag, aus. Die Mischbarkeit ist also hier keine vollständige, Ag kann maximal bis zur Zusammensetzung E Cu aufnehmen, Cu bis maximal F Ag. Zwischen E und F ist im festen Zustande eine „*Mischungslücke*".
Die Größe der Mischungslücke ändert sich mit der Temperatur. Die Grenzen E und F gelten für die eutektische Temperatur. Wie man sieht, nehmen die gegenseitigen Löslichkeiten der Metalle mit fallender Temperatur ab[7] (vgl. dazu auch S. 221/22 u. 295).

Wie hier im einzelnen nicht dargelegt werden kann, kann man unter Ausnutzung der auf den vorstehenden Seiten beschriebenen Erscheinungen beim Schmelzen Stoffe hoher Reinheit herstellen. Man erhitzt dazu eine schmale Zone einer stabförmigen Probe eines Elements, die noch geringe Mengen von Verunreinigungen enthält, zum beginnenden Schmelzen; die Verunreinigungen reichern sich in dem geringen verflüssigten Anteil an. Durch stetiges Verschieben der Erhitzungszone schiebt man so die Verunreinigungen an das Ende der Probe. Durch mehrfaches Wiederholen dieses *Zonenschmelzens* erreicht man einen sehr hohen Reinheitsgrad.

Intermetallische Verbindungen. Die *Zusammensetzung* der intermetallischen Verbindungen zeigt meist keinen ohne weiteres erkennbaren Zusammenhang mit der Wertigkeit der Elemente in salzartigen Verbindungen. Das Gesetz der konstanten und der multiplen Proportionen ist hier oft nicht erfüllt; vielmehr schwankt die Zusammensetzung der einzelnen intermetallischen Verbindungen je nach dem Mengenverhältnis der Ausgangsstoffe innerhalb gewisser, mehr oder weniger breiter Grenzen: die einzelnen „intermetallischen Phasen" haben mehr oder weniger breite „Homogenitätsgebiete".

Die *Kristallstrukturen* intermetallischer Phasen können außerordentlich mannigfaltig sein. In manchen Fällen sind Beziehungen zu salzartigen Strukturen zu erkennen (z. B. bei Mg_2Pb; Na_3As), obwohl die Stoffe keineswegs salzartigen Charakter haben. In derartigen „salzähnlichen" Strukturen treten oft zusammengesetzte „Anionen" auf: Paare Te_2^{2-} im Na_2Te_2; Ketten wie $(As_n)^{n-}$ im LiAs; Tetraeder wie $(Si_4)^{4-}$ im NaSi; Flächen in den Graphitverbindungen wie KC_8 oder KC_{24}; dreidimensionale Gebilde $(Tl_n)^{n-}$ (Diamant-Struktur) im NaTl. Dabei ergeben sich enge Beziehungen zu dem Aufbau von Elementen entsprechender Elektronenzahl (vgl. S. 203f.).

[7] Die Temperatur-Abhängigkeit der – geringen – Löslichkeit von Ag in Cu im festen Zustande ist noch nicht so genau untersucht.

Vielfach zeigen intermetallische Verbindungen ähnliche Kristallstrukturen wie die typischen *Metalle*, wobei die Verteilung der Komponenten auf die verschiedenen Lagen sehr verschiedenartig und stark von geometrischen Einflüssen bestimmt sein kann. So findet man zahlreiche „*Einlagerungsphasen*“, bei denen in die Lücken eines Gitters kleine Atome wie H, N, O, C, B u.a. eingelagert sind; hiermit können nicht unerhebliche Enthalpieänderungen verbunden sein, d.h. es bestehen chemische Wechselwirkungen. Umgekehrt ist es bei den „*Substitutionsphasen*“, bei denen die sich ersetzenden Atome von ähnlicher Größe sind. Hier findet man oft bei hohen Temperaturen Mischkristalle mit ungeordneter Verteilung, bei tiefen intermetallische Phasen mit geordneten Atomlagen. Sehr verbreitet sind die sogenannten „*Laves-Phasen*“ der allgemeinen Formel AB_2, deren Existenz an ein bestimmtes Radienverhältnis von A und B gebunden ist; dagegen spielt die Größe der Bildungsenthalpien ΔH für das Auftreten der *Laves*-Phasen keine wesentliche Rolle.

In vielen Fällen dürften wesentliche Veränderungen in der Struktur des *Elektronengases* auftreten. So gilt für die intermetallischen Verbindungen, die die Elemente der Gruppen 1B bis 4B des Periodensystems untereinander bilden, die Regel von *Hume-Rothery*, daß das *Verhältnis der „Valenzelektronen“ zur Zahl der Atome* die Kristallstruktur bestimmt. Als Beispiel seien CuZn, Hg_3Al und Cu_5Sn genannt. Diese drei Stoffe kristallisieren in der sogenannten *β-Phase* (kubisch-raumzentriert; vgl. S. 205, Abb. 39d); das genannte Verhältnis[8] ist

$$\frac{1+2}{2} \text{ bzw. } \frac{3\cdot 1+3}{4} \text{ bzw. } \frac{5\cdot 1+4}{6},$$

d.h. es ist in allen Fällen $^3/_2$. Außer dieser β-Phase gibt es noch die γ-Phase (Verhältnis 21:13, sehr große kubische Elementarzellen besonderer Struktur, Beispiele Cu_5Zn_8; $Cu_{31}Sn_8$) und die *ε-Phase* (Verhältnis 7:4; hexagonal-dichteste Kugelpackung; s. Abb. 39c; Beispiele $CuZn_3$, Cu_3Sn). Die Regel von *Hume-Rothery* gilt nur angenähert, die einzelnen Phasen haben z.T. breite Homogenitätsgebiete.

Die *Eigenschaften* vieler intermetallischer Verbindungen weisen auf Übergänge zwischen den Metallen und den Stoffen mit Ionenkristallen hin. Zwar besitzen sie ausgesprochen metallischen Charakter, aber die Leitfähigkeit ist doch meist wesentlich geringer als bei den Metallen. Auch sind viele

[8] Man beachte, daß für Cu nur 1 Valenzelektron einzusetzen ist. Bei Anwendung auf Systeme, die Elemente der 8A-Gruppe enthalten, sind diese Elemente nullwertig anzusetzen; z.B. haben FeAl und NiAl die Kristallstruktur der β-Phase, Ni_5Zn_{21} die der γ-Phase und $FeZn_7$ die der ε-Phase.

intermetallische Phasen ziemlich spröde, wenn auch nicht so sehr, wie die Ionenkristalle. Die *Bildungsenthalpien* sind bei nur aus edlen Metallen bestehenden Verbindungen klein; sie werden um so stärker negativ, je größer der Unterschied in den Elektronegativitäten (vgl. S. 201f.) der Komponenten ist. Oft ist mit der Verbindungsbildung eine *Volumkontraktion* verbunden, namentlich dann, wenn eine Komponente ein sehr unedles, die andere ein edles Metall ist. Für die *Technik* ist wichtig, daß Legierungen (intermetallische Verbindungen bzw. Mischkristalle) oft wertvollere Eigenschaften besitzen als die reinen Metalle (vgl. z.B. Kap. XXVII und XXXV).

XXXV. Technisches Eisen

Gewinnung des Eisens. Das wichtigste Gebrauchsmetall des Menschen ist im Abendland seit mehreren Jahrtausenden das Eisen; erst in neuerer Zeit beginnt eine Neuentwicklung, indem die Leichtmetalle Aluminium und Magnesium sich immer neue Anwendungsgebiete erobern. In der Natur kommt das Eisen als Bestandteil außerordentlich vieler Mineralien vor. Für die technische Gewinnung werden jedoch nur die hochprozentigen *Erze* verwendet; wir nennen den Roteisenstein Fe_2O_3 und den in vielen Abarten vorkommenden Brauneisenstein, der im wesentlichen das Oxidhydroxid FeOOH, den Goethit (vgl. S. 256) enthält, ferner den Magnetit Fe_3O_4 (vgl. S. 226) und den Spateisenstein $FeCO_3$. Deutschland führt die erforderlichen Erze aus dem Ausland ein.

Bei der *Herstellung* von Eisen aus seinen Erzen handelt es sich praktisch immer um eine Reduktion von Oxiden. Als Reduktionsmittel benutzt man Kohlenstoff in Form von Koks[1]. Die Durchführung erfolgt im kontinuierlichen Prozeß in Hochöfen. Das sind große Schachtöfen, in die von oben ein Gemisch von Erz, Koks und Zuschlägen, der „Möller", eingeführt wird. Die Zuschläge, meist gebrannter Kalk CaO, haben den Zweck, die in den Erzen vorhandenen Silicate („Gangart") in eine niedriger schmelzende Schlacke überzuführen.

Die chemischen Vorgänge im Hochofen. Im unteren Teil wird der Koks zu CO verbrannt, es bildet sich also „Generatorgas" (vgl. S. 170). Die dabei erzeugte Wärme heizt den Hochofen. Damit eine möglichst hohe Temperatur erreicht wird, erhitzt man die eingeblasene Luft in den sogenannten „Winderhitzern" vor. Die Vorgänge im Hochofen seien an Hand von

[1] Kohle ist zu weich und würde im Hochofen zerdrückt werden; außerdem würden bei ihrer Erhitzung große Gasmengen frei.

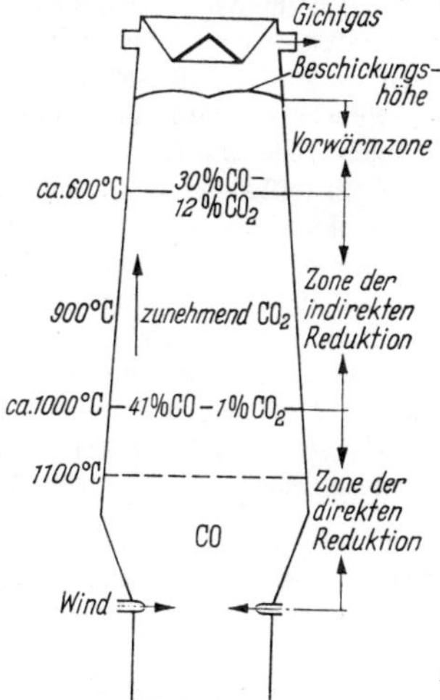

Abb. 45. Zonen im Hochofen (schematisch)

Abb. 45 besprochen. In der unteren, heißesten Zone erfolgt die „direkte Reduktion" nach der Bruttogleichung $Fe_xO + C = xFe + CO$.[2] Tatsächlich erfolgt die Reduktion weitgehend durch CO; das dabei entstehende CO_2 setzt sich aber nach der *Boudouard*-Reaktion (vgl. S. 170f.) sofort mit dem Koks wieder zu CO um, so daß, wie es die Gleichung angibt, als Reduktionsmittel letzten Endes der Koks wirkt. Bei etwa 1000 °C kommt die *Boudouard*-Reaktion wegen der großen Gasgeschwindigkeit und den dadurch bedingten kurzen Verweilzeiten praktisch zum Stillstand; in dem Temperaturgebiet zwischen 1000 und ≈ 600 °C erfolgt die „indirekte Reduktion" nach der schematischen Gleichung $Fe_xO + CO = xFe + CO_2$. Die Reduktion eines Oxids durch CO ist nur dann möglich, wenn der Sauerstoffdissoziationsdruck des Oxids größer ist als der O_2-Partialdruck der Umsetzung $2CO_2 \rightleftharpoons 2CO + O_2$. Da der letztere nach dem Massenwirkungsgesetz dem Quotienten $p^2_{CO_2}/p^2_{CO}$ proportional ist, läßt sich Eisenoxid nur dann reduzieren, wenn der Gehalt des Gases an CO größer ist, als der durch die soeben besprochene Beziehung gegebene Mindestwert; die den Hochofen verlassenden „Gichtgase" enthalten daher noch erhebliche Mengen an CO. Diese werden aufgefangen und als Heizgase für Gebläsemaschinen, Winderhitzer u. ä. verwendet.

[2] x liegt je nach den verwendeten Eisenerzen zwischen 0,75 (Fe_3O_4) und 0,67 (Fe_2O_3).

Das gebildete Fe-Metall schmilzt in den unteren Teilen des Hochofens, und zwar bei einer viel tieferen Temperatur als dem Schmelzpunkt des reinen Eisens (1535 °C) entspricht, weil es Kohlenstoff aufnimmt[3] (vgl. dazu Abb. 46, S. 295), wodurch die Schmelztemperatur um mehrere hundert Grad erniedrigt wird. Im untersten Teile des Hochofens sammelt sich schließlich das geschmolzene kohlenstoffhaltige Eisen und darüber die ebenfalls geschmolzene, spezifisch leichtere Schlacke an. Die letztere wird in kurzen Zeitintervallen abgelassen. Sie wird zum überwiegenden Teil als Stückschlacke beim Straßenbau verwendet. Stark Kalk-haltige Schlacken liefern nach dem Abschrecken mit Wasser und unter Zugabe von Portlandzement die Gruppe der *Hüttenzemente* (Eisenportlandzemente bis maximal 35% Hochofenschlacke, Hochofenzemente 36–85% Hochofenschlacke). Das Eisen selbst wird einige Male am Tage abgestochen und fließt entweder in Sandformen oder in große Behälter, in denen man es gleich zum Stahlofen bringt.

Das aus dem Hochofen erhaltene *Roheisen* hat je nach dem verwendeten Erz und den Zuschlägen verschiedene Zusammensetzung und Eigenschaften. Für manche Zwecke (*Gußeisen*) kann es direkt verwendet werden. Für andere Zwecke stört jedoch, daß es zuviel C (Massenanteil etwa 4%) und schädliche Beimengungen wie Si, P und S enthält. Für *schmiedbares Eisen*, „*Stahl*", müssen diese Beimengungen entfernt und der Kohlenstoffgehalt verringert werden, und zwar bis höchstens 1,5% (siehe den folgenden Abschnitt)[4]. Dies erreicht man durch die sogenannten „*Frischverfahren*", bei denen das flüssige Roheisen mit Luft behandelt wird. Dabei verbrennen die schädlichen Beimengungen und ein Teil des C zu Oxiden. Mit der Abnahme des C-Gehaltes steigt der Schmelzpunkt (vgl. Abb. 46, S. 295). Man gewann daher bei dem älteren „*Puddelprozeß*", bei dem man noch nicht genügend hohe Temperaturen erreichte, das C-arme Eisen nicht in flüssiger Form, sondern in Stücken („Luppen"), die durch Schmiedepressen von der Schlacke befreit und zu größeren Blöcken vereinigt wurden („Schweißstahl"). Bei den späteren Verfahren erreicht man durch die rasche Verbrennung der Beimengungen wie Si, P, Mn und C höhere Temperaturen, so daß man das C-arme Eisen in flüssigem Zustande erhält („Flußstahl"). Genannt sei das *Bessemer-* bzw. *Thomas-Verfahren*, das *Siemens-Martin-* und vor allem das *LD-Verfahren*.

Bei den beiden erstgenannten Verfahren bläst man durch das in einem Birnen-artigen Gefäß befindliche flüssige Roheisen vom Boden her Luft

[3] Für den Vorgang der Kohlung ist von Bedeutung, daß unter dem katalytischen Einfluß des feinverteilten Eisens CO bei mittleren Temperaturen z. T. in $C + CO_2$ zerfällt (s. S. 170f.).
[4] Baustähle haben einen Massenanteil von $C < 0{,}6\%$, Werkzeugstähle bis etwa 1,5% C. Stähle mit nur einigen Zehntel % C sind leicht schmiedbar, aber nicht gut härtbar, für die Werkzeugstähle gilt das Umgekehrte.

(„Durchblasverfahren", „Windfrischen"). Durch die Verbrennungswärme, insbesondere von Si und P, wird dabei die Temperatur erhöht. Ist die Oxidation weit genug fortgeschritten, was schon nach 10 bis 20 Minuten der Fall ist, wird die Birne gekippt, so daß das flüssige Eisen herausfließt. Beim *Bessemer*-Verfahren ist die Birne mit einem Futter versehen, das überschüssiges SiO_2 enthält, während man beim *Thomas*-Verfahren ein basisches, CaO und MgO enthaltendes Futter verwendet und dem flüssigen Eisen CaO zusetzt. Man kann auf diese Weise auch phosphorreiches (1,8 bis 2% P) Roheisen verarbeiten, weil die basischen Oxide das gebildete P_2O_5 als Phosphat binden und so überhaupt erst eine Oxidation des mit dem Eisen verbundenen Phosphors ermöglichen. Man gewinnt so als Nebenprodukt in der „Thomasschlacke", eines aus $Ca_3(PO_4)_2$ und Ca_2SiO_4 aufgebauten Stoffes, ein Phosphorsäure-Düngemittel, das zwar im Gegensatz zum Superphosphat (vgl. S. 133) nicht in Wasser löslich ist, wohl aber in schwachen Pflanzensäuren.

Die Windfrischverfahren eignen sich nicht für die Herstellung von hochwertigen Stählen. Sie haben ferner den Nachteil, daß sie keine Verwertung von „*Schrott*" gestatten. Mit den *Siemens-Martin*-Öfen wurde eine Arbeitsweise für die Herstellung hochwertiger Stähle unter gleichzeitiger Verwertung von Schrott entwickelt. Bei diesem Verfahren befindet sich das Roheisen in einer durch eine darüber streichende Gasflamme erhitzten Wanne mit saurer oder basischer Auskleidung. Zu diesem flüssigen Roheisen gibt man „Schrott", d.h. teilweise verrostetes, also oxidiertes Abfalleisen. Der im Schrott vorhandene Sauerstoff reagiert zusammen mit dem Sauerstoffüberschuß der Heizgase mit den schädlichen Verunreinigungen und einem Teil des Kohlenstoffs des Roheisens. Um die nötigen Temperaturen zu erzielen, müssen die Heizgase vorgeheizt werden, wozu man die Wärme der Abgase benutzt („Regenerativfeuerung"). Da bei diesem Verfahren der Entkohlungsprozeß nicht wie bei den Durchblasverfahren Minuten, sondern Stunden dauert, kann er laufend kontrolliert und gesteuert werden. Nach dem Ablassen wird durch Zugabe einer Fe-Si-Legierung („Ferrosilicium") oder Al die Schmelze „beruhigt", da sonst geringe Mengen FeO mit dem Kohlenstoff unter CO-Bildung nachreagieren.

Vor etwa 30 Jahren ist eine Arbeitsweise entwickelt worden, die vor allem seit 1970 zum meist benutzten Verfahren zur Herstellung von hochwertigem Stahl geworden ist und alle anderen Verfahren weitgehend verdrängt hat, das *Sauerstoff-Aufblas-Verfahren.* Da es in österreichischen Hütten (*Linz* und *Donawitz*) entwickelt worden ist, bezeichnet man es als LD-Verfahren; den nach dieser Methode hergestellten Stahl nennt man *Oxygenstahl.* Hier wird Sauerstoff durch eine gekühlte Freistrahldüse auf die Oberfläche des geschmolzenen Roheisens geblasen. Zur Kühlung wird diesem bis zu 20% Schrott zugesetzt. Da das Frischen ohne den Stickstoffballast, wie er in der

Luft vorhanden ist, erfolgt, ist die Wärmeausnutzung wesentlich besser. Auch die Investitions-Kosten und die Betriebskosten sind niedriger als beim *Siemens-Martin*-Verfahren. Ein weiterer Vorteil des LD-Verfahrens liegt darin, daß durch die Mitwirkung der sich an der Oberfläche der Schmelze bildenden, sehr heißen und daher reaktionsfähigen FeO-haltigen Kalkschlacke der Phosphor entfernt wird, ehe der Kohlenstoff restlos verbrannt ist, während beim Thomasverfahren der Phosphor erst nach dem Kohlenstoff verbrennt, so daß am Schluß des Blasens zur Aufkohlung „Spiegeleisen" (eine kohlenstoffreiche Fe/Mn-Legierung) zugegeben werden muß. Man erhält nach dem Sauerstoff-Aufblasverfahren Stähle, die den Siemens-Martin-Stählen gleichwertig sind.

Stähle mit Zusätzen an Mn, Ni, Cr, Mo, W, V, Ti, „*Legierte Stähle*", werden in Elektroöfen (Lichtbogen- oder Induktionsöfen) erschmolzen.

Man kann auch im fertig geformten Gegenstand den Kohlenstoffgehalt noch ändern. So erhöht man ihn in geschmiedeten Gegenständen, also kohlenstoffarmem Eisen, durch Erhitzen in Holzkohlepulver („*Zementstahl*"). Andererseits kann man kleine Gußeisengegenstände durch Erhitzen in Eisenoxidpulver („Tempern") in kohlenstoffärmeres, schmiedbares Eisen überführen („*Einsatzhärten*").

Gelegentlich braucht man für technische Zwecke – z. B. für Magnete – *reines*, kohlenstofffreies *Eisen*. Man erhält es entweder durch Elektrolyse aus wässerigen Lösungen („Elektrolyteisen") oder durch thermische Zersetzung von *Eisencarbonyl* $Fe(CO)_5$. Diese Verbindung (vgl. S. 272) gewinnt man, indem man Kohlenoxid unter Druck bei 150 bis 200 °C auf fein verteiltes Eisen einwirken läßt.

Das Eisen/Kohlenstoff-Diagramm. Ein Teil des für die Technik außerordentlich wichtigen *Eisen/Kohlenstoff-Diagrammes* ist in Abb. 46 dargestellt. Nicht berücksichtigt ist die α-β-Umwandlung bei 768 °C (Übergang des ferromagnetischen in das paramagnetische Eisen), da sich dabei die Kristallstruktur nicht ändert, also keine neue Phase gebildet wird. α- und δ-Eisen sind kubisch-raumzentriert, γ-Eisen ist kubisch-flächenzentriert (vgl. Abb. 30, S. 205).

Eisen und Kohlenstoff bilden das Carbid Fe_3C, den *Zementit*, dessen Massenanteil an C 6,7% beträgt. Das Diagramm zwischen Eisen und Zementit ist in seiner Schmelzkurve vom eutektischen Typus: die Erstarrungstemperaturen sinken mit wachsendem Kohlenstoffgehalt bis zum Eutektikum mit 4,2% C und steigen dann wieder stark an. Bei kleinen Kohlenstoffgehalten – bis 1,9% – scheiden sich *Mischkristalle* von Kohlenstoff in γ-Eisen („Austenit") aus. Die Löslichkeit von C (bzw. Fe_3C) in γ-Eisen nimmt mit fallender Temperatur ab, vgl. dazu die Löslichkeit von Cu in Ag, Abb. 44, S. 287. Auffällig ist die Begrenzung des Mischkristallgebietes durch die

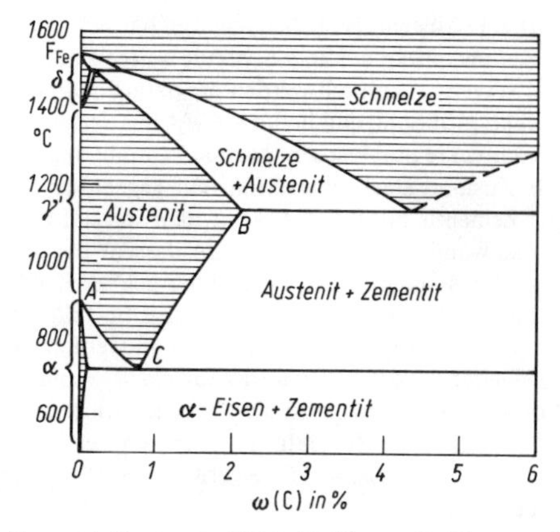

Abb. 46. Zustandsdiagramm Eisen-Kohlenstoff. (Die gestrichelten Gebiete sind homogen)

Linie AC; hier handelt es sich um die vom C-Gehalt abhängige Umwandlung der γ-Form des Eisens in die α-Form, den „Ferrit", und nur die γ-Form, nicht aber die α-Form, ist in der Lage, C-Atome in größerem Umfange zu lösen. Die Austenit-Mischkristalle verhalten sich also beim Abkühlen wie die Schmelze eines eutektischen Systems: Längs der Kurve BC scheidet sich Fe_3C, längs AC α-Fe ab; bei C liegt ein quasi-eutektischer – ein eutektoider – Punkt vor.

Die besondere Bedeutung dieses Diagrammes liegt darin, daß es die Vorgänge bei der Härtung des *Stahles* zu verstehen gestattet. Gehen wir von einer Schmelze mit einem Massenanteil von 1% Kohlenstoff aus, wie es einem typischen Stahl entspricht, so kommt man beim Abkühlen zunächst in ein Gebiet, in dem Schmelze und Austenit-Mischkristalle nebeneinander beständig sind.

Unterhalb 1200 °C sind dann bis zu etwa 800 °C einheitlich zusammengesetzte Austenit-Mischkristalle vorhanden. Kühlen wir *langsam* weiter ab, so überschreiten wir die Grenze des Mischkristallgebietes, die Mischkristalle scheiden Zementit aus. Bei 710 °C schließlich zerfallen die restlichen Austenit-Kristalle in ein feinkristallines Gemenge von α-Eisen und Zementit, den sogenannten „Perlit". Ein derartiges, langsam abgekühltes Produkt ist geschmeidig und besitzt verhältnismäßig geringe Härte.

Kühlt man dagegen rasch ab, so bleiben bei diesem „Abschrecken" die beschriebenen Umwandlungen bei Zwischenzuständen stehen. Das dann erhaltene Produkt ist z. T. Austenit geblieben; ein Teil hat sich in „Martensit“ umgewandelt. Dieser entspricht in seiner Struktur weitgehend dem α-Eisen, ist aber tetragonal verzerrt. Dadurch werden die oktaederähnlichen Hohlräume im Gitter etwas größer, so daß in ihnen C-Atome verbleiben können. Dieser scharf abgeschreckte Stahl ist sehr hart und spröde. Nun ist aber der eben beschriebene Zustand stark übersättigt und gegenüber dem System kub. α-Eisen plus Zementit instabil. Erwärmt man ihn auf eine nicht zu hohe Temperatur, so wandelt sich bei diesem „Anlassen“ der instabile Zustand allmählich in den stabileren um; es wird der gelöste Kohlenstoff als Zementit ausgeschieden. Die so entstehenden Zementit-Teilchen sind zunächst noch sehr klein. Durch diese Ausscheidung[5] werden die größten Verspannungen aufgehoben, der Stahl wird zwar etwas weniger hart, verliert aber seine Sprödigkeit. Erhitzt man die Probe jedoch auf noch höhere Temperaturen, so wachsen die Zementit-Teilchen, und es bildet sich ein Gefüge, das dem durch langsames Abkühlen erhaltenen Perlit nahekommt und geschmeidig und weniger fest ist. Würde man die Probe schließlich auf etwa 800 °C erhitzen, so würde wieder Austenit entstehen; durch Abschrecken kann man diesen erneut in den harten Zustand überführen und so z. B. einen weich gewordenen Drehstahl wieder brauchbar machen.

Durch Zusätze wie Cr, W und V kann man es erreichen, daß die Stähle auch bei höheren Temperaturen hart bleiben („Schnelldrehstähle“); Träger der Härte sind hier sehr temperaturbeständige Doppelcarbide. Durch *große* Mangan- oder Nickelzusätze erhält man die „austenitischen“ Stähle, bei denen das austenitische Gefüge, d. h. die γ-Mischkristalle, bei Raumtemperatur entweder noch stabil ist oder im unterkühlten Zustande verbleibt; sie sind korrosionsbeständiger als die Stähle mit heterogenem Aufbau. Die „rostfreien“ Stähle (z. B. V 2A) enthalten Ni- und Cr-Zusätze (Massenanteil z. B. 9% Ni, 18% Cr).

Unübersichtlich werden die Verhältnisse noch dadurch, daß das System Eisen/Zementit *instabil* ist und nur bei verhältnismäßig schnellem Abkühlen auftritt; kühlt man sehr langsam, so zerfällt, falls gewisse katalytisch wirkende Beimengungen, z. B. Si, vorhanden sind, der Zementit in Eisen und *Graphit*. Das Diagramm Eisen/Graphit ist der thermodynamisch stabile Zustand. Es ist dem System Eisen/Zementit sehr ähnlich; bzgl. des Stahls ändert sich überhaupt nichts Wesentliches. Beim *Gußeisen*, also im kohlenstoffreicheren Gebiet, ist dagegen die Unbeständigkeit des Zementits von praktischer Bedeutung. Kühlt man ein Gußstück schnell ab, so enthält es den Kohlenstoff als Zementit (*weißes* Gußeisen); bei langsamer Kühlung dagegen kann sich aus Zementit Eisen und Graphit bilden, man erhält *graues*, graphithaltiges Gußeisen.

[5] Man vergleiche hierzu das auf S. 222 über Duraluminium Ausgeführte.

Bringt man Wolframcarbide oder WC/TiC- und ähnliche Mischcarbide mit etwas Cobalt durch ein Schmelzverfahren in feste Form, so erhält man ein Material nahezu von der Härte der Diamanten („Widia"); dieses „*Hartmetall*" erlaubt als Drehstahl ungewöhnlich große Schnittgeschwindigkeiten.

Namenregister

Sachregister